教育部高等学校材料类专业教学指导委员会规划教材

国家级一流本科专业建设成果教材

先进结构陶瓷

王红洁 主编

彭 康 副主编

杨建锋 史忠旗 苏 磊 参编

ADVANCED
STRUCTURAL CERAMICS

化学工业出版社

·北 京·

内容简介

　　《先进结构陶瓷》是教育部高等学校材料类专业教学指导委员会规划教材。本书注重结构陶瓷整体的学科领域基础，全面介绍了先进结构陶瓷的基础知识，包括陶瓷材料的结构、陶瓷材料的性能、陶瓷材料的制备与加工、常用结构陶瓷、常用结构功能一体化陶瓷、陶瓷基复合材料等。书中结合学科前沿，概要总结了近年来陶瓷材料领域的国内外最新进展，并融合了课程思政元素。

　　本书适合用作材料科学与工程、无机非金属材料等专业本科生或研究生教材，也可供有关工程技术人员参考。

图书在版编目（CIP）数据

先进结构陶瓷 ／ 王红洁主编. -- 北京：化学工业出版社，2025. 3. --（教育部高等学校材料类专业教学指导委员会规划教材）. -- ISBN 978-7-122-47083-6

Ⅰ. TQ174. 75

中国国家版本馆 CIP 数据核字第 2025WQ2225 号

责任编辑：陶艳玲　　　　　　　　装帧设计：史利平
责任校对：王　静

出版发行：化学工业出版社
　　　　　（北京市东城区青年湖南街 13 号　邮政编码 100011）
印　　装：河北延风印务有限公司
787mm×1092mm　1/16　印张 16¼　字数 418 千字
2025 年 10 月北京第 1 版第 1 次印刷

购书咨询：010-64518888　　　售后服务：010-64518899
网　　址：http://www.cip.com.cn
凡购买本书，如有缺损质量问题，本社销售中心负责调换。

定　　价：58.00 元

陶瓷属于无机非金属材料，与金属材料、高分子材料一起，并称为三大材料，共同构成了工程材料的主体。陶瓷是一种古老的材料，在我国有着悠久的历史。近年来，随着新技术的发展和基础理论的进一步建立，陶瓷材料得到了迅速发展，进入了一个崭新的时期，相继出现了以 3D 打印陶瓷和高熵陶瓷等为代表的一大批新型陶瓷材料，在工业生产、国防军工和高新技术领域展现出广阔的应用前景。陶瓷材料组织结构、制备技术、性能及应用等方面的知识，是材料科学与工程学科的重要组成部分。

本教材的前身是 2000 年西安交通大学金志浩教授主持编写的《工程陶瓷材料》，该教材是在当时西安交通大学材料学科教学改革和无机非金属专业模块课程建设的要求下编写的，学时为 72 个，一直在西安交通大学材料科学与工程学院无机非金属模块"陶瓷材料学"课程教学中使用，并被国内不少大学的相关院系和研究所作为参考。近年来，随着教育教学改革的进一步发展，宽口径、强基础成为主流，专业课程学时数逐渐压缩，该课程教学学时也由 72 个降至 32 个，因此该教材已经不适合目前无机非金属专业模块课程的要求。

目前有关结构陶瓷的教材比较少，大多立足于介绍具体的结构陶瓷或复合材料，或是介绍陶瓷的工艺与制备，且出版时间较早，缺乏对先进结构陶瓷最新方向和技术方法的介绍。为此，我们根据先进陶瓷领域对专业人才的需求，整理西安交通大学材料学科在先进结构陶瓷教学实践中积累的大量经验，结合多年来教学与实践中师生们提出的宝贵意见和建议，以及近年来先进陶瓷领域出现的新材料、新方法、新工艺，进行重构，编写了本教材。

本教材注重结构陶瓷整体的学科领域基础，结合学科前沿，全面介绍了先进结构陶瓷的基础知识，概要总结了近年来陶瓷材料领域的国内外最新进展，融合了课程思政元素。此外，编写团队积极运用现代网络信息技术，将纸质教材与线上资源有机结合，充分发挥多媒体资源生动直观的特点，通过在相关章节提供线上资源的入口，增加互动渠道，提高资源获取的便捷性和实时性。线上资源有专门教师负责管理和维护，后续将根据教学需求及时更新和改进，为本教材增加开放发展的空间，为后续进一步数字化建设提供基础。

　　本书由王红洁担任主编，彭康担任副主编，杨建锋、史忠旗、苏磊参加编写。本书审阅团队由先进结构陶瓷方向教学科研经验丰富的教师构成，他们是清华大学汪长安教授、西北工业大学付前刚教授、北京科技大学曹文斌教授。在此，向他们表示衷心的感谢。

　　由于编者水平有限，同时陶瓷材料的前沿研究领域发展很快，书中不妥之处在所难免，恳请读者和专家批评指正。

编者

2025 年 1 月于西安交通大学

目 录

第 4 章　常用结构陶瓷

第 5 章　常用结构功能一体化陶瓷

第 **6** 章　陶瓷基复合材料

0.1 先进陶瓷的概念

视频1：先进陶瓷概述

陶瓷是最古老的一种人工合成材料，是人类获得的第一种经化学变化而制成的产品。它是人类文明的象征之一，也是人类文明史重要的研究对象。陶瓷在我国有着悠久的历史，其中以黏土等天然硅酸盐为主要原料烧成的制品称为传统陶瓷，或者普通陶瓷。

长期以来，传统陶瓷的发展是靠工匠技艺的传授，并没有在工程中得到广泛应用。第二次世界大战以后，随着许多新技术（如电子技术、空间技术、激光技术、计算机技术等）的兴起，对材料的要求越来越苛刻，传统材料如金属材料等已经难以满足要求；再加上基础理论（如矿物学、冶金学、物理学等）和测试技术（如电子显微技术、X射线衍射技术和各种谱仪等）的发展，使得陶瓷材料研究得到了飞速发展，人们对无机非金属材料结构和性能之间的关系有了更加深刻的理解和认识。通过控制材料化学成分和微观结构（组织），采用一系列人工合成或提炼处理过的化工原料，相继研制出一大批具有优异力、热、声、光、电、磁性能的无机非金属材料，突破了传统陶瓷材料的已有性能和化学组成，形成了一类新型的无机非金属材料，被称为先进陶瓷（advanced ceramics），也有文献称之为新型陶瓷（new ceramics）、精细陶瓷（fine ceramics）、现代陶瓷（modern ceramics）、高技术陶瓷（high-tech ceramics）、特种陶瓷（special ceramics）等。

与传统陶瓷不同，先进陶瓷是采用高纯、超细原料，通过组成和结构设计，并采用精确的化学计量和新型制备技术制成的具有优异性能的陶瓷材料。与传统陶瓷相比，先进陶瓷具有以下特点。

① 化学组成上，先进陶瓷超出了传统硅酸盐范围。除纯氧化物、复合氧化物和含氧酸盐陶瓷外，还有碳化物、氮化物、硼化物、硅化物、硫化物、单质及金属陶瓷等。

② 应用上，先进陶瓷由原来的主要利用材料固有的静态物理性质发展到利用各种物理效应和微观现象的功能性。材料可在各种极限条件，如高/低温、腐蚀、磨损等极端环境下使用。

③ 制备上，先进陶瓷突破了传统陶瓷制备工艺，并结合了其他领域新技术，如粉末冶金、热压技术、化学气相沉积、3D打印、凝胶注模等。

④ 制品形态上，除了传统烧结体和粉料外，先进陶瓷还出现了单晶体、薄膜、纤维、晶须、纳米线等。

由于先进陶瓷特定的精细结构和其高强、高硬、耐磨、耐腐蚀、耐高温、导电、绝缘、磁性、透光、半导体以及压电、铁电、声光、超导、生物相容等一系列优良性能，被广泛应用于国防、化工、冶金、电子、机械、航空、航天、生物医学等国民经济的各个领域。先进陶瓷的发展成为国民经济新的增长点，其研究、应用、开发状况是体现一个国家综合经济实力的重要标志之一。

按照陶瓷材料的性能特点和用途，先进陶瓷可以分为结构陶瓷和功能陶瓷两大类。其中结构陶瓷主要是指发挥其力、热、化学、生物等性能的一大类新型陶瓷材料，它们可以在许多苛刻的工作环境下服役，因而成为许多新兴科学技术得以实现的关键。功能陶瓷是指主要利用其非力学性能的陶瓷材料，这类材料通常具有一种或多种功能，如电、磁、光、热、化学、生物功能等；有的还有耦合功能，如压电、压磁、热电、电光、声光、磁光功能等。

0.2 先进结构陶瓷及其分类

结构陶瓷又称为工程陶瓷，是在传统硅酸盐陶瓷的基础上，吸收了相邻学科和技术发展起来的，其研究和开发已经成为材料科学和工程的一个重要组成部分。国家自然科学基金委在其战略发展研究的总结报告中指出：结构陶瓷主要是指发挥材料机械、热、化学和生物等效能的一大类先进陶瓷。由于它们具有耐高温、高耐磨、耐腐蚀、耐冲刷等一系列的优异性能，可以承受金属材料和高分子材料难以胜任的严酷工作环境，成为某些新兴的科学技术得以实现的关键，在能源、航空航天、机械、汽车、冶金、化工、电子和生物等方面具有广阔的应用前景及潜在的巨大经济和社会效益（如表 0-1 所示）。

表 0-1 代表性结构陶瓷应用领域、主要材料和产品类型

应用领域	产品类型	主要材料
冶金业	炉膛、炉管、炉衬、坩埚、器皿	SiC、Al_2O_3、Si_3N_4/SiC
	铸造用过滤器	SiC、Al_2O_3、ZrO_2
	轧辊、辊环	Si_3N_4
	热电偶保护管	Al_2O_3、SiC
	水平连铸分离环	BN
	真空镀膜用蒸发舟	BN/TiB_2
机械	密封环	SiC、Al_2O_3
	轴承、轴套	Si_3N_4、ZrO_2
	泵的内衬、叶片，柱塞、阀门	ZrO_2、Al_2O_3
	拔丝模、喷丝嘴、喷砂嘴、热挤模	Al_2O_3、ZrO_2、Si_3N_4
	切削刀具	Al_2O_3、Si_3N_4
汽车零部件	火花塞、电热塞	Al_2O_3、Si_3N_4
	挺柱、摇臂镶块	Si_3N_4
	涡轮增压机转子、气门	Si_3N_4
	蜂窝陶瓷催化剂载体	SiC、堇青石瓷
电子行业	集成电路基片	Al_2O_3、SiC
	电真空陶瓷	Al_2O_3
	半导体制造装置（吸盘、夹具）	Al_2O_3、SiC、Si_3N_4
建筑业	窑炉辊棒、炉膛、棚板	SiC、Al_2O_3
	磨球、衬里、水龙头阀芯	Al_2O_3

应用领域	产品类型	主要材料
生物医学	人工关节	Al_2O_3、ZrO_2/Al_2O_3
	人工骨、牙根	HAP（羟基磷灰石）、ZrO_2
	陶瓷手术刀	ZrO_2、Al_2O_3/ZrO_2
电光源	透明陶瓷发光管	Al_2O_3
	透明陶瓷放电管	Al_2O_3
造纸业	陶瓷脱水元件，锥形除砂器、导向掌、复卷机刀盘	Al_2O_3、ZrO_2、Si_3N_4
纺织业	导丝轮、各式陶瓷挂钩	Al_2O_3、TiO_2
核工业	核燃料	UO_2
	中子吸收材料	B_4C
军事	防弹陶瓷	SiC、B_4C
	透明红外陶瓷	Y_2O_3、AlON
	激光透明陶瓷	$MgAl_2O_4$、Nd：YAG

材料的熔点和硬度是由构成材料的原子间的结合键决定的。陶瓷材料原子间的结合键主要为离子键、共价键以及离子键与共价键的混合键。这些化学键不仅结合强度高，有的还具有方向性。

表 0-2 比较了钢铁和典型陶瓷材料的熔点和硬度。可以看出，由于结合键的不同，材料的性能差别很大。其中具有强共价键的金刚石的硬度是目前已知工业材料中最高的，其努氏硬度（HK）可达 7000，而一般钢铁材料中最硬的高碳高合金淬火钢的努氏硬度仅仅在 1000 以下。

表 0-2 典型陶瓷材料与钢铁的熔点和硬度

材料	熔点/℃	硬度		材料	熔点/℃	硬度	
		HK	莫氏			HK	莫氏
Al_2O_3	2050	2000	9	石墨（C）	3700±100	—	—
MgO	2800	1220	6	金刚石（C）	—	7000	10
ZrO_2	2600	—	6.5	Si_3N_4	1900（分解）	1700	>9
TiO_2	1930	—	5.5～6	BN（六方）	2700～3000（分解）	—	2
B_4C	2450	2800	9.3	AlN	2500	—	7
SiC	2200（分解）	2550	9.2	$MoSi_2$	1870	—	—
ZrC	3530±125	1560	8～9	淬火钢	—	740	—
TiC	3140	2460	8～9	纯铁	1646	—	—
WC	2867	1880	>9				

结构陶瓷的分类方法很多：按组分分，结构陶瓷可分为氧化物陶瓷（如氧化铝和氧化锆）、氮化物陶瓷（如氮化硅和氮化硼）、碳化物陶瓷（如碳化硅和碳化锆）、硼化物陶瓷（如硼化锆）等；按照使用领域分，结构陶瓷可分为机械陶瓷（如切削刀具和轴承）、发动机

用陶瓷（如燃气轮机叶片）、化工用陶瓷（如陶瓷热交换器）、生物陶瓷（如氧化锆义齿）、核用陶瓷（如产氚技术中的碳化硼控制材料）和日用陶瓷（如陶瓷刀）等（图 0-1）。

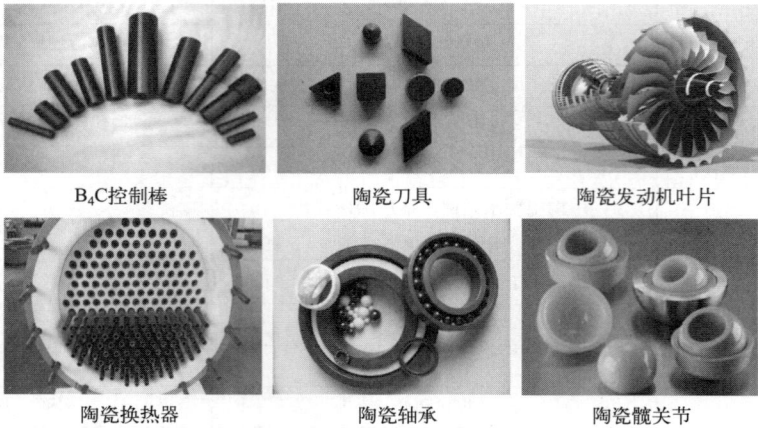

B_4C 控制棒	陶瓷刀具	陶瓷发动机叶片
陶瓷换热器	陶瓷轴承	陶瓷髋关节

图 0-1　常见结构陶瓷制品

0.3　先进结构陶瓷的性能特点

如前所述，先进结构陶瓷具有高强度、高硬度、高弹性模量、耐高温、耐磨损、抗热震等一系列优点，在工程中具有广泛的应用前景。但由于其特殊的晶体结构，在使用过程中应当注意以下问题。

（1）脆性大、塑韧性低

与金属键不同，陶瓷中的离子键、共价键不仅键强高，而且晶体结构复杂，对称性低，位错难以运动，导致陶瓷材料对裂纹特别敏感：一旦裂纹生成，裂纹尖端难以像金属材料那样，通过其塑性变形消耗能量，阻碍裂纹扩展，因而会产生毫无前兆的脆性断裂，甚至灾难性的破坏。

近 20 年来，人们通过相变增韧、微裂纹增韧、残余压应力增韧、纤维（或晶须）增韧、超细或纳米晶强韧化、表面精细加工等手段，大幅度提高了结构陶瓷的强韧性，满足了国防、军工、航空航天等高新技术领域特殊的性能要求。但与一般钢铁材料相比还相差很大。

（2）成本高，加工性能差

俗话说，没有金刚钻，不接瓷器活。陶瓷材料由于强度高、硬度大，并且脆性大、塑韧性低，经不起碰撞与冲击，因而难以切削加工。加工成本占总成本的 1/3 以上。比如，全陶瓷轴承的疲劳寿命可比全钢轴承长 10～50 倍，混合陶瓷轴承的寿命会比全钢轴承的寿命长 3～5 倍，但其价格大约是同一型号普通轴承钢轴承的 10 倍、20 倍，甚至更高。

为了扩大先进陶瓷的应用领域，降低成本成为十分重要的研究课题。低成本高性能原料制备、低成本成型与烧结是高温结构陶瓷产业化的关键。

（3）陶瓷强度设计与合理使用

与金属材料不同，由于陶瓷材料中的裂纹对拉应力特别敏感，导致其抗压强度远远高于抗拉强度，大约是 10 倍的关系，因而陶瓷材料应该尽可能在压应力状态下使用。即便构件本身需要承受拉应力，也必须通过合理的结构设计，使得作用在陶瓷上的力为压应力，以保证构件的安全性。因此，如何防止结构陶瓷材料在服役过程中的低应力脆性断裂，是结构陶瓷工程应用中十分重要的课题。

（4）陶瓷材料的环境协调性

环境协调性指资源、能源消耗少，无污染，可以再循环或再生利用。过去，人们为了追求高性能，往往不考虑环境协调性，导致材料的制备成为当今社会资源、能源消耗和环境严重污染的源头，直接影响人类社会的生存和持续发展。陶瓷材料主要是由地球上最丰富的元素 Si、Al、C、N、O 等组成，如果使用得当，它又是最经久耐用的材料。

《中共中央　国务院关于完整准确全面贯彻新发展理念做好碳达峰碳中和工作的意见》中指出：大力发展绿色低碳产业。加快发展新一代信息技术、生物技术、新能源、新材料、高端装备、新能源汽车、绿色环保以及航空航天、海洋装备等战略性新兴产业。建设绿色制造体系。所以，研究和开发新一代具有环境协调性的先进陶瓷材料，降低环境负荷和资源、能源消耗成为目前陶瓷材料发展的方向。

0.4 先进陶瓷国内外研究现状及面临的主要问题

视频 2：结构陶瓷的
发展趋势

目前，全球范围内先进陶瓷技术快速进步，美国和日本在先进陶瓷的研制与应用方面居于领先地位。以美国国家航空航天局（NASA）为首的多家机构，正在大规模地实施结构陶瓷的研制和开发，包括美国的"脆性材料设计"计划，重点针对航空发动机、民用热机中的关键闭环进行陶瓷替代，同时对纳米陶瓷涂层、生物医学陶瓷和光电陶瓷的研究、产业化进行资助。日本的先进陶瓷则以其先进的制造设备、优良的产品稳定性逐步成为国际市场的引导者。此外，欧盟各国，特别是德国、法国在结构陶瓷领域也进行了重点研究，主要集中在发电装备、新能源材料和发动机中的陶瓷器件等领域。近年来美国、日本、欧盟的先进陶瓷市场年平均增长率为 12%（图 0-2）。

国内结构陶瓷的研究始于 20 世纪 80 年代，几乎对所有工业用精细陶瓷材料都进行了研究和开发，特别是经过"六五""七五""八五"攻关及"863""973"科技支撑、科技部重大专项等国家级科研项目的研发，我国先进陶瓷材料的研究与开发能力有了显著提高，许多现代陶瓷理论和工艺在先进陶瓷的制备中得到应用。例如，利用相变理论、仿生学等使得陶瓷的综合性能得到大幅提高；利用纤维增强、层状结构设计等使得陶瓷基复合材料的韧性得到较大提高；通过聚合物裂解转化使得特种纤维的制造技术快速发展；利用纳米技术使得陶瓷材料实现弹性和塑性。

亚太地区是全球结构陶瓷市场规模最大的地区，而中国又是亚太地区结构陶瓷需求量最大的国家。经过多年的研究与积累，我国对碳化硅、氮化硅、氧化铝、增韧氧化锆及其复相陶瓷的组成、结构和性能等许多方面的研究，已经接近或超过国际先进水平。

虽然我国在结构陶瓷领域取得了显著进步，但与美国、日本和德国相比还存在一定的差距（图 0-3、图 0-4），主要表现在以下 3 个方面。

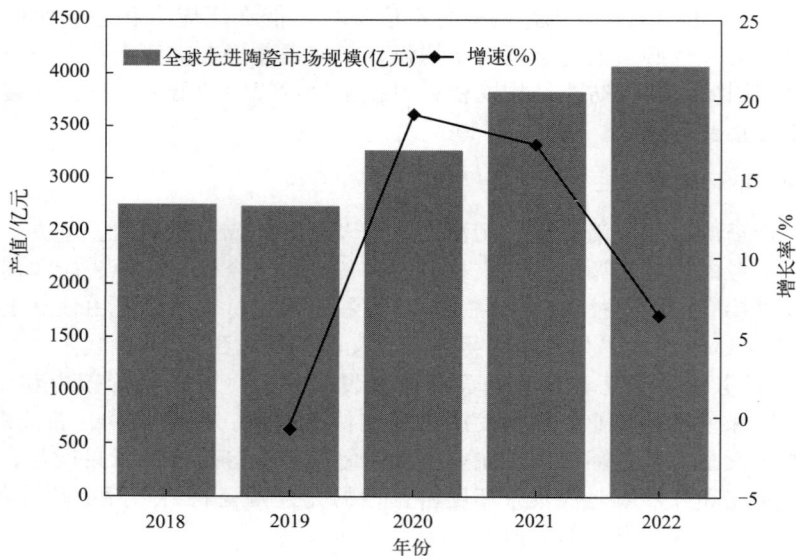

图 0-2　2018～2022 年全球先进陶瓷市场规模及增速

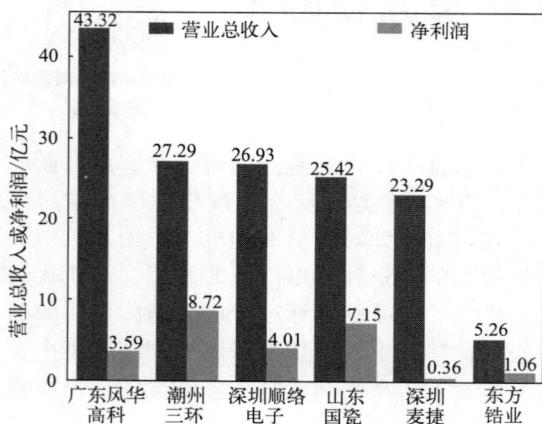

图 0-3　部分国内先进陶瓷上市公司销售情况（2019）

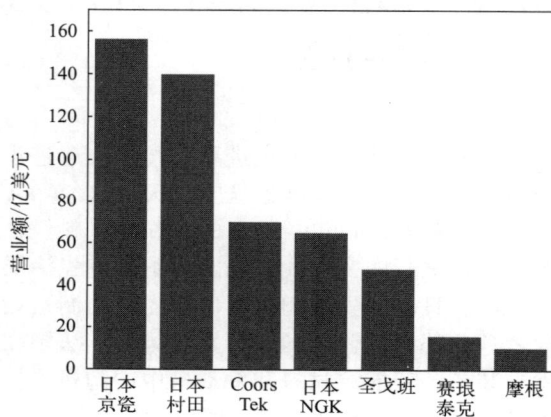

图 0-4　部分国外先进陶瓷上市公司销售情况（2020）

（1）若干陶瓷原材料还需进口

陶瓷原料对于陶瓷材料最终性能具有重要影响。以前，我国对陶瓷粉料的制备重视不够，虽然国内先进陶瓷粉体原料生产企业很多，但生产的陶瓷粉体性能通常存在较大的分散性和不稳定性，因此直接影响陶瓷产品的性能。近年来，国内在一些高品质氧化物陶瓷粉体产业化方面已有突破，比如山东国瓷功能材料股份有限公司和广东华旺锆材料有限公司采用先进的水热水解技术生产的纳米氧化锆粉已作为高端生物陶瓷齿科材料获得广泛应用；潮州三环（集团）股份有限公司生产的用于手机陶瓷背板的高强度、高韧性氧化锆专用粉，已成功用于小米 6、小米 MIX2、OPPO 等多款手机陶瓷背板，可经受从 1 米高度不同角度的跌落，无任何破裂等。

但是我国在其他许多重要的结构陶瓷粉体方面还存在不足，比如，氮化硅、氮化铝、碳化硅、碳化硼、硼化锆等非氧化物陶瓷粉末，国内尚缺乏一流的生产供应商。又比如，用于

视频 3：结构陶瓷面临的挑战

制备高强度陶瓷轴承的氮化硅粉体主要依赖于从日本宇部兴产株式会社（简称 UBE 公司）及瑞典的公司进口，而半导体芯片封装用的高导热基板所需氮化铝陶瓷粉体主要从日本德山曹达等公司进口，高性能的碳化硅陶瓷粉体需从法国圣戈班公司进口，高品质防弹装甲用碳化硼、超高温陶瓷用硼化锆等粉体需从德国 H. C. Starck 等公司进口，特别是核电站中子吸收用的核级碳化硼原料存在较大差距。上述这些依赖进口的高端陶瓷粉料一旦被卡脖子，将会被置于极端危险的境地。受国产碳纤维研发启示，目前国内高品质的陶瓷原料研发也已列入相关计划中。

（2）制造装备、加工技术落后

虽然我国在陶瓷制备高端装备方面有所进展，但在放电等离子体烧结炉、气压烧结炉、热等静压炉、注射成型机、流延机等装备方面仍有一定差距，特别是在陶瓷材料微细加工方面，国内装备的性能与国外还有较大差距，导致部分产品可靠性和稳定性暂时无法与国外产品相比。

此外，在陶瓷生产中，智能化制造技术已经成为当前的趋势，未来的陶瓷工艺专业技术也将朝着这个方向发展。智能化制造可以对生产过程进行实时监测、分析和控制，减少人工干预，提高产品的质量和效率。智能化制造也将构建标准化、数字化、高度自动化的制造环境，将人力和物力成本减至最低，从而更加方便地实现生产过程的标准化和优质化，也能满足消费者对产品更为严格的质量要求。

（3）高可靠性、大尺寸、复杂形状零部件制备技术相对较弱

目前，很多陶瓷材料在实验室能够研制出来，其综合性能甚至居于世界领先地位，但一旦放大，在材料的成分、结构、性能的均匀性上就会出问题，这一方面与陶瓷材料制备装备有关，另一方面，也说明我们在高可靠性、大尺寸、复杂形状零部件制备技术方面还相对较弱。因此，高可靠性、大尺寸、复杂形状零部件制备技术也是我们今后一段时间努力的目标。

习　题

1. 简述先进陶瓷与传统陶瓷的区别与联系。
2. 简述先进结构陶瓷的分类及性能特点。
3. 通过资料调研，简述先进结构陶瓷的应用及发展趋势。

参考文献

[1] 金志浩,高积强,乔冠军．工程陶瓷材料[M]．西安:西安交通大学出版社,2000.
[2] 谢志鹏,李辰冉,安迪,等．国际先进结构陶瓷研发及产业化应用发展状况[J]．陶瓷学报,2019,40：425-433.
[3] 宋锡滨．先进陶瓷研发和产业发展现状．（2022-05-09）．https://mp. weixin. qq. com/s/QYKeu76bFPuko3Ylt6D3Ew.

第 1 章

陶瓷材料的结构

1.1 工程材料的结合键

工程材料主要有四种键合形式，即金属键、分子键、离子键和共价键键合。键性质不同，材料的基本性质会存在很大差异（表1-1）。形成稳定无机晶体的主要作用力是正、负离子间的静电引力，以及原子间共有电子对形成的共价结合，离子键和共价键晶体一般具有高熔点和高硬度。

表 1-1　不同键合所对应晶体的基本性质

结合键种类	熔点	硬度	导电性	键的性质
离子键	高	较大	固体不导电，熔化或溶解后导电	无饱和性，无方向性
共价键	高	大	不导电	有饱和性，有方向性
金属键	有高有低	有大有小	良导体	无饱和性，无方向性
分子键	低	小	不导电	有饱和性，有方向性

1.1.1 离子键及离子晶体

（1）离子键

离子键是化学键中最简单的类型，它是通过相反电荷之间的库仑力形成的，本质上完全可以归结于静电吸引。以 KCl 为例，将一个中性的钾原子电离成钾离子时消耗电离能 4.34eV，而一个中性氯原子获得一个电子变为氯离子时可得到电子亲和能 3.82eV。就是说，将两者离子化需要净消耗 0.52eV 的能量（图1-1）。当正、负离子靠近时所产生的库仑引力能为 $E=-e^2/(4\pi\varepsilon_0 R)$，这里 e 是电子电荷，ε_0 是真空介电常数，R 为离子间距。随着正、负离子的靠拢，分子将更加稳定。然而，当互相接近的离子的电子层开始重叠在一起时，会产生强大的斥力，这种排斥能在离子相距较远时很小，而当电子壳层相互重叠时则迅速增加。假设这一项能量按 $1/R^n$ 变化，n 的经典值为 10 时可以满意地描述这种行为，这样 KCl 分子的总能量为：

$$E=\frac{-e^2}{4\pi\varepsilon_0 R}+\frac{B}{R^n}+0.52\text{eV} \tag{1-1}$$

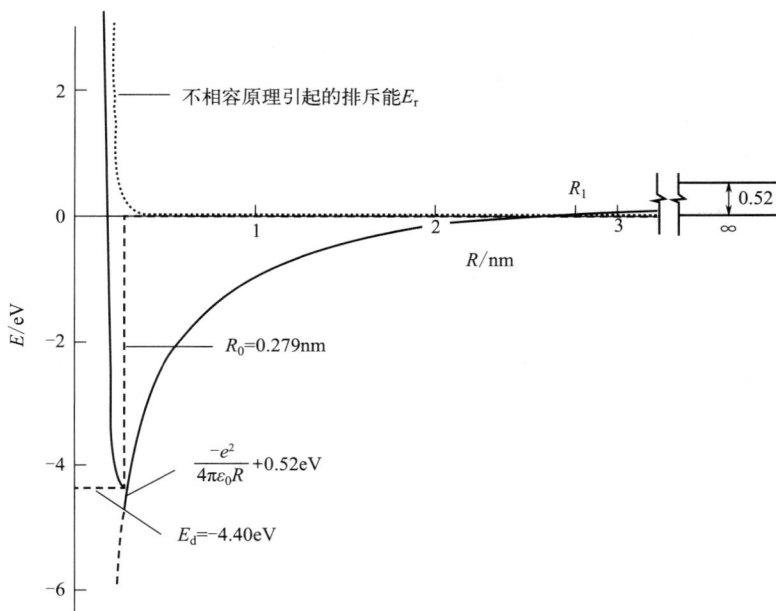

图 1-1　K^+ 和 Cl^- 的总能量与核间距 R 的关系

式（1-1）中的经验常数 B 与指数 n 可以从物理性质来计算。式（1-1）中第一项（库仑引力项）使系统能量降低，而第二项（斥力项）使系统能量增加，综合计算就存在一个能量的最低值。结果，从孤立的原子合成 KCl 分子时，就有 -4.4eV 左右的生成能。

离子键常形成于正电性元素（位于元素周期表左侧的金属）和负电性元素（位于元素周期表右侧的非金属）之间。一般来说，由于形成离子键的静电力来源于离子的过剩电荷，晶体中离子的电子云密度对称分布，通常不会产生变形。因此离子键具有无饱和性和无方向性的特点，这也是离子键化合物具有配位数高、堆积致密的一个很重要的原因。

虽然离子间的作用力主要来源于过剩电荷，但在一定条件下也会通过电场相互作用产生极化，离子极化经常造成键能加强、键长缩短和配位反常，严重的极化还能使离子键向共价键过渡。

（2）离子晶体

由正、负离子构成的晶态化合物称为离子晶体，离子晶体是正、负离子通过离子键按一定方式堆砌而成的。离子晶体中电子在离子间的分布和单一离子键的情况是一样的，然而在离子晶体中，每个正离子的周围有几个负离子存在，而每个负离子的周围有几个正离子的存在。晶体的能量通过对晶体中离子相互作用势求和可以得到。

离子晶体中所有的键都是各向同性的，可将其晶体结构看作球状离子的最密堆积，从而显示出各种特征。但是在一般情况下，由于负离子半径比正离子半径大，所以负离子的堆积方式决定了晶体的基本结构型式（在正离子半径大于负离子半径时，正离子的堆积方式则起决定作用）。负离子形成的密堆积结构要处于稳定状态，正离子必须被尽可能多的负离子包围，并尽量与负离子接触，同时负离子之间必须保持适当的距离以使负离子与负离子之间的斥力最小。

离子晶体的基本结构为立方最密堆积（ccp）和六方最密堆积（hcp），而离子半径小的离子则以不同方式填充在各种密堆积结构的不同间隙处，从而得到不同的离子晶体结构。

通过简单几何模型的考虑，由正离子与负离子的离子半径比，可判断出满足这个条件的结果。这种离子半径与配位数之间的关系不仅适用于所有离子晶体，在某些情况下，也适用于共价性很强的二氧化硅及金属氧化物（电子陶瓷的主要化合物）。

假定离子化合物中 A 为正离子，B 为负离子，离子晶体包含 AB 型（包括碱金属的卤化物，碱土金属的氧化物、硫化物、硒化物）、AB_2 型［包括氟化物和氧化物，具有代表性的是 CaF_2 型与金红石（TiO_2）型］、AB_3 型（主要有 BiF_3 型、ScF_3 型和 UCl_3 型）、A_2B_3 型（刚玉型结构）、AB_2O_4 型（尖晶石结构）等几种类型。

将以上所有有关堆积的概念用于硅酸盐等实际复杂晶体结构时，并不完全合适。关于这方面的问题，鲍林（Pauling）提出了规定配位关系的一组规则，将在后面加以讨论。

1.1.2　共价键及共价晶体

（1）共价键

除了惰性气体以外，非金属元素原子之间一般倾向于形成共价键。具体来讲，就是指两个或多个原子共同使用它们的外层电子，在理想情况下达到电子饱和的状态时所形成的比较稳定的化学结构。像这样由几个相邻原子通过共用电子并与共用电子之间形成的一种强烈作用叫做共价键，其本质是原子轨道重叠后，高概率地出现在两个原子核之间的电子与两个原子核之间的电性作用。由于共价键起源于电子共享，因此，原子形成共价键的数目受到电子结构的限制，导致共价键具有饱和性。此外，共价键形成时，由于能量上的原因，总是选择在合适的方向上成键，使得共价键具有方向性。

（2）共价晶体

当按照共价键的强方向性建立起一种具有重复性的结构时，就可以形成共价晶体。共价键的本质使得典型的共价键晶体总是具有很高的熔点和硬度，具有良好的光学特性和不良的导电特性。

金刚石是一种典型的共价晶体，它的每个碳原子形成四个共价键，结果每个碳原子分别被其他四个碳以四面体方式包围，成为金刚石结构（图 1-2）。金刚石具有自然界中最高的硬度，它的热导率极高，甚至比金属铜、银还要高上 5 倍。在元素周期表中与 C 同族的 Si、Ge 和 Sn（灰锡）也形成金刚石结构。

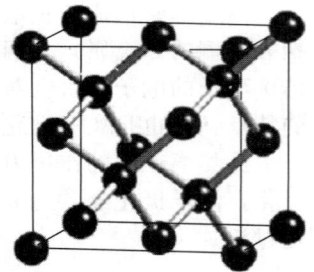

图 1-2　金刚石的晶体结构

1.1.3　其他结合键及相关晶体

在固相中，像甲烷这样的有机分子以及惰性气体原子没有可供晶体结合所需的电子，它们一般是依靠电荷极化获得微弱的引力，即范德瓦耳斯力形成键合，这是一种最弱的物理结合，称作分子键结合。完全由分子键结合的晶体称为分子晶体。陶瓷材料中，层状硅酸盐结构的黏土层与层之间主要通过分子键连接，在云母型矿物结构、石墨结构等结构中分子键也都是很重要的结合方式。

在无机晶体中另外一种特殊但常见的结合是氢离子在两个负离子之间形成的一种较强的键，即氢键。它是一种特殊的分子间作用力。氢键主要是离子性的，而且只与高电负性的负离子 O^{2-} 和 F^- 形成，绝大多数氢键具有饱和性与方向性。这种键在水、冰和很多含氢、氧的化合物（如水合盐类）的结构中很重要。

金属键与离子键、共价键一样是一种重要的化学键，但就陶瓷而言，并不十分常见。

1.1.4 实际陶瓷材料的结合键

虽然陶瓷材料的结合键主要为离子键和共价键，但实际上许多陶瓷材料的结合键介于两者之间。在离子键与共价键之间，存在许多中间类型，它们的电子可以从典型的离子型排布逐渐变化到共价键所特有的排布。键的离子性程度可用电负性作半经验性的估计。电负性可以衡量价电子被正原子实吸引的程度，电负性显著不同的原子之间的相互结合是离子性的，而具有相近电负性的原子之间的相互结合从本质上讲是共价性的。表 1-2 为典型陶瓷材料的结合键。

表 1-2　典型陶瓷材料的结合键

化合物	LiF	MgO	Al_2O_3	SiO_2	Si_3N_4	SiC	Si
电负性	3.0	2.3	2.0	1.7	1.2	0.7	0
离子键/%	89	73	63	51	30	11	0
共价键/%	11	27	37	49	70	89	100

1.2　陶瓷材料的晶体结构与晶体缺陷

陶瓷中的绝大部分为晶体材料。晶体是由大量微观物质单位（原子、离子、分子等）按一定规则有序排列的结构，最稳定的晶体结构要求原子堆积最紧密，并同时满足每个原子价键数、原子大小和价键方向等的要求。晶体学有关空间点阵的概念对陶瓷材料是完全适用的。

1.2.1 离子的组合和鲍林规则

以离子键为主的晶体（一般为卤化物、氧化物和硅酸盐）其结构主要取决于正、负离子如何结合在一起，同时又具有最大的静电引力和最小的静电斥力。晶体结构中的离子排列属于能量最低状态，不同排列之间的能量差别一般很小。通过对晶体结构的长期研究，鲍林提出了五条规则，成功地解释了大多数离子型晶体结构。这些规则不仅对复杂离子晶体结构的理解具有重要的实用意义，而且对共价键结合并同时具有部分离子键性质的晶体也具有意义。但对于完全为共价键结合的晶体，这些规则是不适用的。

（1）鲍林第一规则

鲍林第一规则指出：晶体结构中每一个正离子周围的负离子形成一个配位多面体，负离子占据配位多面体的各个顶角位置，正、负离子之间的距离由它们的半径之和决定，配位数则由两种离子的半径之比决定（图 1-3）。

从图 1-3 可以看出，当负离子半径大于一定的临界值时，在给定尺寸的中心，正离子就不可能与周围所有的负离子接触。当配位数一定时，只有在正离子与负离子的半径比大于某个临界值时才是稳定的。这就解释了为什么两种离子的半径之比会影响配位数。

鲍林第一规则把正离子配位体看成是离子晶体的结构单元。在稳定的结构中，这样的基本单元在三维空间的排布应该使次近邻的相互作用最为有利。一个稳定的结构不仅在宏观范围内是电中性的，在原子尺度上也必须是电中性的。

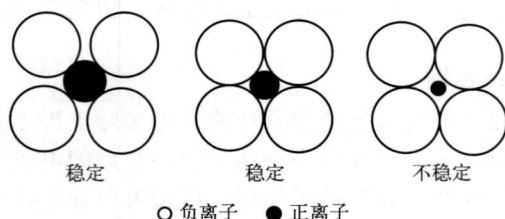

稳定　　　　　稳定　　　　不稳定

○ 负离子　　● 正离子

图 1-3　稳定与不稳定的配位构型

晶体结构中的负离子周围也存在正离子的配位多面体，其临界半径比同样也控制着负离子周围正离子的配位数。一般情况下负离子比正离子大，因此一个结构的临界半径比通常是由正离子周围的负离子配位情况来决定的，所以鲍林第一规则强调的是正离子配位多面体。

对给定的一对离子，其离子半径比给出了正离子配位数的上限。一般情况下，在几何上允许形成比这个配位数更小的任何结构类型，但由于晶体的静电能会随着相互接触的异号离子数的增多而明显降低，因而最稳定的结构总是具有最大允许的配位数。但上述临界半径比也并不是不可变动的，因为在讨论几何排列时把离子看成刚性球体，如果配位数增加所导致的静电能的增加超过了使周围离子形变所消耗的能量，则配位数也可以大于离子半径比的限值。特别是在中心正离子荷电量较大或周围负离子原子序数高、尺寸大、容易变形时，这种情况就显得特别重要。

（2）鲍林第二规则

鲍林第二规则是计算晶体中局部电中性的基础。我们把正离子的价电子数除以它的配位数所得的商称为正离子给予一个配位负离子的静电键强度。例如，四面体配位的四价硅的静电键强度为 $4/4=1$；八面体配位的 Al^{3+} 的静电键强度为 $3/6=1/2$。

鲍林第二规则指出：在稳定的结构中，一个负离子与所有最近邻正离子静电键强度的总和应该等于该负离子的电价数。

例如，在 NaCl 结构中，Na^+ 的配位离子为 6 个 Cl^-，而 Cl^- 也被 6 个 Na^+ 所包围。负离子 Cl^- 成为所有这些正八面体型的负离子配位多面体所共享的一个多面体的顶角。每个 Cl^- 的一价负电荷被静电键强度为 1/6 的 6 个 Na—Cl 键所抵消，结构的位能处于最小值，虽然晶格能相当大，但 NaCl 晶体是最稳定的。再比如在尖晶石（$MgAl_2O_4$）结构中，O^{2-} 周围最近邻的是 1 个 Mg^{2+} 和 3 个 Al^{3+}，同时 O^{2-} 又是 1 个 ［MgO_4］ 配位四面体和 3 个 ［AlO_6］ 配位八面体的公共顶角。于是，1 个 O^{2-} 的两价负电荷被静电键强度为 2/4 的 1 个 Mg—O 键与静电键强度为 3/6 的 3 个 Al—O 键所抵消，所以第二规则在尖晶石结构中也是满足的。

（3）鲍林第三规则

鲍林第三规则进一步确定正离子配位多面体之间的相互联系。

第三规则指出：在稳定的结构中，配位多面体之间倾向于共角而不是共棱，特别不会共面连接，一旦多面体共棱，则缩短了多面体之间的距离。

这个规则仍是从几何角度考虑。多面体中的正离子之间的距离按共角、共棱、共面的次序依次减小，而正离子之间的排斥力则依次增加，如图 1-4 所示。

（4）鲍林第四规则

鲍林第四规则指出：由高电价与低配位数正离子形成的多面体特别倾向于共角连接。

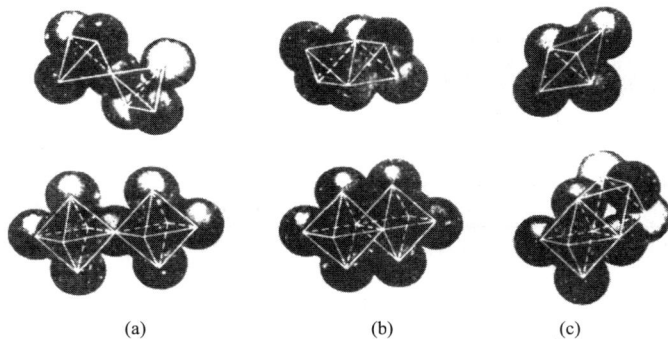

图1-4　四面体及八面体共角（a）、共棱（b）、共面（c）连接

正离子对之间的排斥力随电荷数的平方增加，同时配位多面体中正离子之间的距离随配位数降低而减小。

（5）鲍林第五规则

鲍林第五规则指出：所有相同离子在可能的范围内与周围的配位关系往往是相同的，即在同一晶体中，本质上不同组成的构造亚单元的数目趋向于最低值。这是因为不同尺寸的离子及配位多面体很难有效地堆积成一个单一结构。

1.2.2　陶瓷材料的晶体结构

1.2.2.1　氧化物结构

视频4：氧化物陶瓷的晶体结构

氧化物结构的最显著特点是与氧的密堆积有密切关系，并且取决于氧的密堆积。在这个基础上观察氧化物，其结构之间的相似性就很明确。在研究氧化物结构时应十分熟悉立方密堆积结构及其所具有的四面体和八面体间隙的分布。

大多数简单的金属氧化物结构可以在氧离子近似密堆的基础上形成，而正离子则配置于适当的间隙中（如表1-3所示）。下面举几个例子说明。

表1-3　按照负离子排列情况对简单离子型结构的分类

负离子的堆积	M和O的配位数	正离子位置	结构名称	举例
立方密堆	6：6MO	全部八面体间隙	岩盐	NaCl，KCl，LiF，KBr，MgO，CaO，SrO，BaO，CdO，VO，MnO，FeO，CoO，NiO
立方密堆	4：4MO	1/2四面体间隙	闪锌矿	ZnS，BeO，SiC
立方密堆	4：8M_2O	全部四面体间隙	反萤石	Li_2O，Na_2O，K_2O，Rb_2O，硫化物
畸变了的立方密堆	6：3MO_2	1/2八面体间隙	金红石	TiO_2，GeO_2，SnO_2，PbO_2，VO_2，NbO_2，TeO_2，NnO_2，RuO_2，OsO_2，IrO_2
立方密堆	12：6：6ABO_3	1/4八面体间隙（B）	钙钛矿	$CaTiO_3$，$SrTiO_3$，$SrSnO_3$，$SrZrO_3$，$SrHfO_3$，$BaTiO_3$
立方密堆	4：6：4AB_2O_4	1/8四面体间隙（A）1/2八面体间隙（B）	尖晶石	$FeAl_2O_4$，$ZnAl_2O_4$，$MgAl_2O_4$

负离子的堆积	M 和 O 的配位数	正离子位置	结构名称	举例
立方密堆	4 : 6 : 4B(AB)O$_4$	1/8 四面体间隙（B） 1/2 八面体间隙（A，B）	尖晶石 （倒反型）	FeMgFeO$_4$，MgTiMgO$_4$
六角密堆	4 : 4MO	1/2 四面体间隙	纤维锌矿	ZnS，ZnO，SiC
六角密堆	6 : 6MO	全部八面体间隙	砷化镍	NiAs，FeS，FeSe，ScSe
六角密堆	6 : 4M$_2$O$_3$	2/3 八面体间隙	刚玉	Al$_2$O$_3$，Fe$_2$O$_3$，Cr$_2$O$_3$，Ti$_2$O$_3$，V$_2$O$_3$，Ga$_2$O$_3$，Rh$_2$O$_3$
六角密堆	6 : 6 : 4ABO$_3$	2/3 八面体间隙（A，B）	钛铁矿	FeTiO$_3$，NiTiO$_3$，CoTiO$_3$
六角密堆	6 : 4 : 4A$_2$BO$_4$	1/2 八面体间隙（A） 1/8 四面体间隙（B）	橄榄石	Mg$_2$SiO$_4$，Fe$_2$SiO$_4$
简单立方	8 : 8MO	全部立方体间隙	氯化铯	CsCl，CsBr，CsI
简单密堆	8 : 4MO$_2$	1/2 立方体间隙	萤石	ThO$_2$，CaO$_2$，PrO$_2$，UO$_2$，ZrO$_2$，HfO$_2$，NpO$_2$，PuO$_2$，AmO$_2$
互连的四面体	4 : 2MO$_2$		硅石型	SiO$_2$，GeO$_2$

（1）岩盐结构

很多卤化物及氧化物晶体具有立方岩盐结构，如图1-5所示。这种结构中较大的负离子排列成立方密堆，而正离子则填充在所有的八面体间隙位置上。具有这种结构的氧化物有 MgO、CaO、SrO、BaO、CdO、MnO、FeO、CoO 和 NiO，其正、负离子的配位数均为6。为了保持稳定的结构，离子半径比保持在0.732到0.414之间，并且正、负离子的电价必须相等。此外，所有的碱金属卤化物除了 CsCl、CsBr、CsI 外都按这种结构结晶，碱土金属硫化物也是如此。

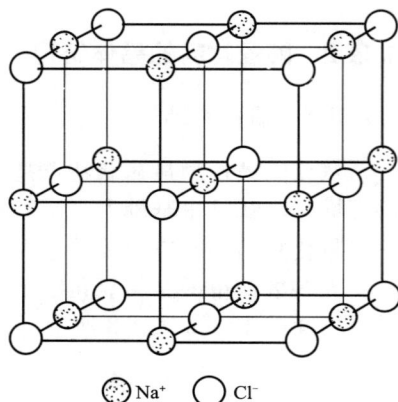

○ Na$^+$　○ Cl$^-$

图1-5　岩盐结构（NaCl）

（2）纤维锌矿结构

氧化铍中的离子半径比是0.25，每个铍离子（2价）周围有4个氧离子形成四面体配位，因此静电键强度等于1/2，每个氧离子必须有四个正离子配位。满足这样要求的结构为：尺寸较大的氧离子排列成六方密堆，铍离子填充其四面体间隙的一半，从而获得最大的正离子间距。纤维锌矿 ZnS 的结构也是这样的，通常把这种结构称为纤维锌矿结构（图1-6）。

（3）闪锌矿结构

闪锌矿结构也是一种四面体配位的结构，如图1-7所示。这个结构是在负离子立方密堆基础上形成的。氧化铍在高温下具有这种晶型。

（4）金红石结构

在金红石 TiO$_2$ 中，Ti 是+4价，配位数是6，静电键强度为2/3，每个氧离子周围要求有 Ti 的三重配位。这个结构比以上的结构要复杂一些。正离子的填充，使得近似密堆的氧晶格发生畸变，以至于正离子只填充了可利用的八面体间隙位置的一半。GeO$_2$、SnO$_2$、

PbO_2、MnO_2 和其他几种氧化物就是这种结构（图 1-8）。

（5）氯化铯结构

在氯化铯中，离子半径比要求八配位，由于静电键强度是 1/8，因此氯也是八重配位的。在这样形成的结构中 Cl^- 排列成简单立方，所有间隙位置均由 Cs^+ 填充（图 1-9）。

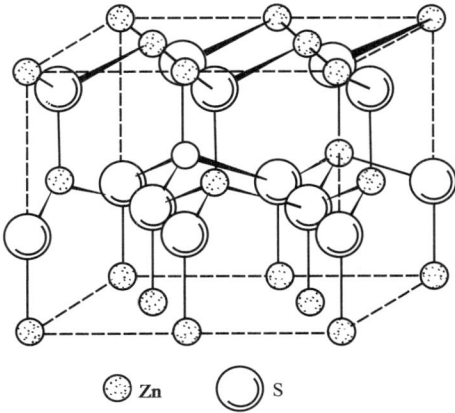

图 1-6　纤维锌矿结构（ZnS）

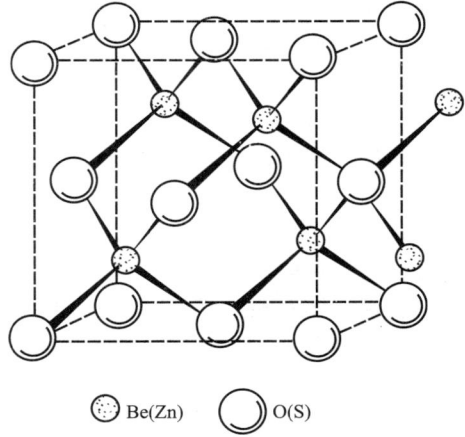

图 1-7　闪锌矿结构（BeO、ZnS）

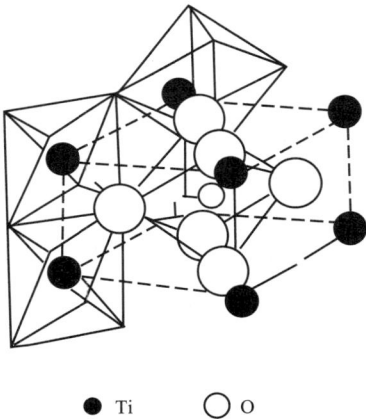

图 1-8　金红石结构（TiO₂）

图 1-8　金红石结构（TiO_2）

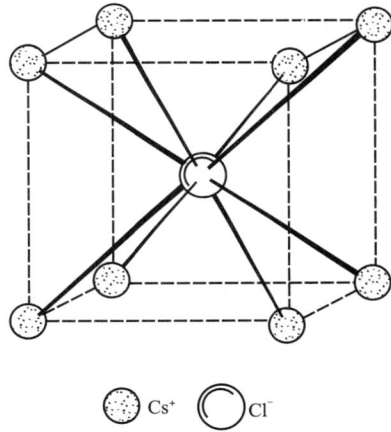

图 1-9　氯化铯结构（Csd）

除此之外，氧化物结构还包含尖晶石结构、刚玉结构、萤石结构、反萤石结构、钙钛矿结构等。

1.2.2.2　硅酸盐结构

地壳的大部分是由硅石和各种硅酸盐组成的，氧和硅是地壳中最丰富的两种元素。传统陶瓷材料中所使用的大部分原料以及一些产品都是由硅酸盐构成的，先进陶瓷与硅酸盐结构也有相当密切的关系。

（1）硅酸盐结构的主要规律

Si 和 C 是同属于 IVA 族的非金属元素，但 Si 不同于 C，它不能大量地自相结合在一起，因此它不能形成有机化合物那样的一系列化合物。然而，Si 和 O 能结合在一起，成为硅氧烷聚合物和硅酸盐矿物（晶态和玻璃态）的基础。

Si—O 键的半径比是 0.29，对应于四面体的配位，以硅为中心，在其周围排布四个氧离子，形成一个四面体形的亚单元，称作硅氧四面体结构，以符号 $[SiO_4]$ 表示，这是构成硅酸盐结构的基本单元。

硅氧四面体中的氧离子只能与两个硅原子配位，这就使得晶态硅酸盐中的硅氧四面体之间通常以顶角相连接，即共顶角。这样低的配位数使 SiO_2 不可能形成密堆结构，因此硅酸盐结构比前面讨论过的结构都要开放得多。

计算表明，Si—O—Si 的结合键在氧上的键角接近 140°。

空间维数是硅氧四面体结合方式的一个特征值。四面体连成链条时，维数是 1，层状结构的维数是 2，立体晶格的维数是 3，而单个硅氧四面体的维数是 0。稳定的硅酸盐结构按照给定的硅氧比以最高空间维数互相结合。

根据空间维数的结合规律，硅酸盐可以有很多结合方式，但实际并没有那样多。人们又提出了硅氧四面体互相连接时优先选用紧密连接这一规律。

硅氧四面体每一个四面体上的氧都可以与另一个四面体连接，最多可形成四个"桥氧"。从能量方面考虑，许多四面体连接形成一个结构时，各四面体都尽可能处于接近的能量状态。由此，在只含硅氧四面体的硅酸盐结构中，每一个四面体最多只相差一个桥氧原子。

以上规律并不是法则，有许多例外。但硅酸盐中的例外是极少的，这些规律对研究硅酸盐的结构具有很实际的意义。

（2）常见硅酸盐结构

在化合物中，$[SiO_4]$ 可以有几种方式共角连接，其中有 4 种普遍的类型，如图 1-10 所示。在正硅酸盐中，$[SiO_4]$ 相互之间是独立的；在焦硅酸盐中，$Si_2O_7^{6-}$ 是由共 1 个角的 2 个四面体组成的；在偏硅酸盐中，SiO_3^{2-}-$(SiO_3)_n^{2n-}$ 两个角被共用而形成环状与链状结构；在层状结构中，$(Si_2O_5)_n^{2n-}$ 层是由共用 3 个角的四面体组成的；在硅石的各种晶型中，$[SiO_4]$ 的 4 个角都是共用的。

① 硅石。结晶态硅石 SiO_2 是最简单的硅氧化合物，有几种不同的晶型。包括三种基本结构：石英、鳞石英和方石英，每一种结构包含 2～3 种变体。

② 正硅酸盐。这类硅酸盐包括橄榄石矿物

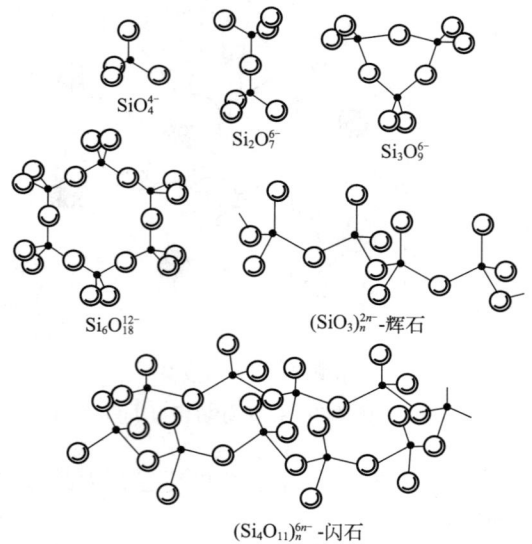

图 1-10 某些常见的硅酸盐结构

（镁橄榄石 Mg_2SiO_4 及其与 Fe_2SiO_4 的固溶体）、石榴石、锆英石和铝硅酸盐（蓝晶石、硅线石、红柱石和莫来石）。

③ 焦硅酸盐。含有 $Si_2O_7^{6-}$ 离子的晶态硅酸盐是相对少见的。

④ 偏硅酸盐。含有 $(SiO_3)_n^{2n-}$ 离子的硅酸盐有两种类型：硅氧四面体环状或链状结构。

⑤ 骨架结构。许多重要的硅酸盐结构是以无限三维硅氧骨架为基础，其中有长石及沸石。长石的特点是由 Al^{3+} 取代硅氧骨架中的某些 Si^{4+}，从而形成铝硅酸盐骨架，由于取代而产生的负电荷由在间隙位置上的大尺寸正离子予以平衡。

（3）硅酸盐结构的衍生结构

如果把衍生结构定义为从比较简单的基本结构中派生出来的结构，那么许多衍生结构是与硅石结构密切相关的。产生这种结构的一种方式是使基本结构畸变，石英、鳞石英及方石英就是这种情形，它们都有由对称性较高的高温型畸变而成的低温型，这种畸变是由离子位移引起的，如图 1-11 所示。

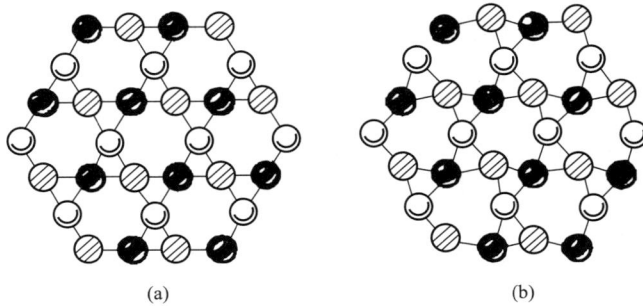

(a)   (b)

图 1-11　石英的高温型（a）与低温型（b）结构

形成衍生结构的另一种方式是置换不同类的化学物质。当这种置换伴随有电价变化时，置换时有附加离子，这样形成很多填隙型硅酸盐结构。在这种结构中 Al^{3+} 取代了 Si^{4+}，而其他原子填充到间隙中以维持电荷平衡。在石英结构中这种间隙是比较小的，故只适合于 Li^+ 或 Be^{2+}。锂霞石 $LiAlSiO_4$ 是石英的填隙衍生结构。

鳞石英与方石英中的间隙较大，很多结构就是在这个基础上派生出来的。鳞石英的填隙衍生物最为普遍，包括霞石 $KNa_3Al_4Si_4O_{16}$、几种 $KAlSiO_4$ 的晶型和其他几种结构。方石英的填隙衍生物包括三斜霞石 $NaAlSiO_4$。

1.2.2.3　其他陶瓷的晶体结构

陶瓷的其他重要的晶体结构大多与各种氧化物或硅酸盐结构有密切关系。

（1）石墨

石墨具有层状结构（图 1-12），其中基面上的碳原子由强共价键结合形成六角排列，而层与层之间由微弱的分子键结合。这种结构有很强的方向性，例如，在层平面方向的线膨胀系数是 $1 \times 10^{-6} ℃^{-1}$，而在垂直于层的方向线膨胀系数为 $27 \times 10^{-6} ℃^{-1}$。六方氮化硼 BN 也具有类似的结构。

（2）碳化物

较小尺寸的碳原子决定了碳化物的结构。小尺寸碳原子容易进入间隙位置，使得大多数过渡金属的碳化物具有金属原子的密堆积，碳原子在

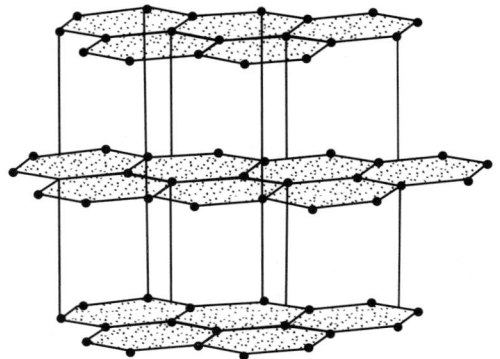

图 1-12　石墨结构

间隙位置。在这些结构中，金属与碳的键合是介于共价键与金属键的中间类型。碳和电负性相似的原子形成的碳化物，如 SiC，则几乎纯粹是共价型的，其比较普通的晶型与纤维锌矿结构（图 1-6）相似。

（3）氮化物

氮化合物结构和碳化物相似，但金属-氮的键与金属-碳的键相比，其金属键的性质较少。

1.2.3 陶瓷晶体结构的同质多象现象

很多材料是以多种晶型存在的，而晶型之间在一定的条件下又可相互转化，这种现象称为同质多象现象，或同质异构现象。例如，立方 ZnS（闪锌矿）在低温时稳定，当温度升高时则转变成高温相的六方 ZnS（纤维锌矿）。二氧化锆（ZrO_2）在室温下的稳定晶型属单斜晶系，但在 1000℃ 左右向四方晶型转化，这种晶型的转化伴随着很大的体积变化，甚至导致材料碎裂。即使热力学上十分稳定的 α-Al_2O_3 在某些情况下也能发生相变，转变成 γ-Al_2O_3。许多其他的陶瓷材料，如 C、BN、SiO_2、TiO_2、As_2O_3、ZnS、FeS_2、$CaTiO_3$、Al_2SiO_5 等，也都有不同的同质异构体。

多型现象用来表示一种特殊类型的同质多象现象，多型现象中同一化合物的几种不同结构的区别仅仅在于其二维层的堆垛次序不一样。例如前述的 ZnS 立方闪锌矿和六方纤维锌矿的区别仅在于四面体层排列次序不同，ZnS 中还发现了其他多型体。在层状结构的 MoS_2、CdI_2、石墨及黏土矿物中，这种现象是非常普遍的。SiC 这一非常重要的陶瓷材料也具有最丰富的多型体，目前在 SiC 中至少已发现了 74 种不同的堆垛次序。

1.2.3.1 同质多象的热力学基础

在一定温度范围内，一组同质多象变体中，自由焓低的晶型是稳定的，其他晶型则趋向于转变成这种晶型。每一种晶型自由能的关系由下式给出：

$$G = U + pV - TS \tag{1-2}$$

式中，U 是内能，取决于晶体结构的晶格能；p 是压力；V 是体积；T 是绝对温度；S 是一定晶型的熵，高温型晶体的熵值一定比低温型晶体的熵值大。pV 乘积很小，且在温度变化及晶型转变时的变化很小，故可忽略不计。在绝对零度时，自由能由内能决定。然而，随温度逐渐增加，TS 项就变得越来越重要了。在温度足够高时，具有较大熵值的一些晶型，尽管内能较高，但由于 TS 项的作用，其最终的自由能仍然较低。图 1-13（a）和图 1-13（b）分别为晶体可逆转变与不可逆转变时，晶型之间的热力学关系以及它们的稳定区域，其中的下角标 L 和 Ⅰ、Ⅱ 分别表示液相和晶型Ⅰ、晶型Ⅱ两种固相。

图 1-13（a）表明同组分液相的内能要比固相高得多，同时液相熵值也较大。当温度增加时液相自由能 G_L 急剧降低，当温度达到并超过晶型Ⅱ的熔点 $T_{MⅡ}$ 时，液相自由能最低，这时液相处于稳定状态。晶型Ⅱ的自由能在晶型Ⅱ和晶型Ⅰ的转变温度 T_{tr} 与 $T_{MⅡ}$ 之间最低，此温度范围是晶型Ⅱ的稳定区域。晶型Ⅰ则稳定地存在于 T_{tr} 以下的温度区域。因此对这种晶体进行加热冷却，其同质多象现象可简单表示为：晶型Ⅰ⇔晶型Ⅱ⇔液相，称为可逆性转变。如果晶型Ⅰ过热（超过 T_{tr}）而介稳存在时，其自由能 $G_Ⅰ$ 的变化曲线以虚线表示；而液相过冷（低于 $T_{MⅡ}$）介稳存在时的自由能曲线 G_L 可以与曲线 $G_Ⅰ$ 相交于晶型Ⅰ的熔点 $T_{MⅠ}$ 处。这种转变的特点是多型转变温度低于两种变体晶型的熔点。SiO_2 多晶变体之间的转变就属于这种可逆转变。

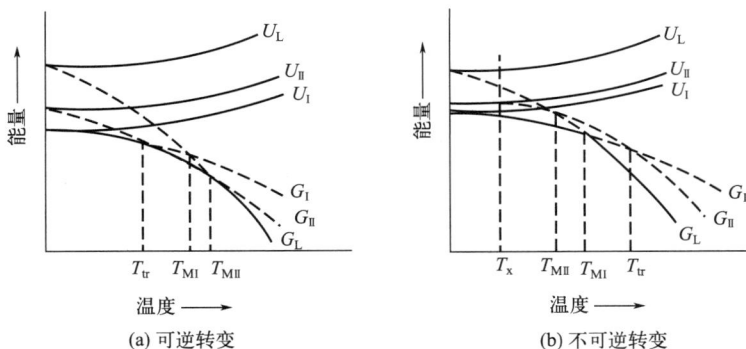

图 1-13 晶体不同晶型的内能和自由能与温度的关系

但也有许多晶体变体间的转变是不可逆的，如 β-CaO·SiO$_2$ 可以转变成 γ-CaO·SiO$_2$，而 γ-CaO·SiO$_2$ 不能直接转变成 β-CaO·SiO$_2$，这称为不可逆转变，如图 1-13（b）所示。图中 T_{MI} 和 T_{MII} 分别为晶型变体 I 和 II 的熔点，在图上虽然标出了晶型转变温度 T_{tr}，但事实上是得不到的，因为晶体不能过热到超过其熔点。不可逆转变的特点是多型转变温度高于两种晶型变体的熔点。图 1-13（b）还表明晶型 II 的自由能在低于熔化温度时都高于晶型 I，表明晶型 II 总处于介稳状态，随时都可能转变成晶型 I。但要从晶型 I 转变成晶型 II 则必须先加热熔融晶型 I，然后促使熔液过冷（相当于图中 T_x），从而结晶出晶型 II。

在 T_x 时，晶型 I 的自由能是三相中最低的，最稳定。然而实践表明，从过冷熔体中先结晶的是介稳态的晶型 II，之后才在恒温下转变成稳定晶型 I。这种由介稳状态依次经过中间的介稳相，最后转变成该温度下的稳定状态的规律，称为阶段转变定律。中间相介稳晶型 II 在适宜的条件下可被过冷，并在常温下保持其介稳状态不变。二氧化硅材料（如硅砖）中常含有鳞石英和方石英就是实际例子。

1.2.3.2 陶瓷晶体结构的同质多象转变

如上所述，从热力学角度来看，陶瓷晶体的同质异构转变可以分为可逆转变与不可逆转变两大类。那么，从动力学角度，按照同质异构的转变速度还可将陶瓷晶体的同质异构转变分为位移型转变和重建型转变两大类。

如果晶体结构中离子的最邻近的配位数没有变化或化学键没有被破坏，只是由于结构畸变引起次近邻配位的变化，那么这种转变称为位移型转变。这种转变只要原子从其原先位置上稍加位移即可实现，其特点是转变过程进行得非常迅速，而且是在确定温度下进行的。反之，如果原子的次近邻配位发生重大变化，需要破坏化学键以重建新的结构，这种转变被称为重建型转变。化学键的断裂与重建新的结构都需要较大能量，使得晶型间的转变进行得很缓慢，常常导致高温晶来不及在较快的冷却过程中转变成低温晶，高温晶就能以介稳态形式保留在室温。

（1）位移型转变

位移型转变中，原子的一次配位无需发生变化，因而结构上的变动不大，能量的变化是由二次配位变化所引起的。如果原先的晶型是一种具有高对称性的结构，如图 1-14（a）所示，那么将它转变成图 1-14（b）或图 1-14（c）的形式时，只要使结构发生畸变而无需破坏化学键或改变其基本结构，这种畸变结构是原始材料的衍生结构。我们把这类转变称为位移型转变，由于该转变进行得非常迅速有时也称作高低温型转变。

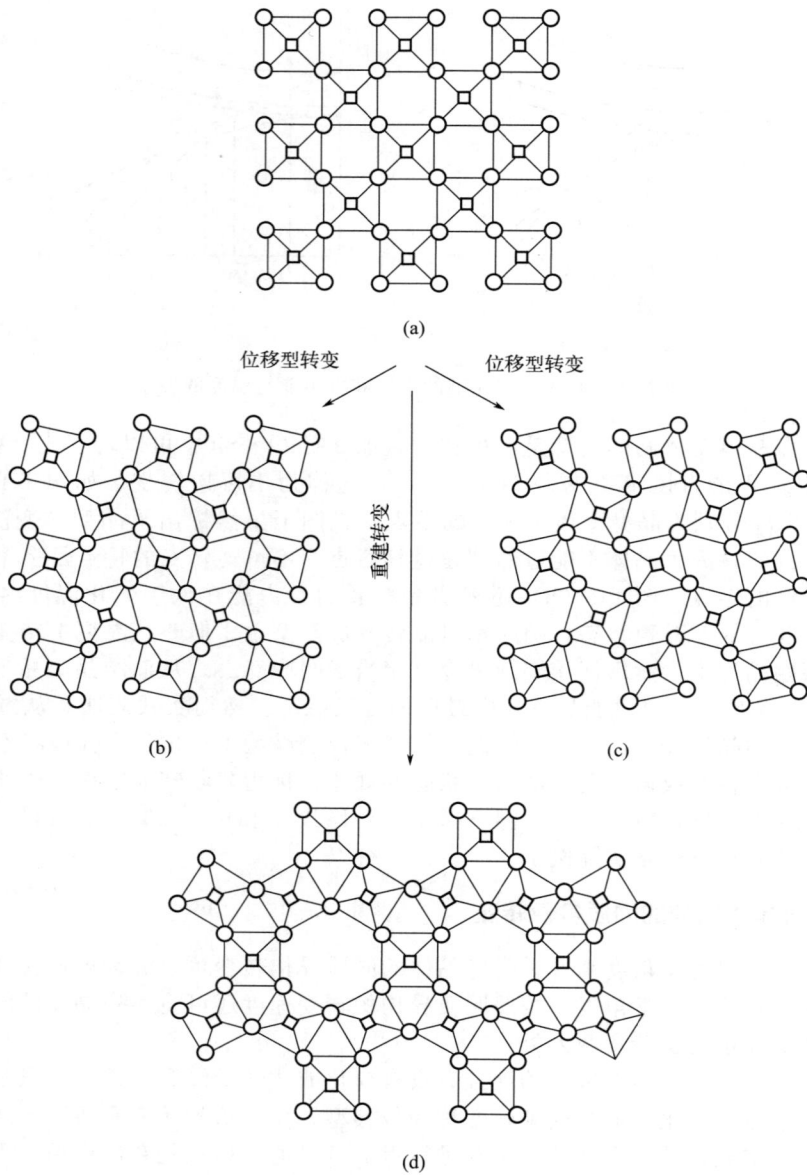

图 1-14　位移型转变和重建型转变

（a）原始开放结构；（b）（c）位移型转变为畸变型；（d）重建型转变成与原先结构不同的类型

　　如果我们称图 1-14（a）为开放型结构，那么经位移型转变后的结构变成图 1-14（b）中的畸变型，此结构中二次配位圈距离的缩小，使得系统的结构能量降低，因此畸变型是结构内能较低的低温型。

　　硅酸盐结构中与位移型转变有关的同质多象晶型的特点有：

①　高温型通常是开放型；

②　高温型有较大的比容；

③　高温型有较大的热容量及较高的熵值；

④　高温型有较高的对称性（实际上低温型是高温型的衍生结构）；

⑤ 由于低温型有正、反两种畸变结构，故向低温型转变常常导致孪生。

我们知道，金属材料马氏体相变就是一种典型的位移型转变，这种相变是无扩散的，只要通过母相结构的剪切就可得到新相，并且具有很高的转变速度，几乎是瞬间完成。陶瓷材料中也有相似现象，比如钛酸钡陶瓷（$BaTiO_3$）中立方结构向四方结构的转变，以及 ZrO_2 中四方相向单斜相的转变也都具有马氏体相变的基本特征。图 1-15 为 ZrO_2 中的马氏体相变，其中 B 是单斜相的条状物，板中有精细的孪生结构，T_1 和 T_2 之间也是孪生体。这种转变不需要热激活即可扩散。

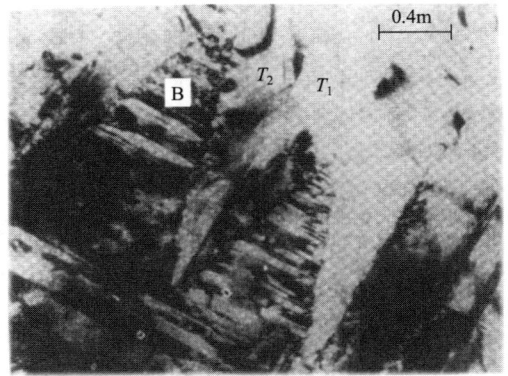

图 1-15　ZrO_2 中的马氏体相变

（2）重建型转变

另一种改变二次配位的途径是使结构关系完全变样，如图 1-14 中由（a）到（d）的变化。这种结构变化不能简单地通过原子位移来达到，而必须破坏原子间的键合，破坏结构所需要的能量在新的结构形成时又释放出来，这种类型的转变称为重建型转变。因此，重建型转变通常是迟缓的。

重建型转变可以通过以下几种途径来实现，一是新相在固态中成核及生长，比如，如果不稳定晶型的饱和蒸气压较高，就能蒸发并凝聚成比较稳定的低饱和蒸气压的晶型；二是相转变通过液相而加速，比如，如果不稳定晶型在液相中有较大溶解度，之后在适当的地方，析出更稳定的晶型，又比如，在制造耐火硅砖过程中，加入少量石灰作为助熔剂，溶解石英，然后析出鳞石英；此外还可以通过外加机械能，使重建型转变加速。

（3）二氧化硅的晶型转变

二氧化硅的晶型种类较多，其相互之间的转变（图 1-16）在硅酸盐制造工艺中受到特别的重视。二氧化硅共有 7 种同质异构晶型，其中有 3 种基本结构。这 3 种基本结构间的转变是重建型的，这种转变的发生十分困难，即使发生也非常缓慢，为加速这种转变，一般需加入外加剂作为溶剂。与此相反，每个基本结构的高低温转变均为位移型的，转变进行得非常迅速，并且无法阻止，这些转变一般伴随有巨大的体积变化，所以当陶瓷体中存在大量石英时会造成石英晶粒破裂，降低陶瓷强度。

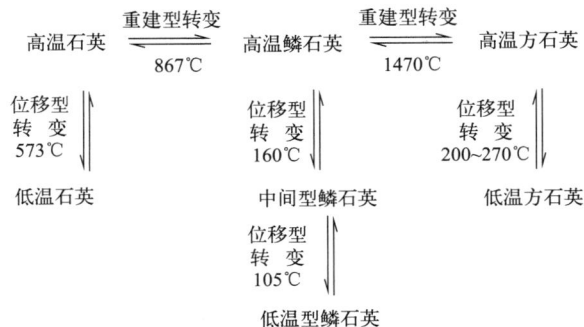

图 1-16　二氧化硅的晶型转变

1.2.4 陶瓷晶体结构中的缺陷与固溶体

与理想晶体结构不一样，实际上晶体中总是存在偏离理想结构的缺陷。晶体缺陷就是指实际晶体中与理想的晶体结构发生偏差的区域。根据缺陷在空间的几何图像，可以将晶体缺陷分为点缺陷、线缺陷和面缺陷三大类。

1.2.4.1 陶瓷晶体结构中的点缺陷

点缺陷是指在三维空间各方向上尺寸都很小的缺陷。根据对理想晶格偏离的几何位置及成分来划分，点缺陷可以分为三种类型。①间隙原子。晶体中的原子进入晶格中正常结点之间的间隙位置；②空位。正常结点没有被原子或离子所占据；③杂质原子。外来原子进入晶格成为晶体中的杂质，杂质缺陷与固溶过程密切相关。

根据产生缺陷的原因，点缺陷也可以分为三种类型。①热缺陷。在无外来原子的情况下，由于晶格原子热振动，一部分能量较大的原子离开正常格点位置，进入间隙成为间隙原子，并在原来的位置上留下一个空位，生成所谓的弗仑克尔（Frenkel）缺陷。或者正常格点上的原子迁移到表面，在晶体内部正常格点处留下空位，生成所谓的肖特基（Schottky）缺陷，如图1-17所示。在离子晶体中生成肖特基缺陷时，为了保持电中性，正离子空位和负离子空位是同时成对产生的，这正是离子晶体中肖特基缺陷的特点。例如，在NaCl中，产生一个Na^+空位，同时要产生一个Cl^-空位。弗仑克尔缺陷和肖特基缺陷是热缺陷的两种基本类型。热缺陷由于热振动而产生，而且缺陷的浓度表现为随温度的上升成指数上升，对于某一特定的材料，在一定温度下都有一定的热缺陷浓度。②杂质缺陷。由于外来原子进入晶体而产生的缺陷。与热缺陷的不同之处在于，如果杂质的含量在固溶体的溶解度极限之内，杂质浓度与温度无关。③非化学计量结构缺陷。有一些化合物，它们的化学组成会明显地随着周围气氛、性质和压力的变化而发生偏离化学计量组成的现象，生成n型和p型半导体。例如，TiO_2可写成TiO_{2-x}（$x=0\sim1$），是一种n型半导体。

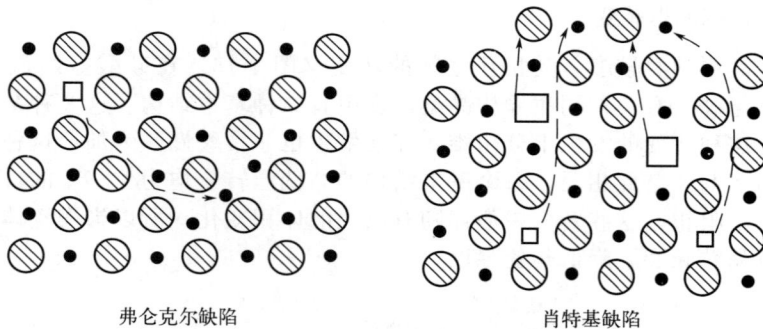

弗仑克尔缺陷　　　　　　　　　　肖特基缺陷

图1-17　晶体结构中的热缺陷

除了原子缺陷、杂质缺陷等点缺陷外，还有电子缺陷、带电缺陷等。对于各种点缺陷的表示以及浓度计算等内容在许多参考书中都有详细的讲述。

1.2.4.2 陶瓷晶体结构中的线缺陷——位错

位错是一种线缺陷。位错的存在对晶体的强度、塑性，以及晶体的生长都有重要的影响，陶瓷晶体中位错的研究对于了解陶瓷多晶体中晶界的性质和烧结机理也是不可缺少的。

许多普通陶瓷系统均含有密堆氧原子的结构。在这些氧化物系统中，通常观察到滑移是沿这些密堆方向中的一个方向进行的。这与引起应变所需的能量是一致的，因为密堆方向柏氏矢量较小，b^2 较小，因而应变能也较小。离子晶体中的位错比单质和金属系统中的位错复杂得多。图 1-18(a) 对金属和氯化钠的刃型位错进行了比较，可以看出，为了保持滑移面上下离子的规则性，氯化钠需要 2 个额外的半原子面。与点缺陷（空位、间隙、杂质）一样，位错也可以拥有有效电荷，如图 1-18（b）所示，其中位错的割阶导致负离子的不完全键合，结果产生 $-e/2$ 的有效电荷。

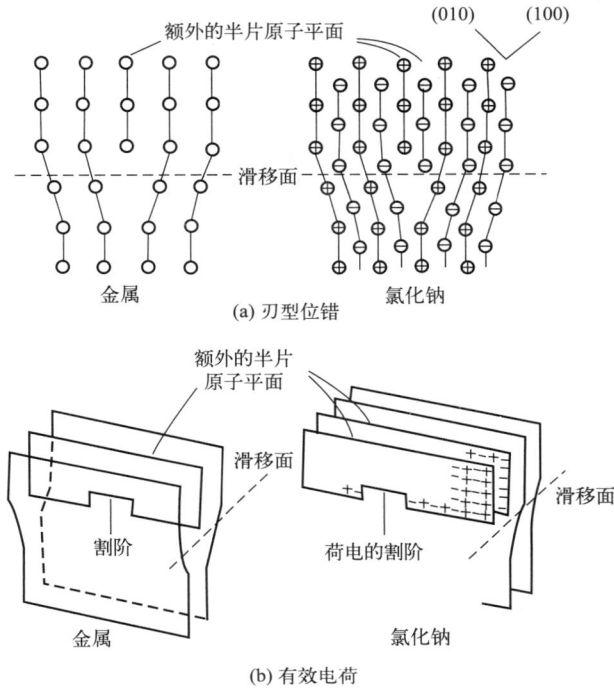

图 1-18　金属和氯化钠中的刃型位错与有效电荷

由于位错线周围有应变场存在，所以在透射电镜下有线状衬度产生。图 1-19 为部分陶瓷中的位错。

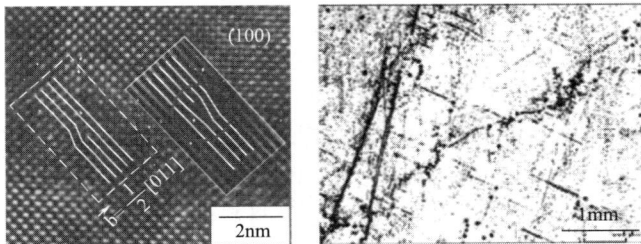

(a) SrTiO₃陶瓷中的位错　　　(b) p型掺杂的SiC中的位错网

图 1-19　部分陶瓷中的位错

1.2.4.3　陶瓷材料中的面缺陷

大多数陶瓷材料是多晶体，大的晶粒有时候可以用肉眼看到，小的用光学显微镜或电子显微镜也可观察到，晶粒与晶粒之间的界面称为晶界。在晶界上，原子的排列存在着不连续性（图1-20），因此晶界也是晶体缺陷，属于面缺陷。

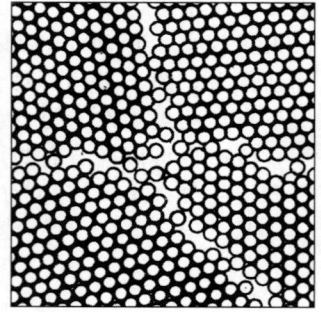

图 1-20　大角度晶界示意

如果将陶瓷晶界与金属晶界相比，除了存在一些相似之处外，更要注意它们之间的不同点，如表1-4所示。

图1-21清楚地显示出 Al_2O_3 陶瓷中晶粒之间的界面，图1-22为 Al_2O_3 陶瓷材料的断口照片，可以看到陶瓷多晶体内部沿晶与穿晶断裂的形貌。

与空位和位错一样，晶界对晶体的性能也起到重要作用。首先是烧结、晶粒生长、相变等工艺制备过程与晶界有密切关系，其次机械强度、韧性、塑性变形、高温蠕变等机械性能，以及电导率、介电损耗等电学性质和耐腐蚀等化学性质也取决于多晶体的晶界状态与性质。

表 1-4　陶瓷晶界与金属晶界的不同点

晶界类型	键合性质	静电势	溶质的性质		
			杂质浓度	决定浓度的因素	偏离化学计量
陶瓷（氧化物）晶界	离子键为主	有（+，-）	高	缺位生成能	有（氧不足）
金属晶界	金属键	无	可低	应变能	无

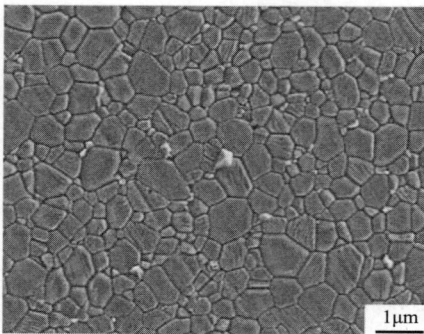

图 1-21　Al_2O_3 陶瓷的多晶体结构

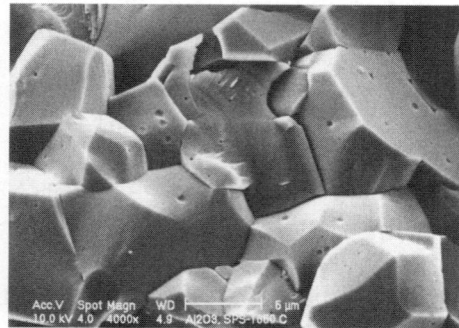

图 1-22　Al_2O_3 的陶瓷材料的断口照片

1.2.4.4　固溶体

以合金的某一组元为溶剂，其他组元为溶质，所形成的与溶剂具有相同晶体结构、晶格常数稍有变化的固相称为固溶体。

陶瓷材料中也普遍存在固溶体，固溶体可以使材料的物理化学性质在一个更大的范围内变化，无论对于结构材料还是功能材料，其作用都非常显著。

当固溶体的自由能低于形成两个不同成分的晶体或形成含有外来原子处于有序位置的新结构的自由能时，固溶体是稳定的。我们知道，体系自由能由以下关系给出：

$$G = U + pV - TS$$

其中，U 在很大程度上由结构能所决定，熵则是结构无序性（概率）的量度。如果增加一个原子使结构能大大增加，则固溶体是不稳定的，结果就会形成两种晶体结构；相反，如果外来原子的加入使结构能降低，系统就趋向于形成一个更加有序的新相；如果结构能变化不大，而这时熵由于原子的无规添加而增大，使得固溶体具有最低的能量，成为稳定的结构。由于自由能是温度的函数，同时又包括若干项，因此在每一温度下都可以绘出一套自由能与组成的关系曲线，类似于图 1-23(b) 和图 1-24(b)，从而判断该温度下的稳定相。

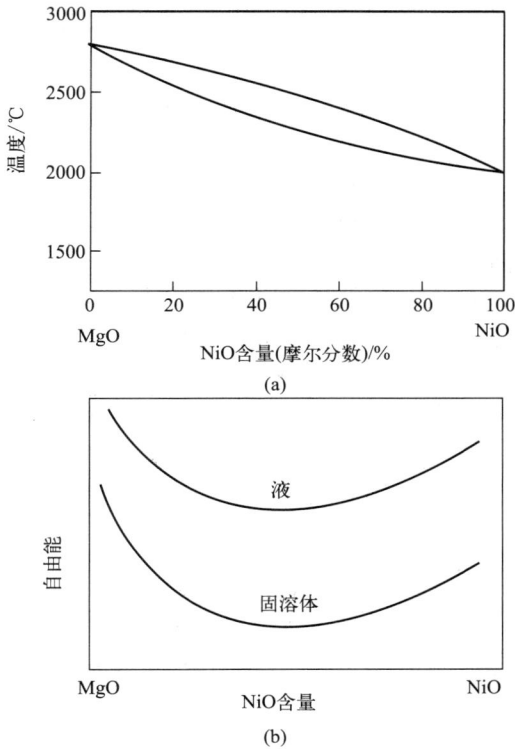

图 1-23　MgO-NiO 系统相图与自由能-组成关系
(a) MgO-NiO 相图；(b) $T<2000\,℃$ 时自由能-组成关系

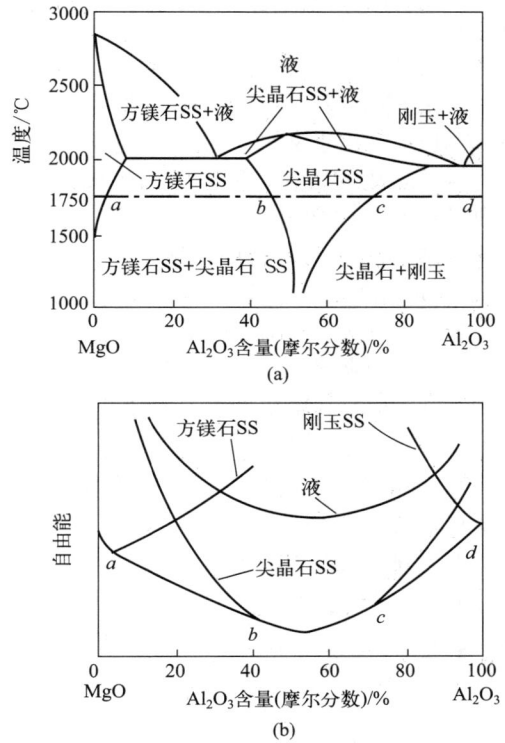

图 1-24　MgO-Al$_2$O$_3$ 系统相图与自由能-组成关系
(a) MgO-Al$_2$O$_3$ 相图；(b) $T=1750\,℃$ 时自由能-组成关系

按照杂质原子在晶体结构中的位置可以把固溶体分为置换型与间隙型两种；按照原子在晶体中的溶解度可以把固溶体分成无限固溶体和有限固溶体两类。

（1）置换固溶体

置换固溶体是指溶质原子占据溶剂晶格某些结点位置所形成的固溶体。比如氧化镁晶体中经常包含相当数量的 NiO 或 FeO，Ni^{2+} 或 Fe^{2+} 无规分布在晶体中以置换 Mg^{2+}，晶体最后的组成可以写作 $Mg_{1-x}Ni_xO$。类似的固溶体体系还有 Al_2O_3-Cr_2O_3（红宝石是在 Al_2O_3 中含有 $0.5\%\sim2\%$ 的 Cr_2O_3）、ThO_2-UO_2、钙长石-斜钙长石等。在某些系统中，相图的两端组成之间形成连续的固溶体（图 1-23）；但是在大多数系统中只有有限的外来原子可以进入置换固溶体中（图 1-24），在一定温度下超过固溶度极限时则会生成第二相。

从热力学分析，杂质原子进入晶格会使系统熵值增加，并可能引起体系自由能降低，所以外来原子在任何结构中至少都会有一些微小的溶解度。影响置换固溶体溶解程度的因素主要有：

① 尺寸。由于溶质原子与溶剂原子的尺寸不可能完全相同，当溶质原子溶入溶剂晶格后会引起晶格的点阵畸变。如果两个离子尺寸相差小于 15%，对于形成置换固溶体是有利的；如果离子尺寸相差大于 15%，置换一般是有限的，通常小于 1%。这个因素对离子化合

物是最重要的，也是生成连续固溶体的必要条件，但不是充分条件。

② 离子价。外加离子的离子价与基质离子的离子价相同时才能生成连续固溶体，否则置换是有限的。如果取代离子的离子价不同，则可用两种以上离子的组合来满足电中性取代的要求，这样才能生成连续固溶体。

③ 化学亲和性。两个结晶材料的化学反应能力愈大，它们之间固溶的程度就愈受限制，因为通过化学反应所形成的新相一般更加稳定。对于氧化物而言，这个限制一般已包含在离子价与尺寸因素当中。

④ 结构类型。为了形成无限固溶体，两端组成必须具有相同的晶体结构类型。例如 TiO_2 显然不能同 SiO_2 形成一个连续的固溶体系列。但是，对有限固溶体则没有这个限制。

对于氧化物来说，固溶体的生成主要由离子的相对尺寸和离子价决定。虽然在离子尺寸不同时不能形成高固溶度的固溶体，但离子价的不同却能以其他方式来补偿，例如，在具有蒙脱石结构的黏土矿物中，Mg^{2+}、Al^{3+} 和 Fe^{2+} 间相互具有高固溶度，由二价的 Mg^{2+} 或 Fe^{2+} 置换三价的 Al^{3+} 所引起的电荷不足，以及在高岭石的四面体配位中 Si^{4+} 被 Al^{3+} 置换所引起的电荷差，均是通过吸附在微小黏土颗粒表面的可交换的离子来补偿的。

通过留下随机分布离子空位的途径也可以实现等离子价的要求。比如在镁铝尖晶石 $MgAl_2O_4$ 和 Al_2O_3 之间存在很宽的固溶范围，这相当于 Al^{3+} 置换一部分 Mg^{2+}。为了保持电中性，每增加 2 个 Al^{3+} 必需置换 3 个 Mg^{2+}，并留下 1 个晶格空位。这个固溶体的端部成分是 $\gamma\text{-}Al_2O_3$，它具有尖晶石那样的氧离子的面心立方堆积，相应于 $Al_{8/3}O_4$，其中正离子位置总数的 1/9 是空的。

为了保持电中性，离子间数量不等的电荷会在晶体内部形成点缺陷。比如在 ZrO_2 中加入 CaO 可以形成立方萤石结构固溶体，其中 Ca^{2+} 替代了 Zr^{4+}，每进行 1 次置换留下 1 个氧离子空位，以保持正、负离子位置 1：2 的关系。同样地，La_2O_3 加入 CeO 或 ZrO_2 中、CdO 加入 Bi_2O_3 中也会造成负离子点阵中的空位。类似地，在 $LiCl$ 中加入 $MgCl_2$、$MgAl_2O_4$ 中加入 Al_2O_3，以及在 FeO 中加入 Fe_2O_3 都导致正离子点阵空位。

在具有密堆晶体结构的难熔氧化物中，溶解度与温度的关系十分密切。Al_2O_3 在 MgO 中的溶解度在 2000℃时可达百分之几，而在 1300℃时就只有 0.01％。

（2）间隙固溶体

间隙固溶体是指外来的溶质原子不占据晶格的正常位置，而是占据溶剂晶格的间隙所形成的固溶体。这种固溶体在金属系统中比较普遍，比如原子半径较小的 H、C、B 和 N 进入金属晶格间隙成为间隙固溶体。

间隙固溶体的固溶度仍然与离子尺寸、离子价、化学亲和性、晶体结构等有关。但在一定程度上，结构中间隙的大小具有决定性的作用。例如在面心立方结构的 MgO 中，氧八面体间隙已被镁离子占据，能利用的间隙只有被 4 个氧离子包围的四面体间隙。在 TiO_2 中，有 1/2 的八面体间隙是空的。在萤石结构中，氟离子作简单立方排列，正离子只占据了有八重配位的间隙的 1/2，在晶胞中还有较大的间隙位置。在沸石等具有网状硅酸盐结构的材料中间隙位置更大。因此，可以预料，上述材料中能够形成间隙固溶体的顺序将是沸石＞萤石＞TiO_2＞MgO，实际情况也是如此。

外来杂质原子进入间隙时必然引起晶体结构中电荷的不平衡，可以通过生成空位、置换固溶体或电子结构的变化来维持电中性。例如 YF_3 或 ThF_4 加入 CaF_2 中形成一种 Y^{3+} 或 Th^{4+} 替代 Ca^{2+} 的固溶体，同时 F^- 进入间隙产生负电荷，从而保持了电中性。间隙固溶体的生成一般使晶格常数变大，当大到一定程度时，固溶体就会因为不稳定而分解，所以间隙固溶体不可能是连续固溶体。

通过固溶，可以使材料的各种性质发生重大变化。$PbTiO_3$ 和 $PbZrO_3$ 都不是性能优良的压电陶瓷，$PbTiO_3$ 是铁电体，烧结性能极差，一般在常温下发生开裂；$PbZrO_3$ 是反铁电体。利用它们结构相同的特点生成连续固溶体，在 $Pb(Zr_{0.54}Ti_{0.46})O_3$ 处得到压电性能、介电常数都达到最大值的陶瓷材料 PZT，其烧结性能也很好。在 PZT 中加入少量 La_2O_3 可以生成透明的 PLZT 压电陶瓷材料。

1.2.4.5 非化学计量化合物

普通化学中总是认为化合物是由固定比例的某些成分所组成的。但在实际的化合物中，有许多并不符合定比定律，负离子与正离子的比例不是一个简单的固定比例关系，这种化合物称为非化学计量化合物。这种现象常存在于过渡金属化合物中，由于正离子是变价产生的，是一种由于化学组成偏离严格化学计量比而产生的缺陷。这种晶格缺陷有四种类型（图 1-25）。

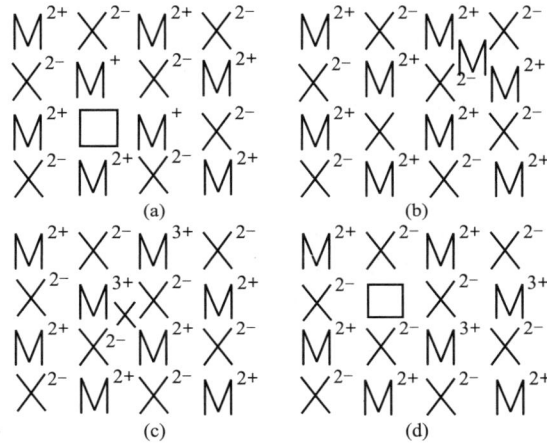

图 1-25 非化学计量比离子结构的 $M^{2+}X^{2-}$ 化合物基本类型
（a）负离子缺位使金属离子过剩；（b）间隙正离子使金属离子过剩；
（c）间隙负离子使负离子过剩；（d）正离子空位引起负离子过剩

（1）负离子缺位使金属离子过剩

严格化学计量 TiO_2 的正、负离子比例是 1:2，可以把产生负离子缺位化合物的分子式写作 TiO_{2-x}，这种化合物由于氧离子不足，在晶体中存在氧空位，造成金属离子过剩。从化学的观点可以把缺氧的氧化钛看作是四价与三价氧化钛的固体溶液，即 Ti_2O_3 在 TiO_2 中的固溶体；也可以看作为了保持电中性，部分 Ti^{4+} 降价为 Ti^{3+}。但是得到电子而变成 Ti^{3+} 中的这个电子并不是固定在一个特定的钛离子上的，电子很容易从一个位置迁移到另一个位置，从而形成电子导电，所以使得具有这种缺陷的材料成为 n 型半导体。ZrO_{2-x} 也是一种非化学计量化合物。

（2）间隙正离子使金属离子过剩

$Zn_{1+x}O$ 和 $Cd_{1+x}O$ 属于这种类型。过剩的金属离子进入间隙位置，它是带正电荷的，为了保持电中性，等价的电子被束缚在间隙位置金属离子的周围以保持电中性。具有这类缺陷的材料也属于 n 型半导体材料。

（3）间隙负离子使负离子过剩

目前只发现 UO_{2+x} 具有这样的缺陷，可以看作 U_3O_8 在 UO_2 中的固溶体。晶格中存在间隙负离子时，为了保持电中性，结构中引入空穴，空穴在电场的作用下会运动，因此这种材料是一种 p 型半导体。

（4）正离子空位引起负离子过剩

为了补偿正离子数量的不足以及由此产生的正电荷的损失，在正离子空位的周围捕获空穴，因此它也是一种 p 型半导体。以方铁矿为例，其分子式可写作 $Fe_{1-x}O$，在 FeO 中每形成一个空位，则有两个 Fe^{2+} 必须转变成 Fe^{3+}。也可以从化学角度简单地把它看成是 Fe_2O_3 在 FeO 中的固溶体，这种固溶体为了保持电中性，3 个 Fe^{2+} 被 2 个 Fe^{3+} 和 1 个晶格空位所置换。$Co_{1-x}O$、$Cu_{2-x}O$、$Ni_{1-x}O$、γ-Fe_2O_3 和 γ-Al_2O_3 都是这种类型的化合物。

具有非化学计量比的结构可通过对晶体密度的测量加以区别。例如，具有负离子过剩的晶体的密度随非化学计量比的增大而降低，可以预言形成了正离子空位；如果晶体的密度随非化学计量比的增大而增大，则可认为生成了间隙负离子。

由于存在非化学计量比的范围，通常氧化物的组成随氧压的变化而变化。计算表明，非化学计量缺陷的浓度与气氛的性质及气压有关，这是它和别的点缺陷最大不同之处；此外这种缺陷的浓度也与温度有关。

从非化学计量的观点看，世界上所有化合物都是非化学计量的，只是程度不同而已，例如，MgO、Al_2O_3 都有一个很狭小的非化学计量范围，但在一般情况下，都把它们看作稳定的化学计量化合物。表 1-5 为若干典型的非化学计量的二元化合物。

表 1-5　典型的非化学计量的二元化合物

缺陷类型	半导体类型	化合物
1	n	KCl，NaCl，KBr，TiO_2，ThO_2，CeO_2，PbS
2	n	ZnO，CdO
3	p	UO_2
4	p	Cu_2O，FeO，NiO，CoO，TiO_2，KBr，KI，PbS，SnS，CuI，FeS，CrS

1.3　陶瓷材料的显微结构

陶瓷材料的显微结构是指在各种光学显微镜和电子显微镜下所观察到的陶瓷内部组织结构。不同晶相与玻璃相的存在及其分布，晶粒的大小、形状与取向，气孔的尺寸、形状与分布，各种杂质、缺陷和微裂纹的形式和分布，以及晶界的特征等等，这些因素综合起来构成陶瓷的显微结构。陶瓷材料的显微结构对材料的性能有着重要的影响。

显微结构的形成可以从两方面进行讨论：一方面是化学变化使系统自由能降至最低，形成各种平衡相；另一方面，物理因素对显微结构的形成也有不可忽视的作用，诸如烧结、玻璃化、晶粒长大过程中，随着表面和界面面积的减小使系统自由能达到更低的状态，以及与新相形成有关的应变能和表面能的作用。本章主要讨论化学作用的影响。

1.3.1 陶瓷材料的相组成

构成陶瓷材料显微结构最基本的要素是晶体相、玻璃相和气孔相这三者。其中晶体相是陶瓷的主要组成相，往往决定着陶瓷的物理、化学性能；玻璃相是一种非晶态低熔点固态相，起黏结分散的晶相、填充气孔、降低烧结温度等作用，有时陶瓷中的玻璃相可多达 20%～60%，陶瓷材料中的玻璃相经常与晶界相联系；气孔是陶瓷生产过程中不可避免残存下来的，一般会使材料性能降低，但有时为了特殊需要，也会有目的地控制气孔的生成。

1.3.1.1 陶瓷中的晶相

一般陶瓷是由各向异性的晶粒通过晶界聚合而成的多晶体。晶相是陶瓷的基本组成，晶相的性能往往能用来表征材料的特性，例如刚玉瓷具有机械强度高、耐高温、耐化学腐蚀等优异性能，这是因为主晶相 $\alpha\text{-}Al_2O_3$ 是一种结构紧密、离子键强度很高的晶体。

晶粒是多晶陶瓷材料中晶相的存在形式和组成单元。晶粒生成与长大过程中，物理化学条件与外界环境的变化会严重影响晶体的形态，从而造成陶瓷显微结构的千差万别。如在较好的环境下自由生长，晶体就能发育成完整的晶形，叫做自形晶体。但是当生长环境较差或生长时受到抑制，其晶形只能是部分完整的或完全不完整的，分别叫做半自形晶和它形晶，在陶瓷材料中最常见、最大量的是不规则的它形晶。

陶瓷中晶粒的形状与大小受成分、原材料颗粒大小与形状、晶型以及制备工艺的影响。在一般的陶瓷生产工艺中总是先将晶态或非晶态的粉料压实，然后在一定的温度与气氛下烧结。陶瓷材料中晶相的最终形成是在烧结过程中完成的，因此必须考虑与此相关的晶相变化。陶瓷材料中晶相变化的过程与初次再结晶、晶粒长大、二次再结晶有关，但最重要的是晶粒长大和二次再结晶。

影响晶粒长大的因素很多，主要包括：①固态第二相夹杂物。夹杂物的存在有利于抑制晶粒长大，例如 MgO 加入 Al_2O_3 中、CaO 加入 ThO_2 中；②气孔与界面。在晶粒尺寸较大的材料的烧结后期，气孔与界面的同时移动也会使晶粒长大速度变慢；③液相。少量界面液相的存在也是抑制晶粒长大的一个重要因素，实际中发现氧化铝中引入适量硅酸盐液相可以阻止经常发生在纯氧化铝中的大幅度晶粒生长。

二次再结晶是少量大尺寸晶粒消耗晶粒尺寸均匀的基质，生成异常大晶粒的反常现象，其特征是少数较大的晶粒突然迅速长大而成为大晶粒，其尺寸的量级远高于晶粒平均尺寸。二次再结晶对陶瓷的烧结和最后的性能都有重要影响。过分的晶粒长大常常对机械性能不利；但较大或较小的晶粒尺寸有利于改善某些材料的电性能和磁性能。

1.3.1.2 陶瓷中的玻璃相

传统陶瓷材料中存在的各种硅酸盐成分，在烧结过程中会相互反应，形成玻璃相。先进陶瓷制备过程中，为了降低烧结温度、提高致密度，往往刻意加入各种添加剂，这些烧结助剂在高温时形成熔体，可以填充气孔，提高致密化速度。冷却时熔体固化，在晶体颗粒周围不结晶而直接生成很薄的玻璃相。但由于后续玻璃相在高温下黏度降低，变形速率增大，将会在比结晶相正常蠕变温度低得多的温度下发生蠕变，对材料的高温强度与高温蠕变性能造成显著的影响。

为此，可以通过适当的热处理使晶界玻璃相结晶化，提高界面相的耐火度，改善材料的高温机械性能。

1.3.1.3 陶瓷中的气孔相

陶瓷坯体烧结后，所获得的陶瓷烧结体中不可避免地总要出现气相即气孔。通常可以用气孔的体积分数、大小、形状和分布来描述气孔的特征。

陶瓷材料中的气孔包括显气孔和闭气孔，显气孔是指与陶瓷表面相连通的气孔，也称为开口气孔；闭气孔是与表面不相连通的气孔。气孔在材料中的相对体积称为气孔率，对应的有总气孔率、显气孔率和闭气孔率。

在烧结前，生坯中几乎所有气孔都是开口气孔。但在烧结过程中，一部分气孔被排除，剩下的气孔则变成闭气孔，甚至有一部分气孔由于晶粒的长大而被晶粒所包裹。陶瓷材料中气孔率的增加将导致材料弹性模量与强度的降低。

气孔的测量可以采用以下几种方法进行。

（1）显微镜法

将抛光切面在显微镜下进行直线或面积分析，这种分析可以用人工，也可以直接用图像分析仪进行。其步骤如下：在显微镜下样品上或显微照片上随机放置点计数网格，或是随机移动显微镜十字线，然后数落在气孔相上的点数，计算气孔总点数的百分数就直接给出气孔率。直线分析则是采用显微镜中的一条直线或在照片上画出一条直线，然后计算气孔相所截出的长度分数。这种方法也可以用于测量显微结构中的其他相的相对数量。

（2）阿基米德排水法

先在空气中称量出试样重量 D，然后在沸水中煮 2h，使水完全充满开口气孔，冷却后称量被水饱和的试样悬挂在水中的重量 S 与在空气中的重量 W，两值之差给出试样体积，从而计算出体积密度。被水饱和试样与干试样重量之差给出显气孔的体积，经过计算可得到显气孔率 ［式 (1-3)］。

$$显气孔率 = \frac{W-D}{W-S} \times 100\% \tag{1-3}$$

1.3.2 陶瓷材料的基本相图

陶瓷材料中出现的相及其组成，对材料的性能影响非常大。相图是用来描述系统的状态、温度、压力与成分之间关系的一种图解，相图中所表示的相的状态是平衡状态，因而是在一定的温度、压力、成分条件下热力学最稳定、吉布斯自由能最低的状态。相图经常被用来确定相和相组成与成分、温度、压力变化的关系，确定热处理对结晶和淀析过程的影响，设计与开发新材料等。

按照组成相图的组元数，相图可以分为一元相图、二元相图、三元相图等。

1.3.2.1 一元相图

在单元系统中，可能出现的相是气相、液相和各种同质多象的固相，引起相出现和消失的独立变量是温度和压力。在陶瓷中，纯的一元系统主要出现在氧化物中，同时，对一元系统的了解也是理解多元系统的基础。

图 1-26 为碳的高温高压平衡相图。可以看出，沿石墨液相曲线（A 和 B 之间），在固定温度下，对液相加压可使液相凝固成石墨，并具有比液相更高的密度；B 和 C 之间的曲线斜率由正变负，说明压力增高会引起石墨转变成一种更致密的液体；金刚石与液体间的曲线（C 和 D 之间）的斜率也是负值，表示压力增高会使致密的金刚石转变成一种更加致密的液

体。由这个状态图可知，金刚石在通常的压力、温度条件下是不稳定的，但像其他高压多型晶体一样，可以介稳地长期持续存在。图中还有一个固相Ⅲ，按照其他系统的规律性推论，在金刚石稳定需要的压力之上还存在一个固相。

图 1-27 是二氧化硅相图。在任何温度下，稳定相的蒸气压曲线用实线表示，可以看出，这些曲线都处于最低位置；介稳相的蒸气压曲线用虚线表示。在平衡时，有 5 个凝聚稳定相出现，即 α-石英、β-石英、γ-鳞石英、β-方石英和液态二氧化硅。根据图中所示的各条蒸气压曲线可以看出，常温常压下稳定的是 α-石英，将 α-石英加热，在 573℃变为 β-石英；在 867～1470℃稳定的是 γ-鳞石英，进一步加热，在 1470～1723℃ β-方石英是最稳定的，最后在 1723℃熔融。虽然可通过急冷得到石英玻璃，但将石英玻璃在一定温度下长时间保温，它会转变为其他的固相，例如在 1100℃长期保温，石英玻璃首先转变成 β-方石英，其次是 β-石英，直至最稳定的 γ-鳞石英。反向转变是不可能的，因为它们之间具有不可逆转变的性质。实际上，石英玻璃在 1100℃发生反玻璃化时，析出的是 β-方石英，β-方石英虽然不是最低能量状态，但结构上与石英玻璃最相似，如果继续冷却，β-方石英转变成 α-方石英而不是转变成稳定相的 β-石英。之所以未转变成能量最低状态，是由这些相变的动力学因素所决定的。

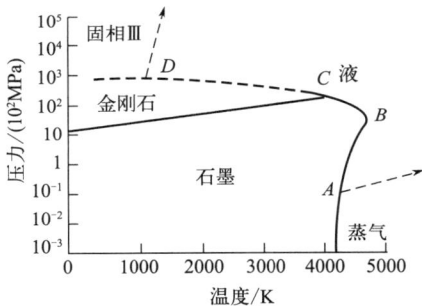

图 1-26　碳的高温高压相平衡图

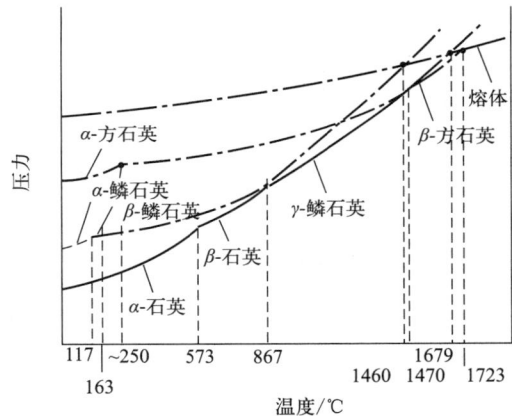

图 1-27　SiO₂ 系统相平衡图

在陶瓷中 Al_2O_3 的地位仅次于 SiO_2。低于它的熔点 2050℃，只有一种热力学稳定的晶型 [α-Al_2O_3（刚玉）]，因此没有作相图的必要。但 Al_2O_3 还有一些不稳定的晶型，它们都是氢氧化铝脱水形成的，由于温度和采用的原料不同，得到的晶体也不一样。比如将 $Al(OH)_3$ 脱水，在约 450℃形成 γ-Al_2O_3，它是除刚玉外最常见的晶型，具有尖晶石的结构。由于化合价的差异，γ-Al_2O_3 中某些四面体间隙没有被填充，因而密度比较小，加热到较高的温度后 γ-Al_2O_3 转化为刚玉。氧化铝还有一些其他的晶型，但这些晶型只在较小的温度范围内形成，并且都是不稳定晶型。

1.3.2.2　二元相图

二元系统相对于一元系统增加了组成这样一个变量，要想表示平衡相与压力、温度和成分的关系，必须采用三维相图。然而对于许多凝聚相系统来说，压力的影响并不大，并且我们经常遇到的是在常压或接近于常压时的系统，因此常常用温度和成分作为变量，绘制恒压下的相图（图 1-28）。

（1）二元相图的基本类型

陶瓷材料的二元相图可分成以下几种基本类型。

① 低共熔相图。将第二种组分加到一种纯组元材料中，常常会造成体系凝固点的降低。一个完整的二元系统含有从两个端点组元下降的液相线，如图 1-28 所示。低共熔温度是液相线相交处的温度，也是出现液相的最低温度。低共熔组成就是在这个温度时液体的组成，这时液体与两个固相共存。在常压低共熔温度下，系统存在三个相，自由度为 0。

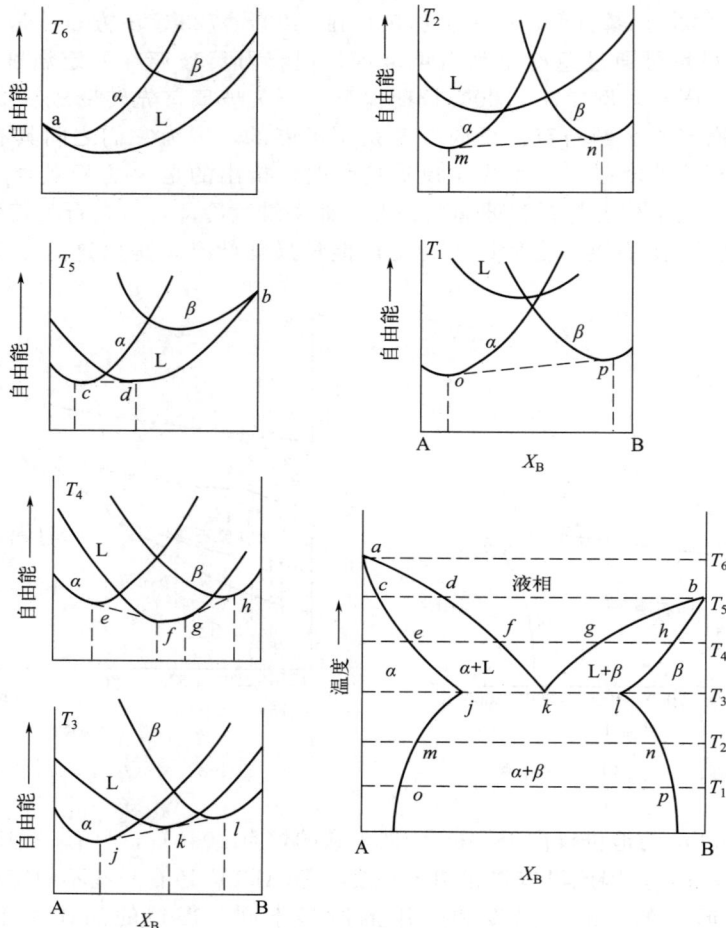

图 1-28　低共熔系统自由能-成分、温度-成分曲线

图 1-29 为 BeO-Al$_2$O$_3$ 二元系统相图，该系统中有两个稳定化合物（BeAl$_2$O$_4$、BeAl$_6$O$_{10}$），利用这两个稳定化合物，可以将 BeO-Al$_2$O$_3$ 相图分成三个比较简单的二元亚系统（BeO-BeAl$_2$O$_4$，BeAl$_2$O$_4$-BeAl$_6$O$_{10}$ 和 BeAl$_6$O$_{10}$-Al$_2$O$_3$），其中每一纯材料的凝固点都由于第二组分的加入而降低。在 BeO-BeAl$_2$O$_4$ 亚系统中还包含一个化合物 Be$_3$Al$_2$O$_6$，它是不一致熔融的。

在单相区中只有一个相，它的组成是整个系统的组成（图中 A 点）。在两相区中的相也已在相图中标明（比如图中 B 点、C 点），每个相的组成可以通过杠杆定律来计算获得。例如，在图 1-29 中 C 点，整个系统含 29% Al$_2$O$_3$，并且含有 BeO（不含 Al$_2$O$_3$）和 3BeO·

Al_2O_3（含 58% Al_2O_3）两个相。利用杠杆原理，即

$$3BeO \cdot Al_2O_3(\%) = \frac{OC}{OD} \times 100\% \tag{1-4}$$

$$\frac{BeO}{3BeO \cdot Al_2O_3} = \frac{DC}{OC} \tag{1-5}$$

其中 OC/OD 和 DC/OC 为图 1-29 中的线段长度比，由此可以算出 C 点成分的材料的两个平衡相的相对含量。利用同样的方法可以确定相图中任一点相的含量。

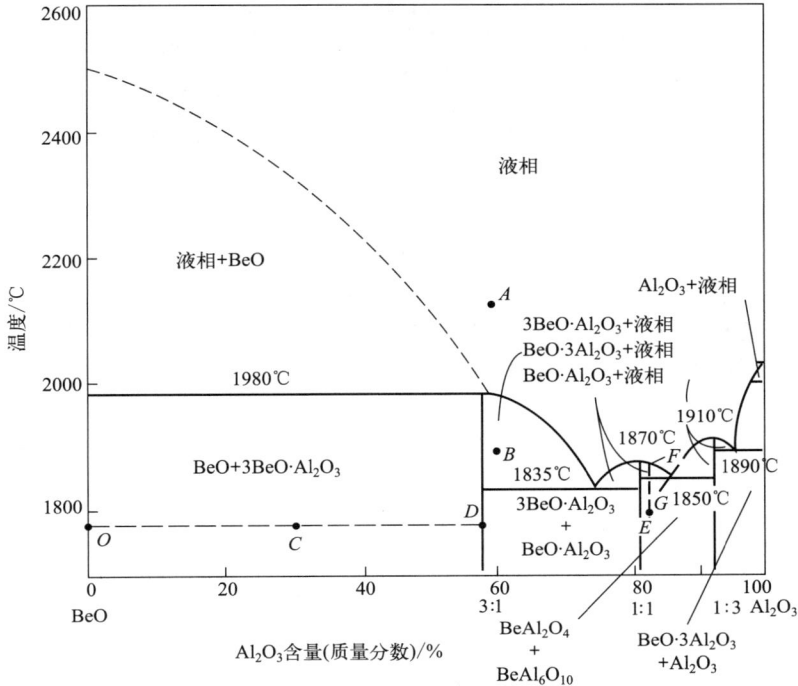

图 1-29　$BeO\text{-}Al_2O_3$ 二元系统相图

对像 E 点这样的组成进行加热，E 点是 $BeAl_2O_4$ 和 $BeAl_6O_{10}$ 的混合物，在 1850℃ 以下，系统中只有这两个相。在 1850℃ 低共熔温度下发生反应：

$$BeAl_2O_4 + BeAl_6O_{10} \Longrightarrow 液相(85\% \ Al_2O_3)$$

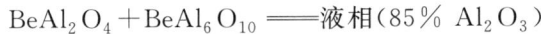

反应在恒定温度下进行，形成低共熔液体，直到全部 $BeAl_6O_{10}$ 消耗完为止。再进一步加热，更多的 $BeAl_2O_4$ 溶解到液相中，液相组成沿 GF 变化直到大约 1875℃，全部 $BeAl_2O_4$ 消失并且完全变成液相。系统冷却时所发生的现象刚好相反。

低共熔温度系统的主要特点是液相形成温度的降低。例如在 $BeO\text{-}Al_2O_3$ 二元系统中，纯组元的熔点分别为 2500℃ 与 2045℃，但低共熔点只有 1835℃。这种现象有弊有利。一方面，液相的存在会使材料高温性能下降。例如 $BeO\text{-}Al_2O_3$ 二元系统中，少量 BeO 的添加在 1890℃ 就形成了相当数量的流动液体，使其不能高于此温度使用。但另一方面，液相的存在有利于在较低温度实现材料的致密化。例如在 $TiO_2\text{-}UO_2$ 系统中，1% TiO_2 就会形成低共熔液相，体系在较低的温度下即可获得高密度，在图 1-30 中可看到这个系统的显微结构是由低共熔组成包围 UO_2 晶粒所组成。

图 1-30 1%TiO$_2$-UO$_2$ 系统的显微结构

② 不一致熔融。有时固态化合物不是熔融成相同的液体，而是分解成一个新的固相和一个液相，这种固态化合物称为不稳定化合物。MgO-SiO$_2$ 二元系相图（图 1-31）中顽辉石（MgSiO$_3$）就是这种情况，当其被加热到 1557℃时，MgSiO$_3$ 会存在两个固相和一个液相，直到反应完成（温度保持不变）。图 1-32 中的钾长石也是按这种方式熔融的。

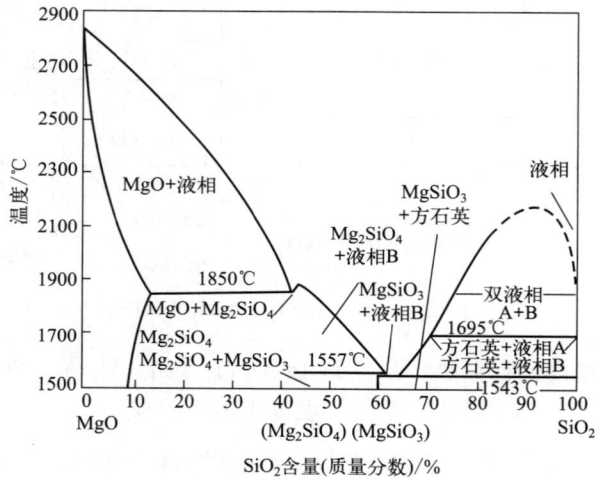

图 1-31 MgO-SiO$_2$ 二元系统相图

③ 相分离。在相图理论中，有一种具有特定化学计量比的材料，其化学组分正好落在分相的区域，当其加热至熔融状态后冷却时，会产生两种以上、均匀混合的非晶形态，这种现象称为分相现象。这种分相现象对玻璃亚结构的形成特别重要。图 1-33 是 NiO-CoO 系统的相图，其中存在分相区。

④ 固溶体。图 1-33 所示 NiO-CoO 可以形成无限固溶体，但对大部分系统来说，或多或少都存在有限固溶体，随着温度的变化，溶解度会发生变化，于是就会在材料中析出第二相。比如 MgO-Al$_2$O$_3$ 系统，MgO 和 Al$_2$O$_3$ 在尖晶石中有较大的固溶度，但当尖晶石在组成范围内冷却时，固溶度会下降，于是刚玉就会作为第二项析出，如图 1-34 所示。

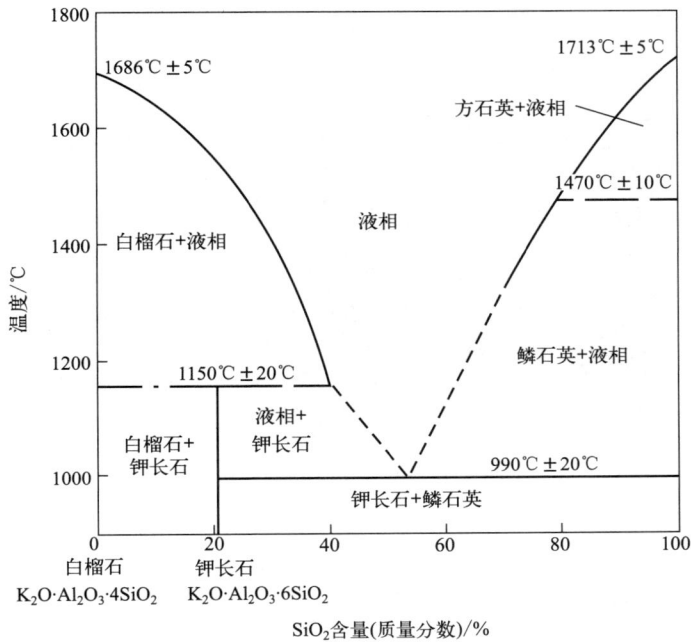

图 1-32　K$_2$O·Al$_2$O$_3$·SiO$_2$-SiO$_2$ 系统相图

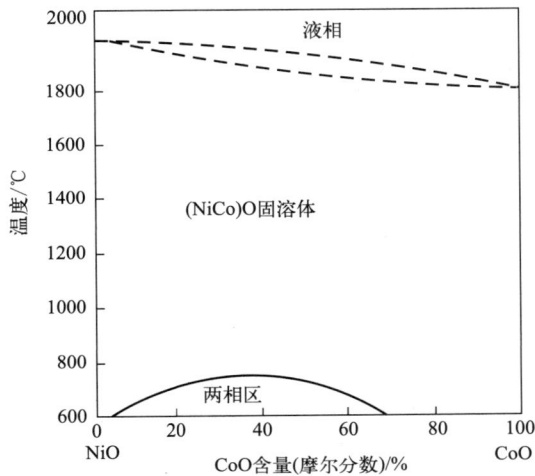

图 1-33　NiO-CoO 二元系统相图

在 CaO-ZrO$_2$ 系统中，也同样存在有限固溶体（图 1-35）。可以看出，系统中有三个不同的固溶体区域：四方晶系、立方晶系与单斜晶系区域。纯 ZrO$_2$ 在 1000℃时发生单斜相与四方相的转变，同时伴随着较大的体积变化，使纯 ZrO$_2$ 在低温产生大量的裂纹，不能作为陶瓷材料直接使用。CaO 的加入，可以在室温下得到无相变的立方氧化锆固溶体，成为有用的材料。

（2）常用的二元相图

显微结构对陶瓷材料的性能有决定性的影响，在制备陶瓷材料时，控制组成、温度、气氛等对获得所需要的相组成与结构是至关重要的，而相图则是控制这些因素的基础。

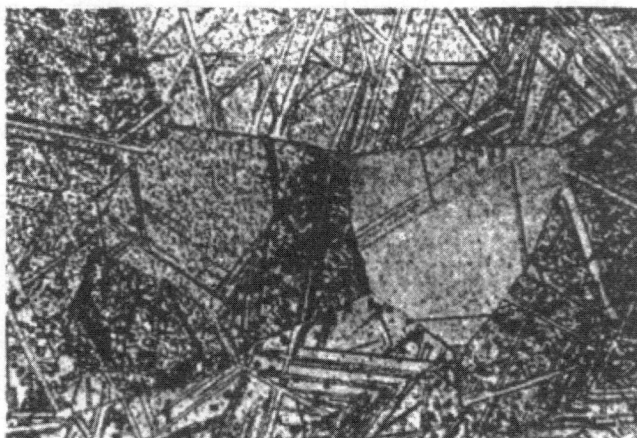

图 1-34　刚玉从尖晶石中析出

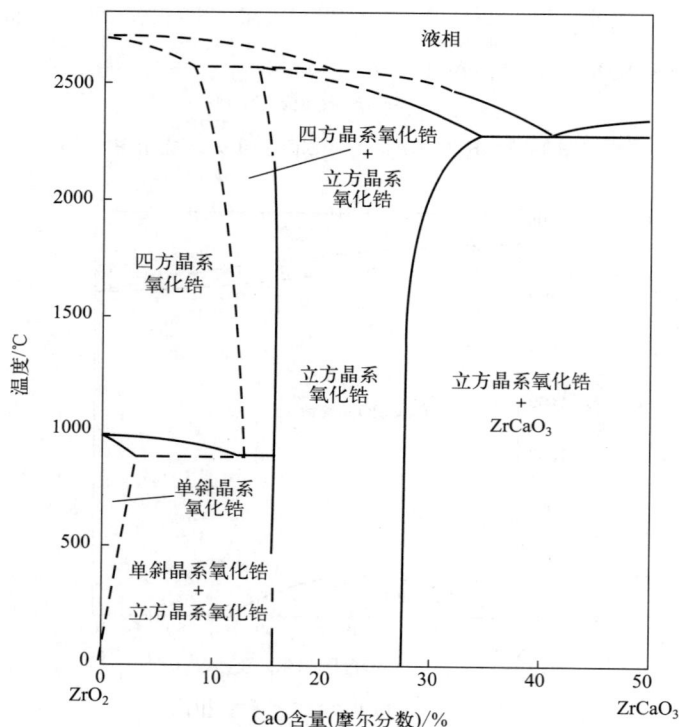

图 1-35　CaO-ZrO$_2$ 系统相图

① Al$_2$O$_3$-SiO$_2$ 体系。铝硅酸盐是地壳中最丰富的资源之一，所以 Al$_2$O$_3$-SiO$_2$ 系统相图是研制陶瓷材料的一个最基本的相图（图 1-36）。本部分将介绍几种常用耐火材料的相图。

Al$_2$O$_3$-SiO$_2$ 系统组成的一端可看作硅砖制品［含 0.2%～1.0%（质量分数，下同）Al$_2$O$_3$］。纯 SiO$_2$ 的熔点约为 1726℃，但在近 SiO$_2$ 一端，液相线十分陡峭，表明在 SiO$_2$ 中添加 Al$_2$O$_3$ 后，体系的熔点急剧降低。如果 SiO$_2$ 中含 1.0% 的 Al$_2$O$_3$，在 1587℃时就会出现 18.2% 的液相（低共熔物含 5.5% Al$_2$O$_3$），当温度超过 1600℃时，液相量会更多，从

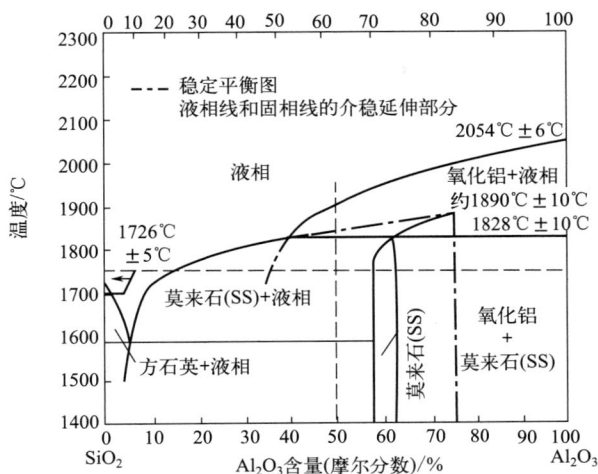

图 1-36　Al_2O_3-SiO_2 相图

而大大降低材料的耐火度。因此，制备硅砖时必须严格控制 Al_2O_3 的含量。此外，硅砖在使用时应避免与 Al_2O_3 类物质接触。

耐火黏土是指耐火度大于 1580℃、可做耐火材料的黏土和用作耐火材料的铝土矿，其主要由 Al_2O_3、SiO_2 和一些其他氧化物（如 Fe_2O_3、K_2O、CaO 等）构成，其中 Al_2O_3 含量约为 35%～55%。如果不存在其他杂质，在 1587℃ 以下的平衡相是莫来石与二氧化硅，当 Al_2O_3 含量为 30%～50% 时，液相线在 1700℃ 由陡峭转变成平坦。所以黏土砖在 1700℃ 以下使用时，虽然已经出现液相，但温度的变化对液相的增加影响不大。但当温度超过 1700℃ 时，由于液相线变平坦，温度稍有增加，液相量就有很大增加，使得材料软化而不能安全使用。同时，在温度超过 1600℃ 时，随 Al_2O_3 量的增加液相相应减少，因此在高温下应该使用高 Al_2O_3 含量（60%～90%）的耐火黏土；当 Al_2O_3 含量超过 72% 时，其主晶相是莫来石或莫来石与氧化铝的混合物，高温性能会明显改善，在 1828℃ 以下不会出现液相。

② Al_2O_3-Cr_2O_3 体系。Al_2O_3 和 Cr_2O_3 的离子半径差为 14.5%，价数相同，均属刚玉型晶体结构，它们之间的化学亲和性小，不生成化合物，具备形成连续固溶体的条件。图 1-37 为 Al_2O_3-Cr_2O_3 系统相图。

刚玉单晶的硬度高，在纯刚玉中加入 3%～5% 的 Cr_2O_3 所得固溶体呈红色，就是红宝石，红宝石是一种重要的激光材料。随 Cr_2O_3 加入量的增多，固溶体晶格常数发生变化，熔点提高，密度、颜色等也发生改变。

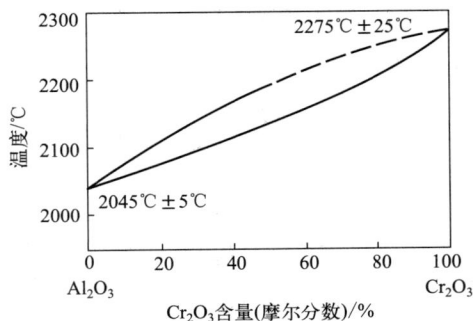

图 1-37　Al_2O_3-Cr_2O_3 相图

③ CaO-Al_2O_3 体系。CaO-Al_2O_3 系统中存在五个化合物：C_3A、$C_{12}A_7$、CA、CA_2 和 CA_6（其中 A 代表 Al_2O_3，C 代表 CaO），除 $C_{12}A_7$ 外，其他均为不一致熔融化合物（图 1-38）。$C_{12}A_7$ 虽然具有一致熔融性质，但在具有一般湿度的空气中，熔点为 1392℃。如果在完全干燥的气氛中，C_3A 和 CA 在 1360℃ 形成低共熔物，低共熔物的组成为 50.65% 的 Al_2O_3、49.35% 的 CaO。没有 $C_{12}A_7$ 的稳定初相区，整个系统没有温度最高点。

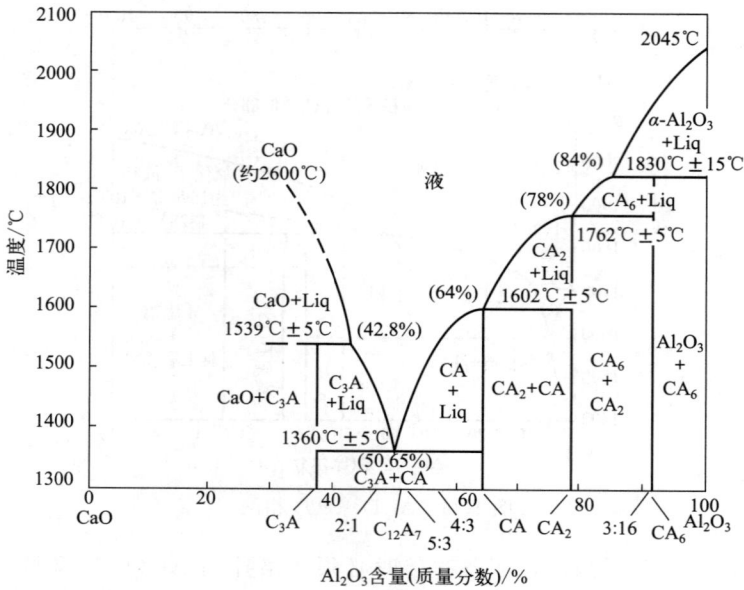

图 1-38 CaO-Al$_2$O$_3$ 相图（A 代表 Al$_2$O$_3$，C 代表 CaO）

化合物 C$_3$A 和 CA 具有与水反应强烈、迅速凝固、强度高的特点，其中 CA 更加明显，因此 C$_3$A 是硅酸盐水泥熟料中的重要矿物组成，而 CA 是矾土水泥熟料中的主要成分。CA$_2$ 也是与水作用具有高强度的水硬性材料，而且在近 1800℃ 才开始熔融分解，出现液相，具有高耐火性能，是耐火水泥熟料中不可缺少的主要成分。

CA$_6$ 仅存在于电熔刚玉制品中。

④ MgO-Al$_2$O$_3$ 体系。MgO 和 Al$_2$O$_3$ 可以生成尖晶石化合物，尖晶石又可以和组元 MgO、Al$_2$O$_3$ 形成固溶体，构成 MgO-Al$_2$O$_3$ 相图（图 1-39）。系统可划分成 MgO-MgO·Al$_2$O$_3$ 及 MgO·Al$_2$O$_3$-Al$_2$O$_3$ 两个分系统。两个低共熔温度均为 2000℃ 左右，其中方镁石和刚玉、尖晶石都是高级耐火材料，同时后两者又都是透明陶瓷。

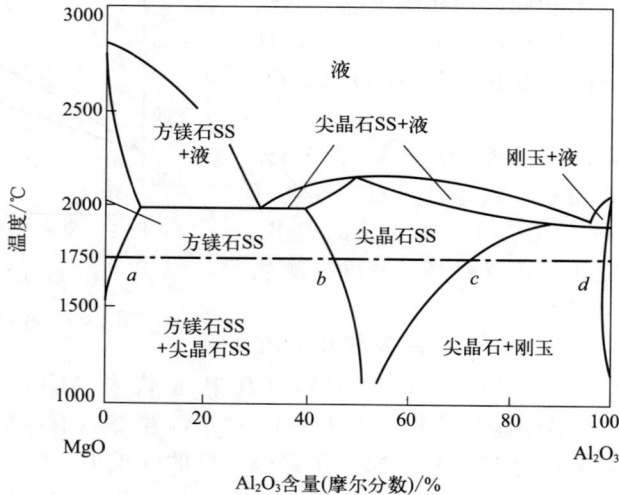

图 1-39 MgO-Al$_2$O$_3$ 相图

透明 Al_2O_3 陶瓷是用纯 Al_2O_3 添加 0.3%～0.5% 的 MgO，在 H_2 气氛下于 1750℃左右烧结而成的陶瓷材料。根据相图可知，透明氧化铝陶瓷是含有 Mg^{2+} 的刚玉固溶体。当温度降低时，MgO 在 Al_2O_3 中的溶解度递减。如果制品在高温烧结，以缓慢的速度冷却，将会有尖晶石从刚玉固溶体中析出，但由于 MgO 的含量微少，只能在高倍电子显微镜下观察到，制品不会失透。同时正是由于 MgO 杂质的存在，阻碍了晶界的移动，使气孔容易消失而制得透明氧化铝陶瓷。

二元系统中，各组成相及组织的相对含量可通过杠杆定律来计算。

1.3.2.3　三元相图

含有三个组元的系统称为三元系统。与二元系统相比，组元数增加了一个。一般经验告诉我们，由于组元间的相互作用，不能简单地用二元系材料的性能来推测三元系材料的性能，因为组元间的作用往往不是加和性的。三元系统完整的图解表示是相当困难的，但如果压力不变，组成就可以表示在等边三角形上，温度表示在垂直的纵坐标上，给出像图 1-40（a）那样的相图。为了用二维平面表示，可将温度投影到等边三角形上，用等温线表示液相线温度。将相图分成一些表示液相和固相之间平衡的区域。边界曲线表示两个固相和液相之间的平衡，三条边界曲线的交点表示四个相的平衡点 ［图 1-40 （b）］。另一种二维平面表示方法是经过相图截取一成分剖面，表示在某固定成分体系下平衡的各个相 ［图 1-40（c）］。

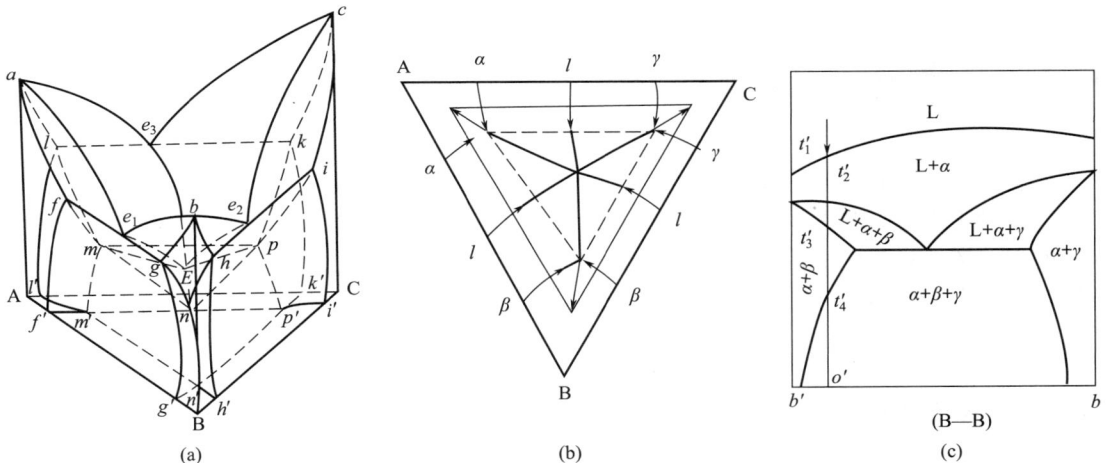

图 1-40　三元低共熔体相图
（a）完整相图；（b）全投影图；（c）沿垂直面的垂直投影图

三元相图中各相的组成由相界面或交点给定；各相的相对量由各个相组成的总和等于整个系统的总组成这一原则确定，具体也是通过杠杆定律来计算。注意，三元相图中，只有等温截面图中可以使用杠杆定律，在垂直截面图中，不能使用杠杆定律。

图 1-41 为 $K_2O-Al_2O_3-SiO_2$ 三元相图的 1200℃ 等温面，从图上可以比较容易地确定在所选择的温度下，不同组成所产生的液相成分和液相量。

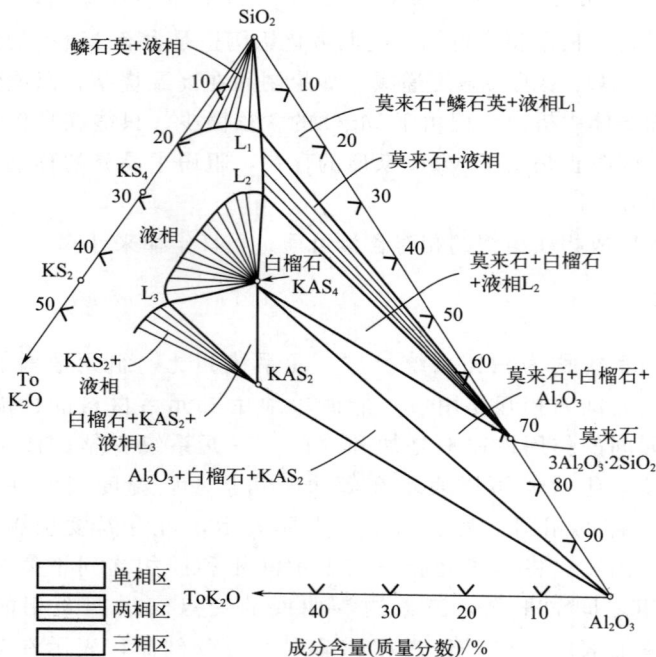

图 1-41　$K_2O\text{-}Al_2O_3\text{-}SiO_2$ 相图的 1200℃ 等温截面

1.4　非晶态与玻璃结构

大多数固体材料都是晶态的，晶体中原子或离子在三维空间进行有规律的周期性排列，但非晶态对于陶瓷材料的研究也是非常重要的。比如在制备玻璃、釉和搪瓷等传统硅酸盐材料时就必须考虑材料的非晶态结构；在使用气相沉积、真空蒸发、射频溅射等现代方法制备高性能玻璃态陶瓷时也必定考虑非晶态结构；同时非晶态也是研究各种陶瓷显微结构时必须考虑的重要因素。

1.4.1　晶态与非晶态

我们知道，在晶体中，原子或离子在三维空间进行有规律的周期性排列。但当材料由液态快速冷却时，由于原子迁移受到限制，就会产生偏离平衡的行为，最终导致其原子或离子排列并没有周期性和规律性，即呈现非晶态。

图 1-42 为晶体和非晶态物质的二维模型图。其中，图（a）晶体结构中的原子排列可以用单位晶胞的周期性重复堆积来表示，而图（b）中非晶态结构却不能用单位晶胞的周期性重复堆积来表示，其排列有链锁状结构和网络结构。晶体与非晶态物质可以用 X 射线衍射、中子散射或电子衍射的方法来鉴别。

无机非晶态物质包括无机玻璃、凝胶、非晶态半导体、无定形碳及合金玻璃等（表 1-6）。这些非晶态物质可分为玻璃与其他非晶态物质两大类。所谓玻璃，常被定义为"具有玻璃转变点（玻璃化转变温度）的非晶态固体"。依此定义，玻璃与其他非晶态物质的区别在于有

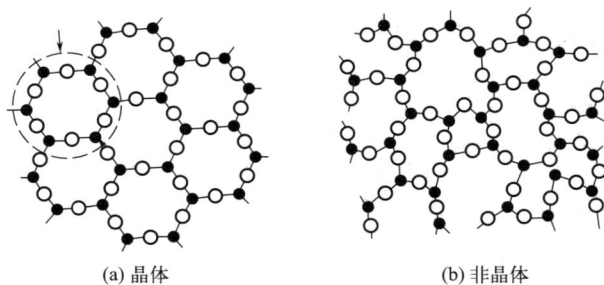

(a) 晶体   (b) 非晶体

图 1-42　晶体和非晶体的结构示意

无玻璃转变点。非晶半导体及无定形碳没有玻璃转变点，而无机玻璃及多数合金玻璃都有此转变点，因此被纳入玻璃的范畴。

表 1-6　非晶态材料的分类

种类		材料（例）	化学组成（例）
（1）无机玻璃（氧化物及氟化物）		石英玻璃平板，光学玻璃，氟化物玻璃	SiO_2，$16Na_2O \cdot 12CaO \cdot 72SiO_2$，$53La_2O_3 \cdot 37B_2O_3 \cdot 5ZrO_2 \cdot 5Ta_2O_5$，$NaF\text{-}BaF_2$
（2）凝胶		石英凝胶，氧化硅，氧化铝（吸附剂，触酶载体）	SiO_2，$SiO_2\text{-}Al_2O_3$
（3）非晶态半导体	（a）氧族化物玻璃	电视摄像管用光电膜	Se，$As_{40}Se_{30}Te_{30}$
	（b）非晶态元素半导体	太阳能电池用非晶态半导体	Si，Ge
（4）无定形碳		玻璃碳，碳膜	C
（5）合金玻璃		软磁性合金，高强度非晶合金	$Fe_{80}P_{13}C_7$，$Co_{70}Fe_5Si_{15}B_{10}$

　　陶瓷材料在烧结过程中，由于各组元与添加剂，或者杂质之间产生一系列物理、化学反应，很容易形成玻璃相。

　　玻璃相是陶瓷显微结构中非晶态固体构成的一部分，它通常存在于晶粒之间，起黏结作用，同时抑制晶粒长大、消除气孔，使材料更加致密。

1.4.2　玻璃结构

1.4.2.1　玻璃的形成

　　玻璃一般由熔体固化而成。如图 1-43 所示，如果熔体从高温液态缓慢冷却下来，在凝固点温度（T_m）发生结晶而形成具有晶体结构的固体，那么在熔点附近会有不连续的体积变化；由于固体的分子体积一般比液体的分子体积要小，所以一般情况下，固体的体积与温度关系曲线的斜率要比液体的小。

　　如果将熔体以足够快的速度冷却，那么熔体在 T_m 处不发生结晶，而是形成过冷液体。随着温度的继续降低，过冷液体的黏度增大，原子间的相对运动变得困难，所以当温度降至某一临界温度以下时，过冷液体就变成了固体（玻璃），这个临界温度称为玻璃化转变温度 T_g。由于玻璃态物质的膨胀系数一般与晶态固体近似相同，所以玻璃的体积随温度的变化

率与晶体基本相同 [图 1-43(a)]。玻璃化转变温度一般在 $(1/2\sim2/3)$ T_m 范围内。在 T_g 附近过冷液体的黏度很大 $(10^{12}\sim10^{13}\,\mathrm{Pa\cdot s})$，阻碍了结晶化。

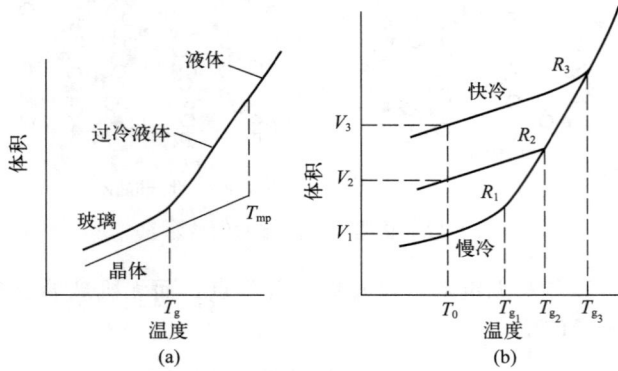

图 1-43　熔体-玻璃比体积与温度之间的关系
(a) 液体、玻璃和晶体的关系；(b) 不同冷却速度下形成的玻璃 $(R_1<R_2<R_3)$

　　冷却速度对玻璃的性能具有一定影响。如果冷却速度较慢，过冷熔体可以保持到一个较低的温度，从而得到密度较高的玻璃；如果冷却速度较快，则过冷熔体在较高的温度就转变成玻璃态。可以看出 T_g 与冷却速度有关，是一个随冷却速度变化而变化的温度范围，低于此温度范围，体系呈现如固体的行为，称为玻璃，高于此温度范围体系就是熔体。因此玻璃无固定的熔点，而只有熔体与玻璃体之间可逆转变的温度范围。近代研究表明，只要有足够快的冷却速度，在各类材料中都会发现玻璃形成体。同样地，如果在低于熔点的温度范围内保持足够长的时间，则任何玻璃形成体也都能结晶。由此表明，从热力学上已不足以说明玻璃的形成条件，必须同时从动力学角度来考虑玻璃的形成。

　　我们知道，物质的结晶过程由成核速率 I_V 与晶体生长速率 u 共同控制。这两个速率均与过冷度 $(\Delta T=T_g-T)$ 有关，如果成核速率与生长速率的极大值所处的温度范围很靠近 [图 1-44(a)]，熔体易析晶而不易形成玻璃；反之熔体就不易析晶而易形成玻璃 [图 1-44(b)]。除此以外，如果熔体在玻璃形成温度 (T_g) 附近黏度大，将使得成核与生长的阻力都很大，熔体易形成过冷液体而不易析晶。这样，熔体是析晶还是形成玻璃与过冷度、黏度、成核速率、生长速率都有密切的关系。

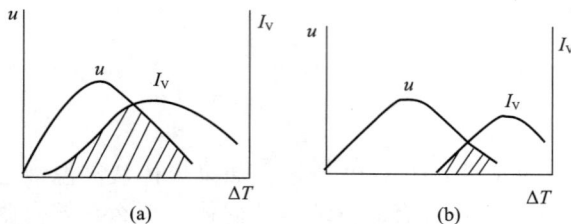

图 1-44　成核、生长速率与过冷度

　　此外，形成玻璃的临界冷却速度还与熔体组成有关。表 1-7 列举了几种化合物的冷却速度和熔融温度时的黏度，其中 T_m 是熔点，η 是黏度，$\mathrm{d}T/\mathrm{d}t$ 是临界冷却速度。可以看出凡是在熔点具有高黏度，且黏度随温度降低而急剧增高的熔体易形成玻璃。还可看出，玻璃转变温度 T_g 与熔点之间的相关性也是判别能否形成玻璃的标志。

表 1-7　几种化合物生成玻璃的性能

性能	化合物									
	SiO_2	GeO_2	B_2O_3	Al_2O_3	As_2S_3	BeF_3	$ZnCl_2$	LiCl	Ni	Se
$T_m/℃$	1710	1115	450	2050	280	540	320	613	1380	225
$\eta\ (T_m)\ /(Pa \cdot s)$	10^6	10^6	10^4	0.06	10^4	10^5	3	0.002	约10^{-3}	10^2
T_g/T_m	0.74	0.67	0.72	约0.5	0.75	0.67	0.58	0.3	约0.3	0.65
$\dfrac{dT}{dt}/(℃ \cdot s^{-1})$	10^{-5}	10^{-2}	10^{-6}	10^3	10^{-5}	10^{-5}	10^{-1}	10^6	10^7	10^{-3}

1.4.2.2　玻璃的结构

100多年以来，人们对玻璃的结构进行了大量的研究，提出了很多有关玻璃结构的学说，也进行了不少结构分析的实验。但由于涉及问题的复杂性，至今还没有一致的结论。目前有代表性的是晶子学说和无规网络学说。

（1）晶子模型

玻璃的 X 射线衍射图一般呈现宽阔的衍射峰，其中心位置与该玻璃材料相对应的晶体衍射图中的峰值位置相对应，图 1-45 所示为 SiO_2 的情况。类似的实验结果使得人们认为，玻璃是由一些被称为晶子的微晶子所组成的，这些微晶子中原子排列有序（短程有序），但从大范围看，整体玻璃中的原子排列是无序的（长程无序）。玻璃的衍射线展宽是由微晶子尺寸展宽效应所决定的，X 射线研究表明，当粒子尺寸小于 $0.1\mu m$ 时，衍射峰的宽度随粒子尺寸的减小而线性增加。

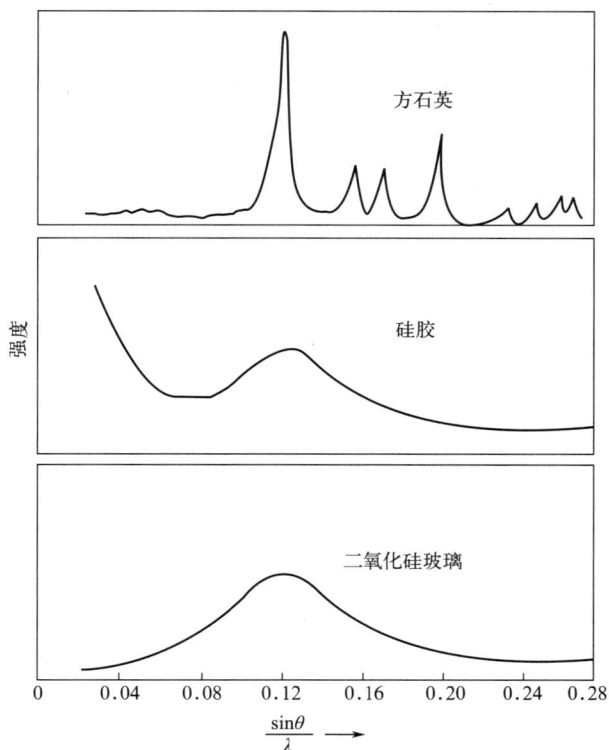

图 1-45　方石英、硅胶与二氧化硅玻璃的 X 射线衍射图

晶子学说揭开了玻璃的一个结构特征，即微不均匀性及近程有序性，这个模型也曾经应用到单组分和多组分玻璃中。但由于所存在的缺陷，这个模型没有被人们所普遍接受。

（2）无规网络模型

无规网络模型是由德国学者扎哈里阿森（Zachariasen）在 1932 年提出来的，后来逐渐发展成玻璃结构理论的一个学派。按照这个模型，玻璃被看成是由缺乏对称性与周期性的三维网络或阵列所组成，其中的结构单元不作周期性排列（图 1-46）。

在氧化物玻璃中，这些网络由氧的多面体所组成。组成玻璃网络的氧多面体为三角形和四面体，多面体中心总是被多电荷离子，即网络形成离子（Si^{4+}、B^{3+}、P^{5+}）所占据，由于这些离子能导致形成多面体，称之为网络形成体。网络中的氧离子有两种类型，凡属于两个多面体的称为桥氧离子，只属于一个多面体的称为非桥氧离子（也称为缺口氧）。网络中过剩的负电荷则由处于网络间隙中的网络变性离子来补偿，这些离子一般都是低正电荷的大金属离子（如 Na^+、K^+、Ca^{2+} 等），因为它们的主要作用是提供额外的正离子从而改变网络结构，故称为网络变形体（网络改变体）。比碱金属和碱土金属化合价高而配位数低的正离子可以部分参加网络，称为中间体。氧化物玻璃结构如图 1-47 所示。可以看出，多面体的结合程度甚至整个网络的结合程度都取决于桥氧离子的百分数，而网络变形体均匀而无序地分布在多面体骨架的空隙中。

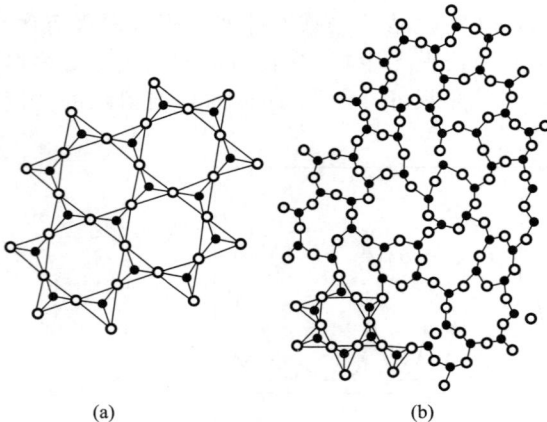

● Si^{4+} ○ O^{2-} ◍ Na^+

图 1-46 硅氧四面体空间排列示意　　　　图 1-47 钠硅酸盐玻璃结构
（a）晶态结构；（b）无规则网络玻璃态结构

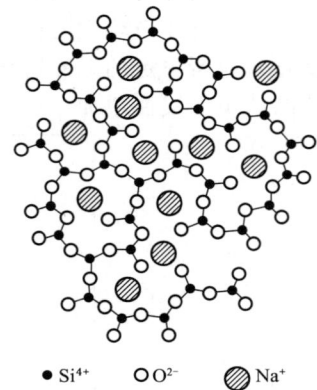

扎哈里阿森认为玻璃和其相应晶体应具有相似的内能，提出了形成氧化物玻璃的 4 条规则：①每个氧离子与正离子的相连数不应超过 2 个；②在氧多面体中，正离子配位必须满足≤4 的条件；③氧多面体相互之间只能共角，不能共棱或共面；④多面体形成网络时，每个多面体至少有 3 个顶角是共用的。

玻璃的许多性质与网络的情况有关。比如，网络断裂使玻璃黏度变小，导致其热膨胀系数提高，化学稳定性降低。由于不规则网络模型能够解释较多的实验现象，因而得到了较多人的认可。

1.4.2.3　玻璃的亚微结构特点

高温时均匀的玻璃态物质，冷却至一定的温度范围内可能分成两种或更多种互不溶解（或部分溶解）的液相（或玻璃），这种现象称为玻璃的分相。

几十年来，玻璃一直被认为是均质材料，而无规网络模型一直被认为是最好的玻璃结构模型。但是，随着电子显微镜的应用，人们观察到了玻璃中几十纳米的亚微结构，这些亚微结构是相分离的结果。

图 1-48(a) 为 MgO-SiO$_2$ 相图中的不相混溶区，图 1-48(b) 为相应的自由能-组成曲线。可以看出，在高于 2300℃时，均匀溶液具有最小的自由能，在热力学上是稳定的，自由能-组成曲线的曲率在任何地方都是正的。当温度从 2300℃下降时，自由能增加的值与熵成反比，$\partial G / \partial T = -S$，对简单溶液来说，溶液熵在组成的某些中心区域最大，纯组分和化合物熵最小。因此在温度降低时自由能曲线将变平，并在某个较低温度（如 2000℃）时，自由能-组成曲线上出现负曲率区，这时自由能最小所对应的将是两相混合物而不是单相，这些相可通过作自由能曲线的公切线得到，如图 1-48(b) 所示。对图中的 C_0 组成，在温度 T_2 时，系统具有最低自由能的组成为 C^α 和 C^β 的两相混合物，其比例关系可由杠杆规则得到。分相后的两液相在热力学上是稳定的。

玻璃分相揭示了玻璃结构和化学组成上的不均匀性。玻璃分相导致玻璃亚微结构的变化，并引起玻璃性质的改变，人们可以利用这些变化创造出许多新型特殊性能的材料，对陶瓷材料的发展具有重要意义。

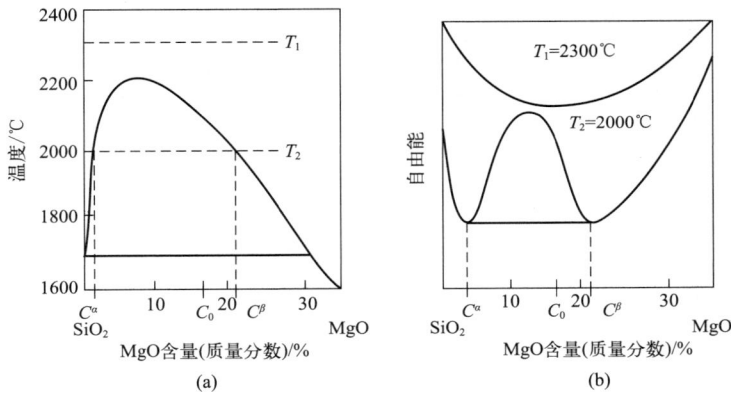

图 1-48　MgO-SiO$_2$ 玻璃系统
（a）MgO-SiO$_2$ 相图中不相混溶区；（b）T_1、T_2 时自由能与组成的关系

1.4.3　非晶的晶化

非晶态物质具有长程无序结构，结构中原子或离子较多地保留了液体或气体的无规则排列特点，但是它们已经失去了液体或气体中原子或离子所具有的长程快速迁移和布朗运动的能力，更多地表现出在其"平衡"位置附近的热振动。当然，随着温度的升高，原子或离子的活动能力不断加大，甚至可以脱离"平衡"位置做长程迁移（扩散或黏滞流动）。显然非晶态是热力学不稳定状态，只要必需的动力学条件满足，非晶晶化是必然的事情。因此，将玻璃加热，在某一温度会产生结晶。结晶是放热反应，在差热分析（DTA）曲线上会出现放热峰。这些峰的开始温度被认为是晶化温度 T_x。由于晶化温度随升温速度的变化而变化，所以晶化温度也并不是一恒定的常数，但可以通过（$T_x - T_g$）值判断玻璃的稳定性。除一部分金属玻璃外，多数玻璃的（$T_x - T_g$）值为正数，此值越大，玻璃越稳定。

加热使玻璃晶化，其晶化温度范围在 T_x 与 T_m 之间。等温加热使玻璃晶化时，其晶化速度在某一温度有最大值，其等温晶化曲线图与钢的时间温度转变图（TTT 图）相类似。一般认为玻璃的晶化也和金属的结晶与相变一样，分形核和长大两个阶段。

对于单组分玻璃（如石英玻璃 SiO_2 等），玻璃晶化只是围绕晶核质点从无序到有序的转化过程，质点的迁移路径通常较短，晶体产物也只是该组成对应的晶体。由于晶核是遍布整个玻璃体中的，所以通过热处理手段的玻璃晶化一般只能得到多晶固体（含有少量残余玻璃相）。例如，石英玻璃的析晶产物主要是方石英。由于方石英在 230℃ 左右存在着高低温转变时很大的体积变化（2.8%），因此当石英玻璃中析出较多的方石英时，对制品会产生很大的破坏作用，故在制造熔石英陶瓷（由石英玻璃粉末烧结而成）时，应尽量避免石英玻璃析晶。

对于大多数玻璃来说，析晶是一种缺陷，但是有控制地从玻璃中析出微小晶粒却被人们用来作为强化玻璃的一种手段，从而产生一类重要的复合材料——微晶玻璃（或称为玻璃陶瓷）（图 1-49）。微晶玻璃的制备一般是以一些多元玻璃成型体为基础，通过热处理析出具有特定形貌和大小的晶体颗粒。目前已经开发出许多具有独特性能的微晶玻璃体系，并且获得了广泛的工程应用。

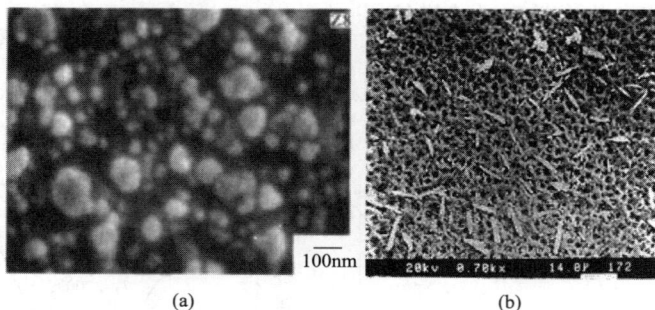

图 1-49　玻璃（a）和玻璃陶瓷（b）的微观结构

随着技术的发展，通过玻璃晶化过程，可以对材料性能进行较大范围的改善。比如通过析出特殊形貌的晶体来实现玻璃的原位韧化、利用玻璃析晶制备纳米材料、采用具有促进晶界玻璃相晶化的添加剂来提高陶瓷的抗高温蠕变能力等。

习　题

1. 比较陶瓷材料结合键与金属和高分子结合键的区别。
2. 简述陶瓷材料的显微结构特点。
3. 简述陶瓷晶体的同质异构转变的分类及其特点。

参考文献

［1］W. D. Kingery，H. K. Bowen，D. R. Uhlmann. Introduction to Ceramics[M]. 2nd ed. New York：John Wiley & Sons，Inc.，1976.

［2］石德珂，王红洁 . 材料科学基础[M]. 北京：机械工业出版社，2020.

［3］Yi Li，Xiangyang Liu，Peng Zhang，et al. Theoretical insights into the Peierls plasticity in $SrTiO_3$ ceramics via dislocation remodelling[J]. Nature Communications，2022，13：6925.

［4］Sakwe Aloysius Sakwe，Mathias Stockmeier，Philip Hens，et al. Bulk growth of SiC—review on advances of SiC vapor growth for improved doping and systematic study on dislocation evolution[J]. physica status sdidi(b)，245，2008，45(7)：1239-1256.

第 2 章

陶瓷材料的性能

金属材料（纯金属和合金）大多是由金属键构成，金属键没有方向性，因此金属具有很好的塑性变形能力。而陶瓷材料多以离子键、共价键，或者两者的混合键结合，该类结合键具有很强的方向性和很高的结合能，因此与金属材料相比，陶瓷材料具有一系列优点，如高熔点、高硬度、高强度和良好的化学稳定性等。但也正是结合键的原因，导致陶瓷材料脆性大、塑韧性差、难加工、抗热震性也较差。对这类材料施载时，内部或表面的裂纹容易扩展并将引起应力集中，使材料发生突然的灾难性断裂，限制了其特性的发挥和实际应用，因此陶瓷材料的韧化成为陶瓷材料研究的核心课题。此外，陶瓷材料的制备技术、气孔、夹杂物、晶界、晶粒结构均匀性等因素对其力学性能也有显著影响。陶瓷材料的性能主要包括导电和半导体性能、绝缘性和介电性能、磁和热学性能、各种敏感特性等物理性能，力、电、磁、光、热等物理性能之间的耦合和转换效应，以及化学和生物效应等。这些性能是材料的本征参数，也是各领域在研制和应用陶瓷材料的过程中提出来的一系列技术要求。因此掌握陶瓷材料这些性能参数的物理内涵及其在实际工程中的应用，理解陶瓷物理性能与其组成、结构的关系，对陶瓷材料的结构功能一体化设计与应用具有重要意义。

2.1 陶瓷材料的力学性能

2.1.1 陶瓷材料的弹性与塑性

2.1.1.1 陶瓷材料的弹性

（1）弹性变形和弹性模量

一般而言，金属材料在静拉伸载荷作用下都要经过弹性变形、塑性变形和断裂三个阶段，这三个阶段通常可以通过应力-应变曲线表示。然而，陶瓷材料在室温静拉伸或静弯曲载荷下，一般均不出现塑性变形阶段，如图 2-1 所示。

材料弹性变形阶段的应力-应变关系服从胡克定律：

$$\sigma = E\varepsilon \qquad (2\text{-}1)$$

式中，σ 为应力；ε 为应变；E 为弹性模量，指材料产生单位弹性应变所需的应力，是描述材料弹性变形阶段力学行为的重要性能指标。弹性模量反映了材料原子间结合力的大小，E 越大，材料的结合强度越高。

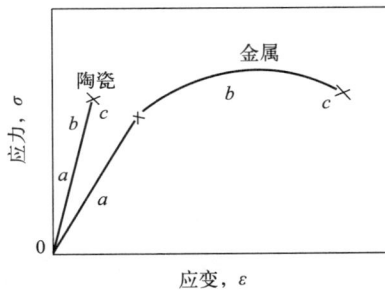

图 2-1　金属材料与陶瓷材料的应力-应变曲线

陶瓷材料具有强的离子键或共价键，因此具有高弹性模量。一般而言，熔点和弹性模量均反映原子间结合力的大小，两者总是保持一致关系，甚至保持正比关系。陶瓷材料的弹性模量比金属常高出 1 倍至几倍。

此外，共价键晶体结构的主要特点是键具有方向性，使晶体拥有较高的抗晶格畸变和阻碍位错运动的能力。离子键晶体结构的键方向性不明显，但滑移系要受到密排面与密排方向以及静电作用力的限制。

表 2-1 给出了常见结构陶瓷的弹性模量值。可以看出，金刚石具有最高的弹性模量，这也表明金刚石的结合键是所有材料中最强的；其次是碳化物陶瓷（以共价键为主），再其次为氮化物陶瓷，相对较弱的为氧化物陶瓷（以离子键为主）。

表 2-1　常见结构陶瓷的弹性模量值

材料	E/GPa	材料	E/GPa
金刚石	1035	ZrO_2	138
WC	400～600	莫来石	145
TaC	310～550	玻璃	32～46
SiC	414	MgO	207
自结合 SiC	345	AlN	310～350
Al_2O_3	380	$MgO\text{-}SiO_2$	90
BeO	311	h-BN	84
TiC	462	多晶石墨	10
Si_3N_4	304	TiO_2	29
SiO_2	69	碳纤维	250～450
$MoSi_2$（5％气孔率）	407	NaCl，LiF	44

（2）影响弹性模量的因素

除了结合键以外，陶瓷材料的弹性模量还与材料的显微结构、组成相有关，这一点与金属材料有较大差别。金属材料，特别是钢铁材料的弹性模量是一个极为稳定的力学性能指标，合金化、热处理、冷热加工工艺均难以改变其数值；但陶瓷材料的配方与工艺过程及随后得到的不同的显微结构（组成相、气孔率等）均会对弹性模量产生较大影响。

对于由弹性模量相差较大的多相构成的结构，弹性模量的理论计算很困难，通常从宏观均质的假定出发进行平均弹性模量的测定。假定两相的弹性模量分别为 E_1、E_2，体积百分数分别为 V_1、V_2，两相陶瓷弹性模量的计算可以用图 2-2 所示的模型，采用复合材料的计算公式进行。

当应力平行于两相层面，各层的应变相等，复合陶瓷的平均弹性模量为：

$$E_{/\!/} = E_1 V_1 + E_2 V_2 \tag{2-2}$$

当应力垂直于两相层面，各层的应力相等，复合陶瓷的平均弹性模量为：

$$E_\perp = \frac{E_1 E_2}{E_2 V_1 + E_1 V_2} \tag{2-3}$$

考虑几何学上不规则的影响，实际上两相陶瓷的弹性模量处于上述两者之间。图 2-3 为两相陶瓷的弹性模量随相组成的变化规律，图中的两条曲线分别是按式（2-2）和式（2-3）计算所得到的结果。

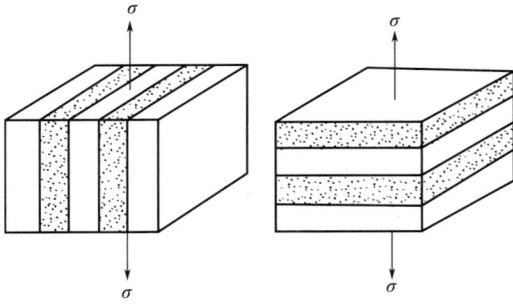

图 2-2 两相陶瓷复合物弹性模量的计算模型

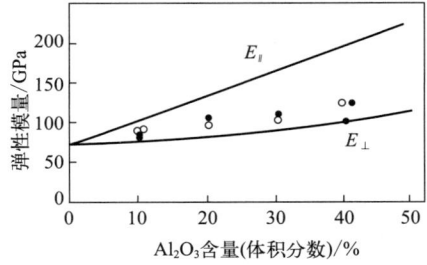

图 2-3 Al_2O_3-玻璃复合材料的 E 与 Al_2O_3 含量的关系

如上章所述，与金属不同，陶瓷中的气相往往是不可忽视的组成相，而陶瓷材料的气孔率是与陶瓷成型、烧结工艺密切相关的重要物理参数。

实验表明，陶瓷的弹性模量 E 与气孔率 p 的关系可表示为：

$$E = E_0 e^{-bp} \tag{2-4}$$

式中，E_0 是气孔率为零时的弹性模量；b 为与陶瓷制备工艺有关的常数。

（3）弹性模量的测试方法

① 静态法。静态法测定弹性模量通常在等温条件下，在材料表面贴应变片测定应变，利用万能材料试验机缓慢加载获得，采用拉、压、弯、扭等加载方式均可。由于陶瓷具有高弹性模量、低应变，因此应当尽可能采用高精度、高灵敏度的应变片。

分别采用三点弯曲和四点弯曲加载，弹性模量可按下式计算。

$$E_{3b} = \frac{3L(P_2 - P_1)}{2bh^2(\varepsilon_2 - \varepsilon_1)} \tag{2-5}$$

$$E_{4b} = \frac{L(P_2 - P_1)}{bh^2(\varepsilon_2 - \varepsilon_1)} \tag{2-6}$$

式中，ε_1、ε_2 分别为载荷 P_1、P_2 时的应变值；L 为支点跨距；b 为样品宽度；h 为样品厚度。

如果采用载荷-挠度（f）曲线，测量试样跨中挠度和加载点位移时，以位移测量值与修正试样位移值之差作为实际位移挠度 f，可用下式进行弹性模量的计算。

三点弯曲：

$$E_{3b} = \frac{L^3(P_2 - P_1)}{4bh^3(f_2 - f_1)} \tag{2-7}$$

四点弯曲，测量跨中点位移时：

$$E_{4b} = \frac{(L-l)[3L^2 - (L-l)^2](P_2 - P_1)}{8bh^3(f_2 - f_1)} \tag{2-8}$$

式中，l 为压头跨距；f_1、f_2 分别为载荷 P_1、P_2 时的挠度。

1/3 弯曲结构时为：

$$E_{4b} = \frac{23L^3(P_2 - P_1)}{108bh^3(f_2 - f_1)} \tag{2-9}$$

测量加载点位移时：

$$E_{4b} = \frac{5L^3(P_2 - P_1)}{27bh^3(f_2 - f_1)} \tag{2-10}$$

一般情况下，也可对陶瓷采用弯曲实验［最好用四点弯曲加载（1/3 弯曲结构，参见 GB/T 6569—2006）］，测定其应力-应变曲线的直线部分，通过计算求出其弹性模量。

② 动态法。动态法测定弹性模量主要有共振法和超声脉冲法两种，该方法具有应变小（1×10^{-6}）、测定时间短、精度高等优点。

共振法，将材料样品悬挂在两根细丝之间，施加外力引起其振动，通过测量其共振频率和振动幅度来计算杨氏模量。采用细圆棒或窄而薄的板状试样，用两根细丝悬挂在两只传感器（即换能器，一只激振，一只拾振）下面，在试样两端自由的条件下，由激振信号通过激振传感器做自由振动，并由拾振传感器检测出试样共振时的共振频率。通过下式计算弹性模量。

$$E_R = \frac{0.9465M \times f_{res}^2}{W} \left(\frac{l_t}{t}\right)^3 \left[1 + 6.59\left(\frac{t}{l_t}\right)^2\right] \tag{2-11}$$

式中，M 为试样质量；f_{res} 为共振频率；l_t 为试样长度；t、W 为试样厚度、宽度。

超声脉冲法，在材料中传播的超声波会受到材料本身的弹性特性的影响，因此可以通过测量超声波在材料中传播的速度来推导材料的杨氏模量。该方法使用铌酸锂晶体来连续发射和接收信号，这些信号通常在 10 MHz 的共振频率下产生。纵波和横波的速度可以通过试样的厚度和波在试样厚度或高度方向上的传播时间来计算。以下关系可用于确定模量特性。

$$E = \rho C_L^2 \frac{(1+\nu)(1-2\nu)}{(1-\nu)} \tag{2-12}$$

$$\nu = \frac{1/2(C_L/C_S)^2 - 1}{(C_L/C_S)^2 - 1} \tag{2-13}$$

式中，ν 为泊松比；ρ 为试样密度；C_L 为纵波速度；C_S 为横波速度。

2.1.1.2 陶瓷材料的塑性

我们知道，陶瓷材料是由离子键、共价键或者二者的混合键构成的，再加上晶体结构复杂，对称性低，导致陶瓷中位错的运动极难，因而在外力作用下几乎不发生塑性变形。因此塑韧性差成了陶瓷材料的致命弱点，也是影响陶瓷材料工程应用的主要障碍。

（1）单晶陶瓷的塑性

单晶陶瓷中，只有少数晶体结构简单的陶瓷（如 NaCl、MgO、KCl、KBr 等）在室温下具有一定的塑性，而绝大多数陶瓷只有在高温下才能表现出明显的塑性变形。

① NaCl 型结构晶体的塑性变形。氯化钠结构的离子晶体中，低温时滑移最容易在 {110} 面和 ⟨1$\bar{1}$0⟩ 方向发生。几何与静电作用条件均使滑移面及滑移方向受到限制。滑移过程中，NaCl 型晶体中，滑移方向 ⟨110⟩ 是晶体结构中最短平移矢量方向（图 2-4）。在滑移过程中，沿 ⟨110⟩ 的平移不需要最近邻的同号离子并列，因而不会形成大的静电斥力。对于 NaCl 型强离子晶体，沿 {100}⟨110⟩ 滑移时，在滑移距离的一半时静电能较大，因为

这时同号离子处于最近邻位置。在高温下可以观察到这些强离子晶体中的 $\{100\}\langle110\rangle$ 滑移。

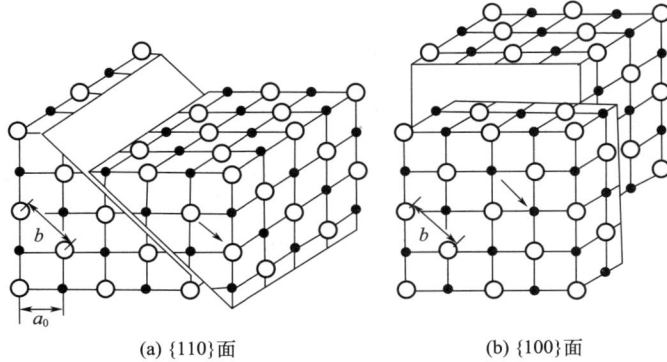

(a) $\{110\}$面　　(b) $\{100\}$面

图 2-4　NaCl 型结构沿 $\langle110\rangle$ 方向的滑移

表 2-2 为一些陶瓷晶体中的滑移系统。

表 2-2　一些陶瓷晶体中的滑移系统

晶体	滑移系统	独立系统数	附注
C（金刚石），Si，Ge	$\{111\}\langle1\bar{1}0\rangle$	5	$T>0.5T_m$
NaCl，LiF，MgO，NaF	$\{110\}\langle1\bar{1}0\rangle$	2	低温
NaCl，LiF，MgO，NaF	$\{110\}\langle1\bar{1}0\rangle$，$\{001\}\langle1\bar{1}0\rangle$，$\{111\}\langle1\bar{1}0\rangle$	5	高温
TiC，UC	$\{111\}\langle1\bar{1}0\rangle$	5	高温
PbS，PbTe	$\{001\}\langle1\bar{1}0\rangle$，$\{110\}\langle001\rangle$	3	
CaF$_2$，UO$_2$	$\{001\}\langle1\bar{1}0\rangle$	3	
CaF$_2$，UO$_2$	$\{001\}\langle1\bar{1}0\rangle$，$\{110\}\langle111\rangle$	5	高温
C（石墨），Al$_2$O$_3$，BeO	$\{0001\}\langle11\bar{2}0\rangle$	2	
TiO$_2$	$\{101\}\langle110\bar{1}\rangle$，$\{110\}\langle001\rangle$	4	
MgAl$_2$O$_4$	$\{111\}\langle1\bar{1}0\rangle$，$\{110\}\langle1\bar{1}0\rangle$	5	

② Al$_2$O$_3$ 晶体的塑性变形。Al$_2$O$_3$ 是一种有广泛应用前景的非立方晶系陶瓷，强烈的各向异性可能对高温塑性产生重大影响，Al$_2$O$_3$ 单晶在高温（900℃）时，通常在 $\{0001\}$ $\langle11\bar{2}0\rangle$ 滑移系产生滑移，在更高温度下也可能产生非基面滑移（如棱柱面 $\{11\bar{2}0\}\langle10\bar{1}0\rangle$ 滑移系滑移），但即使在很高的实验温度（1700℃）下，非基面滑移应力也比基面滑移应力大得多（10 倍）。图 2-5 为单晶 Al$_2$O$_3$ 在 900℃ 以上时的初始塑性行为。可以看出单晶 Al$_2$O$_3$ 在高温下出现明显的屈服现象，随温度升高屈服强度明显降低；与金属类似，应变速率也影响屈服强度，随应变速率增加，屈服强度明显上升。

（2）多晶陶瓷的塑性

作为陶瓷工程构件，极少采用单晶体，一般为多晶体。多晶陶瓷的塑性不仅取决于构成材料的晶体本身，而且在很大程度上还会受到晶界物质的控制。在较高的工作温度（>0.5T_m，T_m 为材料熔点的绝对温度）下，由于晶内滑移、位错运动或孪生、晶界滑动或流变的影响，陶瓷表现了一定程度的塑性。

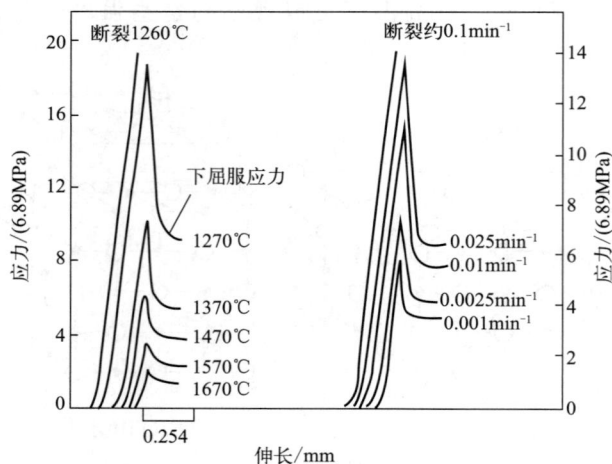

图 2-5　单晶 Al_2O_3 在 900℃ 以上的塑性行为

影响陶瓷塑性形变的因素大致分为本征因素和外来因素两类。本征因素包括：①晶粒内部的滑移系相互交截。一个单晶体欲通过滑移而达到均质的应变，需要有五个独立的滑移系。②晶界处的应力集中。晶界作为一种势垒，足以使滑移过程中的位错塞积起来，从而引起高度的应力集中，并导致滑移系的激活。③晶粒大小和分布。细晶坯体的高晶界面积有利于晶界滑移控制的高温蠕变过程。

影响塑性的外来因素主要与晶界相关。①杂质在晶界的弥散：影响晶体生长、晶界扩散以及一系列晶界特性。②晶界处的第二相：既可能是玻璃相亦可能是微晶相，取决于化学组成和热处理条件。晶界相微晶化的 Si_3N_4 与含玻璃相晶界的 Si_3N_4 相比，前者显然具有较高的屈服强度。③晶界处的气孔：减少相邻晶粒间的接触，加速了陶瓷材料的塑性形变。

在液相烧结过程中，低熔点烧结助剂常常集中于晶界。在多晶陶瓷高温塑性变形过程中，塑性变形的主要贡献来源于晶界相的滑动或流变。晶粒越细，晶界所占比例越大，晶界成分、结构和特性的作用越大。为了提高陶瓷的高温强度或提高陶瓷的高温塑性变形抗力，从烧结助剂考虑，应加入熔点较高的添加剂。从晶粒尺寸看，细晶化虽可提高室温下陶瓷的强度和韧性，但在高温下，由于晶界比例增大，晶界流动抗力反而降低。具有一定方向性排列的针状或板状晶陶瓷反而表现出较高的高温塑性变形抗力。

由于陶瓷材料塑性变形困难，变形量十分小，只在相当高的温度下才呈现明显的塑性变形，给塑性的观测带来了很大的困难；此外，先进结构陶瓷的晶粒比较细小（微米级以下），必须在高温（1300℃以上）、足够放大倍数（数千到数万倍）下进行观测，也给陶瓷多晶塑性变形的研究带来了很大的困难。

2.1.2　陶瓷材料的强度与硬度

2.1.2.1　陶瓷材料的强度

陶瓷材料的强度是指材料在一定载荷作用下发生破坏时的最大应力值。与金属不同，陶瓷材料在弹性变形后立即发生脆性断裂，不出现塑性变形阶段（图 2-1），因此在应力-应变曲线上只出现断裂强度 σ_f。由于陶瓷材料在常温下基本上不出现和极少出现塑性变形，可以认为陶瓷材料的抗拉强度 σ_b、断裂强度 σ_f 和屈服强度 $\sigma_{0.2}$ 在数值上是相等的。

（1）陶瓷材料的断裂与断裂强度

理想晶体的断裂强度为：

$$\sigma_c = \left(\frac{E\gamma}{a_0}\right)^{1/2} \tag{2-14}$$

式中，σ_c 为理论断裂强度；E 为弹性模量；γ 为材料比表面能；a_0 为原子间距离。

将某些陶瓷和金属材料的 E、γ、a_0 代入上式，便可求得理论断裂强度 σ_c，作为近似值，取 $\gamma = 0.01Ea_0$，则 $\sigma_c = E/10$。而实际材料的断裂强度 σ_f 仅为理论值的 $1/10 \sim 1/100$。

陶瓷材料断裂强度理论值和实测值的巨大差异，可用 Griffith 强度理论解释。理论断裂强度式（2-14）与 Griffith 强度表达式很相似，只是后者用 πa（a 为裂纹半长）代替了原子间距离 a_0。作为数量级粗略估计，若原子间距离 $a_0 \approx 10^{-8}$mm，材料中的裂纹长度 $a = 0.1$mm，则带裂纹体的断裂强度 σ_f 仅为无裂纹体理论强度的万分之一。

研究表明，陶瓷材料的断裂强度具有下述特点。

① 理论上讲，陶瓷材料应当具有很高的断裂强度，但实际断裂强度却往往很低，甚至低于金属材料。

② 尽管陶瓷材料的抗拉强度极低，但它们具有优异的压缩性能，抗压强度比抗拉强度大得多，其相差的程度大大超过金属。图 2-6 给出了典型的拉伸和压缩下的应力-应变响应，其中压缩断裂（远高于张力）前陶瓷的行为类似于理想的线弹性材料，某些材料甚至在达到峰值载荷后表现为非线性。与拉伸裂纹相反，裂纹沿压缩加载方向垂直扩展。这个压缩应力中的锯齿状应变响应主要是由于试样体积小，不断增长的裂缝要么相互结合，要么遇到材料的自由或无约束表面。显然，延迟断裂行为是在压缩条件下出现的，通常抗压强度约为抗拉强度的 8～10 倍。

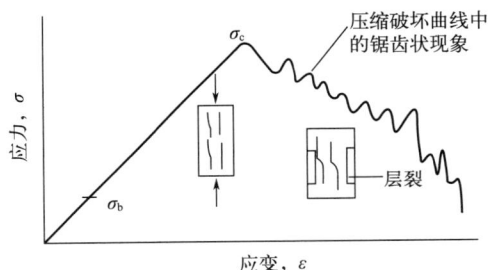

图 2-6　压缩过程中脆性陶瓷的应力-应变行为
σ_c 表示抗压强度。为了进行比较，拉伸应力-应变图被叠加，以说明脆性陶瓷的
抗压强度是抗拉强度（σ_b）的 8 倍，还显示了压缩失效机制

③ 测试方法对陶瓷断裂强度有重大影响。对于脆性材料，拉伸试验时，由于上下夹头不可能完全同轴而引起载荷偏心产生附加弯矩，使试样断裂往往发生在夹头处，测不出真实的抗拉强度。产生这种偏心误差除了试验机本身的构造不良（对中不好）外，还可能由试样形状不对称、夹头的构造和安装不正确、试样在夹头内固定得不正确等原因造成。因此，陶瓷材料一般进行抗弯强度和抗压强度的测试。

（2）陶瓷材料的抗弯强度

陶瓷材料的抗弯强度又称弯曲强度或抗折强度，是指矩形界面在弯曲应力作用下受拉面断裂时的最大应力，按加载方式分为三点弯曲和四点弯曲两种（见图 2-7）。

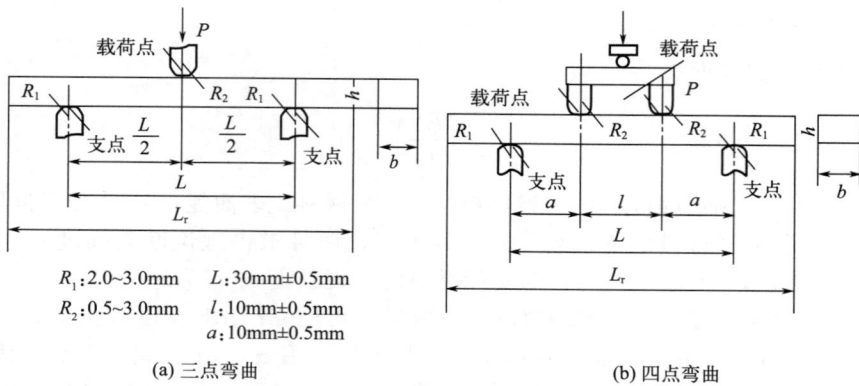

$R_1: 2.0\sim3.0\text{mm} \quad L: 30\text{mm}\pm0.5\text{mm}$

$R_2: 0.5\sim3.0\text{mm} \quad l: 10\text{mm}\pm0.5\text{mm}$

$\qquad\qquad\qquad\qquad a: 10\text{mm}\pm0.5\text{mm}$

(a) 三点弯曲   (b) 四点弯曲

图 2-7   弯曲强度测试加载方式

三点弯曲试验： $\qquad\qquad\qquad\qquad \sigma_f = \dfrac{3PL}{2bh^2}$ (2-15)

四点弯曲实验： $\qquad\qquad\qquad\qquad \sigma_f = \dfrac{3P(L-l)}{2bh^2}$ (2-16)

式中，P 为断裂载荷；L 为下支点跨距；b 为试样宽度；h 为试样厚度；对四点弯曲，l 为上支点跨距。

抗弯强度的测试值离散性较大，因此要求试样具有一定数量，一般每组为 10~12 根，高温试验时试样可适当少一些，每组为 5~10 根。试样尺寸为 36mm×4mm×3mm（详见 GB/T 6569—2006）。抗弯强度存在明显的尺寸效应，主要是厚度效应，试样厚度越小，强度越高。陶瓷弯曲试样的表面粗糙度和是否进行棱边倒角加工对抗弯强度也会具有较大影响。

（3）陶瓷材料的抗压强度

陶瓷材料的抗压强度又称压缩强度，是指一定尺寸和形状的陶瓷试样在规定的试验机上受轴向应力作用破坏时，单位面积上所承受的载荷或是陶瓷材料在均匀压力下破碎时的应力。用下式表示：

$$\sigma_c = P/A \qquad\qquad\qquad (2\text{-}17)$$

式中，σ_c 为试样的抗压强度；P 为试样压碎时的总压力；A 为试样受载截面面积。

试件压缩时与轴线大致成 45°的斜截面具有最大的剪应力，故破坏断面与轴线大致成 45°。试样形状为圆柱形或横截面为正方形的方棱柱，尺寸一般为高 12.5mm，直径或正方形边长 5mm，每组试样为 10 个以上。陶瓷材料抗压强度实验方法参见 GB/T 8489—2006。

陶瓷材料的抗压强度比抗拉强度高得多，因此，抗压强度对设计工程陶瓷部件常常是有利的。一般可以利用抗压强度对构件设置预应力，从而使材料在使用时承受拉伸载荷的能力有所增强，所以，抗压强度是工程陶瓷材料的一个常测指标。

（4）影响陶瓷材料强度的因素

影响陶瓷材料强度的因素有微观结构、内部缺陷的形状和大小、试样本身的尺寸和形状、应变速率、环境因素（温度、湿度、酸碱度等）、受力状态和应力状态等。下面讨论几种主要影响因素。

① 显微结构对陶瓷材料强度的影响。陶瓷的显微结构主要有晶粒尺寸、形貌和取向，气孔的尺寸、形状和分布，第二相质点的性质、尺寸和分布，晶界相的组分、结构和形态以及裂纹的尺寸、密度和形状等。它们的形成主要和陶瓷材料的制备工艺有关。

a. 晶粒尺寸对陶瓷材料强度的影响。在大量试验的基础上，人们总结出陶瓷材料强度 σ_f 与晶粒直径 d 之间的半经验关系：

$$\sigma_f = kd^{-a} \tag{2-18}$$

式中，a 为与材料特性和试验条件有关的经验指数，对离子键氧化物陶瓷或共价键氧化物、碳化物等陶瓷，$a = 1/2$；k 是与材料结构有关的比例常数。晶粒尺寸越小，陶瓷材料室温强度越高。

b. 气孔对陶瓷材料强度的影响。陶瓷材料强度与气孔率之间的关系由下式表示：

$$\sigma_f = \sigma_0 e^{-bp} \tag{2-19}$$

式中，σ_f 为有气孔时陶瓷材料的强度；σ_0 为无气孔时陶瓷材料强度；p 为气孔率；b 为与材料有关的常数。

陶瓷材料的强度随气孔率的增加而下降，其原因一方面是气孔使固相截面减少，导致实际应力增大；另一方面由于气孔引起应力集中，导致强度下降。

c. 晶界相对陶瓷材料强度的影响。大多数陶瓷材料烧结要通过加入烧结助剂，形成一定量的低熔点晶界相而促进致密化，这些晶界相最终以玻璃相的形式存在。晶界玻璃相的存在对材料强度，特别是高温强度不利，所以应通过热处理使其晶化，尽量减少脆性玻璃相。晶界相最好能起阻止裂纹过界扩展并能起松弛裂纹尖端应力场的作用。

② 试样尺寸对陶瓷材料强度的影响。弯曲应力的特点是沿厚度、长度方向非均匀分布，位于不同位置的缺陷对强度的影响不同。对抗弯强度有重要影响的微缺陷仅是弯曲试样跨距中间下表面部位的缺陷。表 2-3 是氧化铝陶瓷试样在两种体积不变情况下按不同厚宽比进行的三点弯曲试验的结果。

表 2-3　相同体积试样改变宽、厚尺寸的三点弯曲实验结果

体积	240mm³		360mm³	
厚×宽×跨距	2mm×4mm×30mm	4mm×2mm×30mm	3mm×4mm×30mm	4mm×3mm×30mm
抗弯强度/MPa	267.5	229.3	224.5	185.4
试样数	5	5	5	5

由表 2-3 可以看出，试样厚度越小，应力梯度越大，抗弯强度值越高，抗弯强度存在厚度效应。抗弯强度的厚度效应产生的原因是应力梯度的变化。

③ 温度对陶瓷材料强度的影响。大多数陶瓷材料的耐高温性能较好，通常在 800℃ 以下，温度对陶瓷材料强度影响不大。离子键陶瓷材料的耐高温性能比共价键陶瓷差。较低温度下陶瓷的破坏属脆性破坏，对微小缺陷很敏感；在高温区，陶瓷材料可以产生微小塑性变形，极限应变大大增加，有少量弹塑性行为，这时强度对缺陷的敏感程度有很大变化。产生性能变化的分界线称作脆-延转换温度，脆-延转换温度不仅与材料的化学成分有关，还与材料的微观结构、晶界杂质，特别是玻璃相成分及含量等有关。

在高温下，大多数陶瓷材料的强度是随温度升高而下降的。不同的材料，脆-延转换温度不同，如 MgO 的脆-延转换温度很低，几乎从室温开始强度就随温度的升高而下降；

Al_2O_3 的脆-延转换温度在 900℃ 左右；热压 Si_3N_4 的脆-延转换温度在 1200℃ 左右；而 SiC 材料的脆-延转换温度可以到 1600℃，甚至更高温度。

表 2-4 为几种陶瓷材料在常温与高温下的力学性能实验数据。高温下，晶界第二相，特别是低熔点物质的软化，使晶界产生滑移，从而使陶瓷表现出一定程度的塑性，同时晶界强度大幅度下降，因此高温下大多数陶瓷材料是沿晶断裂，说明陶瓷材料的强度由晶界强度所控制。如果要提高陶瓷材料的高温强度，应尽量减少玻璃相和杂质含量。

表 2-4　几种陶瓷材料在常温与高温下的性能试验数据

材料	常温			1200℃高温
	抗弯强度 /MPa	断裂韧性 /(MPa·m$^{1/2}$)	断裂位移 /mm	抗弯强度 /MPa
α'-β' Sialon	677.4	8.158	0.128	602.5
SiC_w/Si_3N_4	725.8	8.79	0.129	509.9
SiC_w/ZrO_2	666	12.02	0.286	113.7
SiC_w/ZTM	301	5.81	0.328	365.6
Al_2O_3	500	3.5	—	200

（5）陶瓷材料强度的可靠性与变异性

此处涉及与陶瓷相关的基本问题之一，即强度的可靠性。强度的可靠性是限制脆性材料在各种结构应用中广泛使用的关键因素之一，通常以韦布尔强度分布函数为特征。各种强度参数与脆性固体中断裂过程的物理特性相关。使用各种分布函数，如伽马或对数正态分布，可以表征某些脆性固体的强度特性。

陶瓷强度的变异性主要是由于其中存在的不同尺寸裂纹极为敏感。当受试金属样品的显微结构特征（晶粒尺寸）保持不变时，多晶金属的屈服强度和断裂或破坏强度是确定的，并且与体积无关。然而，脆性材料的断裂强度主要取决于 Griffith 理论中的临界裂纹长度：

$$\sigma_f = \frac{K_{IC}}{\sqrt{\pi c}} \tag{2-20}$$

式中，σ_f 是失效或断裂强度；K_{IC} 是模式Ⅰ（拉伸）载荷下的临界应力强度因子；c 是临界或最大裂纹尺寸的一半。从中可以明显看出，临界裂纹长度越长，强度值越低。

对陶瓷样品的大量实验观察总结如下：①脆性材料断裂韧性低，含有缺陷或裂纹，这些裂纹限制了它们达到理论强度；②测试结果的分散是由于缺陷尺寸的分散，缺陷包括多种类型，比如裂纹、杂质、粗大晶粒、第二团团聚等；③其强度取决于多次试验的重复性、试件尺寸和荷载性质；④在相似的实验条件下，相同试样的强度不同；⑤试验材料的体积越大，强度越低（这是因为试验材料体积越大，达到临界裂纹尺寸的可能性越大）。

这些观察结果表明：①脆性材料的失效概率与其所承受的应力水平之间应该存在明确的关系；②强度取决于体积，因此脆性材料没有固定的强度值。

陶瓷的塑性、韧性值比金属低得多，对缺陷很敏感，强度可靠性较差，常用韦布尔模数来表征其强度的均匀性。韦布尔模数是统计断裂力学中韦布尔概率分布的一个参数。在工程陶瓷上，韦布尔模数多用于反映强度的离散性，用字母 m 表示。m 值越高，离散性越小。一般来说须做至少 16 条试样的相同试验才具有可信度。

2.1.2.2 陶瓷材料的硬度

硬度表示材料抵抗硬的物体压陷表面的变形能力。常见的硬度指标有布氏硬度（HBW）、洛氏硬度（HR）、维氏硬度（HV）、马氏硬度（HM）、努氏硬度（HK）等，通过在平整精磨或抛光表面上的压痕来测量。由于陶瓷材料结构复杂，且性质硬而脆，塑性形变小，故常用维氏硬度、努氏硬度和马氏硬度表示，它们都是通过压入陶瓷表面而测得的。

维氏硬度实验采用相对两面夹角为 $136°$ 的金刚石正四棱锥形压头，在一定负荷 P 的作用下压入试样表面，保压 $10 \sim 20s$，随后卸除负荷，然后在显微镜下测量压痕两对角线的长度 d_1 和 d_2，算出平均值 $d = (d_1 + d_2)/2$，根据下式，求出维氏硬度值。

$$HV = \frac{P}{F} = 1.854 \times \frac{P}{d^2} \tag{2-21}$$

式中，P 为负荷；F 为压痕凹面面积；d 为压痕两对角线长度；HV 为维氏硬度值。

努硬度的测试原理与维氏硬度的测试原理一样。

为了获得可靠且真实的工程陶瓷硬度值，需要考虑以下三个方面：

① 压痕载荷的施加方式应确保不会导致压痕边角或边缘开裂，压痕周围不会出现任何剥落或损坏，从而形成稳定、健全的压痕。

② 对于新配方或新工艺制备的陶瓷，建议使用不同的压痕载荷测量硬度。这可以揭示任何"压痕尺寸效应"，并可以获得真实硬度。

③ 为了硬度测量的可靠性，建议使用电子显微镜测量压痕对角线长度（长度标度为微米级），因为测量对角线长度时的任何小误差都会出现相当大的硬度误差。

2.1.3 陶瓷材料的断裂韧性

2.1.3.1 断裂韧性的基本概念

由于陶瓷是脆性材料，其裂纹尖端塑性区很小，因此可以根据线弹性力学来研究弹性裂纹的扩展和断裂问题。

在经典断裂力学理论中，裂纹面的加载模式（图 2-8）有拉伸或裂纹张开模式（模式Ⅰ）、剪切模式（模式Ⅱ）和撕裂模式（模式Ⅲ）。对应于这三种不同的模式，应力强度因子可以定义为 $K_Ⅰ$、$K_Ⅱ$ 和 $K_Ⅲ$。在这三种模式中，拉伸模式是最危险的，脆性固体的大多数失效主要是模式Ⅰ失效。

根据Ⅰ型弹性裂纹尖端附近的应力场分布，陶瓷受张力（σ）使裂纹扩展时，可求得在临界条件下其模式Ⅰ应力强度因子 $K_Ⅰ$。

$$K_Ⅰ = Y\sigma\sqrt{a} \tag{2-22}$$

式中，Y 为无量纲因子，取决于裂纹几何形状、试样形状及加载方式；a 为裂纹长度。裂纹尖端张应力 σ_y 随 $K_Ⅰ$ 增大而提高。当 $K_Ⅰ$ 增大到一临界值，则 σ_y 增大到使裂纹失稳扩展并导致断裂。临界 $K_Ⅰ$ 以 K_{IC} 表示，称作临界应力强度因子，又称为材料的断裂韧性。

$$K_{IC} = Y\sigma_f\sqrt{a} \tag{2-23}$$

式中，K_{IC} 为断裂韧性，单位为 $MPa \cdot m^{1/2}$；σ_f 为临界应力，即材料的断裂强度。

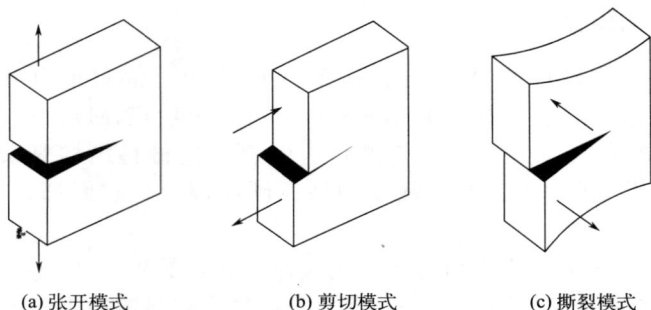

(a) 张开模式　　　　　(b) 剪切模式　　　　　(c) 撕裂模式

图 2-8　裂纹面的三种加载模式

模式 I （拉伸或裂纹张开模式）为最广泛观察到的断裂模式，

而模式 II （剪切模式）和模式 III （撕裂模式）不太常见

　　断裂韧性是材料固有的性能，是材料结构和显微结构的函数，是材料抵抗裂纹扩展的阻力，与裂纹的大小、形状以及外力无关。

　　陶瓷材料和金属材料的抗拉或抗弯屈服强度并不存在很大差异。但是反映材料裂纹扩展抗力的断裂韧性值却相差甚大。

　　表 2-5 比较了几种材料的屈服强度与断裂韧性值。可以看出，陶瓷材料的屈服强度虽比高强度与超高强度钢低，但一般高于或相当于中低强度钢；其断裂韧性与金属材料相比低 1～2 个数量级。因此，线弹性断裂力学非常适用于陶瓷材料。

表 2-5　几种材料的室温屈服强度与断裂韧性

材料	屈服强度/MPa	断裂韧性 K_{IC}/(MPa·m$^{1/2}$)
碳素钢	235	＞200
马氏体时效钢	1670	93
Si_3N_4	500～800	5～6
SiC	500～700	4～6
Al_2O_3	300～500	3.5～5
ZrO_2-Y_2O_3	800～1500	8～15

2.1.3.2　陶瓷材料断裂韧性的测试方法

　　对于金属材料，在测定其断裂韧性时，要求金属材料的试样满足平面应变条件，即要求试样具有足够的厚度（B）。

$$B \geqslant 2.5\left(\frac{K_{IC}}{\sigma_s}\right)^2 \tag{2-24}$$

　　由于陶瓷材料的屈服强度 σ_s 与金属相当，而断裂韧性 K_{IC} 值比金属小 1～2 个数量级，因此，对陶瓷材料而言，试样厚度的要求放宽了 2～4 个数量级。也就是说，为了测定陶瓷材料的断裂韧性值 K_{IC}，即使很小、很薄的试样（例如厚度仅 2mm）也会满足平面应变条件，这是陶瓷材料测定断裂韧性时十分有利的一面。

但是也存在十分困难的一面，测定断裂韧性值时，必须在试样上预制裂纹，而在陶瓷材料试样上预制裂纹十分困难。金属材料一般借助于高频疲劳来预制裂纹，但对于陶瓷材料，由于其 K_{IC} 和 ΔK 的差很小，只有几个 $MPa \cdot m^{1/2}$，因此陶瓷材料在预制裂纹过程中，由于 ΔK 或 $\Delta \sigma$ 的范围非常窄，成功率很低。在预制过程中，要么裂纹始终不扩展，要么裂纹一旦扩展即发生脆性断裂。

由于测试断裂韧性时在陶瓷试样中预制裂纹非常困难，因此出现了很多陶瓷材料断裂韧性（K_{IC}）测试的其他方法，比如长裂纹方法，包括单边切口梁（single edge notched beam，SENB）法、单边 V 形切口梁（SEVNB）法、双悬臂梁（double cantilever beam，DCB）法、双扭（double torsion，DT）法、短棒（short bar，SB，和 short rod，SR）法，其中短棒法开了 V 形内切口，故又称 CN（chevron notch）法；又如短裂纹技术，涉及压痕法（indentation method，IM），测量压痕周围的裂纹长度。各种方法各有利弊，尚未形成一种公认的测试标准。图 2-9 示意地表示了各种断裂韧性测试方法的试样形状与加载方法。目前应用最多的是单边切口梁法（SENB 法）和压痕法（IM）。

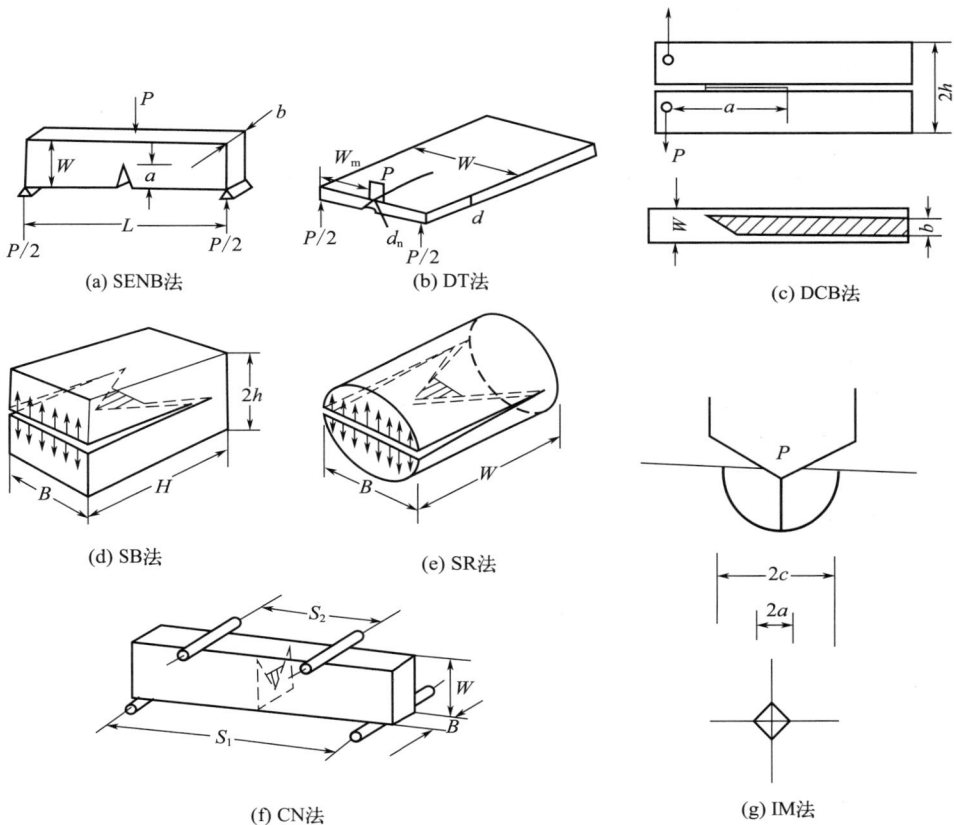

图 2-9　各种断裂韧性测试方法的试样形状与加载方法

（1）单边切口梁法

单边切口梁法与金属的三点弯曲试样测 K_{IC} 方法相似，所不同的是该法以单边切口代替了预制裂纹，也可以采用四点弯曲加载方式。

用三点弯曲或四点弯曲加载时，K_I分别由下式计算。

$$K_I = Y \frac{3PL}{2bW^2} \sqrt{a} \qquad (2\text{-}25)$$

$$K_I = Y \frac{3P(L_1 - L_2)}{2bW^2} \sqrt{a} \qquad (2\text{-}26)$$

式中，P为载荷；L为跨距；a为裂纹长度；b为试样宽度；W为试样厚度。

四点弯曲时，L_1、L_2分别为外侧与内侧的跨距。Y与a/W及加载速率有关，在a/W为 0.32～0.6 范围内，有：

$$Y = A_0 + A_1 \frac{a}{W} + A_2 \left(\frac{a}{W}\right)^2 + A_3 \left(\frac{a}{W}\right)^3 + A_4 \left(\frac{a}{W}\right)^4 \qquad (2\text{-}27)$$

上式中的系数 A 列于表 2-6 中。

表 2-6　式（2-27）中的 A 值

加载方式	A_0	A_1	A_2	A_3	A_4
四点弯曲	1.99	−2.47	12.97	−23.17	24.8
三点弯曲 $L/W = 8$	1.96	−2.75	13.66	−23.98	25.22
三点弯曲 $L/W = 4$	1.93	−3.07	14.53	−25.11	25.8

单边切口梁法具有试样加工比较简单、适用于高温或不同介质和气氛、测定值比较稳定等优点。该法以切口代替了预制裂纹，因此断裂韧性受切口宽度的影响，K_{IC}值随切口宽度的增大而增大。一般而言，用单边切口梁法测定的断裂韧性值（K_{IC}）偏高。

（2）压痕法

压痕法是利用维氏硬度测定时，压痕四角引发裂纹，由裂纹长度 $2c$、弹性模量 E 及维氏硬度值 H 求得断裂韧性 K_{IC} 的方法。

由图 2-10 可知，压痕侧截面有两种裂纹形状：一种是半月形裂纹（half penny shaped crack），另一种是巴氏裂纹（palmqvist crack）。对于不同形式的裂纹，计算公式不同。这里只给出由新原（Niihara）提出的计算公式。

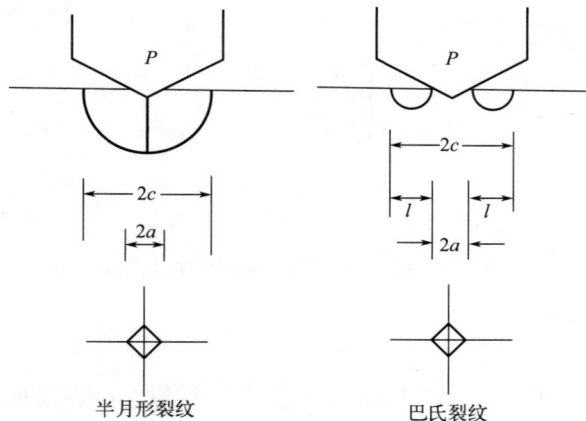

半月形裂纹　　　　　　巴氏裂纹

图 2-10　压痕法中的两种裂纹形式

半月形裂纹：

$$(K_{IC}\phi/Ha^{\frac{1}{2}})(H/E\phi)^{0.4}=0.129(c/a)^{-3/2} \qquad (2\text{-}28)$$

巴氏裂纹：

$$(K_{IC}\phi/Ha^{\frac{1}{2}})(H/E\phi)^{0.4}=0.035(l/a)^{-1/2} \qquad (2\text{-}29)$$

式中，H 为硬度；E 为弹性模量；ϕ 为约束因子（约等于 3）；a 为是维氏压痕对角线的一半；c 是表面裂纹的半径；$l=c-a$。K_{IC} 具体的形式如下：

$$K_{IC}=0.0667H^{0.6}E^{0.4}a^2c^{-1.5}(c/a\geqslant2.5) \qquad (2\text{-}30)$$

$$K_{IC}=0.0181H^{0.6}E^{0.4}a(c-a)^{-0.5}(1.25\leqslant c/a\leqslant3.5) \qquad (2\text{-}31)$$

压痕法最大的优点是无需特别制备专门试样，在测试维氏硬度的同时便可获得 K_{IC} 值，简易可行，一举两得。缺点是由于压痕周围应力应变场十分复杂，目前并未获得断裂力学的精确解，只有近似解，随材料性质不同测试结果会产生较大误差。另外，四角裂纹长度由于压痕周围残余应力的作用会发生变化，产生压痕裂纹后若放置不同时间，裂纹长度会发生变化。

脆性材料的绝对韧性值不能通过压痕技术测量，必须采用长裂纹断裂韧性测量技术，如 SENB 法、SEVNB 法、V 形缺口梁（VNB）法。然而，为了比较新开发材料的韧性，通常使用压痕技术。此外，压痕法需要仔细测量裂纹长度才可以为断裂韧性提供可重复的结果。

2.1.3.3 陶瓷材料的增韧途径

陶瓷材料的高温力学性能、抗化学侵蚀能力、耐磨性、电绝缘性等均优于金属材料，但其脆性限制了它的使用。

对于以离子键结合为主的陶瓷，位错不能在所有可能的滑移面上滑动。对于以共价键结合为主的陶瓷，由于定向特性和固有的刚性键网络，这种运动需要键的破坏和重建，并且键角被扭曲，位错运动相当困难。许多陶瓷没有五个独立的活动滑移系统，因此，不可能出现无局部断裂的均匀变形。陶瓷的位错核心宽度比金属的位错核心宽度窄，导致位错滑移需要较高的 Pierls-Nabarro 应力。

所有上述因素（通常是综合因素）使得处于有限微观结构中的陶瓷颗粒难以适应形状变化，否则会导致晶界应变不相容，引起开裂。一旦陶瓷中的裂纹开始产生就很容易扩展。因此，裂纹一旦达到临界尺寸，往往会以不稳定的方式扩展，导致陶瓷部件断裂或失效。

鉴于陶瓷材料缺乏室温延展性，陶瓷界一直在努力寻找新的微结构设计，以提高其裂纹扩展阻力。从基本观点来看，如果扩展裂纹和微观结构之间的任何相互作用可以吸收裂纹尖端应力场中可用能量的一部分，则裂纹扩展的驱动力将减小。换句话说，裂纹张开位移将随之减小，从而使裂纹尖端变钝。

目前，改善陶瓷材料脆性、提高裂纹扩展阻力的机制，即陶瓷材料的增韧机制可大致分为两类。

一类是过程区机制（process zone mechanisms）。由于相变引起的体积膨胀、微裂纹或裂纹尖端周围过程区的裂纹偏转，提高了裂纹扩展阻力。例如，在相变诱导增韧（俗称相变增韧）的情况下，裂纹尖端应力场中从四方氧化锆到单斜氧化锆的转变产生体积膨胀，在有限微观结构中，这将导致裂纹面上的压应力，引起裂纹尖端闭合。裂纹偏转主要发生在含有颗粒、晶须或纤维作为第二相的复合材料中。本质上，裂纹绕过硬质或刚性第二相时，裂纹路径弯曲度会增加，Faber 和 Evans 的模型预测，裂纹偏转诱导增韧的最大韧性增量可以在含有约 30% 颗粒增强的复合材料中实现。第二相粒子的粒径和形状以及分布也会影响可实现的韧性增量。

另一类是桥接区机制（bridging zone mechanisms）。这种增韧是在纤维增强或晶须增强复合材料中实现的。例如，SiC 基体和 SiC 纤维都具有固有的脆性，然而，SiCf-SiC 复合材料的韧性可能非常高，其基本机制是由于纤维-裂纹相互作用而形成的裂纹桥接。在外部施加的拉伸应力下，复合材料中的这种相互作用本质上涉及基体裂纹或 I 型裂纹尖端处的基体-纤维脱黏，基体微裂纹、界面处的裂纹偏转，纤维拔出，以及最后的裂纹桥接。这些机制的组合会导致复合材料的非线性拉伸应力-应变响应，而不是陶瓷整体的线弹性断裂（见图 2-11）。纤维拔出程度以及基体-纤维界面的特性决定了韧性增量。

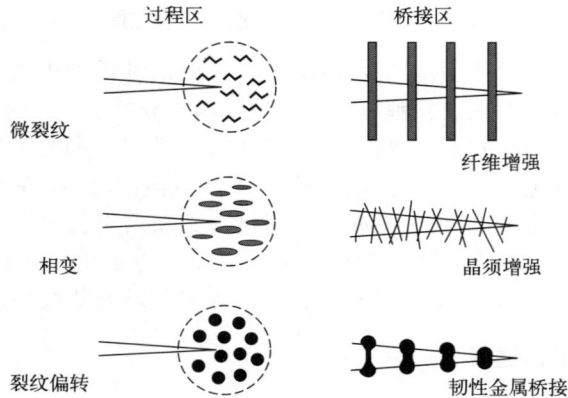

图 2-11　陶瓷基材料的各种增韧机制

下面对陶瓷材料的几种增韧途径分别进行讨论。

（1）晶须或纤维增韧

在陶瓷基体中若分散了晶须或纤维状第二相，这种第二相可使裂纹转向（图 2-12 所示），导致材料的断裂韧性 K_{IC} 增加，这就是所谓的裂纹转向增韧机理。

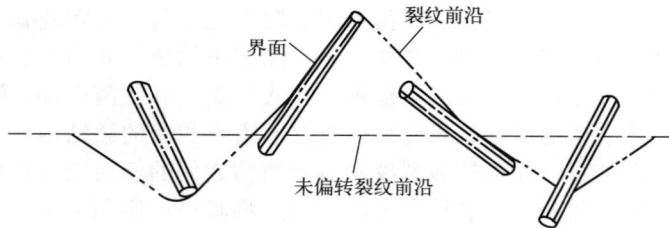

图 2-12　晶须或短纤维引起裂纹转向

晶须或纤维具有高的强度，基体相和晶须（或纤维）间界面有相当的结合强度。若在应力场作用下，裂纹尖端附近的界面结合力减弱，产生晶须或纤维的拉脱现象，这时在接近裂纹尖端的上下裂纹面，晶须或纤维好像是一座渡桥（故也称桥接现象），从而降低了裂纹尖端的应力集中，增加了裂纹扩展阻力，提高了材料的断裂韧性。

（2）异相弥散强化增韧

基体中引入第二相颗粒，利用基体和第二相之间热膨胀系数和弹性模量的差异，在试样制备的冷却过程中，在颗粒和基体周围产生残余压应力。设由静态应力 σ_h 分解的残余应力为轴向张应力（σ_{mr}）和径向压应力（$\sigma_{m\theta}$），σ_{mr} 可以由以下公式计算。

$$\sigma_{mr}=\sigma_h=\frac{(\alpha_p-\alpha_m)\Delta T}{\dfrac{1+\nu_m}{2E_m}+\dfrac{1-2\nu_p}{E_p}} \tag{2-32}$$

式中，下标 p，m 分别表示颗粒和基体；α、E、ν 分别表示线膨胀系数、弹性模量及泊松比；T 表示绝对温度。

当 $\alpha_p > \alpha_m$ 时，颗粒和基体之间的应力使裂纹在前进过程中偏转，如图 2-13 所示。裂纹扩展至颗粒表面首先偏转，基体中压缩环形应力轴垂直于裂纹面；当裂纹移至颗粒周围，则将被吸收到颗粒交界面处。例如，在 SiC 基体中加入 TiC 第二相，因 TiC 的 α_p 为 $7.4\times10^{-6}℃^{-1}$，SiC 的 α_m 为 $4.8\times10^{-6}℃^{-1}$，E_p 和 E_m 分别为 447GPa 和 440GPa，ν 为 0.25，则张应力 $\sigma_{mr}=$ 1000MPa，压应力 $\sigma_{m\theta}=500$MPa，当裂纹前沿与

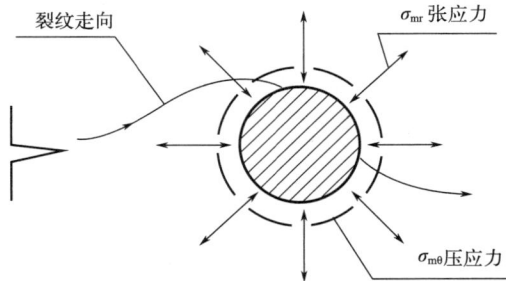

图 2-13　第二相颗粒加入后的裂纹偏转及应力分布示意

第二相接触时，裂纹的偏转和分支降低了裂纹尖端的应力集中，提高了材料的韧性。

（3）氧化锆相变增韧

利用氧化锆四方相相变为单斜相的马氏体相变来大幅度提高陶瓷的强度和韧性。ZrO_2 的增韧包含相变增韧和微裂纹增韧的双重效果。相变增韧的主要作用机制是通过氧化锆的稳定化处理，使陶瓷中的四方相氧化锆稳定至室温（即介稳四方相），并能在外力诱导作用下相变为单斜相，伴随这一马氏体相变产生体积膨胀和切应力，对裂纹扩展产生阻碍，从而大大增强材料抵抗裂纹扩展的能力，进而提高陶瓷材料的抗弯强度和断裂韧性。微裂纹增韧通过氧化锆（ZrO_2）在由四方相向单斜相转变过程中，相变出现体积膨胀而产生微裂纹，使韧性提高。实践已证明利用 ZrO_2 的马氏体相变强化增韧陶瓷基体是改善陶瓷脆性的有效途径之一。例如，氧化锆增韧氧化铝陶瓷（ZTA），其断裂韧性 K_{IC} 可达 $15MPa\cdot m^{1/2}$，强度可达 $1150\sim1200$MPa；ZrO_2 增韧 Si_3N_4，当加入 $20\%\sim25\%$（体积分数）ZrO_2 时，无压烧结 Si_3N_4 的 K_{IC} 从 $5MPa\cdot m^{1/2}$ 提高到 $7MPa\cdot m^{1/2}$，强度约 600MPa，热压烧结时，K_{IC} 从 $2.5MPa\cdot m^{1/2}$ 提高到 $8.5MPa\cdot m^{1/2}$，强度接近 $1\,000$MPa。

（4）显微结构增韧

① 晶粒或颗粒的超细化与纳米化。陶瓷材料的实际断裂强度大大低于理论强度，其根本原因在于，陶瓷材料在制备过程中无法避免材料中的气孔与各种缺陷（如裂纹等）。超细化和纳米化是减小陶瓷烧结体中气孔与裂纹等的尺寸、数量和不均匀性最有效的途径，因此，也是陶瓷强韧最有效的途径之一。

② 晶粒形状自补强增韧。有人通过控制工艺条件，使陶瓷晶粒在原位形成有较大长径比的形貌，起到类似于晶须补强的作用。如控制 Si_3N_4 制备过程中的氮气压，就可得到长径比不同的条状、针状晶粒，这种晶粒形状对断裂韧性有较大影响。可以用裂纹转向增韧机理或桥接机理来解释上述现象。在晶间断裂的前提下，裂纹前进过程中的转向使裂纹扩展阻力增大，断裂韧性提高，其中柱状（或针状、纤维状）晶对提高断裂韧性最为有效。实验表

明，在 SiC 烧结体中也有类似情况。

（5）表面强化和增韧

陶瓷材料的脆性是由于结构敏感性产生应力集中，断裂常开始于表面或接近表面的缺陷处，因此消除表面缺陷是十分重要的。下面介绍几种表面强化和增韧的方法。

① 表面微氧化技术。对 Si_3N_4、SiC 等非氧化物陶瓷，通过控制表面氧化技术，可消除表面缺陷，达到强化目的。其原因是通过微氧化使表面缺陷愈合、裂纹尖端钝化，从而使应力集中缓解。如 SiC 陶瓷，适当控制氧化条件，其室温强度比未经氧化处理的提高 30％左右。但必须注意，如长时间氧化，强度反而下降。

② 表面退火处理。陶瓷材料在低于烧结温度下长时间退火，然后缓慢冷却，一方面可消除因烧结快冷产生的内应力，另一方面可以消除加工引起的表面应力，同时可以弥合表面和次表面的裂纹。

③ 离子注入表面改性。采用离子注入对陶瓷材料进行表面改性，特别是对结构陶瓷的表面改性，其目的是提高材料的韧性、抗磨性和耐腐蚀性。以 Al_2O_3、Si_3N_4、SiC、ZrO_2 等为对象，在高真空下，将欲加的物质离子化，然后在数十千伏至数百千伏的电场下将其引入陶瓷材料表面，以改变陶瓷材料表面的化学组成。如将氮离子注入蓝宝石单晶样品中，断裂韧性 K_{IC} 随氮离子注入量的增加而提高；控制注入量和温度，可使硬度增加 1.5 倍；离子注入使表面引入压应力，从而使强度明显增加。

④ 其他方法。激光表面处理、机械化学抛光等也是消除表面缺陷、改善表面状态、提高韧性的重要手段。

2.1.4　陶瓷材料的热冲击抗力

陶瓷材料具有耐高温、耐磨损、耐腐蚀等优点，但塑韧性差，不耐冲击和难加工又是它的致命缺点。作为工程陶瓷构件，特别是高温结构件，尽管人们在设计与使用中应当避免其承受较大的机械应力和冲击应力，实际上，工程陶瓷构件主要应用于高温领域。由于温度急剧变化而引起的热冲击应力很大，如果材料具有塑性，可以消减应力峰，缓和应力集中，吸收冲击功，防止裂纹的萌生与扩展。但陶瓷材料几乎没有塑性，加上一般导热差，温度变化引起的应力梯度大，因此，热冲击断裂与损伤是工程陶瓷材料失效的主要方式之一，也是评价工程陶瓷材料使用性能的重要指标。

材料的热冲击（或热震）抗力不仅取决于材料的力学性能和热学性能，还与构件的几何形状、环境介质、受热方式等诸多因素有关，它是上述诸因素的综合反映，这给陶瓷材料热冲击抗力的理论与实验评价带来严重困难。

陶瓷材料的热冲击失效大致可分为两大类：热震断裂和热震损伤。

2.1.4.1　热震断裂

热震断裂是指材料固有强度不足以抵抗热冲击温差 ΔT 引起的热应力而产生的材料瞬时断裂。

热震断裂理论基于热弹性理论，以热应力 σ_H 和材料固有强度 σ_f 之间的平衡条件作热震断裂的判据，即

$$\sigma_H \geqslant \sigma_f \tag{2-33}$$

当温度急变（ΔT）引起的热冲击应力 σ_H 超过了材料的固有强度，则发生瞬时断裂，即热震断裂。

由于热冲击产生的瞬态热应力比正常情况下的热应力要大得多，它是以极大的速度和冲击形式作用在物体上的，所以也称热冲击。对于无任何边界约束的试件，热应力的产生原因是试件表面和内部温度场的瞬态不均匀分布。当试件受到一个急冷温差 ΔT 时，在初始瞬间，表面收缩率 $\alpha \propto \Delta T$，而内层还未冷却收缩，于是表面层受到来自内层的拉（张）应力，而内层受到来自表面层的压应力，这个由于急剧冷却而产生于材料表面的拉应力表示为：

$$\sigma_{\mathrm{t}} = \frac{E\alpha}{1-\nu} \times \Delta T \tag{2-34}$$

式中，E、α、ν 分别为材料的弹性模量、热膨胀系数和泊松比。

试件内、外温差随时间的增长而变小，表面热应力也随之减小，所以式（2-34）代表热应力的瞬态峰值；相反，若试件受急热，则表面受到瞬态压应力，内层受到拉应力。由于脆性材料表面受拉应力比受压应力更容易引起破坏，所以陶瓷材料的急冷比急热更危险。一般将表面热应力达到材料固有强度 σ_{f} 作为临界状态，临界温差 ΔT_{c} 为抗热震系数（R），根据式（2-34），可得到下式：

$$R = \Delta T_{\mathrm{c}} = \frac{\sigma_{\mathrm{f}}(1-\nu)}{E\alpha} \tag{2-35}$$

对于气孔率很小的精细陶瓷，必须避免热应力裂纹的形成和热冲击应力产生的瞬时快速断裂。从热震断裂抗力公式（2-35）可以看出，陶瓷材料应同时具有高的强度、低的弹性模量和低的热膨胀系数，才能得到高的热震断裂抗力。

第一个抗热震性能参数 R 的定义要求非常快的冷却速度，而对于一般的冷却速度，通常采用第二个抗热震性能参数 R'。这一抗热震性能参数使用了一个重要的材料参数——热导率。因此，考虑材料热物理性能温度相关性的第二个抗热震性能参数为：

$$R' = \frac{\sigma_{\mathrm{f}} k(1-\nu)}{E\alpha} \tag{2-36}$$

式中，k 为材料的热导率。

2.1.4.2　热震损伤

前面讨论的抗热震断裂是从热弹性力学的观点出发，以强度-应力为判据，认为材料中热应力达到抗张强度极限后，材料就产生开裂，一旦有裂纹成核就会导致材料的完全破坏。这样的结果对于一般的玻璃、陶瓷和电子陶瓷等都能适用，但是对于一些含有微孔的材料（如黏土质耐火制品建筑砖等）和非均质的金属陶瓷等却不适用。这些材料在热冲击下产生裂纹时，在裂纹的瞬时扩张过程中也可能被微孔、晶界或金属相所阻止，而不致引起材料的完全断裂。比如，筑炉用的耐火砖往往在具有 $10\% \sim 20\%$ 气孔率时具有最好的抗热冲击损伤性，但气孔的存在会降低材料的强度和热导率，因此 R 和 R' 值都要减小，用强度-应力理论无法解释。实际上，凡是以热冲击损伤为主的热冲击破坏都是如此。

因此，对抗热震性问题就有了第二种处理方式，这就是从断裂力学观点出发，以应变能-断裂能为判据的理论。按照断裂力学的观点，对于材料的损坏，不仅要考虑材料中裂纹的产生情况（包括材料中原有的裂纹情况），还要考虑在应力作用下裂纹的扩展、蔓延。如果裂纹的扩展、蔓延能抑制在一个很小的范围内，也可能不致使材料完全破坏。

材料的热震损伤是指在热冲击应力作用下，材料出现开裂、剥落，直至碎裂或整体断裂的热损伤过程。

基于断裂力学理论，分析材料在温度变化条件下的裂纹成核、扩展及抑制等动态过程，以热弹性应变能 W 和材料的断裂能 U 之间的平衡条件作为热震损伤的判据，即

$$W \geqslant U \tag{2-37}$$

当热应力导致的储存于材料中的应变能 W 足以支付裂纹成核和扩展而新生表面所需的能量 U，裂纹就形成和扩展。

设有一个半径为 r 的受热球体，沿径向的温度分布为抛物线型。当球中心的热应力相当于材料的断裂强度 σ_f 时，球体所蕴藏的总弹性应变能 W 为：

$$W = \frac{4\pi r^3 \sigma_f^2 (1-\nu)}{3nE} \tag{2-38}$$

式中，n 为几何因子；E 为杨氏模量；ν 为泊松比。

若该弹性应变能因产生了 N 个裂纹面为 $2A$ 的裂纹而消耗殆尽，则新生裂纹所需的总表面能为：

$$U = 2AN\gamma_f \tag{2-39}$$

式中，γ_f 为新生裂纹的断裂表面能。

由于 $W = U$，则

$$A = \frac{2\pi r^3 (1-\nu)}{3nEN\gamma_f} \times \sigma_f^2 \tag{2-40}$$

得到裂纹面 A 与球体截面积 πr^2 之比为：

$$\frac{A}{\pi r^2} = \frac{2\sigma_f^2 (1-\nu)}{3nE\gamma_f} \left(\frac{r}{N} \right) \tag{2-41}$$

由上式可以看出：球体愈大，相对裂纹面积 $A/\pi r^2$ 愈大；热应力裂纹产生得愈多，相对裂纹面积愈小。因此裂纹面积是构件损伤程度的一个量度：$A/\pi r^2$ 愈小，则构件的抗热震损伤能力愈强。若把与试样形状有关的几何因素除外，$A/\pi r^2$ 的倒数可以作为材料抗热震损伤参数 R''，其表达式如下：

$$R'' = \frac{E\gamma_f}{\sigma_f^2 (1-\nu)} \tag{2-42}$$

将 $K_{IC} = (E\gamma_f)^{1/2}$ 代入式（2-42），可得：

$$R'' = \frac{1}{(1-\nu)} \left(\frac{K_{IC}}{\sigma_f} \right)^2 \tag{2-43}$$

由上式可以看出，抗热震损伤性能好的材料应该具有尽可能高的弹性模量、断裂表面能和尽可能低的强度。

对断裂能 γ_f 相当的材料进行对比时，γ_f 可以视为常数，于是得到另外一个抗热震指标：

$$R''' = \frac{E}{\sigma_f^2 (1-\nu)} \tag{2-44}$$

R''' 实际上与弹性应变能成反比。不难看出，这些要求正好与高热震断裂抗力的要求相反。热弹性力学的着重点是裂纹成核问题，而抗热震损伤理论关心的是裂纹扩展问题。或者

说，要提高材料的热震损伤抗力应当尽可能提高材料的断裂韧性，降低材料强度。实际上，陶瓷材料中不可避免地存在或大或小数量不等的微裂纹或气孔，在热震环境中的微裂纹也不总是导致材料立即断裂，例如气孔率为 $10\%\sim20\%$ 的非致密陶瓷中的热震裂纹往往受到气孔的抑制。这里气孔的存在不仅起着钝化裂纹尖端、减小应力集中的作用，而且会因促使热导率下降而起隔热作用；相反，致密高强陶瓷在热震作用下则易发生炸裂。

热冲击对陶瓷材料的损伤主要体现在强度衰减上。一般情况下，陶瓷材料受到热冲击后，残余强度的衰减反映了该材料的抗热冲击性能。

最常见的热震方法是把陶瓷试样直接从高温落（淬）入室温的水中（水冷）或落入空气中（空冷），然后测试它的强度衰减量或找出强度不产生大幅度下降的临界温差。

在工程应用中，陶瓷构件的失效分析是十分重要的。如果材料的失效主要是热震断裂，例如对高强致密的精细陶瓷，则裂纹的萌生起主导作用。为了防止热失效，应该提高热震断裂抗力即应致力于提高材料的强度，并降低它的弹性模量和膨胀系数。若导致热震失效的主要因素是热震损坏，这时裂纹的扩展起主要作用，例如非致密性陶瓷件（工业 SiC 窑具陶瓷蓄热器、陶瓷高温过滤器等），这时应当设法提高材料的断裂韧性，降低其强度。

2.1.4.3 影响陶瓷抗热震性能的主要因素

陶瓷材料的抗热震性是其力学性能和热学性能的综合表现，因此一些热学和力学参数，如热膨胀系数、热导率、弹性模量、断裂能，是影响陶瓷抗热震性的主要参数。

（1）热膨胀系数

热膨胀系数越小，材料因温度变化而引起的体积变化越小，相应地产生的温度应力越小，抗热震性越好。密堆积的离子键氧化物，如 Al_2O_3、MgO 等，具有较大的热膨胀系数，且随着温度的升高，线膨胀系数略有增大。大部分硅酸盐晶体，如堇青石（$2MgO\cdot2Al_2O_3\cdot5SiO_2$）、锂霞石（$Li_2O\cdot Al_2O_3\cdot2SiO_2$）等，由于晶体中原子堆积较松，其热膨胀系数较小，抗热震性较好。共价键晶体，如 SiC 等，虽然其晶体中原子紧密堆积，但由于具有高的价键方向性和较大的键强度，晶格振动需要更大的能量，因而其热膨胀系数较小。为了改善陶瓷材料的抗热震性，应该选择热膨胀系数较小的组分。

（2）热导率

热导率越大，材料内部的温差越小，由温差引起的应力差越小，抗热震性越好。Al_2O_3、MgO、BeO 等纯氧化物陶瓷的热导率比结构复杂的硅酸盐要高，这是由于结构复杂的硅酸盐晶界构成连续相，使热导率降低。热在陶瓷中的传导主要依靠晶格振动，因而硬度高的 SiC 陶瓷由于晶格振动速度大，其热导率较高。

（3）弹性模量

弹性模量越低，材料产生弹性变形而缓解和释放热应力的能力越强，抗热震性越好。由式（2-34）可以看到，热应力是弹性模量的增值函数，由于陶瓷材料的弹性模量比较高，其所产生的热应力也较高。一般来说，弹性模量随原子价的增多和原子半径的减小而提高，因此选择适当的化学组分是控制陶瓷材料弹性模量的一个途径。前面讨论陶瓷材料的弹性模量随气孔率的增大而减小，因此为了提高陶瓷的抗热震性，应增大气孔率，降低弹性模量。

（4）断裂能

断裂表面能 γ_f 是决定材料强度和断裂韧性的重要因素，无论是抗热震断裂参数还是抗热震损伤参数均是断裂能的增值函数。因此凡是能提高断裂能的材料组分、显微结构等均可提高陶瓷材料的抗热震性。材料固有强度越高，承受热应力而不致破坏的强度越大，抗热震性越好。

2.1.5 陶瓷材料的疲劳

随着工程结构陶瓷的发展和陶瓷在工程应用方面的日益扩大，陶瓷工程构件的疲劳行为和可靠性已成为陶瓷工程应用的重要课题。陶瓷疲劳的含义与金属疲劳有些不同，金属疲劳主要指在长期交变应力作用下，材料耐用应力下降及破坏的行为。金属疲劳时，局部塑性变形起很大作用，由于反复的局部塑性变形，引起累积损伤，使疲劳载荷下的最大作用应力远小于材料的强度极限甚至小于屈服极限。陶瓷材料在室温下不发生或很难发生塑性变形，因此金属的累积损伤和疲劳机理不适用于陶瓷。陶瓷疲劳含义更广，分为静疲劳、循环应力疲劳和动态疲劳。静疲劳相当于金属中的延迟断裂，即在一定载荷作用下，材料的耐用应力随时间下降的现象。动态疲劳是以恒定载荷速率加载，研究材料的失效断裂对加载速率的敏感性。

2.1.5.1 静疲劳

静疲劳是指构件或试样受到一个恒定载荷经过一段时间后发生断裂或失效的过程。疲劳破坏过程通常被认为是固体在一定应力或交变应力作用下从众多微缺陷中发展出一条主裂纹，它是一个疲劳损伤过程，或称为第一过程。而后主裂纹在应力作用下发生慢速扩展，直至达到临界尺寸而失稳扩展破坏。第二过程为裂纹的亚临界扩展，常常是疲劳研究的主要范围。但是陶瓷材料的疲劳破坏机理与金属有很大区别，陶瓷材料的静疲劳往往是一出现主裂纹便随即断裂，不宜观测亚临界裂纹扩展。因此陶瓷的疲劳过程主要是指第一过程，即疲劳损伤的过程。由于只考虑断裂失效，也称为持久强度实验或应力腐蚀。

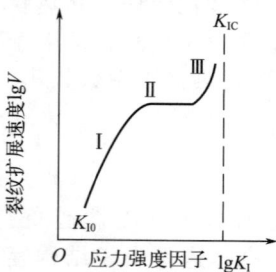

图 2-14　玻璃 $K_I\text{-}V$ 曲线

陶瓷静疲劳是通过一定载荷下陶瓷中裂纹扩展与寿命的关系进行研究的，通常用裂纹尖端的应力强度因子 K_I 与裂纹扩展速度 V 的关系曲线表示。

现以室温下典型的玻璃 $K_I\text{-}V$ 曲线为例（图 2-14）进行说明。

图中 K_{I0} 为应力腐蚀应力强度因子临界值，K_{IC} 为断裂韧性。在 $K_I < K_{I0}$ 时，外加应力使裂纹扩展的驱动力小于裂纹扩展时的表面能，裂纹不扩展。

在区域 I，裂纹开始扩展，在此区域裂纹尖端的水蒸气引起 Si—O 结合，这种应力腐蚀速度控制了裂纹扩展速度 V。在该区域中，裂纹扩展速度和应力强度因子 K_I 的关系可表示为：

$$V = AK_I^n \tag{2-45}$$

式中，A、n 为材料常数，n 又称应力腐蚀指数。这个公式是玻璃、陶瓷等材料寿命估算的基本公式。

在区域 II，裂纹尖端活性物质（即极性物质，如水、酸、碱及某些盐类）的扩散速度跟上了应力腐蚀速度，扩散速度控制了裂纹扩展速度，所以裂纹扩展速度变成了与 K_I 无关的恒定值。在区域 III，腐蚀反应时由于材料内部缺陷等原因，使裂纹快速扩展，最后当裂纹尖端应力强度因子 K_I 达到材料断裂韧性 K_{IC} 值时，材料发生突然断裂。

对于大多数高性能陶瓷如增韧 ZrO_2、Si_3N_4、SiC 等陶瓷及其复合材料，在静疲劳过程中并不出现典型的三阶段，而往往只出现第Ⅰ阶段，随后便发生失稳断裂。

2.1.5.2 循环应力疲劳

对于陶瓷材料中是否存在真正的循环应力疲劳效应，曾经有过不同看法。有些学者认为金属的疲劳效应主要是由裂纹尖端存在塑性区而引起的，而陶瓷材料裂纹尖端塑性区并不存在或极小，因此不存在循环应力疲劳效应。埃文斯用折合算法由静疲劳的 da/dt-K_I 曲线预测裂纹扩展速率，预测数据和试验数据十分吻合（图 2-15）。但大量研究表明，循环载荷对陶瓷材料造成了附加损伤。对于 Al_2O_3、MgO、Si_3N_4、SiC 等非相变增韧陶瓷而言，这种附加损伤较小；对于相变增韧 ZrO_2 陶瓷，由于循环应力引起的附加损伤比较严重，存在明显的循环应力疲劳效应。

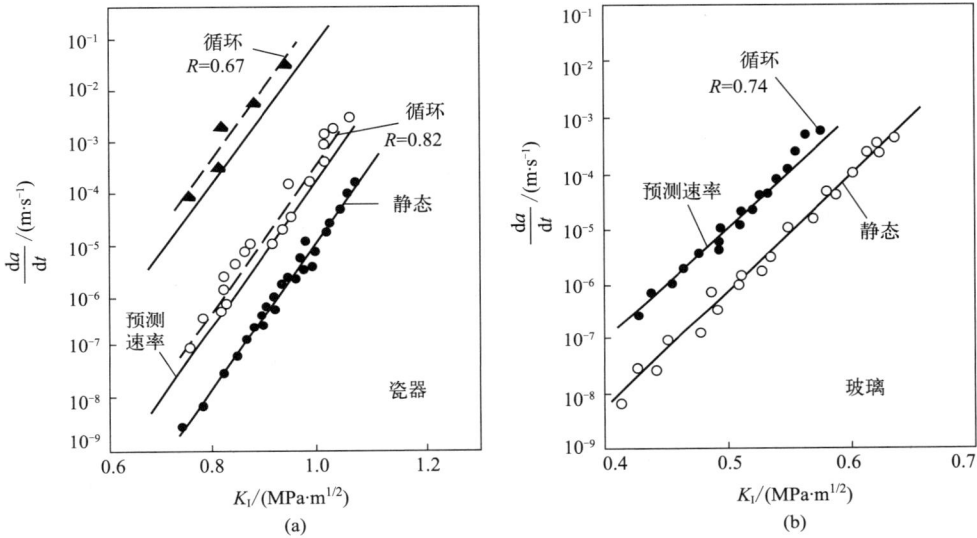

图 2-15　循环疲劳实验与静疲劳预测裂纹扩展速率的比较

由于陶瓷与金属疲劳机理的重大差别，两种材料在疲劳行为方面表现出显著差异。

① 陶瓷材料对交变载荷不敏感，疲劳裂纹扩展速率强烈依赖于最大应力强度因子（K_{Imax}），而应力强度因子幅（ΔK_I）的影响较小。

② 陶瓷断口中不易观测到疲劳条纹（包括宏观贝壳条纹和微观辉纹），循环疲劳断口与快速断口之间形貌的差异十分微小。

③ 金属 Paris 公式中的 n 值，一般在 2~4 的很窄的范围，但是陶瓷中的 n 值不仅数值高（10 以上），而且范围很宽（10~数百）。

④ 陶瓷材料不存在真正的疲劳极限，只有条件疲劳极限，并且陶瓷中疲劳强度的分散性远大于金属。

⑤ 金属中的疲劳门槛值 $\Delta K_{th} \ll K_{IC}$，ΔK_{th} 值通常只有 K_{IC} 的 5%~15%，例如钢的 ΔK_{th} 通常小于 9MPa·$m^{1/2}$，铝合金的 ΔK_{th} 通常小于 4MPa·$m^{1/2}$，而结构钢的 K_{IC} 可达数百 MPa·$m^{1/2}$，铝合金的 K_{IC} 也可达 30MPa·$m^{1/2}$。陶瓷材料中 K_{th} 与 K_{IC} 的差别要小得多，一般属同一数量级，这是因为陶瓷材料的 n 值很大（10 至数百），疲劳裂纹扩展速率很高。

⑥ 基于陶瓷材料 K_{th}~K_{IC} 的范围很窄，可以进行疲劳裂纹扩展试验的应力强度因子范围很窄（只有几个 MPa·$m^{1/2}$），这给陶瓷材料的疲劳试验带来极大困难，在进行陶瓷疲

劳试验时，要么裂纹始终不扩展，要么裂纹一旦扩展立即断裂。

2.1.5.3 动态疲劳

在陶瓷疲劳研究领域中，动态疲劳是指通过改变加载速率来获得裂纹扩展参数的试验方法，它建立在裂纹亚临界扩展使得断裂强度与应力速率相关的试验基础上。应力对裂纹长度的全微分为 $d\sigma/da = \dot{\sigma}/V$，其中 $\dot{\sigma}$ 为应力速率。由于裂纹扩展速度 V 是应力强度因子的幂函数，故有：

$$\frac{d\sigma}{da} = \frac{\dot{\sigma}}{AK^n} = \frac{\dot{\sigma}}{AY^n\sigma^n a^{n/2}} \tag{2-46}$$

分离变量后求积分，可得下式：

$$\sigma_f^{n+1} = B(n+1)\dot{\sigma}(\sigma_c^{n-2} - \sigma_f^{n-2}) \tag{2-47}$$

由于 $\sigma_f < \sigma_c$，且 n 一般较大，所以上式可近似为：

$$\sigma_f^{n+1} = B(n+1)\dot{\sigma}\sigma_c^{n-2} \tag{2-48}$$

式中，σ_c 为材料固有强度；B 为常数；n 为疲劳指数。可见，在双对数坐标下，σ_f-$\dot{\sigma}$ 关系为直线，其斜率为 $1/(n+1)$，其中 σ_f 为断裂应力。

恒应力速率（动态疲劳）实验一般在小吨位万能材料试验机上，采用三点弯曲实验进行。一般在试样受拉面中央预制一压痕，试验时采用多组恒应力速率（$\dot{\sigma}$）（分别为 10^1 MPa/s，10^2 MPa/s，10^3 MPa/s，10^4 MPa/s，…），由试验可以简便地得到一组在不同应力速率下的断裂应力，即一组数据，利用双对数作图可以得到图 2-16 所示直线，该直线符合式（2-49），由直线斜率可得疲劳指数 n 的值，并在 ZrO_2、Si_3N_4 等陶瓷材料中得到广泛应用。

$$(n+1)\ln\sigma_f = \ln[B(n+1)] + \ln\dot{\sigma} + (n-2)\ln\sigma_c \tag{2-49}$$

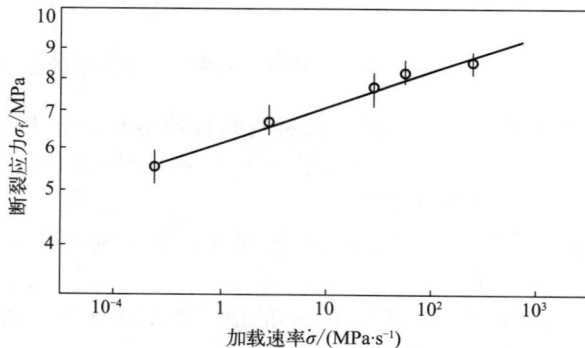

图 2-16 典型玻璃的 σ_f-$\dot{\sigma}$ 关系曲线

2.2 陶瓷材料的物理性能

2.2.1 陶瓷材料的热性能

陶瓷材料的许多用途都与温度变化直接相关，因此在设计和应用中需要考虑其热性能，陶瓷材料的热性能主要包括热容、热膨胀和热导等。

（1）热容

热容是描述材料中分子热运动的能量随温度变化的一个物理量，是提高材料温度所需的能量的度量。从另一个观点来说，它是温度每升高 1℃ 所增加的能量。通常在定压下测定恒压热容 c_p，但是在理论计算中常常采用恒容热容 c_V 来表示。

$$c_p = \left(\frac{\partial Q}{\partial T}\right)_p = \left(\frac{\partial H}{\partial T}\right)_p \tag{2-50}$$

$$c_V = \left(\frac{\partial Q}{\partial T}\right)_V = \left(\frac{\partial E}{\partial T}\right)_V \tag{2-51}$$

$$c_p - c_V = \frac{\alpha^2 V_0 T}{\beta} \tag{2-52}$$

式中，Q 为热量；E 为内能；H 为焓；$\alpha = \mathrm{d}V/(V\mathrm{d}T)$ 为体膨胀系数；$\beta = -\mathrm{d}V/(V\mathrm{d}p)$ 为压缩系数；V_0 为摩尔体积。通常热容的值以比热的形式给出，即 1g 物质温度每升高 1℃ 所需热量。对于凝聚相来说，在大多数情况下 c_p 与 c_V 的差别很小，可以忽略不计，但在高温时，此差别可能变得非常显著。

1mol 物质温度升高 1℃ 所需要的热量称为摩尔热容。大多数陶瓷材料的摩尔热容在低温时随温度升高而增大，到 1000℃ 附近其值达 25 J/(mol·K) 左右，温度进一步升高不能显著影响这个数值。几种陶瓷材料的摩尔热容随温度的变化如图 2-17 所示。

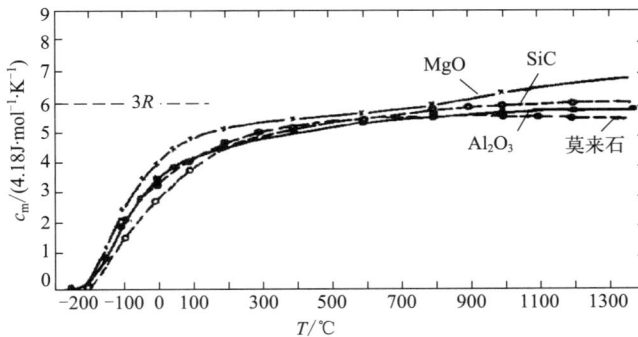

图 2-17　不同温度下某些陶瓷材料的摩尔热容

材料的摩尔热容与温度的关系应由实验精确测定。根据某些实验结果加以整理，可得如下的经验公式：

$$c_{p,m} = a + bT + cT^{-2} + \cdots \tag{2-53}$$

式中，$c_{p,m}$ 的单位为 4.18J/(mol·K)。表 2-7 列出了某些无机材料的系数 a、b、c 以及它们的应用温度范围。

表 2-7　某些陶瓷材料的摩尔热容-温度关系经验方程式系数

名称	a	$b \times 10^3$	$c \times 10^{-5}$	温度范围/K
氮化铝	5.47	7.8	—	298~900
刚玉（$\alpha\text{-}Al_2O_3$）	27.43	3.06	-8.47	298~1800
莫来石（$3Al_2O_3 \cdot 2SiO_2$）	87.55	14.96	-26.68	298~1100

名称	a	$b \times 10^3$	$c \times 10^{-5}$	温度范围/K
碳化硼	22.99	5.40	10.72	298~1373
氧化铍	8.45	4.00	−3.17	298~1200
氧化铋	24.74	8.00	—	298~800
氮化硼（α-BN）	1.82	3.62	—	273~1173
硅灰石（$CaSiO_3$）	26.64	3.60	−6.52	298~1450
氧化铬	28.53	2.20	−3.74	298~1800
钾长石（$K_2O \cdot Al_2O_3 \cdot 6SiO_2$）	63.83	12.90	−17.05	298~1400
氧化镁	10.18	1.74	−1.48	298~2100
碳化硅	8.93	3.09	−3.07	298~1700
α-石英	11.20	8.20	−2.70	298~848
β-石英	14.41	1.94	—	298~2000
石英玻璃	13.38	3.68	−3.45	298~2000
碳化钛	11.83	0.80	−3.58	298~1800
金红石（TiO_2）	17.97	0.28	−4.35	298~1800

（2）热膨胀

热膨胀是材料长度或体积随温度的改变而发生变化的现象。在特定温度下，我们可以定义线膨胀系数

$$\alpha_l = \frac{dl}{l\,dT} \tag{2-54}$$

和体膨胀系数

$$\alpha_V = dV/(V\,dT) \tag{2-55}$$

一般来说，这两个数值是温度的函数，但对于有限的温度范围，采用平均值就足够了。即

$$\overline{\alpha}_l = \Delta l/(l\,\Delta T) \quad \overline{\alpha}_V = \Delta V/(V\,\Delta T) \tag{2-56}$$

陶瓷材料的膨胀系数实际并不是一个恒定的值，而是随温度变化而变化的（图 2-18）。陶瓷材料的热膨胀系数大小直接与热稳定性有关。一般热膨胀系数越小，热稳定性越好。如 Si_3N_4 的常温热膨胀系数为 $2.7 \times 10^{-6}\,K^{-1}$，在陶瓷材料中偏低，热稳定较好。

（3）热导

陶瓷的主要用途之一是作为隔热体或热导体。对于这些应用，其效能很大程度上由特定温度梯度下热量通过陶瓷体传递的速率决定，用来定义热导率的基本方程为：

$$\frac{dQ}{dt} = -kA\frac{dT}{dx} \tag{2-57}$$

式中，dQ 为在 dt 时间内垂直于面积 A 流过的热量。热流正比于温度梯度 $-dT/dx$，比例系数为材料常数，称为热导率 k。

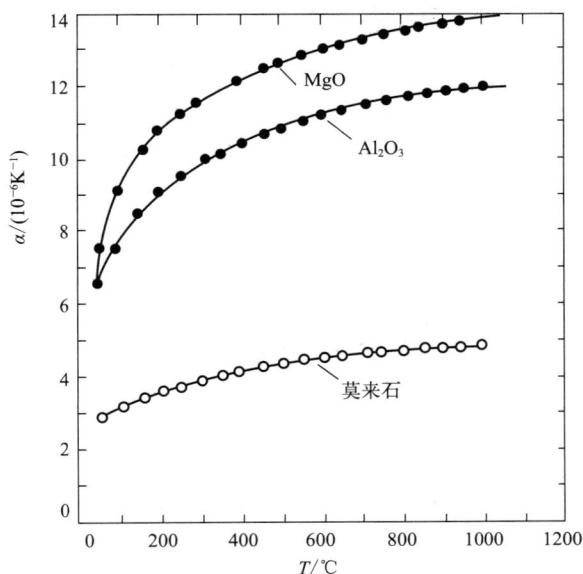

图 2-18　某些陶瓷材料的热膨胀系数与温度的关系

在每一点的热流量和温度均与时间无关的稳定态条件下，式（2-57）的应用需要对所考虑的特定形状进行积分。通过一平板的热流量为：

$$q = -kA \frac{T_2 - T_1}{x_2 - x_1} \tag{2-58}$$

式中，q 为热流量；k 为热导率；$T_2 - T_1$ 为两点的温度差；$x_2 - x_1$ 为两点的距离。

通过一个长为 l、内径为 D_1、外径为 D_2 的圆筒，流出的径向热流为：

$$q = -k(2\pi l) \frac{T_2 - T_1}{\ln D_2 - \ln D_1} \tag{2-59}$$

式中，q 为热流量；k 为热导率；$T_2 - T_1$ 为管内外的温度差。

对于许多其他简单的形状，可以导出类似的关系式，复杂的形状通常需要采用近似的方法。

固体热传导的微观机制包括：与振动有关的声子传导和由较高频率的电磁辐射引起的光子传导。因为光子传导所占比例很小，通常在讨论热导率时可以忽略不计，但在高温时它就显得重要了，这是因为光子热导率与温度的三次方成正比。

多相陶瓷材料或者有一个相是连续的，其他不连续相分布于其中；或者两相（多相）均连续，构成空间网络结构。例如，对于氧化铝陶瓷来说，当玻璃相为9%（体积分数）时，无论是刚玉相还是玻璃相，都是连续的，此时，热导率介于这两种末端组织的计算值之间。通常在玻璃陶瓷中玻璃相是连续的，热导率更接近所含玻璃相的热导率，而离结晶相的热导率稍远。在大多数陶瓷材料中，一种重要的组分是气孔，它几乎总是存在。总体上讲，固体中气孔的作用是降低热导率，但气孔对热导率的影响十分复杂，主要有以下几方面：

① 较低温度时，气孔的热导率比任何固体都低，对于分散在陶瓷中的气孔来说，随着气孔率的增加，热导率近于线性降低。

② 高温下的大气孔，利于光子传导，有助于提高热导率。

③ 高温下的小气孔，作为屏障隔断辐射流，会降低热导率。

粉状和纤维状材料中的气孔是连续相，因此，即使其中固体所占体积分数相当大，其热导率也相当低。另一种类似情况是当材料中出现连续微裂纹时（例如某些热处理或相变），即便由此引入的孔隙率很小，也会显著降低材料的热导率。

某些陶瓷的典型热导率值列于表 2-8 中。一般来说，低温时具有高热导率的材料，具有大的负温度系数；具有低热导率的材料具有正的温度系数。

表 2-8　某些陶瓷材料的热导率

材料	热导率/$(W \cdot m^{-1} \cdot K^{-1})$	
	100℃	1000℃
Al_2O_3	30.1	6.3
BeO	219.8	20.5
MgO	37.7	7.1
$MgAl_2O_4$	15.1	5.9
ThO_2	10.5	2.9
莫来石	5.9	3.8
$UO_{2.00}$	10.0	3.3
石墨	180.0	62.8
稳定 ZrO_2	2.0	2.3
熔融二氧化硅玻璃	2.0	2.5
钠-钙-硅酸盐玻璃	1.7	
TiC	25.1	5.9
瓷	1.7	1.9
黏土耐火材料	1.1	1.5
TiC 金属陶瓷	33.5	8.4

2.2.2　陶瓷材料的电性能

（1）导电性

一个长为 L、横截面积为 S 的均匀导电体，两端加电压 V，电流可用欧姆定律表示，即

$$I = V/R \tag{2-60}$$

式中，I 为通过导体的电流；V 为导体两端的电压；R 为导体的电阻。

在这样一个形状规则的均匀材料中，电流是均匀的，电流密度为 j：

$$j = I/S \tag{2-61}$$

电场强度也是均匀的，电场强度为 E：

$$E = V/L \tag{2-62}$$

则

$$Sj = LE/R \tag{2-63}$$

即

$$j = LE/SR = E/\rho \tag{2-64}$$

式中，ρ 为材料的电阻率。电阻率的倒数定义为电导率 σ，则

$$\sigma = 1/\rho \tag{2-65}$$

$$j = \sigma E \tag{2-66}$$

陶瓷材料的导电性是指陶瓷材料在一定温度和压力下的导电能力。其导电方式分为电子导电、离子导电和混合型导电三种，这些陶瓷主要是由氧化物半导体或碳化物半导体或固体电解质构成。其中，半导体导电陶瓷是靠电子导电；固体电解质导电陶瓷是靠离子导电的。

一般来讲，结构陶瓷中绝大部分属于绝缘体，但具有间隙结构的碳化物却具有十分良好的导电性，这类间隙相的导电机理与金属相似，属于电子导电。电子导电主要由电子（或空穴）在电场作用下定向移动产生高电导率，传统的陶瓷材料可以通过掺杂、加热或其他激发方式，使外层价电子获得足够的能量，摆脱原子核对它的束缚和控制，成为自由电子（或空穴）后即可参与导电。

离子导电一般是由离子的定向迁移产生的，而一个离子只有在外力作用条件下才能迁移。离子导电陶瓷又称"快离子导体"或"固体电解质"，是离子在通过晶体点阵缺陷或玻璃网状结构中的隧道和通路时，按一定方向运动而产生导电性的陶瓷。实际上，每一种快离子导体都有一种起主导作用的迁移离子，因此，具有很好的离子选择性。此外，某些陶瓷材料在一定条件（如温度、压力）下具有与强电解质液体相似的离子导电特性，这类陶瓷大多数属于固体电解质。

（2）半导体特性

半导体材料的原子在绝对零度时，其价带是满的，而导带是空的。此外，它的导带和价带之间所形成的禁带很窄（一般约为 0.6eV）。这意味着，它的价电子与其原子结合得不是太紧，很少的热、电、磁或其他形式的能量就能将其激发到导带中去。绝缘体的能带情况与半导体几乎一样，只是禁带要宽得多（如金刚石的禁带宽度为 6eV）。

一个电子从价带激发到导带，在价带中留下一个空穴，空穴的能量等于电子激发前该电子所具有的能量，其位置或空间延伸也和原来的电子一样（图 2-19）。半导体的性能是由导带中的电子数和价带中的空穴数决定的。电子和空穴可以借助于电、磁、热或其他形式的能量激发产生出来，称为本征激发，其材料称为本征半导体；也可以借助于把杂质元素引入晶格产生出来，称为非本征激发，其材料称为非本征半导体。本征激发发生在所有类型的半导体中，但在非本征激发中，它被杂质效应掩盖了，电子工业中使用的大多数半导体材料是杂质半导体。

半导体陶瓷是电子陶瓷材料中一类非常重要的功能材料，一般是由一种或数种金属氧化物，采用陶瓷制备工艺制成的多晶半导体材料。这种半导体材料与通常的单晶半导体有很大的差别，因而研究方法及理论基础也不尽相同，这些差别包括以下几点。

① 化学计量比偏移和晶格缺陷。陶瓷半导体的化学性质比较复杂，容易产生化学计量比的偏移，在晶格中形成固有点缺陷，这种点缺陷的浓度不仅与温度及环境氧分压有关，而且与

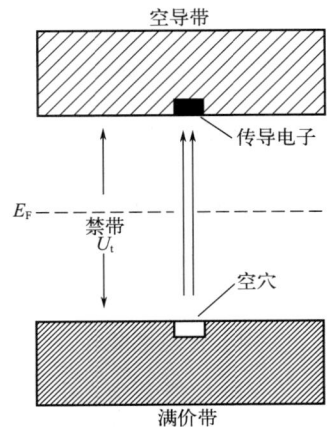

图 2-19　本征激发示意

外来杂质浓度紧密相关。由于这些缺陷及杂质在禁带中形成附加施主、受主能级，是材料能够半导体化的重要原因，也导致材料的电性能及工艺稳定性等都较难控制。

② 载流子迁移机理。构成半导体的氧化物多数是离子键键合，载流子迁移机理复杂。此外，由于氧化物的离子性，其禁带宽度大，使某些半导体陶瓷可在高温下使用。再者，随着离子性的增加，晶格振动中光学散射作用增强，引起电子迁移率的下降，这些都会造成导电机理的复杂化。

③ 晶界效应。半导体陶瓷材料是多晶材料，存在晶界是其重要特征。由于晶界的化学物理特性十分复杂，许多物理效应，例如 $BaTiO_3$ 半导瓷的 PTC 效应、ZnO 半导瓷的压敏效应等都是晶粒边界引起的，这虽给研究工作带来了困难，但也大大丰富了半导体陶瓷的研究内容。

（3）超导特性

在研究极低温度下的金属导电行为时，昂内斯在 1911 年发现，当温度降到 4.1K 时，汞的电阻突然下降到零（图 2-20）。他多次实验并做到使汞中所感生的电流维持数月而不衰减，从而证实其电阻确为零，他将汞的这一特性称为超导性，每一种超导体都有表现其特征的临界温度 T_c。当温度低于 T_c 时，其电阻为零，并一直保持不变。然而，当温度低于 T_c 时，若施加一个大于 H_c 的磁场，则可使超导体失去超导性，回到正常状态。这里 H_c 称为临界磁场强度。

超导体的另一个效应是外加磁场完全被排除在超导体之外，这个效应被称为迈斯纳（Meissner）效应。当然，磁场产生的磁感应并不是在超导体表面突然降低到零，而是在特征距离 λ 内，按指数趋势递减到零。这里 λ 为贯穿深度，典型值为 $5 \times 10^{-8} m$。实际上，为了在超导体内产生一个场正好抵消外加磁场，必然在贯穿层内产生超导电流，才能把外磁场排除（图 2-21）。

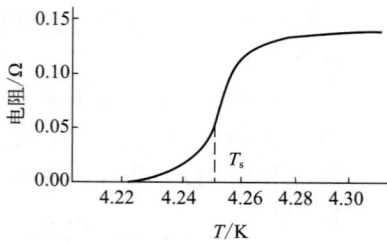

图 2-20 极低温度下汞的电阻与温度的关系

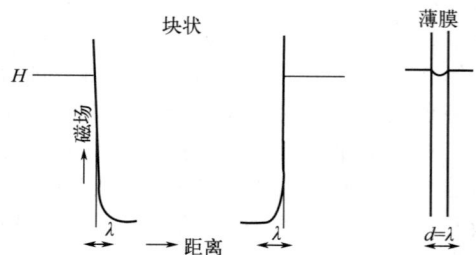

图 2-21 外加磁场对块状和薄膜超导体的贯穿

材料的超导行为最初发现存在于少数几种金属及金属间化合物中，陶瓷中的超导电性首先在 $SrTiO_3$ 中发现。随后人们又在 Li-Ti-O、Ba-Pb-Bi-O 等陶瓷中发现了超导电性。但由于这些陶瓷中超导临界转变温度 T_c 较当时金属超导体的 T_c 低，未引起人们的足够重视。1986 年，在 La-Ba-Cu-O 系陶瓷中发现了当时最高 T_c 的超导电性，此后，在世界范围内展开了对陶瓷超导的研究热潮。

（4）介电性能

介电性能是指在电场作用下，材料表现出对静电能的储蓄和损耗的性质，通常用介电常数和介质损耗来表示。介电常数是反映电介质材料在静电场作用下介电性质或极化性质的主要参数。介质损耗则反映绝缘材料在电场作用下，由于介质电导和介质极化的滞后效应，在其内部引起的能量损耗。

电容器的主要特性是能够储存电荷 Q。电容器上的电荷为：

$$Q = CV \tag{2-67}$$

式中，V 是外加电压；C 是电容量。

电容 C 包含几何的和材料的两种因素。对面积为 A，厚度为 d 的大平板电容器，在真空中其几何电容量为：

$$C_0 = \frac{A}{d} \times \varepsilon_0 \tag{2-68}$$

式中，ε_0 是真空的介电常数。如果在电容器两平板之间填入介电常数为 ε' 的陶瓷材料，则

$$C = C_0 \times \frac{\varepsilon'}{\varepsilon_0} = C_0 \chi' \tag{2-69}$$

式中，χ' 为相对介电常数，是决定电容量的材料参数。

电容器两极之间加入介电材料，电容量将比真空时大大提高（$\chi' \gg 1$），其原因在于介电材料的分子被极化了。电介质材料对电场的作用不同于真空，因为它含有能够移动的载流子，在外电场作用下，电介质内电荷会被极化而趋于定向排列（图 2-22），抵消一部分外加电场。

电介质是指在电场作用下能建立极化的物质。当在一个真空平板电容器的电极板间嵌入一块电介质时，如果在电极之间施加外电场，则可发现在电介质表面感应出了电荷，即正极板附近的电介质表面感应出了负电荷，负极板附近的电介质表面感应出正电荷，这种表面电荷称为感应电荷。电介质在电场作用下产生感应电荷的现象，称为电介质的极化。

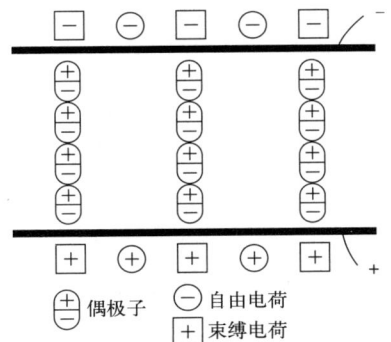

图 2-22　极化现象示意

在交流电场下，通过电容器的电流为：

$$I = C \times \frac{\mathrm{d}V}{\mathrm{d}t} \tag{2-70}$$

当施加正弦电压 $V = V_0 \exp(\mathrm{i}\omega t)$ 时，充电电流为：

$$I_\mathrm{C} = \mathrm{i}\omega CV \tag{2-71}$$

式中，$\mathrm{i} = \sqrt{-1}$；$\omega = 2\pi f$，此处 f 是频率。相对于外加电压，电流在相位上超前 $90°$。

在交流电场中，极化所需的时间表现为充电电流的相位滞后。因此要用超前角度（$90 - \delta$）来代替式（2-71）指出的超前 $90°$，此处 δ 被称为损耗角，此相移相当于所加电压和感应电流之间的时间滞后，它引起电路中的损耗电流和能量耗散。介电常数和损耗角正切的乘积（$\varepsilon' \tan\delta$）是决定能量损耗的材料因子，通常称为损耗因子或相对损耗因子。

损耗因子是电介质作为绝缘材料能否有用的基本判据。为此，绝缘材料最好是有低的介电常数，特别是有很小的损耗角。对要求以最小的物理空间获得高电容量的场合，必须用高介电常数的材料。不过，对这些应用来说，具有低的损耗因子也同样重要。

介电材料的另一重要性质是能承受大的电场强度而不发生电击穿。在低电场强度下有一定的直流电导性，这相当于与电子或离子缺陷有关的有限数量的载流子的可移动性。随着电

场强度的增大，且当电位达到足够大的数值时，由电极的场发射产生足够多的有效电子形成电流脉冲，导致跨越电介质的击穿通道、空穴缺口或金属化树枝状通路，贯穿电介质，使之失效。对许多应用来说，特别是在较高温度范围内，介电强度不高限制了绝缘体的普遍应用。

2.2.3 陶瓷材料的磁性能

（1）磁导率与磁化率

当磁场和实际材料相交时，磁化场 H 导致磁偶极子的形成或者使磁偶极子像电偶极子链那样排列起来。结果，总磁通密度 B 是磁化场和全部磁偶极子效应的总和，即

$$B = \mu_0 H + \mu_0 M = \mu' M \tag{2-72}$$

式中，M 为材料的磁化强度；μ_0 为自由空间（真空）的磁导率；μ' 为材料的有效磁导率。

单位体积磁偶极矩是单位体积的单元磁偶极子数 n 与磁矩 P_m 的乘积。

$$M = n p_m = n \alpha_m H \tag{2-73}$$

式中，α_m 为单元组分的磁化强度；磁矩与磁场强度成正比。磁性能与介电性能类似，也可用磁化强度与外场强度的比值来度量，称为磁化率。

$$\chi_m = \frac{M}{H} = n \alpha_m = \frac{\mu}{\mu_0} \tag{2-74}$$

（2）抗磁性与顺磁性

抗磁性指磁化方向与磁场方向相反，此时磁化率是负常数。抗磁性效应是微弱的，相对磁导率 μ'/μ_0 仅略小于 1。凡是离子具有填满的电子壳层或者说没有不成对电子的陶瓷材料，几乎都呈抗磁性，这就一般地意味着不含过渡金属离子或稀土离子的陶瓷是抗磁性的。

因为离子包含奇数电子，过渡族和稀土离子都有净磁矩，这些磁矩通常取向混乱，不显示宏观磁性；然而在外磁场作用下，这些磁矩则会沿外磁场方向择优排列而产生净磁化强度。当不成对电子各自行动而其间没有相互作用时，这种效应称为顺磁性。由于磁矩是沿外磁场方向排列的，顺磁磁化率是正值，以致提高磁通密度。

（3）铁磁性、反铁磁性与亚铁磁性

人们早就发现，铁、钴、镍等金属及其某些合金在没有外磁场时也有宏观磁性，表明它们会发生自发磁化；即使宏观上显不出磁性，但只要加上微弱的外磁场就会产生很大的磁化强度，这种磁性物质被称为铁磁体。在铁磁体中，各离子的磁矩为强偶合，因此，即使在无磁场时固溶体中也有一些电子自旋平行排列的区域。这样，即使处于宏观的退磁状态，也会导致这些小区域出现较大的微观磁矩，称为外斯（Weiss）畴。铁磁材料的外斯畴中，由于所有电子的自旋呈平行排列，系统的能量降低。进一步研究表明，铁磁体有一临界温度 T_f（居里温度），当 $T > T_f$ 时表现顺磁性，$T < T_f$ 时，铁磁体发生宏观磁化现象，且温度越低，自发磁化强度越大，直至饱和。

铁磁材料中，电子自旋之间的交换作用为正，即所有自旋都按相同方向排列。然而，在某些固溶体中，未成对电子之间的交换作用呈反方向排列，这种特性被称为反铁磁性，某些过渡金属的一氧化物（MnO、FeO、NiO 和 CoO）就有这种特性。由于两个方向的离子磁

矩相互抵消，因此从总体上而言，反铁磁性物质没有磁矩。

亚铁磁性与反铁磁性很相似，然而由于两个方向上的磁矩不相等，具有净宏观磁矩，因而在某一特征温度下便表现出自发磁化。亚铁磁体的宏观磁化性质与铁磁体很相似，这类材料中最重要的是磁性氧化物（铁氧体）。

（4）磁畴

铁磁或亚铁磁材料内部可分成许多已经完全磁化的微区或畴。也就是说，每个磁畴内部所有磁矩都按相同方向排列。当块状材料未被磁化时，这些磁畴的净磁矩等于零。这些磁化矢量，也就是净磁矩，总和为零的方式，对了解磁性氧化物是重要的。图 2-23(a) 中两个反向磁畴的磁矩总和为零；然而图 2-23(b) 和图 2-23(c) 所示的磁畴逐步分裂，使材料的能量降低。在后两种情况下，磁化强度总和仍为零。材料端部的线圈型磁畴称为封闭畴，并与固体内磁通路径相通，当磁通量几乎都保持在固体内部时［图 2-23 中（b）和（c）］，系统能量较低。

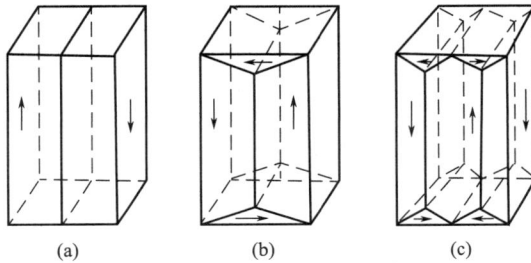

(a)　　　　　　(b)　　　　　　(c)

图 2-23　固体的几种磁畴结构

（5）磁滞回线

铁磁性和亚铁磁性材料在外磁场作用下的宏观磁化，具有不可逆性，即具有磁滞效应。图 2-24 是一个典型的磁化曲线（磁滞回线）。H_c 是矫顽力，B_s 是饱和磁化强度，B_m 是剩余磁化强度（剩磁）。

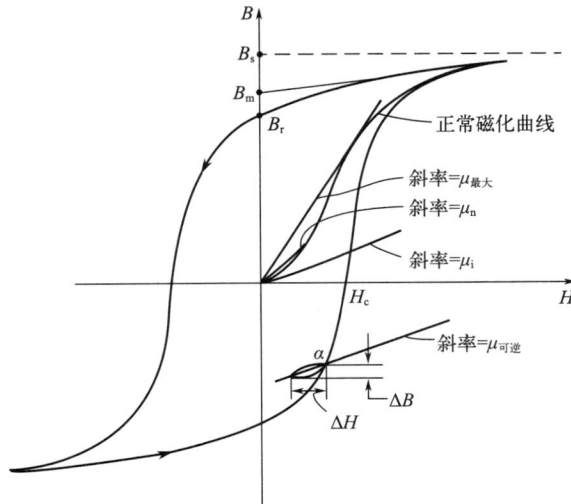

图 2-24　磁滞回线示意

在外磁场作用下，磁畴结构及磁畴内磁矩取向发生变化，导致各磁畴的磁化不再相互抵消，而是产生一个在外场方向的宏观磁化强度。这个过程有两种不同的机制：①畴壁移动；②畴磁化转动。图 2-25 给出了这两种机制的示意。

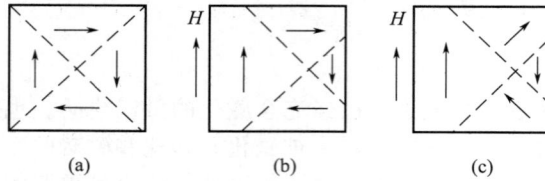

图 2-25　技术磁化的机制
(a) 无磁场时；(b) 畴壁移动；(c) 畴磁化转动

宏观磁化（技术磁化）过程大致可分为三个阶段：当磁场较弱时，磁化的主要原因是畴壁的可逆移动，起始磁导率 μ_i 较小；当磁场增强，畴壁的可逆移动逐步转化为大幅度的不可逆移动，使宏观磁化急剧上升，在曲线拐点处得到最大磁导率；磁场再增强，磁化曲线的上升又变缓，直至饱和，此时的主要机制是畴磁化转动。

因为磁滞回线的面积表明磁畴结构状态变化的能量或功，所以乘积 BH 称为磁能积，表征系统内发热所致净损耗。材料中除由磁滞回线所导致的能量损耗外，还有由电流（即涡流）引起的损耗。系统内由磁通量变化所引起的功率损耗与 φ^2/R 成比例，其中 φ 为局部感生电压，R 为材料电阻。实际上，具有高电阻率的磁性氧化物，其涡流损耗远低于金属。

2.2.4　陶瓷材料的光性能

（1）折射

当光从真空进入较致密的材料时，光在真空中的传播速度与光在该材料中的传播速度之比为材料的折射率。

$$n = v_{真空}/v_{材料} = c/v_{材料} \tag{2-75}$$

式中，$v_{真空}$ 为光在真空中的传播速率；$v_{材料}$ 为光在材料中的传播速率；c 为 $3 \times 10^8\,\mathrm{m/s}$。

当光从材料 1 通过界面传入材料 2 时，与界面法向所形成的入射角 i_1 和折射角 i_2 与两种材料的折射率 n_1 和 n_2 有下述关系：

$$\frac{\sin i_1}{\sin i_2} = \frac{n_2}{n_1} = n_{21} = \frac{v_1}{v_2} \tag{2-76}$$

式中，v_1 为光在材料 1 中的传播速率；v_2 为光在材料 2 中的传播速率；n_{21} 是材料 2 相对材料 1 的折射率，即相对折射率。

介质的折射率永远是大于 1 的正数。如空气的 $n = 1.0003$，固体氧化物的 $n = 1.3 \sim 2.7$，硅酸盐玻璃的 $n = 1.5 \sim 1.9$。不同组成、不同结构的介质的折射率是不同的，其影响因素主要包括以下四个方面。

① 构成材料的元素的离子半径。介质的折射率随介质的介电常数的增大而增大，而介电常数与介质的极化现象有关。当光的电磁辐射作用到介质上时，介质的原子受到外加电场的作用而极化，正电荷沿着电场方向移动，负电荷沿着反电场方向移动，这样正、负电荷的中心发生相对位移。外电场越强，原子正、负电荷中心距离越大。由于电磁辐射和原子的电

子体系的相互作用，光波被减速了。因此，可以用大离子得到高折射率的材料，如 PbS 的 $n=3.912$；用小离子得到低折射率的材料，如 $SiCl_4$ 的 $n=1.412$。

② 材料的结构、晶型和非晶态。折射率除与离子半径有关外，还和离子的排列密切相关。像非晶态（无定形体）和立方晶体这些各向同性的材料，当光通过时，光速不因传播方向改变而变化，材料只有一个折射率，称之为均质介质。但是除立方晶体以外的其他晶型的晶体，都是非均质介质。光进入非均质介质时，一般都要分为振动方向相互垂直、传播速度不等的两个波，形成两条折射光线，这个现象称为双折射。双折射是非均质晶体的特性，这类晶体的所有光学性能都和双折射有关。

③ 材料所受的内应力。有内应力的透明材料，垂直于受拉主应力方向的折射率大，平行于受拉主应力方向的折射率小。

④ 同质异构体。高温时存在的晶型折射率较低，低温时存在的晶型折射率较高。例如，常温下的石英玻璃的折射率为 1.46，数值最小，石英晶体的折射率为 1.55，数值最大；高温时的鳞石英折射率为 1.47，方石英折射率为 1.49。

（2）色散

材料的折射率随入射光频率的减小（或波长 λ 的增加）而减小的性质，称为折射率的色散。在给定入射光波长的情况下，材料的色散为：

$$色散 = \frac{dn}{d\lambda} \tag{2-77}$$

色散值可以由色散曲线确定，但最实用的方法是用固定波长下的折射率来表达，而不是去确定完整的色散曲线。最常用的数值是色散系数：

$$\gamma = \frac{n_D - 1}{n_F - n_C} \tag{2-78}$$

式中，n_D、n_F 和 n_C 分别为以钠的 D 谱线、氢的 F 谱线和 C 谱线为光源测得的折射率。描述光学玻璃的色散还可以用平均色散（$n_F - n_C$）。由于光学玻璃一般都或多或少具有色散现象，因而使用这种材料制成的单片透镜，成像不够清晰，在自然光的透过下，在像的周围环绕了一圈色带。克服的方法是用不同牌号的光学玻璃，分别磨成凸透镜和凹透镜组成复合镜头，就可以消除色差，该复合镜头叫做消色差镜头。

（3）反射

当光线由介质 1 入射到介质 2 时，光在界面上分成了反射光和折射光，如图 2-26 所示。这种反射和折射，可以连续发生。例如，当光线从空气进入介质时，一部分反射出来了，另一部分折射进入介质；当遇到另一界面时，又有一部分发生反射，另一部分折射进入空气。

由于反射，使得透过部分的光强度减弱。需要减少光的反射损失，使光尽可能多地透过。由于陶瓷、玻璃等材料的折射率较空气的折射率大，所以反射损失严重。如果透镜系统由许多块玻璃组成，则反射损失更可观。为了减小这种界面损失，常常采用折射率和玻璃相近的胶将它们粘起来，这样，除了最外和最内的表面是玻璃和空气的相对折射率外，内部各界面都是玻璃和胶的较小的相对折射率，从而大大减少了界面的反射损失。

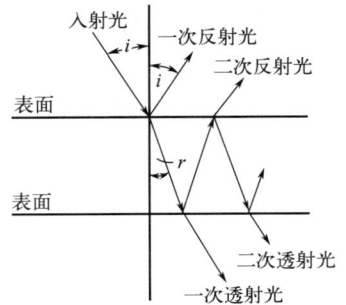

图 2-26　光通过透明介质分界面时的反射与透射

（4）光的吸收与透光性能

光作为一种能量流，在穿过介质时，引起介质的价电子跃迁，或使原子振动而消耗能量。此外，介质中的价电子吸收光子能量而激发，当尚未退激而发出光子时，在运动中与其他分子碰撞，电子的能量转变成分子的动能亦即热能，从而造成光能的衰减。即使在对光不发生散射的透明介质，如玻璃、水溶液中，光也会有能量的损失，即光的吸收。

吸收可分为选择吸收和均匀吸收。同一物质对某一种波长的光的吸收系数可以非常大，而对另一种波长的光的吸收系数可以非常小，这个现象称为选择吸收。透明材料的选择吸收使其呈不同的颜色。如果介质在可见光范围对各种波长的光吸收程度相同，则称为均匀吸收。在此情况下，随着吸收程度的增加，其颜色从灰变到黑。

传统陶瓷为多晶多相体系，一般是不透明的，这是由于其内部存在较大尺寸的晶粒、玻璃相、气孔等多组分异相结构及杂质，这些相区对光的折射率不同。当光线通过时，在微区界面上将发生频繁的反射、散射、折射、吸收等，特别是大量微气孔的存在，使反射、散射、折射现象更为严重，几乎没有光线能够按原有路径通过该陶瓷，故呈不透明状态。

透明陶瓷是指通过陶瓷工艺制备而成的具备一定透光性的多晶陶瓷材料，又称为光学陶瓷。透光率是个综合指标，即光能通过陶瓷材料后，剩余光能所占的百分比。一般定义直线透光率超过10%的陶瓷为透明陶瓷，直线透光率低于10%的陶瓷为半透陶瓷。陶瓷材料的透光率主要与散射有关，影响因素包括以下方面。

① 材料的宏观及显微缺陷。材料中的夹杂物、掺杂、晶界等对光的折射性能与主晶相不同，因而在不均匀界面上形成相对折射率。此值越大则反射系数（在界面上的，不是指材料表面的）越大，散射因子也越大，因而散射系数越大。

② 晶粒的排列方向。如果材料不是各向同性的立方晶体或玻璃态，则存在双折射问题。与晶轴成不同角度的方向上的折射率均不相同。由多晶材料组成的陶瓷材料，晶粒与晶粒之间结晶的取向通常不一致。因此，晶粒之间产生折射率的差别，引起晶界处的反射及散射损失。

③ 气孔引起的散射损失。存在于陶瓷材料晶粒之内的以及在晶界玻璃相内的气孔，从光学上讲构成了第二相。其折射率可视为1，与基体材料的折射率相差较大，所以相对折射率也较大。由此引起的反射损失、散射损失远较杂质、不等向晶粒排列等因素引起的损失更大。

2.3 陶瓷材料的合理使用

2.3.1 陶瓷材料的强度设计

根据联合强度理论和力学状态图以及陶瓷材料的前述强度特性，可以知道在工程中应当如何合理使用陶瓷材料。现取典型的金属材料（一般正断抗力 $S_k \gg$ 切断抗力 τ_k）和陶瓷材料（$\tau_k \gg S_k$），说明如下（图 2-27）。

由图 2-27 可以看出，在较硬的应力状态下，如拉伸或缺口拉伸（或多向拉伸）的情况下，由于金属的正断抗力（S_{km}）远大于陶瓷的正断抗力（S_{kc}），所以此时金属材料优于陶瓷材料。对于软应力状态，如单向压缩或多向压缩的情况下，在陶瓷材料尚未发生塑性变形前，金属材料早已发生塑性变形或剪切断裂，这说明此时陶瓷材料优于金属材料。因此为了

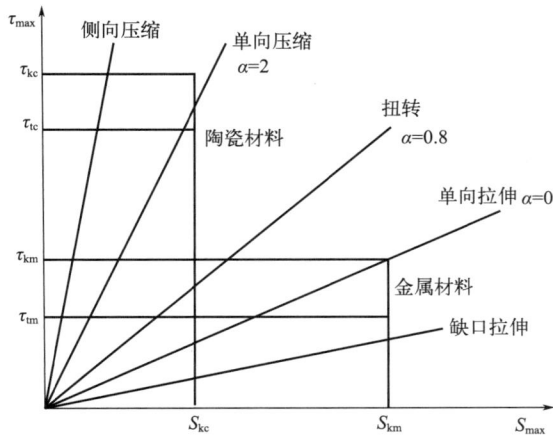

图 2-27　陶瓷材料和金属材料的力学状态

充分发挥其潜力，陶瓷材料应尽可能地在较软的应力状态下服役。另一方面，在开发新的陶瓷材料时，应当着眼于提高材料的正断抗力。陶瓷的正断抗力或脆断抗力与陶瓷材料的结合强度、内部组织结构缺陷等有关，提高陶瓷的断裂韧性有望提高其正断抗力。

根据上述联合强度理论，对陶瓷材料进行强度设计时应注意以下几点。

① 陶瓷材料应当尽可能避免用于较硬的应力状态（单向拉伸、多向拉伸或缺口拉伸等）。当结构设计中孔、槽等截面过渡不可避免时，应当尽可能设法降低结构设计中的应力集中，如加大圆角过渡等，以及避免三向拉应力状态。

② 采用组合式结构，将拉应力状态尽可能地转化为较软的应力状态。对于整体冷变形模具，即使用强度和硬度较高的模具钢往往也难免发生纵向开裂。提高韧性可以防止纵向开裂，但耐磨性将下降。克服该矛盾的有效方法是利用力学原理，做成金属-陶瓷组合模具，不同的组合构件的形式如图 2-28 所示。图 2-28（a）的组合构件为成形凹模，其心部为陶瓷材料，外套为钢铁材料，组合时利用过盈配合，给陶瓷内套预先加一个大的压应力，而外套内产生预拉伸应力。在压力成型和塑性加工时，会产生周向扩张的张应力和强烈的摩擦应力。这种组合模具工作前后的应力分布如图 2-29 所示，内层模腔因成型挤压所产生的张应力被预压应力所抵消或只存在很小的拉应力。由于拉应力被转移到外层，使外层金属受到较大的拉应力。这样，内层的陶瓷材料承受强烈的摩擦应力作用，从而发挥了它的长处；而预加的压应力抵消了拉应力的作用，结果避开了它的短处。另一方面，用结构钢做成外层套模，由于它具有较大的正断抗力 S_k，能够承受较大的拉应力，也达到了扬长避短的效果。

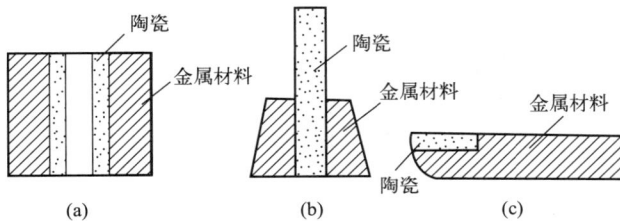

图 2-28　金属材料与陶瓷材料的组合件

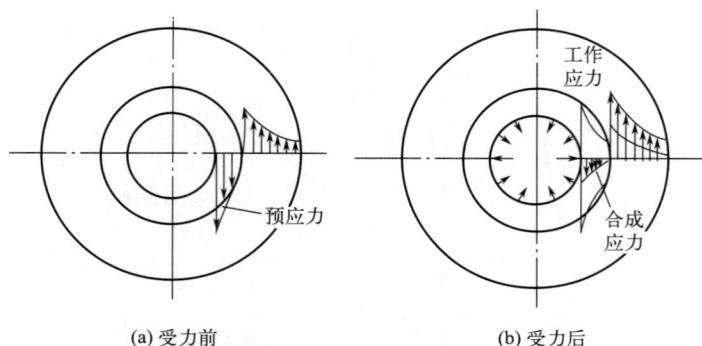

图 2-29　组合模具的应力分布

　　图 2-28（b）的组合件形式，不仅可以改善截面过渡区的应力集中，防止断裂，还可以用于局部高温、腐蚀介质等恶劣环境，使陶瓷材料与金属材料均可发挥其自身的优点。图 2-28（c）的组合件形式，是一般陶瓷或硬质合金刀具常见的结构形式，它也能保证陶瓷材料处于较软的受压或受剪切应力的状态，使拉应力主要由金属杆部来承担。

　　对于陶瓷材料，一般用于十分严酷的特殊工况条件下，这种材料的设计与制造不同于普通金属材料和高分子材料，后两者已经有大量不同品种、不同性能、不同形状、不同规格的商品可供设计者选择。如果沿袭传统材料与产品的设计方法，研究周期长并消耗大量人力物力，难以收到较好的效果。根据我们四十多年的材料强度研究，特别是先进陶瓷材料强度研究与材料设计方面的经验，提出了集材料设计与产品设计于一体的设计思想，该设计思想可用图 2-30 表示。

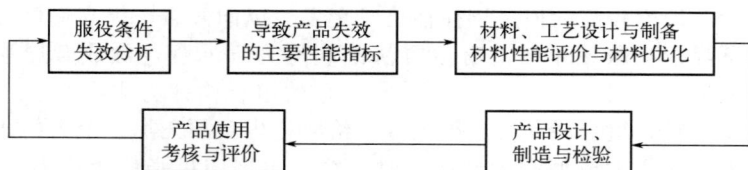

图 2-30　陶瓷材料与产品的设计思想

　　首先根据材料的实际服役条件，开展失效分析，找出导致产品早期失效或损伤的主要因素，即材料的主要抗力指标，然后针对如何提高该性能指标，进行材料、工艺设计与材料制备，并进行性能评价和优化，再进行产品设计、制造与使用考核，若达不到理想要求，可以再重复上述过程，直至成功。

　　随着高新技术的飞速发展，许多在严酷工况条件下使用的特殊材料和产品，难以找到或选用一种通用性强的商品性材料，必须开发新材料，这种情况下，材料开发与产品开发是不可分割的，材料设计与产品设计及制造必须同时进行，这时用户重视的是产品的使用性能，并不是材料本身的性能。先进结构陶瓷及其复合材料存在不耐冲击、脆性大等缺点，在设计与使用中，与塑性好的金属材料存在很大差别。机械设计者若对这点没有深入的了解或材料工作者不去深入了解产品的设计、使用和失效，再好的材料性能，也难以发挥好的作用。因此陶瓷材料的设计、制造与使用，必须依赖于材料学家与机械学家的紧密配合和共同努力，材料学家必须具有材料强度和机械设计的知识，机械学家也必须具有陶瓷材料设计和材料强度的知识，才能使设计、制造和使用取得成功。

从材料强度学的观点看，以共价键和离子键为主要结合键的材料除了具备上述优缺点外，如何发挥材料的强度潜力，还与产品的关键零部件或所用材料的应力状态有关。一般而言，陶瓷材料具有较高的抗压或抗剪切能力，比较适合于在压应力或切应力下工作，不适于在拉应力下工作。在产品机械设计中，应当综合考虑材料特性与应力状态两种因素，在材料力学中，可用联合强度理论或力学状态图来处理。

如前所述，由于陶瓷材料的切断抗力与屈服抗力远大于正断抗力，因此陶瓷材料应尽可能用在较软应力状态（即切应力分量远大于拉应力分量的状态）下。这样可以避免陶瓷材料承受拉应力较弱的缺点，发挥它承受压应力和切应力较强的长处。上述内容要求在机械设计中应当考虑材料特性。

【例 2-1】 柴油车尾气颗粒物净化用陶瓷过滤材料

近年来，柴油车凭借在经济性、动力性和温室气体排放等方面的优势得以迅猛发展，但尾气颗粒物排放污染已成为制约其进一步发展的瓶颈因素。颗粒物过滤器（diesel particulate filter，DPF）是目前公认的最有效的后处理技术之一。该技术采用特定结构的耐高温材料，截留尾气中的颗粒物，并适时进行过滤器再生，从而降低颗粒物排放，因此过滤材料是制约过滤器整体性能（如过滤效率、排气压力和耐久性能等）的关键因素。如表 2-9 所示，堇青石、SiC 等多孔陶瓷材料凭借其优良的耐热性能和可调的孔隙结构成为目前首选的颗粒物过滤材料。

表 2-9　堇青石与 SiC 过滤材料的基本性能比较

项目	堇青石	SiC
最高使用温度/℃	1300	2000
热导系数（室温）/(W·m^{-1}·K^{-1})	1～3	60
热膨胀系数（室温～1000℃）/(10^{-6}K^{-1})	0.9～2.5	4.7～2.2
杨氏模量/GPa	130	410
耐腐蚀性能	较差	优良
经济成本	低廉	较高

堇青石具有低廉的成本、一定的耐热性能、较低的热膨胀系数和良好的抗热冲击性能等优点，是目前应用最广泛的颗粒物过滤和催化载体材料。堇青石材料的主要问题是耐热性能和耐化学腐蚀性能较差，而且由于其热导率较低，再生时易产生热斑。SiC 具有更优异的耐热、耐蚀性能和导热性能。SiC 的耐热温度和热导率远高于堇青石，机械强度也大幅度提高，能够承受更加恶劣的再生环境。而且 SiC 的孔隙结构具有更佳的可调性，可以制备更高孔隙率和更均匀孔径分布的过滤材料。高孔隙率、强热扩散能力的优点，可使过滤器内的温度场分布更为均匀，在相同积碳量再生时，过滤器内部的最大温度远低于堇青石，可确保良好的再生安全性。日本 Ibiden 和 NGK 公司开发的碳化硅颗粒物过滤器（SiC-DPF）已成功进入日本和欧洲市场，被众多汽车厂商所采用，并取得了良好的实用效果。但 SiC 材料面临一些问题，如热膨胀系数较大，容易在高温热冲击下开裂，而且在高温下 SiC 可能被活化氧化，产生白斑等。

SiC 过滤材料的主要问题是抗热冲击性能较差，在燃烧再生时产生的高温冲击下容易开裂。为此，SiC-DPF 不是制成堇青石一样的整体蜂窝式结构，而是被分割成块，再用有一定弹性的陶瓷纤维黏结成整体，如图 2-31 所示。这种分割式结构可以显著提高 SiC-DPF 的抗热冲击性能，但会产生略高的排气压力。通过提高蜂窝密度、增大过滤面积和孔径、平均分布孔径等调节孔隙结构的方法，可有效降低排气压力，获得满意的通过性能。

【例 2-2】 多脉冲固体燃料火箭发动机用陶瓷隔舱材料

脉冲固体火箭发动机隔舱（图 2-32）处在十分严酷的工况条件下，要求短时间（数十秒内）能耐 3000℃ 以上的高温，并要求在第一级点火燃烧时，能承受 200 个大气压的压力（正向），隔舱材料完好无损，并保持良好的气密性。但当第二级脉冲点火时，要求隔舱在仅受到反向 50 个大气压的压力时，瞬间产生粉碎性破坏，其最大碎片尺寸小于 6mm。

图 2-31 SiC-DPF（左）与堇青石 DPF（右）
的结构比较

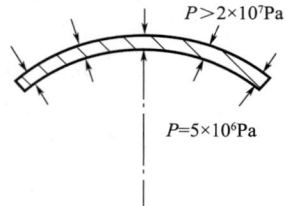

图 2-32 火箭发动机用陶瓷隔舱

根据上述服役条件和失效分析，我们开展了深入的机械与材料设计、制造与评价。首先，利用陶瓷材料具有较高抗压强度和较低抗拉强度的特点，从结构设计上使隔舱正向受压，反向受拉；其次，选择易碎性好又具较高机械强度和热震抗力的材料；再次，从结构上进行等强设计，使隔舱内部受力分布均匀，一旦应力达到临界值，在材料中很多处同时形成裂纹，达到粉碎性破坏的目的；最后，利用有限元法对隔舱进行了等强设计和应力应变分析，并选择了强度范围可以通过热处理大幅度变化、易碎性优良的玻璃陶瓷材料。

2.3.2 陶瓷材料的结构功能一体化设计

随着科技的进步，各种结构和器件的小型化、集成化和多功能化已成为主要的发展趋势，一方面对材料的性能提出了越来越高的要求，另一方面，还要求材料同时具备结构和功能的特性。因此，陶瓷研究的一个重要方向是不断探索新功能、多功能，特别是具有结构功能一体化的材料以及与之相适应的先进工艺。先进陶瓷材料的结构功能一体化成为拓展其在高新技术领域中应用的关键，已受到广大材料科技工作者特别是从事无机非金属材料研究的人员的高度关注。如何实现先进陶瓷的结构功能一体化，显然对不同的材料和应用环境，结构功能一体化的要求和技术方案也不尽相同。

材料结构功能一体化设计的核心是在材料设计时将结构和功能进行有机的结合，从而实现优化材料综合性能的目的。陶瓷材料结构功能一体化设计的基本原理是通过对陶瓷材料的结构进行设计和调控，实现材料力学性能和功能性的优化。为了实现这一目标，需要深入研究陶瓷材料的结构，包括晶体结构、晶界、缺陷、气孔等，以及结构与材料力学性能和功能性之间的关系。同时，还需要掌握一系列制备和加工技术，以便实现对材料结构的精细控制，从而实现材料力学性能与功能性的协调。

陶瓷材料结构功能一体化设计的基本步骤包括：基于材料的服役环境，分析其需具备的力学性能和功能性；结合该需求，选择适合的材料和结构；基于陶瓷材料结构与性能的关系，运用一系列分析计算方法，确定最佳的材料结构；通过材料制备和加工技术，实现材料结构的精细控制；最终测试和验证材料的力学性能和功能性。

材料结构功能一体化设计的优点在于，它可以有效地协调统一材料的力学性能和功能性，并且可以满足一些传统材料设计方法无法满足的要求。如今结构功能一体化陶瓷制品种类越来越多，多孔陶瓷和透明陶瓷是其中的典型代表。多孔陶瓷具有传统陶瓷材料的抗腐蚀、耐高温、抗氧化等特性，还具有密度低、开口气孔率高、比表面积大等特点。因此，多孔陶瓷在催化剂载体、流体过滤、分离和提纯、吸音隔音、燃料电池、传感器和生物材料等领域有着广泛的应用，而这些应用环境除利用多孔陶瓷的孔结构外，对其力学性能也有一定要求。透明陶瓷可以代替玻璃用于防弹装甲透明材料，在应用中除利用了透明陶瓷的光学性能外，还要求其具有高强度和高硬度。

下面将通过多孔氮化硅陶瓷应用于飞行器天线罩的案例来说明陶瓷材料的结构功能一体化设计的基本思路和方法。天线罩所用的高温透波材料是保护飞行器雷达系统正常工作的一种多功能介质材料。飞行器通常需要在高速、高温、高压等极端条件下工作，为了保证飞行器雷达系统的安全及其正常的通讯工作，天线罩材料需集承载、透波、防热等多功能于一体。随着航天技术的飞速发展，超声速飞行器的飞行速度越来越高，透波

材料常常在越发严苛的极端环境下工作，因此，稳定的高频透波性能、良好的热稳定性和高温力学性能是新型高性能透波材料的研究重点，它应具备以下特性。

① 良好的力学性能。飞行器在高速飞行时，需承受极大的空气动力载荷及气流、雨水的冲刷，还会受到空气中粉尘粒子的撞击。若材料表面强度不够，随着粒子冲蚀时间的增加，表面会变得粗糙不平，改变材料的厚度，影响其电气性能。因此，天线罩所用的透波材料除了应满足一定载荷条件下的强度要求外，还应具备良好的表面力学性能，保证材料在严苛服役条件下的安全。

② 较低的介电常数和介电损耗。介电性能是评价材料透波性能的一个重要指标，研究表明，电磁波在材料中的传输损失率与材料的介电常数及介电损耗角正切值成正比，ε 和 $\tan\delta$ 越小，电磁波在穿过材料时的传输损失越少，材料的透波性能越好。一般来说，高性能透波材料的介电性能指标为：$\varepsilon < 10$，$\tan\delta < 0.01$，且二者数值不随温度、频率的改变发生明显变化。

③ 稳定的热性能。在气动加热过程中，透波材料会不可避免地受到热流冲击。研究表明，高速航天器的表面温度一般与其飞行速度的平方成正比，许多飞行器再入大气层时的热变化速率高达 800℃/s，因此，透波材料在快速加热、冷却过程中的结构稳定性将直接影响飞行器的安全。若材料的热膨胀系数过高，将在材料内部产生较大的热应力，严重时会导致天线罩变形损毁。因此，材料应具有较低的热膨胀系数、良好的高温力学性能和优异的抗热震性能，保证天线罩内部的雷达系统能够在高温条件下正常工作。

截至目前，透波材料体系经历了如下的发展历程：纤维增强树脂基复合材料→氧化铝陶瓷→微晶玻璃→石英陶瓷→氮化物陶瓷。早期的树脂基复合材料具有较高的比强度、良好的介电性能及优异的可加工性，但是其高温稳定性较差，仅适用于制造飞行速度较低的飞行器天线罩。随着航天技术的发展，飞行器的飞行速度达到了十几甚至几十马赫数，有机材料无法满足日益增高的服役温度的要求，而无机材料因其杰出的热稳定性成了制造天线罩的首选材料。表 2-10 列出了几种常见无机材料体系天线罩的基本性能。

通过对比这几种无机类透波材料的基本性能，可以总结出这几种陶瓷基透波材料的优缺点（表 2-11）。不同体系的无机材料均能在一定范围内满足高性能透波材料的性能要求，但是也都存在一些不可避免的缺点。其中 $\beta\text{-}Si_3N_4$ 陶瓷具有良好的综合力学性能、高温稳定性和环境稳定性，成了目前国内外研究的热点。为解决其介电常数偏高的问题，可通过增加材

料的气孔率有效降低材料的介电常数。研究表明，当多孔 β-Si_3N_4 陶瓷的气孔率增至 $19.3\%\sim55\%$ 时，相对介电常数降至了 $2.7\sim4.6$。

表 2-10　几种常见陶瓷材料体系天线罩的基本性能

透波材料	密度 /(g·cm^{-3})	相对介电常数		介电损耗角正切		抗弯强度/MPa		热导率 /(W·m^{-1}·K^{-1})	热膨胀系数 /(10^{-6}K^{-1})
		25℃	500℃	25℃	500℃	25℃	500℃		
Al_2O_3	3.9	9.6	10.3	0.001	0.005	275	254	37.7	8.1
微晶玻璃	2.6	5.65	5.8	0.0002	0.001	233	200	3.77	5.7
石英陶瓷	2.2	3.42	3.55	0.0004	0.001	43	54	0.8	0.54
α-Si_3N_4	3.2	5.6	5.8	0.001	0.002	171	171	8.4	2.5
β-Si_3N_4	3.2	7.9	8.2	0.008	0.01	391	391	20.93	3.2
BN	2.0	4.5	4.6	0.0003	0.0006	100	60	25.12	3.2

表 2-11　几种常见陶瓷基透波材料的优缺点

透波材料	优点	缺点
Al_2O_3	强度高，硬度高，耐高温，抗雨蚀，抗粒子冲击	介电常数高，抗热震性能差
微晶玻璃	介电常数低，力学性能好	抗热冲击能力较差
石英陶瓷	介电常数低，透波性能好，抗热震性能优异	易吸潮，抗雨蚀能力差，强度低
α-Si_3N_4	介电常数较低，抗热震性能好	力学性能较差，高温稳定性较差
β-Si_3N_4	强度高，硬度高，耐高温，抗热震性能好，抗雨蚀能力较好	难加工
BN	介电常数低，热稳定性好，易加工	易吸潮水解，强度较低，抗氧化能力较差

图 2-33　多孔 β-Si_3N_4 陶瓷的微观结构

氮化硅陶瓷具有较高的强度和硬度，并且化学稳定性良好。多孔 Si_3N_4 陶瓷兼具了多孔材料与氮化硅陶瓷的优点，具有较低的密度、良好的可加工性、较低的热膨胀系数、良好的隔热性能、较低的介电常数。从多孔 Si_3N_4 的微观形貌（图 2-33）可以看出，多孔 Si_3N_4 是由 β-Si_3N_4 晶粒各向异性生长而互相搭接构成，具有独特的晶体间三维网络互锁结构，这种结构使得多孔 Si_3N_4 材料的强度和抗热震性能与传统的多孔陶瓷相比有了明显提升，使其在高性能热透波材料领域具有广阔的应用前景。

在多孔氮化硅结构功能一体化透波陶瓷的设计中可以发现：高强度要求材料具有高密度和低气孔率，而低介电常数要求材料具有高的气孔率。如何协调材料高强度和低介电常数的要求是结构功能一体化的难点和关键。基于陶瓷材料结构功能一体化设计的思想，系统研究了多孔氮化硅结构对强度和介电常数的影响规律，调控材料气孔率和孔结构，协调多孔氮化硅的力学性能和介电性能。最终，通过对凝胶注模技术的改进，实现了低成本制备高气孔率、高强度、大尺寸、形状复杂的多孔氮化硅陶瓷；通过建立三层 BP 神经网络预测多孔氮化硅陶瓷的性能，实现了多孔氮化硅陶瓷强度和气孔率可控。此外，针对多孔结构容易吸附环境中的水汽，严重影响材料的介电性能和隔热性能，同时还会降低材料强度、表面硬度及抗冲蚀磨损性能等问题，在多孔氮化硅陶瓷表面制备了高性能 γ-$Y_2Si_2O_7$ 环境障涂层。

习 题

1. 简述陶瓷材料的力学性能特点。
2. 陶瓷增韧的方式有哪些？
3. 简述陶瓷材料弯曲强度的测量方法。
4. 陶瓷材料热容与温度之间有什么关系？
5. 陶瓷材料的导电原理有哪些？
6. 陶瓷材料结构功能一体化设计的基本原则是什么？举例说明。

参考文献

［1］金志浩,高积强,乔冠军．工程陶瓷材料[M]．西安:西安交通大学出版社,2000.
［2］关振铎,张中太,焦金生．无机材料物理性能[M]．2 版．北京:清华大学出版社,2011.
［3］范星宇．多孔氮化硅表面 γ-$Y_2Si_2O_7$ 涂层的微观结构设计及优化[D]．西安:西安交通大学,2019.

第 3 章

陶瓷材料的制备与加工

3.1 陶瓷粉体制备技术

制备陶瓷材料使用的原料，根据其来源可分为天然矿物原料与人工合成原料。天然矿物原料的组成由矿物生成过程的天然条件决定，主要用于传统陶瓷。人工合成原料则是通过各种物理与化学方法制备的陶瓷粉料，其化学成分、纯度和其他性能都可以通过人工进行设计，以满足各种特殊陶瓷材料工艺与使用性能的要求。

原料性能对于陶瓷材料制备工艺的确定，获得优异的陶瓷材料性能具有决定性的作用。可以把表征陶瓷原材料（粉料）的参数分为化学特征参数、晶体学特征参数、形态学特征参数和堆积特征参数。化学特征参数包括粉料化学计量和杂质含量的情况；晶体学特征参数包括晶体结构、粉料中存在的非反应相与第二相的情况；形态学特征参数包含了原料颗粒尺寸和分布、颗粒形状、颗粒团聚程度以及粉料的比表面积；而原料的堆积特征参数则包含了对原料堆积性、流动性以及热效应的表征。

陶瓷粉体的粒径大小、粒度分布和颗粒形貌与陶瓷材料的微观组织和力学性能息息相关。

陶瓷原料粉体颗粒是指在物质结构不改变的情况下，分散或细化得到的基本固体颗粒，一般指没有堆积、团聚等结构的最小单元，即一次颗粒。由于实际陶瓷原料粉体的颗粒十分细小，特别是先进陶瓷材料所使用的超细原料粉体，表面活性较大，易发生一次颗粒间的团聚。造成颗粒自发团聚的原因是范德瓦耳斯引力、颗粒之间的静电引力、吸附水所产生的毛细管力、颗粒之间的磁引力或者颗粒表面不平滑所引起的机械纠缠力。

对于单一球形颗粒，其直径即为粒径。但对于大多数情况中的非球形单颗粒，可由该颗粒不同方向上的不同尺寸按照一定的计算方法加以平均，得到平均直径，或是以在同一物理现象中与之有相同效果的球形颗粒的直径来表示，即等效粒径，或叫当量径。

实际使用的陶瓷粉体不可能由单一颗粒大小进行描述，粉体由颗粒群构成，颗粒的平均大小被定义为该粉体的颗粒尺寸，一般用粒径表示，粒径是粉体性质中最重要和最基本的参数。粒径的定义和表示方法因颗粒的形状、大小和组成的不同而不同，同时又与颗粒的形成过程、测试方法密切相关。陶瓷粉体颗粒系统所包含的颗粒尺寸一般都存在一个分布范围，其分布范围越窄，分散程度越小、集中度越高。

随着各种新材料的出现，人们更加着眼于制造各种高性能、高附加值的特殊产品，用于航空、航天、新能源、原子能、信息产业等具有特殊性能要求的场合，对原材料颗粒度、化学成分的均匀性要求越来越高，原材料颗粒度的要求从微米级发展到亚微米、纳米级，化学成分均匀性的尺度从晶粒发展到分子、原子量级。使用化学提纯甚至用化学方法来制备原料就显得十分必要。

各种化学制备技术被用于无机粉状原材料的合成与制备，极大地丰富了原材料制备技术，同时也成为提高材料性能的重要手段。固相、液相、气相反应构成了粉料化学制备技术的主体，化学制备技术中还包括聚合物热解工艺。

3.1.1 粉体固态反应制备技术

固相法是制备陶瓷粉体的重要方法之一，主要通过氧化物、碳化物等粉末的固相反应得到粉体。

（1）相变反应

相变反应是指某种组分的晶体存在变态时，在各种形态之间所发生的转变反应。不同晶体相有不同的物理性质，直接影响材料的工艺性能与使用性能。

制备氧化铝（刚玉）陶瓷时所使用的原料未经高温煅烧前几乎都是 $\gamma\text{-}Al_2O_3$，在材料烧结时存在较大的收缩，为了保证产品性能，必须对原料进行煅烧，以得到稳定的 $\alpha\text{-}Al_2O_3$ 原料，并有利于去除原料中的 Na_2O，提高其纯度。这种相转变是放热转变，不会发生逆转变。煅烧后原料粉末的质量与煅烧温度有关。为了获得高质量粉末，在工业 Al_2O_3 中经常要加入适量的添加剂，如 H_3BO_3、NH_4F、AlF_3 等，加入量一般为 $0.3\%\sim3\%$。采用 H_3BO_3 做添加剂时，其反应式为：

$$Na_2O + 2H_3BO_3 \xrightarrow{\quad\quad} Na_2B_2O_4 \uparrow + 3H_2O \tag{3-1}$$

（2）化合反应

化合反应一般是两种或两种以上的固态物质，经混合后在一定的温度与气氛下生成另外一种或多种复合固态物质的粉末，有时也可能伴随某些气体的逸出。

用于生产热敏半导体钛酸钡材料的粉末可以采用固态化合反应进行合成。将等摩尔 $BaCO_3$ 和 TiO_2 固体粉末混合均匀，加热到适当温度，生成钛酸钡原料并放出二氧化碳，反应式为：

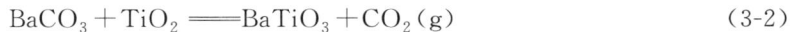

$$BaCO_3 + TiO_2 \xrightarrow{\quad\quad} BaTiO_3 + CO_2(g) \tag{3-2}$$

必须对固相反应的温度与时间加以严格控制，研究表明只要将温度严格控制在 $1100\sim1150℃$ 之间，就能合成性能优异的钛酸钡陶瓷粉料。

（3）金属盐热分解反应

许多高纯氧化物粉末可以采用加热相应金属的硫酸盐、硝酸盐的方法，通过热分解直接制得性能优异的粉末。

将铝的硫酸铵盐 $Al_2(NH_4)_2(SO_4)_4 \cdot 24H_2O$ 在空气中加热，可以得到性能优异的氧化铝粉末，热分解反应过程如下：

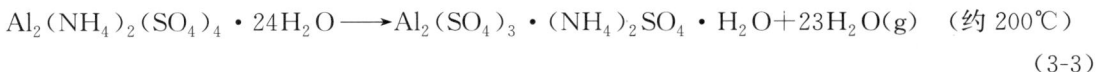

$$Al_2(NH_4)_2(SO_4)_4 \cdot 24H_2O \longrightarrow Al_2(SO_4)_3 \cdot (NH_4)_2SO_4 \cdot H_2O + 23H_2O(g) \quad （约200℃） \tag{3-3}$$

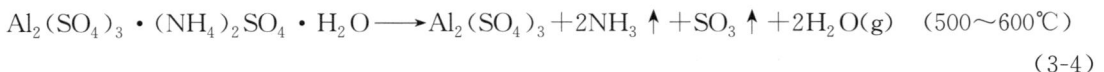

$$Al_2(SO_4)_3 \cdot (NH_4)_2SO_4 \cdot H_2O \longrightarrow Al_2(SO_4)_3 + 2NH_3 \uparrow + SO_3 \uparrow + 2H_2O(g) \quad （500\sim600℃） \tag{3-4}$$

$$Al_2(SO_4)_3 \longrightarrow \gamma\text{-}Al_2O_3 + 3SO_3(g) \quad （800\sim900℃） \tag{3-5}$$

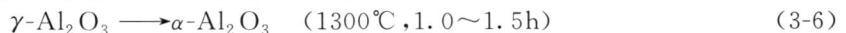

$$\gamma\text{-}Al_2O_3 \longrightarrow \alpha\text{-}Al_2O_3 \quad （1300℃，1.0\sim1.5h） \tag{3-6}$$

用这种方法得到的 α-Al_2O_3 粉末纯度高，颗粒度小，约 $1\mu m$。

（4）氧化物还原反应

碳化硅和氮化硅是十分重要的工程陶瓷材料。对于这两种陶瓷材料原料粉末的制备，在工业上经常采用氧化物还原法。

SiC 粉末的工业生产是将石英砂（SiO_2）与碳粉混合，在电阻炉中用碳来还原 SiO_2，生成碳化硅，图 3-1 是用于碳化硅生产的阿奇逊电炉。在用于碳化硅生产的阿奇逊电炉中，用石墨颗粒做成连接两端电极的芯棒，在芯棒两端通电使之产生高温，这时充填在芯棒周围的石英砂、焦炭起反应，形成从芯棒附近向外侧的温度梯度，反应向外侧进行。炉内所发生的基本反应是：

$$SiO_2 + 3C =\!=\!= SiC + 2CO(g) \tag{3-7}$$

使用阿奇逊电炉法生产得到的芯棒外侧是 α-SiC 带，在 α-SiC 带外侧形成 β-SiC 层，在 β-SiC 外侧残留未反应层。将 α-SiC 结晶块挑选出来，经过粉碎、水洗、脱碳、除铁、分级等工序，制得各种粒度的碳化硅颗粒，可用于磨料和耐火材料制品的生产。

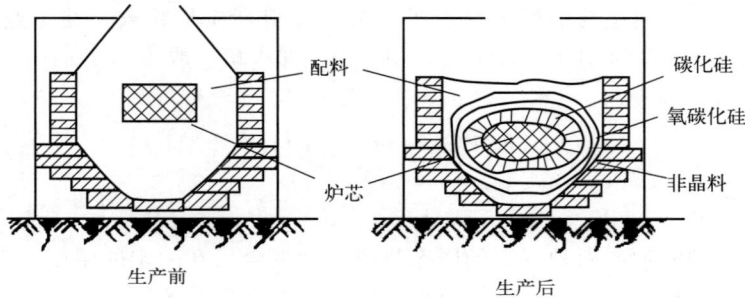

图 3-1　用于碳化硅生产的阿奇逊电炉

同样在氮气条件下，经过 SiO_2 与 C 的还原与氮化，也可以制备 Si_3N_4 粉末。

$$3SiO_2 + 6C + 2N_2 =\!=\!= Si_3N_4 + 6CO \tag{3-8}$$

反应在 $1600\,^\circ\!C$ 左右进行，由于 SiO_2 和 C 粉都是非常便宜的原料，并且纯度高，所以这种工艺制得的 Si_3N_4 粉末纯度高、颗粒细，比直接氮化的速度快。

（5）直接固态合成反应

许多碳化物陶瓷材料的原料可以直接用固态反应法制备。使用金属硅粉与碳粉直接反应可以在 $1000\sim1400\,^\circ\!C$ 制备 SiC，反应式为：

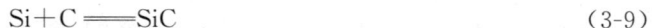

$$Si + C =\!=\!= SiC \tag{3-9}$$

元素硼和碳直接合成用于制备核反应堆控制芯棒的高纯度 B_4C 细粉的工作也取得了较好的结果。钼粉和硅粉也可以直接合成 $MoSi_2$ 粉。

（6）固溶与离溶反应

固溶与离溶反应经常发生在固体粉料合成或材料制备、使用过程中。将镁铝尖晶石 $MgO \cdot Al_2O_3$ 和 Al_2O_3 在高温接触，Al_2O_3 会固溶至 $MgO \cdot Al_2O_3$ 之中生成 $MgO \cdot nAl_2O_3$，称为固溶反应；而离溶反应就是把固溶体放在低于其生成温度的低温条件下，例如将 $MgO \cdot nAl_2O_3$ 放至低于 $1200\,^\circ\!C$ 时会析出 Al_2O_3，使 n 值变小。

（7）晶化反应

玻璃或由骤冷生成的非晶态材料，借助于加热析出晶相的过程，称为晶化反应过程。透明玻璃材料在未析出晶相前，会发生分相现象导致材料透明消失，例如经常见到的乳化玻璃就是含 F^- 玻璃通过加热析出 NaF 或 CaF 呈乳白色。透明消失和晶化反应可以用于玻璃陶瓷的制造，此原理也可用于纳米材料的制备。

3.1.2 固态-气态反应制备技术

化学传输反应是指固体或液体 A 与气体 B 反应生成新的气体 C，气体 C 被移动至别处发生逆反应而再析出 A 的过程。

以 Fe_2O_3 和 HCl 气体的反应为例：

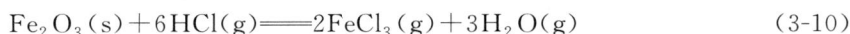

$$Fe_2O_3(s) + 6HCl(g) == 2FeCl_3(g) + 3H_2O(g) \tag{3-10}$$

如图 3-2 所示，在石英管的一端装入 Fe_2O_3 后，抽真空，然后导入 HCl 气体进行封闭。加热石英管，形成温度梯度 $T_1 < T_2$，石英管装 Fe_2O_3 的一端温度为 T_2，在这里 HCl 和 Fe_2O_3 反应生成 $FeCl_3$ 和 H_2O，生成物向 T_1 处扩散移动，在 T_1 处化学反应向反方向进行，析出 Fe_2O_3 固体附着在石英管上，并放出 HCl 气体，HCl 气体向 T_2 方向扩散，重复其与固体的反应。气体之所以能够扩散在于存在温度梯度，温度梯度造成反应平衡常数的区别，产生气体分压差。

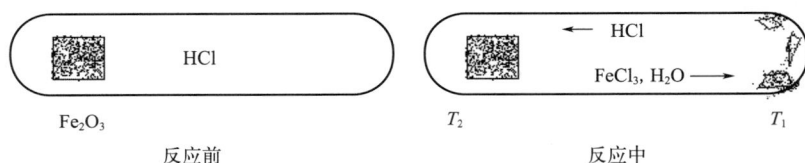

图 3-2 闭管法

化学传输反应可以分为三个过程，即原始物质与气体的反应、气体扩散和逆反应的固体生成。以式（3-10）的反应为例，假如管中气体总压力小于 10^3Pa（$10^{-2}atm$）时，气体扩散速度快，原始物质与气体的反应和逆反应固体的生成速度慢，这时化学反应速度成为传输反应速度的支配因素；如果管中气体总压力大于 10^3Pa（$10^{-2}atm$）时，气体扩散速度比化学反应速度慢，这时气体扩散速度成为传输反应速度的支配因素。

化学传输反应物理化学的基本问题是：化学平衡、化学反应和气体的扩散。从理论上一般认为固体和气体的反应快，经常处在化学平衡状态，化学传输反应主要依靠 T_1 和 T_2 所产生的气体分压差 Δp 进行气体扩散，但实际上，固体-气体反应速度慢，平衡不成立的情况也并不少见。

（1）闭管法

闭管扩散法的基本原理如前所述，适用于可逆反应的化学传输。以 ZnSe 单晶的制备为例介绍闭管法的主要装置与工艺流程（图 3-3）。反应用石英管的一端为锥形，与一实心棒相连接，另一端放置高纯 ZnSe 原料，装有碘的安瓿放在液氮中冷却。首先在 200℃左右烘烤石英管，并同时将其抽真空至 1.33×10^{-3} Pa 后以氢氧焰熔封反应用石英管，随后除去液氮冷阱，碘升华进入反应管后，再将石英管熔断。然后利用石英棒调节，将反应管置于梯度

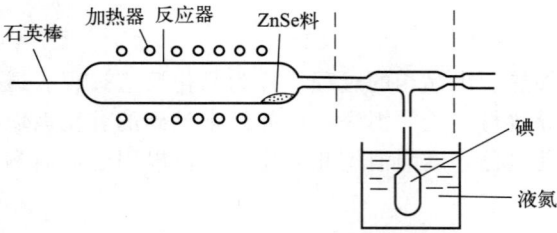

图 3-3　闭管化学传输 CVD 制备 ZnSe 单晶

加热炉的适当位置，使放置 ZnSe 原料的一端处于高温区（850～860℃），另一端（生长端）位于较低温度区（$\Delta T = 13.5℃$），精确控制温度（$\pm 0.5℃$），进行 ZnSe 单晶生长。

闭管技术可以在大大低于物质熔点或升华温度下进行晶体生长，适用于高熔点物质或高温分解物质的单晶制备。

闭管法的优点是：① 可以降低来自空气或气氛的偶然污染；②不必连续抽气也可以保持真空；③可以将高蒸气压物质限制在管内充分反应而不外逸，原料转化率高。

闭管法的缺点是：①材料生长速率慢，不适于大批量生产；②反应管只能使用一次，成本高；③管内压力无法测量，一旦温度失灵，内部压力过大，有爆炸的危险。

（2）开管气流法

开管气流法是将固体 A 放在反应管的一端，流入气体 B，A 和 B 反应生成的气体 C 与 B 一起移动，在不同温度的部位发生逆反应而析出固体 A 的方法。由于反应物在过程中不能循环，因而必须开管，开管法适用于固体与气体反应快、大规模生产的要求。

砷化镓的气相外延生长，采用的即是典型的开管气流系统（图 3-4），它主要由双温区电阻炉、石英反应管、载气净化及 $AsCl_3$ 导入系统三大部分组成。当携带有 $AsCl_3$ 的载气（氢气）从高温区进入时，有 $AsCl_3$ 与氢气反应生成 HCl 和 As_4。

$$2AsCl_3 + 3H_2 \longrightarrow \frac{1}{2}As_4 + 6HCl \quad (850℃) \tag{3-11}$$

As_4 被 850℃下的熔镓所吸收，直至饱和并形成 GaAs 层。继续供应 $AsCl_3$，则 $AsCl_3$ 与氢气反应形成的氯化氢与熔镓表面的 GaAs 层反应。

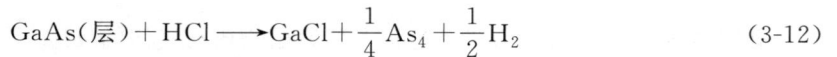

$$GaAs(层) + HCl \longrightarrow GaCl + \frac{1}{4}As_4 + \frac{1}{2}H_2 \tag{3-12}$$

生成的 As_4 又不断熔入镓内，以保持熔镓表面总留有 GaAs 的壳层。反应生成的 GaCl 和部分 As_4 被氢气携带到下游低温区（750℃左右，插有 GaAs 衬底），由于逆向反应（或歧化反应）GaAs 在衬底上沉积出来。

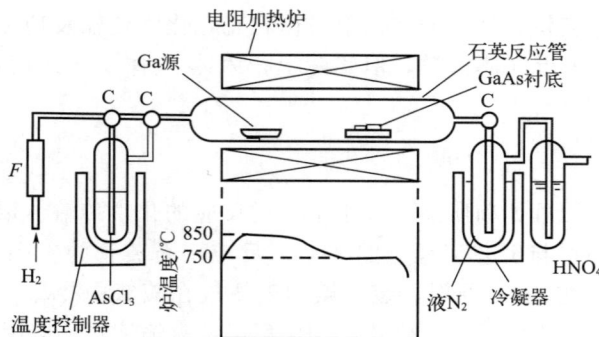

$$6GaCl + As_4 \longrightarrow 4GaAs + 2GaCl_3 \tag{3-13}$$

图 3-4　砷化镓的气相外延生长

开管气流法的特点是：①连续供气与排气，物料输送靠中性气体来实现，至少有一种反应产物可以连续从反应区排出使反应总是处于非平衡状态，有利于形成沉积物；②在绝大多数情况下，开管操作是在一个大气压或稍高于一个大气压下进行，有利于废气排出。开管法的优点在于试样容易放进与取出，同一装置可使用多次，工艺容易控制，结果重现性好。

化学传输反应在材料科学中的应用主要有低温相图的研究、特殊单晶的合成、物质的分离与纯化，以及微粉的合成。

气相反应法合成无机微粉受到了重视，气相反应法与盐类热分解法、液相沉淀法相比，主要优点在于：①原料的金属化合物需经气化，易于得到高纯度产物；②生成的颗粒很少凝聚，分散性好，易于得到粒度小的超微颗粒；③气氛容易控制，适用于其他方法难以合成的氮化物、碳化物，以及固溶体、合金、难熔金属等的制备。

气相反应法用挥发性金属化合物和反应气体在高温合成所需要的物质。经常采用容易制备、蒸气压高、反应性比较大的挥发性金属化合物，例如用氧或水蒸气等氧化物气体对金属氯化物进行气相氧化分解，可以合成 TiO_2、SiO_2、Fe_2O_3、Al_2O_3、ZrO_2 等氧化物微粉。

使用气相反应法合成微粉的反应过程分为在气相中的均匀成核和晶核生长两步。均匀成核比在基底上的不均匀成核在能量上困难得多，因此在气相反应合成微粉时为了生成均匀的晶核，所必需的过饱和度必须保证大的热力学推动力。

氯化法是将金红石结构的 TiO_2 在与碳共存的情况下首先进行氯化，再把生成的 $TiCl_4$ 进行氧化分解制备 TiO_2 微粉。

$$TiCl_4 + O_2(g) \longrightarrow TiO_2(s) + 2Cl_2(g) \tag{3-14}$$

3.1.3　湿化学制备技术

3.1.3.1　溶液中的粒子生长

均匀成核机制：在含有原子或分子的过饱和体系中，随机热涨落会导致密度的局部变化和系统自由能变化。密度变化产生原子或分子的聚集体，称为核胚。核胚与系统中的原子或分子结合而进一步长大。

当核胚尺寸 $r > r_c$ 时，核胚可以长大形成晶核；当核胚尺寸 $r < r_c$ 时，小尺寸核胚消失。将 r_c 称为临界半径，核胚要形成晶核必须克服一个能量势垒，称为临界自由能 ΔG_c。

粒子长大：过饱和液相中形成的晶核通过溶质传输到粒子表面，脱溶并在粒子表面排列而得以长大。Nielsen 应用菲克定律解释了晶核长大并提出了晶体生长的可能机制。①表面螺位错台阶导致螺位错生长机制；②粒子周围对流引起扩散速率增强的扩散速率控制机制；③扩散长大机制，溶质扩散到晶核决定了粒子长大速率，而粒子长大速率又反比于粒子的半径；④多粒子长大机制，与粒子表面反应有关；⑤单核长大机制，单核长大速率正比于粒子表面积，表面晶核的二维长大要快于表面反应（脱溶、结晶、排列等）。

粒子半径和浓度很低时，以单核长大机制为主；粒子半径和浓度很高时，以扩散控制长大机制为主；在过饱和度低的时候，较小的粒子溶解而大粒子长大，称为 Ostwald 生长。

3.1.3.2　胶体化学基本概念

胶体是指在分散介质中分散相的尺寸在 $1nm \sim 1\mu m$ 之间的体系。胶体的尺寸是指溶胶中粒子的直径，但对泡沫似的宏观体系则指的是膜的厚度。

（1）胶体的稳定性与扩散双电层模型

稳态分散体系质点很小，强烈的布朗运动使其具有一定的动力学稳定性而不致很快沉降；另一方面，胶体与真溶液不同，作为多相体系，质点有通过聚结或其他方式长大以降低体系能量的趋势。因此它是热力学不稳定体系，一旦质点聚结长大，其动力学稳定性也随之丧失，故胶体的稳定性是十分关键的问题。

质点表面带电是胶体的重要特性。质点表面电荷来源于某些质点本身含有可离解的基团，例如硅溶胶质点（SiO_2）随溶液中 pH 的变化可以带正电或负电荷。有些物质虽然本身不能离解，但可以从水中吸附 H^+、OH^- 或其他粒子而带电。通常正离子的水化能力比负离子大得多，因此悬浮于水中的固体粒子容易吸附负离子而带负电。

从能量最低原则考虑，质点表面电荷分布在整个质点的表面，但整个体系应是电中性的，所以液相中有与表面电荷数量相等而符号相反的离子存在，这些离子称为反离子。反离子一方面受静电吸引作用有向胶粒表面靠近的趋势，另一方面受热扩散作用有在整个液体中均匀分布的趋势，两种作用的结果使反离子在胶体颗粒表面区域的液相中形成一种平衡分布，越靠近界面浓度越高，越远离界面浓度越低，到某一距离时反离子与胶粒同号离子浓度相等。胶体颗粒表面与液体内部的电势差称为胶体颗粒的表面电势。关于双电层的内部结构，即电荷与电势的分布提出了多种模型。

图 3-5 为胶体的 Stern 扩散双电层模型。在颗粒表面因静电引力和范德瓦耳斯力而吸附了分散介质中的一层反号离子，紧贴固体表面形成一个固定的吸附层，这种吸附称为持性吸附，吸附层称为 Stern 层。Stern 层的厚度由被吸附离子的大小决定。吸附反离子的中心构成的平面称为 Stern 面。Stern 面上的电势 ψ_δ 称为 Stern 电势。在 Stern 层电势由表面电势 ψ_0 下降到 ψ_δ；而在 Stern 层以外，反离子呈扩散态分布，称为扩散层。这样便形成了吸附层和扩散层以及由它们所组成的扩散双电层。扩散层中的电势呈曲线下降。

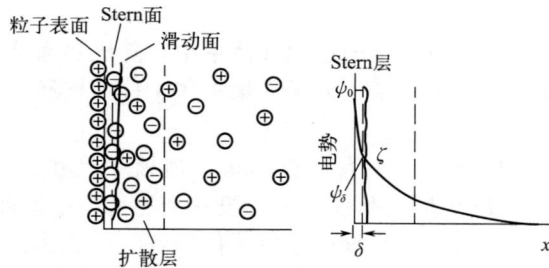

图 3-5　胶体的 Stern 扩散双电层模型

在固体颗粒表面总有一定数量的溶剂分子与其紧密结合，在电泳现象中这些溶剂分子及其内部的反离子将与粒子作为一个整体运动，这样在固-液两相发生相对移动时存在一个滑动面。滑动面的确切位置并不知道，但可以合理地认为它在 Stern 层之外，并深入到扩散层之中。滑动面上的电势 ζ 称为电动电势或 Zeta 电势。

（2）聚沉现象与 DLVO 理论

利用试剂使胶体颗粒长大，以致沉淀的过程叫聚沉。小质点溶解而质点自动长大的过程称为老化。高分子物质、电解质等可以造成溶胶聚沉。聚沉与老化的不同点在于聚沉过程中形成的团聚体在稍加一些胶溶剂或除去聚沉剂后，可以重新分散，而老化则不能再分散。

分子之间的范德瓦耳斯作用主要涉及偶极子的长程相互作用，表现为吸引作用。同一物质质点间的范德瓦耳斯作用永远是相互吸引。

带电质点和双电层中的反离子作为一个整体是电中性的，当质点接近到它们的双电层发生重叠时，改变双电层的电荷与电势分布，则产生排斥作用，图 3-6 为双电层交联区的电势分布。

质点间的总相互作用能等于范德瓦耳斯引力与双电层引起的静电排斥作用的总和。从相应的近似表达式出发可以定性画出总势能曲线与质点间距离的关系（图 3-7），在距离很小或很大时各有一势能极小值出现，分别称为第一与第二极小值，在中间距离则可能出现势垒，势垒大小是胶体能否稳定的关键。

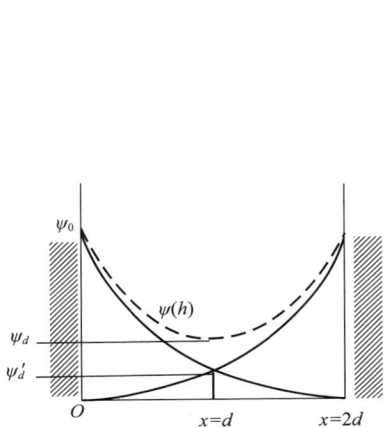

图 3-6　双电层交联区电势分布

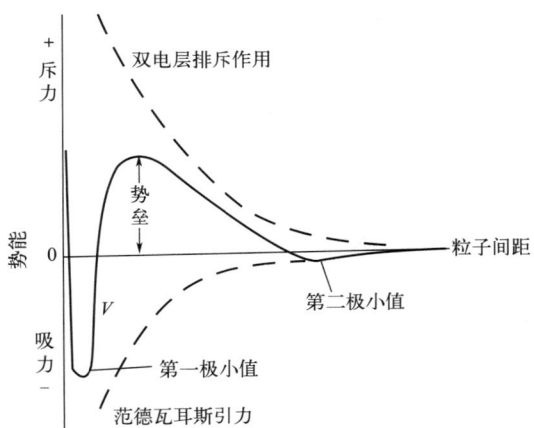

图 3-7　总势能曲线的一般形状

通常聚沉发生在势垒很小或者为零的情形下，质点凭借动能一旦越过势垒的障碍，质点间相互作用势能彼此接近而降低，最后在势能曲线的第一极小值处达到平衡。

如果有较高的势垒，足以阻止质点在第一极小值处聚结，但其第二极小值却足以抵消质点的动能，因此质点可以在第二极小值处聚结，此时由于质点间相距较远，形成的聚集体是一个松散的结构，容易破坏和复原，表现出触变性，将这时发生的聚结称作絮凝。

在质点很小时，其第二极小值不会很深，但若质点很大，则主要表现为不稳定的絮凝。

胶体中电解质的浓度对胶体稳定性具有重要影响。减小电解质浓度，双电层变厚，则质点间斥力增强，胶体稳定；增大电解质浓度时，双电层变薄，小质点会聚沉，而大质点会发生絮凝，如图 3-8 所示。

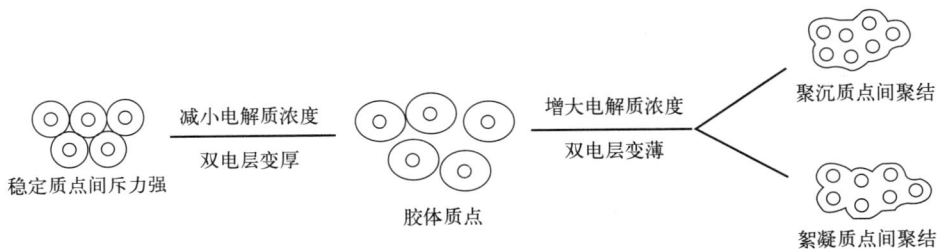

图 3-8　电解质浓度和质点大小对胶体稳定性的影响

3.1.3.3 凝胶

凝胶是指胶体质点或高聚物分子相互连接，搭起架子所形成的空间网状结构，在这个网状结构的孔隙中填满了液体（或分散介质）。物质的凝胶状态非常普遍。

从凝胶的定义可以很自然地得出两个结论。①凝胶与溶胶（或溶液）有很大不同。溶胶、溶液中的胶体质点与大分子可以自由行动，因而溶胶具有良好的流动性。凝胶中分散质点互相连接，在整个体系内形成网状结构，液体包在其中，随着凝胶的形成，体系不仅失去流动性，而且显示出固体的力学性质，具有一定的弹性、强度和屈服值等。②凝胶和真正的固体又不完全一样，它由固、液两相组成，属于胶体分散体系，其结构强度有限，易于遭受变化，改变条件（如温度、介质成分或外加作用力）时，往往能破坏其结构，发生不可逆变形，产生流动。因此凝胶又是分散体系的一种特殊形式，其性质介于固体和液体之间。

3.1.3.4 溶胶-凝胶（Sol-Gel）工艺制备技术

溶胶-凝胶工艺的基本原理是将无机盐或金属醇盐溶于溶剂（水或有机溶剂），形成均匀的溶液，溶质与溶剂发生水解或醇解反应，反应生成物聚集成 1nm 左右的粒子形成溶胶。溶胶通过凝胶化会失去流动性，形成开放的骨架结构。经干燥、焙烧去除有机成分得到无机材料。

（1）无机盐溶胶-凝胶工艺

无机盐溶胶-凝胶工艺首先涉及氧化物或水合氧化物分散体系的制备，通常采用含水分散体系，首先通过无机盐的水解制备溶胶。

$$M^{n+} + nH_2O \longrightarrow M(OH)_n + nH^+ \tag{3-15}$$

通过向溶液中加入碱液（如氨水）使水解反应不断向正方向进行，并逐渐形成 $M(OH)_n$ 沉淀，将沉淀物充分水洗、过滤并分散于强酸溶液中得到稳定的溶胶，经加热脱水凝胶化、干燥、焙烧后形成金属氧化物粉体。

例如，制备 SnO_2 纳米微粒的溶胶，首先将金属锡溶于硝酸，得到亚锡酸 H_2SnO_3 沉淀，再将一种有机胺，如丁基胺（$C_4H_9NH_2$），加入得到溶胶；制备二氧化铈溶胶则先向硝酸亚铈中加入 NH_4OH/H_2O_2，仔细洗涤得到氢氧化铈，除去携带的电解质，沉淀获得粒子尺寸约 8nm 的溶胶。所获得的溶胶经过脱水得到凝胶，再煅烧就得到氧化物粉末。

（2）金属有机化合物的溶胶-凝胶工艺

金属有机化合物可以定义为其分子是有机基团通过氧与金属原子连接的，有关金属有机化合物的溶胶-凝胶工艺主要是围绕金属醇盐开展的。

金属醇盐具有通式 $M(OR)_z$，z 在这里是金属 M 的化合价，R 是烷基。金属醇盐的主要制备方法包括金属与醇的直接反应，以及金属卤化物与醇或碱金属醇盐的反应。

金属醇盐具有很多性质，但对于溶胶-凝胶工艺而言，有两个性质是十分重要的。①挥发性，表明可以通过蒸馏获得高纯度醇盐；②能够水解，构成了溶胶-凝胶工艺的基础。醇盐在醇溶液中的水解反应可表示为：

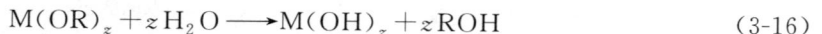

$$M(OR)_z + zH_2O \longrightarrow M(OH)_z + zROH \tag{3-16}$$

其中 $M(OR)_z$ 分子要经历凝聚和聚合反应，才能形成胶体。胶体脱水形成氧化物粒子。

$$M(OH)_z \longrightarrow MO_{\frac{z}{2}} + \frac{z}{2}H_2O \tag{3-17}$$

金属醇盐溶胶-凝胶工艺具有一般胶体、溶胶-凝胶工艺的特点，但由于它是在分子尺度而非胶体尺度上达到各组分的混合，因此其化学均匀性更好。

金属醇盐溶胶-凝胶工艺被广泛用于制备各种氧化物粉体。

在含 $0.2mol/dm^3$ Ba 和 Ti 乙醇盐的乙醇溶液中加入含 $0.5mol/dm^3$ 水的乙醇溶液，进行水解，经干燥热解可得到平均粒径 40nm 的 $BaTiO_3$ 粉体。

从硝酸铁（Ⅲ）、乙醇钠和乙二醇出发，经凝胶后 973K 煅烧得到钠掺杂的 γ-Fe_2O_3。

硅酸乙酯 $Si(OC_2H_5)_4$ 和 $KSb(OH)_6$ 在碱性或酸性条件下水解，1373K 煅烧，得到制备非线性光学材料的 $KSbOSiO_4$ 粉体。

在室温将 40mL 钛酸丁酯逐滴加入去离子水中，水的加入量为 256mL 和 480mL 两种，边滴边加搅拌并控制滴加和搅拌速度，钛酸丁酯经过水解、缩聚，形成溶胶，超声振荡 20min，然后在 673K 和 873K 煅烧 1h，可以得到平均粒径 1.8nm 的 TiO_2 超微粉。

3.1.3.5 共沉淀制备技术

共沉淀的目标是通过形成中间沉淀物制备多组分陶瓷氧化物粉体。这些中间沉淀物通常是水合氧化物或草酸盐，因此在沉淀过程中形成均匀的多组分混合物，通过烘干、煅烧，得到所需的粉末原料，保证了煅烧时的化学均匀性。

采用草酸盐沉淀工艺制备 $BaTiO_3$ 粉体，在控制 pH 值、温度和反应物浓度的条件下，向氯化钡和氧氯化钛混合溶液中加入草酸，得到钡钛复合草酸盐沉淀。

$$BaCl_2 + TiOCl_2 + 2(COOH)_2 + 4H_2O \longrightarrow BaTiO(C_2O_4)_2 \cdot 4H_2O + 4HCl \qquad (3-18)$$

沉淀物经过滤、洗涤、干燥并煅烧得到所需粉体。

3.1.3.6 水热合成制备技术

水热反应是高温高压下在水（或水溶液）或水蒸气等流体中进行有关化学反应的总称。用水热法制备的超细粉末已经可以达到纳米级的水平。

水热合成制备技术主要包括：①通过水热氧化法制备金属氧化物；②通过水热沉淀法制备化合物；③水热合成法制备化合物粉体；④水热还原法由金属氧化物制备金属；⑤水热分解反应制备氧化物；⑥水热结晶法制备晶体。

用碱式碳酸镍及氢氧化镍水热还原可制备最小粒径为 30nm 的镍粉；锆粉通过 523～973K、100MPa 的条件下水热氧化可得到粒径为 25nm 的单斜氧化锆微粉；Zr_5Al_3 合金粉末在 100MPa、773～973K 的条件下水热反应生成粒径为 10～35nm 的单斜氧化锆、立方氧化锆和 Al_2O_3 的混合粉体。

3.1.3.7 水解反应

盐类离子与水作用生成弱酸或弱碱的反应称作盐的水解反应。高温高压条件下可以发生强制水解反应，在水热合成方法中，正离子水解无需加入碱。但在常压高温条件下也可以发生强制水解反应，例如在 Cr（Ⅲ）浓度为 2×10^{-4}～2×10^{-3} mol/dm^3、pH<5.4、SO_4^{2-} 存在条件下，由 $CrK(SO_4)_2 \cdot 12H_2O$、硫酸铬、硝酸铬制备单分散的无定形氢氧化铬，颗粒尺寸 293～490nm。

3.1.4 机械混合

混合料的制备是陶瓷材料生产中的主要工序之一。陶瓷粉体与添加剂（烧结助剂、第二相等）粉末是通过球磨进行混合的。球磨过程不仅可使各组元粉末颗粒聚集体进一步破碎、细化，更主要的是根据所设计的成分将所配制的各组元均匀混合，获得在微观体积范围内均质的混合物。因此，混合料球磨过程完成的好坏对以后各道工序以及最终产品的组织与性能有着重大的影响。

陶瓷材料混合料通常由两种以上的粉末组分组成。要制备性能优良的陶瓷，必须使混合料的各组分从微观范围考察时亦充分均匀。混合料经过 24h 的湿磨后，无论是化学分析，还是粉末的金相检查，都未发现不均匀现象。混合球磨达到理想状态时，每个陶瓷颗粒的表面都被第二相粉体颗粒所均匀包覆。显然，如果能达到如此均匀的程度，对于陶瓷的烧结过程是很有利的。

滚动球磨是最常见的混合方法，球磨筒的临界转速（n，r/min）与球磨筒直径（D，m）的关系，常用下式表示：

$$n = 42.4/\sqrt{D} \tag{3-19}$$

临界转速即磨球在离心力作用下黏附在球磨筒壁上不跌落下来的最低转速。当球磨筒的转速为 $0.7n \sim 0.75n$ 时，磨球从球磨筒上端自由落下，对磨料产生冲击作用，球磨效果最佳。

在一定装球量条件下，随着磨球直径的减小和磨球数量的增加，球与球之间接触的机会增多，球磨的效果亦可提高。如果磨球的直径过小，则难以实现滚动球磨。装球量过少，不能实现滚动球磨，其效果也差。磨球的装入量一般为球磨筒容积的 40% ~ 50%。在装入磨球量一定的条件下，磨球与混合料的装入质量比通常为（2~4）:1。

球磨时间的长短应以混合料中各组元达到均匀混合和一定的粒度要求为依据。通常，在一定范围内，随着球磨时间的增长，混合料的均匀度会提高，其粒度也会变细。但是球磨时间过长不仅会导致混合料氧含量提高，而且还会使部分粉料被打碎，反而使混合料的均匀度下降。实践中球磨时间通常以 20~30h 为宜。

3.2 陶瓷成型技术

陶瓷材料只有制造成具有一定形状和尺寸的产品后，其功能才能得以充分发挥。陶瓷产品形状的获得必须在烧结以前完成，因而对陶瓷材料成型技术提出了很高的要求。同时，在成型过程中还必须兼顾成型工艺对后续烧结工艺过程，以及烧结产品性能的重要影响。

成型是在陶瓷粉料中加入添加剂等制成粉料或坯料，并进一步加工成具有一定形状、尺寸、孔隙度和强度的坯体的工艺过程。

最基本的无机材料成型方法分干法成型和湿法成型两大类，不同成型方法的选择，需要根据产品的使用要求、形状、大小，以及产量和经济效益等综合因素确定。

干法成型是指在陶瓷粉末中加入少量甚至不加塑化剂，将具有一定流动性的干粉进行成型，在坯料压实过程中所需要填充的孔隙较少，后续过程中排出气体也相对较少，可获得高密度成型坯体。这种成型方式主要包括模压成型与等静压成型。干法成型是一种最简单、最直观的方法，成型坯体密度较高，坯体收缩小，有利于自动化生产。

湿法成型是在陶瓷粉体中添加适量黏合剂、增塑剂、溶剂等，形成可以流动的原料，利用其流动性来形成特定形状的工艺过程。这类成型方法又分为可塑法成型和流态法成型两类。

可塑法成型（plastic moulding）是利用泥料具有可塑性的特点，经过一定工艺处理制成一定形状制品的过程。在传统陶瓷生产中普遍采用可塑法成型具有回转中心的圆形产品。

流态法成型是指在陶瓷粉体中添加大量添加剂，形成具有流动性的料浆，利用其流动性来形成特定形状的工艺过程。有注浆成型、流延成型、热压注成型、注射成型、压滤成型、印刷成型及胶态成型等。此类成型方法含有较多有机高分子，随后的排胶、脱脂过程漫长而复杂，对材料致密度、结构及性能均有明显影响。

3.2.1 干法成型技术

3.2.1.1 模压成型

模压成型是将加少量黏结剂（一般为 $3\% \sim 8\%$）的粉料，经造粒后置于钢模中，在压力机上加压形成一定形状的坯体的工艺过程。适合压制高度/直径比小于 1.5 的形状简单的制品。

模压成型的实质是在外力作用下，使模具内的粉末颗粒相互靠近，并借助颗粒之间的内摩擦力把颗粒牢固地联系起来，并保持一定的形状。随成型压力的增加，造粒粉料改变外形，相互滑动，填充堆积剩余的空间，并逐步加大接触、紧密镶嵌。由于粉料之间的进一步靠近，粉末颗粒表面间的作用力加强，坯体具有一定的机械强度。如颗粒度配合适当，塑化剂使用正确，模压法可以得到比较理想的坯体密度。

粉末颗粒料在压模内的压制和压制时的受力情况如图 3-9 所示。上模冲将其所受的压制压力 $p_上$ 传向粉末颗粒，压模内的粉末颗粒体受压时，压坯向周围膨胀，模壁给压坯一个大小相等方向相反的反作用力，称为侧压力 $p_侧$。压制过程中粉末颗粒之间位移的不一致性产生内摩擦力，粉体颗粒在相对模具运动时对模壁的正压力在粉体与模壁间产生外摩擦力 F。

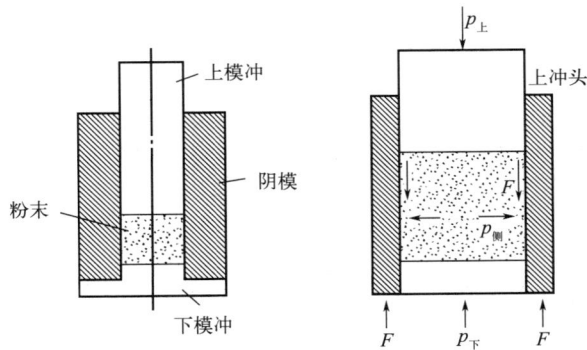

图 3-9　粉末压制及受力情况

摩擦力的存在使得压力不会均匀地全部得到传递，这时由于粉料之间以及粉料与模壁之间的摩擦阻力，会产生明显的压力梯度，粉粒的润滑性越差，则坯体内部可能出现的压力差也就越大，如图 3-10 所示。图中 L 为坯体高度，D 为直径。L/D 值愈大，则坯体内压力差也愈大。压成坯体的上方及近模壁处密度最大，而下方近模壁处以及中心部位的密度最小。

使压坯由模具中脱出所需的压力称为脱模压力，它与压制压力、粉末性能、压坯密度和尺寸、压模和润滑剂等有关。如果去除压制压力后压坯不发生变形，则脱模压力完全用于克服压坯与模壁之间的外摩擦力。

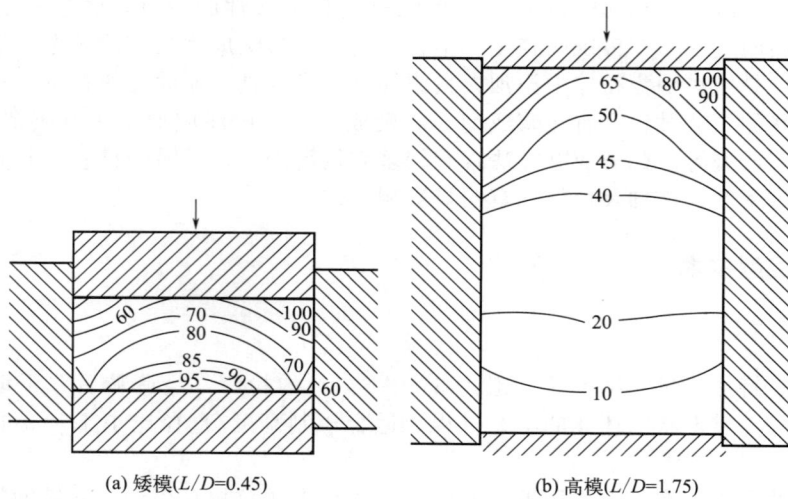

(a) 矮模(L/D=0.45)　　　　　　　(b) 高模(L/D=1.75)

图 3-10　单向加压时坯体的压力分布

　　实际生产中的模压成型可以采用单向或双向加压的方式。单向加压模具下端的承压板或下模冲固定不动，只通过上模冲由上方加压。双向加压的各种摩擦阻力的情况并不改变，但其压力梯度的有效传递距离为单向加压的一半，因而摩擦力带来的能量损失减少，坯体的密度相对较均匀，如图 3-11 所示。双向加压时，坯体的中心部位密度相对较低。

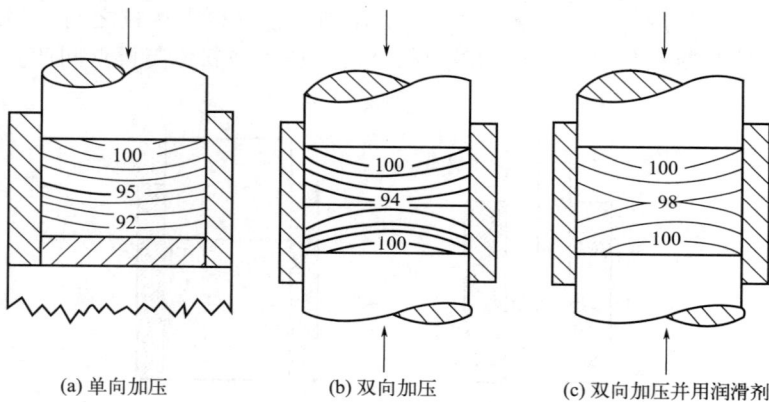

(a) 单向加压　　　　　(b) 双向加压　　　　　(c) 双向加压并用润滑剂

图 3-11　加压方式对坯体密度的影响

　　不论单向加压还是双向加压，如果模具施以润滑剂，或者提高模具光洁度和硬度都可以降低压力损失，有利于减小压力梯度。

　　加压开始后粉体颗粒之间发生颗粒滑移与重新排列，将空气排出，孔隙大量消除，坯体密度快速增加，此阶段称为滑动阶段；在加压后期，刚性粉体颗粒之间已基本相切，但陶瓷颗粒的脆性与不可压缩性使得进一步增加的压力将压力集中接触点处的颗粒压成碎片并填充在小孔隙之内，这一阶段的坯体密度增加较慢。对于塑性（如金属等）粉体颗粒，在加压后期会出现塑性变形填充，这种情况在陶瓷中不常见。

　　陶瓷的实际成型压力并不高，致密化主要发生在第一阶段。但由于粉体颗粒粒度分布宽，堆积孔隙小，在加压后期必须考虑颗粒对坯体气体排出的影响。当粉料之间自然形成的排气孔道尚未完全堵塞之前，坯体密度随压力的增大及加压时间的延长而增大；但当排气孔道大部分被堵塞时，坯体密度随压力的增大而趋于不变。由于陶瓷固体粉粒本身几乎是不可压缩的，尚未排出的剩余气体又没有通往外面的通道，故进一步增大压力只能压缩闭气孔，但在压力卸载后闭气孔会重新扩大、回弹，导致坯体脱模时发生分层、开裂，良好的黏结组织被破坏，坯体的机械强度降低。所以过大的压力，反而会带来不良的影响。

模压成型不存在普遍适用的临界压力，也难以找到简单明确的函数表达式，通常可在50～120MPa之间调整，并按具体情况优选。

实际粉料往往是非球形的，当粉料颗粒形状逐渐偏离球形，成为片状、棒状，孔隙率会越来越大，结构将变得越来越疏松，加之颗粒表面的粗糙结构会使颗粒之间互相咬合，形成拱桥形空间，称作拱桥现象（图 3-12），导致孔隙率增加。即使对于球形颗粒，颗粒表面的粗糙程度也会增大填充摩擦阻力，增加孔隙率。这类影响一般随颗粒度的变小而表现得更加明显。

模压成型时的加压速度与保压时间也很重要。加压速度过快，保压时间过短，气体来不及排出，同时在压力尚未传递到应有的深度时，外力就已卸除，不能达到理想的坯体密度；但加压速度过慢，保压时间过长，将直接影响生产效率。

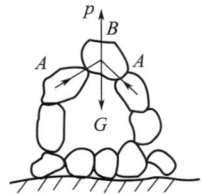

图 3-12　拱桥现象

3.2.1.2　等静压成型

等静压成型（isostatic pressing moulding）又叫静水压成型，它是利用液体介质的不可压缩性和均匀传递压力性的一种成型方法。处于高压容器中的试样所受到的压力如同处于同一深度的静水中所受到的压力情况，所以叫做静水压或等静压，使用这种原理进行的成型工艺叫静水压成型或等静压成型。

相比一般的模压法，等静压成型能够压制具有凹形、空心等复杂形状的压件；压制过程中粉末颗粒与弹性模具的相对移动很小，摩擦损耗小；压制得到的产品坯体密度分布均匀；压坯强度较高，便于加工和运输；所采用的模具材料是橡胶和塑料，成本较低廉；能在较低温度下制得接近完全致密的坯体。

等静压成型也具有一些明显的缺点：压坯尺寸的精度和压坯表面的光洁度比模压法低；生产率低于自动模压；所使用的橡胶或塑料模具的使用寿命比金属模具短。

液体介质可以采用水、油或甘油。但以选用可压缩性小的介质为宜，如刹车油或无水甘油。弹性模具材料应选用弹性好、抗油性好的橡胶或类似的塑料。

湿式等静压是最早采用，也是目前比较通用的一种等静压成型方式。等静压成型时，首先将配好的原料放入用塑料或橡胶做成的弹性模具内，密封后置于耐高压的钢质容器内，使用高压泵将流体介质（气体或液体）压入，高压流体的静压力直接作用在模套内的粉末上，粉末体在同一时间内在各个方向上均衡受压而获得密度分布均匀且强度较高的产品坯体，释放压力取出模具，并从模具内取出成型好的坯体（图 3-13，图 3-14）。

湿式等静压成型适合于小批量、多品种、大型及复杂形状产品的生产。但工序复杂，工艺操作烦琐，不利于生产的自动化。根据粉料特性及产品的需要，容器内的压力可以调整，通常在 35～300MPa，实际生产中常用 100～200MPa。

3.2.2　湿法成型技术

在湿法成型工艺中，陶瓷粉体颗粒料浆的流变学特性十分重要。陶瓷料浆中的固相含量在很宽的范围内变化，表现出非牛顿流体的流变学行为，即悬浮体料浆黏度（剪切应力）随

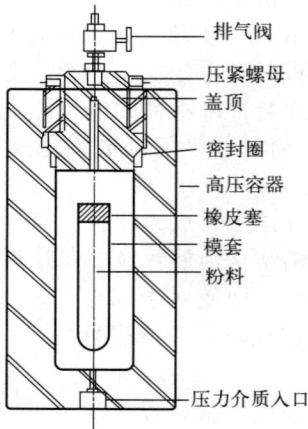

图 3-13　等静压成型原理

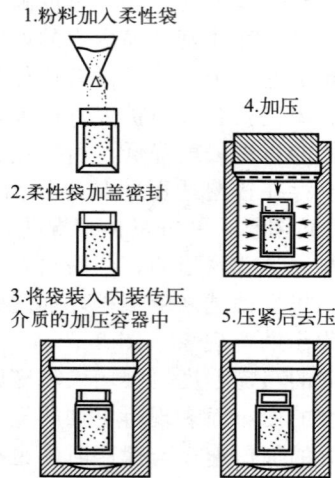

图 3-14　湿式等静压工艺

剪切速率和时间的变化或者增大或者减小，在流体应力-剪切速率的关系曲线上常显现出屈服应力。

图 3-15 为与时间有关或无关的典型悬浮体的流动曲线。

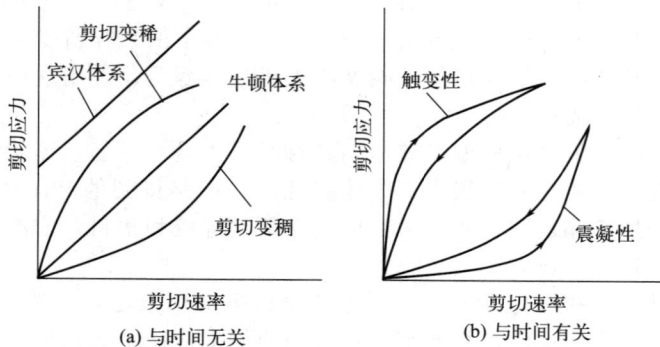

图 3-15　典型悬浮体的流动曲线

宾汉体系的流动行为类似于牛顿体系，即剪切应力一旦超过某一数值（屈服应力）后，剪切应力与剪切速率成正比；假塑性或剪切变稀体系的黏度则随剪切速率的增大而减小，已有的结构被破坏，粒子之间的排列方式使其相互之间的运动阻力变小；在紧密堆积的悬浮体中黏度随剪切速率的增大而增大，这样的行为称作剪切变稠或胀流行为。

剪切变稀或者剪切变稠体系的结构破坏与重建不仅与施加的作用力有关，而且与体系达到平衡所需的时间有关。与时间有关的剪切变稀或者剪切变稠行为分别被称作触变性与震凝性。相应的应力增大或减小有滞后环的形成。

3.2.2.1　可塑泥料的成型性能

可塑性泥料的成型性能的首要要求是泥料易于成型为各种形状而不易开裂，可以钻孔与切割，同时要求泥料干燥后有较高的生坯强度，具有尽可能各向同性的均匀结构，以免因干燥收缩引起坯体变形与开裂。

可塑性泥料是由固相、液相和少量气相组成的弹-塑性系统。其在应力作用下发生的变形既有弹性性质，又有假塑性性质。图 3-16 为黏土泥料的应力-应变曲线。

当应力很小时，泥料在应力的作用下发生形变，二者为线性关系且可逆。进一步增大应力，超过屈服值（或称流限、流动极限）σ_y 则过渡到假塑性变形阶段，进一步的应力增大会引起更大的应变，同时弹性模量降低。如果这时卸载应力，则泥料会部分恢复原来的状态，剩下的不可逆变形部分 ε_n 称作假塑性变形，假塑性变形来源于泥料中颗粒的相对位移。可塑成型时一般希望泥料能长期维持塑性状态，塑性状态的长期维持与加载方式以及相应的变形关系有关。为了将泥料成型为所需的形状，成型压力应陆续、多次加载到泥料上。

3.2.2.2 可塑法成型

可塑法成型的重要基础是泥料的可塑性。可塑性的内容包括可塑坯料较高的屈服值与较大的延伸变形量。较高的屈服值能够保证成型时坯料具有足够的稳定性和可塑性，而延伸变形量越大则坯料越易被成塑成各种形状而不开裂，成型性能越好。

（1）挤压成型

用挤压机的螺旋或活塞将可塑泥料挤压向前，通过机嘴成为各种所要求形状的成型工艺称为挤压成型。图 3-17 为螺旋挤压机结构示意图。挤压成型工艺适宜于成型管状产品和截面一致的产品，而挤制产品的长度几乎不受限制，通过更换挤压嘴可以挤出不同截面形状的制品。近年来广泛应用的蜂窝陶瓷制品就是用挤压成型工艺制造的。

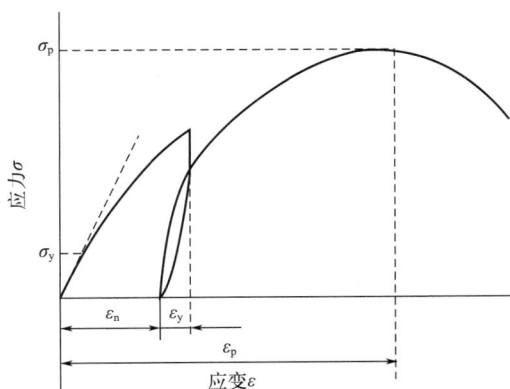

图 3-16 黏土泥料的应力-应变曲线

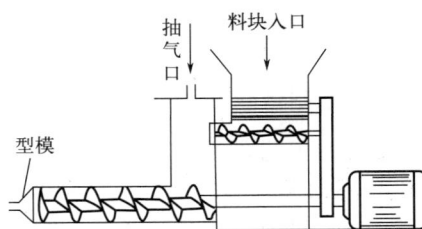

图 3-17 螺旋挤压机构示意

陶瓷的挤压成型一般在常温下进行，用于挤压成型的陶瓷粉末必须先加水与塑化剂，混合均匀后制成坯料才能用于挤压。在挤压过程中抽真空有利于坯料中空气的排出，提高坯体的生坯密度。

图 3-18 为挤压过程受力状态的简单分析。泥料在挤压力下向前运动需要克服来自坯料与挤压机内壁之间相对运动所产生的摩擦力。当坯料被挤压到挤压机变径段时，由于挤压断面减小，坯料流动速度加快，中心不受模壁摩擦力的部位坯料的流动速度明显快于靠近模壁的部位，使得在挤压的制品中产生剪切应力，称为附加内应力。附加内应力的存在容易使制品发生分层或开裂，为了减小附加内应力，可以降低挤压机内壁的粗糙度，以减小坯料与模壁之间的摩擦力；合理设计变径段角度，使坯料进入变径段时的流动速度不至于变化过快，以降低附加内应力。

（2）轧膜成型

轧膜成型是借鉴橡胶、塑料工业中薄片或带状材料的成型原理，利用橡胶、塑料具有良好可塑性的特点，首先将瘠性陶瓷粉末与一定量的塑化剂溶液混合均匀，使瘠性陶瓷颗粒被塑化剂薄层所包裹，形成具有良好可塑性的轧膜用坯料。轧膜机是由两个反向转动的轧辊构成，辊间距可以调节（图3-19），轧辊转动时依靠轧辊表面与坯料间的摩擦，带动坯料从两辊缝隙中挤出，粉末颗粒借助塑化剂的延展变形进行重新排列。坯料在两轧辊之间被挤轧，一般要反复数次，每次逐步调小辊间距，最后成型出的带坯厚度极薄，通常在 1mm 以下，故称为轧膜成型。

轧膜成型适合于生产厚度为 1mm 以下的薄片状产品。对于厚度在 0.08mm 以下表面光滑的超薄片，用轧膜成型方法很难得到高质量的坯片，这时需要采用流延法成型。

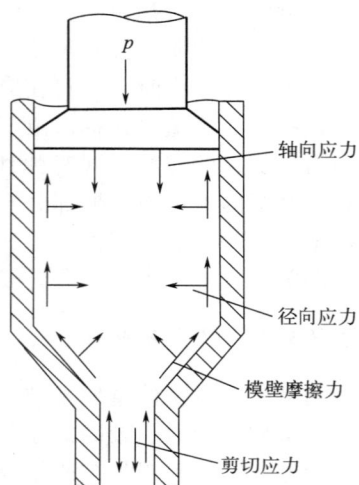

图 3-18　挤压过程受力状态

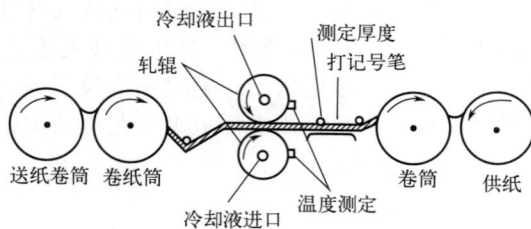

图 3-19　轧膜成型

3.2.2.3　流态成型

（1）料浆制备基础

流态成型工艺要求料浆的流动性（flowability）要好，即黏度要小，以利于料浆能充满模型的各个角落；稳定性要好，即料浆能长期保持稳定，不易沉淀与分层；触变性（thixotropy）要小，即料浆经过一段时间后的黏度变化不大，脱模后坯体受轻微外力影响不会变软，有利于保持坯体的形状；在保证流动性的情况下，含水量尽可能小，以利于减少成型与干燥时的收缩量，避免坯体的变形与开裂；渗透性（permeability）要好，即料浆中的水分容易通过已形成的坯层，不断被模壁吸收，使泥层不断加厚；脱模性要好，即形成的坯体容易从模型上脱离且不与模型发生反应；料浆应尽可能不含气泡。

制备流动性好的悬浮液是注浆成型的必要条件。料浆流动时的阻力主要来自水分子之间的相互吸引力、固体颗粒与水分子之间的吸引力，以及固体颗粒相对移动时的碰撞阻力。传统陶瓷用的黏土原料颗粒带负电，在水中颗粒之间存在斥力，容易具备良好的悬浮性能。而工程结构陶瓷所用的氧化物和非氧化物粉料均为瘠性粉料，在水中不具备悬浮性能，需要采取一定的方法使之具有稳定的悬浮性能。

具有良好悬浮性能的料浆要求粉体在分散介质中具有良好的分散性能。料浆分散稳定性的主要理论基础是经典的 DLVO 理论。考虑排斥势的不同来源，颗粒间作用势能可以表达为引力势能和各种排斥力势能之和。

$$V_T = V_A + V_R^{el} + V_R^S \tag{3-20}$$

式中，V_A 为范德瓦耳斯引力势能；V_R^{el} 为双电层排斥势能；V_R^S 为其他空间位阻排斥势能。

使瘠性粉料悬浮的方法一般有两种，一种是调节料浆的 pH 值，使颗粒表面电荷增加，通过 ζ 电位的增加，使颗粒间产生静电斥力，实现体系稳定；另一种是通过加入有机表面活性剂使粉料悬浮。

调节料浆 pH 值的方法一般用于两性氧化物，如氧化铝、氧化铬和氧化铁等的悬浮。两性氧化物在水中的离解程度与介质的 pH 值有关。介质 pH 值的变化引起颗粒 ζ 电位的变化甚至变号，而 ζ 电位的变化又引起颗粒表面引力和斥力平衡的改变，从而导致两性氧化物颗粒的胶溶或絮凝。

以氧化铝为例，在酸性介质中，发生如下反应：

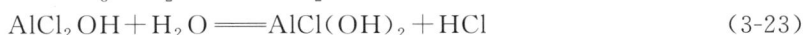

$$Al_2O_3 + 6HCl \longrightarrow 2AlCl_3 + 3H_2O \tag{3-21}$$

$$AlCl_3 + H_2O \Longleftrightarrow AlCl_2OH + HCl \tag{3-22}$$

$$AlCl_2OH + H_2O \Longleftrightarrow AlCl(OH)_2 + HCl \tag{3-23}$$

水溶性的 $AlCl_3$ 在水中生成 $AlCl_2^+$、$AlCl^{2+}$ 和 OH^-，Al_2O_3 颗粒优先吸附含铝的 $AlCl_2^+$ 和 $AlCl^{2+}$，形成带正电的胶粒，再吸附 OH^- 形成一个庞大的胶团，如图 3-20（a）所示。当料浆的 pH 值因加入 HCl 而降低时，料浆中的 Cl^- 增多，进入吸附层取代 OH^-，由于 Cl^- 的水化能力较 OH^- 强，因而进入吸附层的 Cl^- 个数较少，留在扩散层的数量较多，导致胶粒的正电荷增加、扩散层增厚。这使得胶粒的 ζ 电位增高，料浆黏度降低。但如果 pH 值过低，由于 HCl 加入量的大幅度增加，过量的 Cl^- 压入吸附层，导致胶粒的正电荷减少、扩散层变薄。这又使得胶粒的 ζ 电位降低，料浆黏度增高。

氧化铝在碱性介质中发生如下反应：

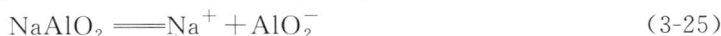

$$Al_2O_3 + 2NaOH \Longleftrightarrow 2NaAlO_2 + H_2O \tag{3-24}$$

$$NaAlO_2 \Longleftrightarrow Na^+ + AlO_2^- \tag{3-25}$$

Al_2O_3 颗粒在碱性介质中优先吸附 AlO_2^-，使胶粒带负电，再吸附 Na^+ 形成一个胶团，如图 3-20（b）所示。当料浆 pH 值变化时，胶粒的 ζ 电位亦随之变化，导致料浆的黏度变化。

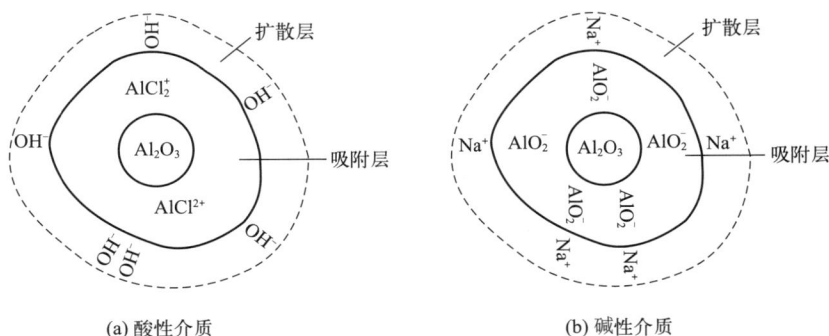

(a) 酸性介质　　　　　　　　　　(b) 碱性介质

图 3-20　Al_2O_3 颗粒的双电层结构示意

在料浆中加入适当的有机表面活性剂是改善料浆悬浮性能的另一种有效方法。对于不与酸反应的陶瓷瘠性粉料，可加入聚合物电解质或有机胶体。水溶性的聚合物电解质吸附在粉体颗粒表面，聚合度低的聚合物电解质能促进颗粒的分散，而聚合度高的聚合物电解质会使颗粒凝聚。

有机胶体对粉体分散性能的影响与胶体的加入量有关。以阿拉伯树胶为例，它是一种高分子化合物，呈卷曲链状。当阿拉伯树胶用量较少时，一个树胶长链上会附着很多 Al_2O_3 胶粒，由于重力沉降导致聚沉［图 3-21(a)］；而当阿拉伯树胶用量较多时，线性分子在水中形成网络结构，使 Al_2O_3 胶粒表面形成一层有机亲水保护膜，对 Al_2O_3 胶粒的碰撞聚沉起了阻碍作用［图 3-21(b)］，从而提高了料浆的稳定性。

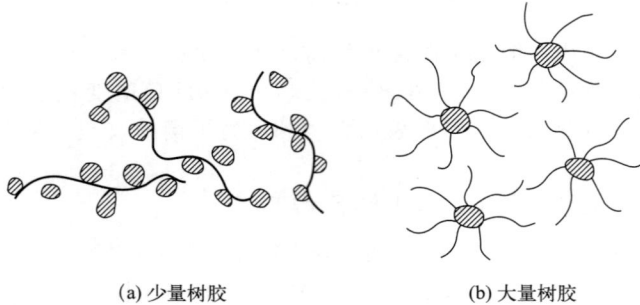

(a) 少量树胶   (b) 大量树胶

图 3-21 阿拉伯树胶对 Al_2O_3 固体颗粒的影响

（2）陶瓷料浆流变性质

陶瓷生产用料浆的流变性质与一般流体一样，可以表达为剪切应力 τ 与剪切速率 γ 的关系，画出其流动曲线，陶瓷料浆一般属于非牛顿型流体。

图 3-22 为一些陶瓷料浆的流动曲线。将可塑黏土调成料浆（相对密度 1.34），在低剪切应力（如自重）作用下料浆不会流动，在高剪切应力作用下，料浆容易流动。当剪切速率超过 $100s^{-1}$ 时，流动曲线接近宾汉流体，无触变滞后环出现；但如果加入碱性物质解胶后，则屈服应力减小，并出现滞后环。

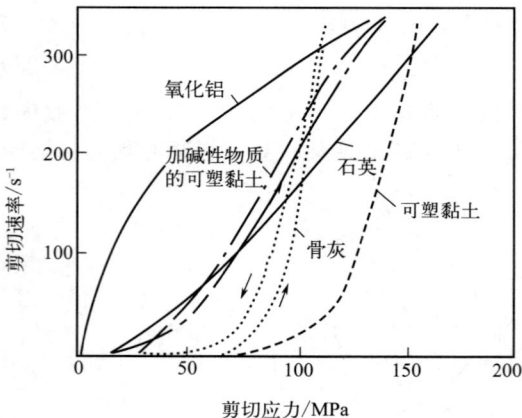

图 3-22 陶瓷原料料浆流动曲线

陶瓷料浆是介于溶胶-悬浮体-粗分散体之间的一种特殊系统。它既具有溶胶的稳定性，又会聚集沉降。必须从固相颗粒的特性出发，考虑各种外界条件（浓度、粒度分布、电解质的种类与数量、料浆制备方法等）的影响，全面考察料浆的流变性质。

料浆浓度增加时的流动曲线形态基本不变，只是相应的位置沿横轴方向移动，也就是随浓度增加同一剪切速率所需施加的应力增大。低浓度料浆中固相颗粒少，料浆黏度由液体介质黏度控制；高浓度料浆中固体颗粒多，料浆黏度主要由固相颗粒移动时的碰撞阻力控制。高固相含量必然降低料浆的流动性，降低固相含量、增加水分可以改善流动性，但会导致吸浆速度减慢、坯体收缩增加、强度降低。

固体颗粒粒度的减小有利于降低颗粒在料浆中的沉降速度，对提高颗粒的悬浮性能及料浆的稳定性有利。但对于一定浓度的料浆，固相颗粒越细，颗粒间的平均距离越小，颗粒间引力越大，颗粒移动所需克服阻力越大，流动性也越小。

（3）注浆成型

传统陶瓷工业中，注浆成型工艺已有几百年的历史，注浆成型是最重要的流态成型技术。注浆成型工艺是利用石膏模具的吸水性，将陶瓷原料制备成具有一定流动性的陶瓷料浆，注入石膏模具，通过模具将料浆中的液体吸出，在模具中留下原料坯体。该工艺成本低、过程简单、易于操作和控制。常用来制备简单压制或注射成型无法得到的复杂形状制品及大型、复杂形状和薄壁制品，也可作为小批量生产的方法。但坯体形状粗糙，注浆时间较长，坯体密度、强度不高。

料浆注入模型后，料浆中的水分在毛细管力作用下向模型孔隙中移动，而固体粒子停留在模型的表面形成吸附层，这时水分要先通过吸附层的毛细管，然后进入模型的毛细管。注浆初期阶段模型对水的吸引力大于水在模型中的流动阻力与水通过吸附层的阻力之和，脱水的主要阻力来自模型；经过一段时间，坯体厚度增加，脱水的主要阻力来自坯体。

注浆成型吸浆结束后，坯体中的水分不断减少。经过一段时间后，水分脱排速度变缓，坯体收缩并与模型分离。模型/坯体界面结合力的大小影响坯体与模型的分离。

实际注浆成型工艺分为基本注浆法和加速注浆法。基本注浆法有空心注浆和实心注浆两种类型；加速注浆法有真空注浆、压力注浆和离心注浆等类型。

空心注浆又叫单面注浆，注浆采用的石膏模没有模芯。成型时将制备好的料浆注入模型，放置一段时间。在靠近模壁的地方由于石膏模的吸水作用使料浆固化，待模型内壁吸附了一定厚度的固相颗粒层时将多余的料浆倒出，固化的坯体在石膏模内继续干燥，待成型坯体与石膏模分离时即可取出，如图 3-23 所示。空心注浆成型的产品外形取决于石膏模的内表面，其坯体厚度则取决于吸浆时间，一般脱模时成型件的水分在 15%～20%。这种方法适用于小型、薄壁产品的生产。

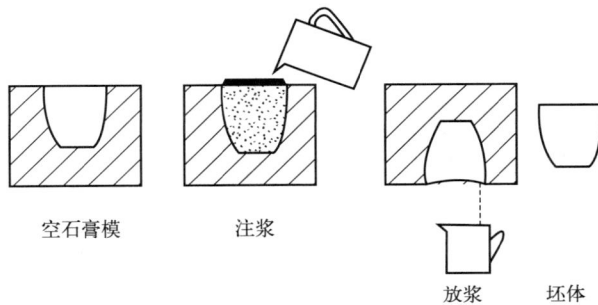

空石膏模　　　注浆　　　　　　　放浆　　坯体

图 3-23　空心注浆

注浆成型会由于①石膏模太干或太湿，模型内湿度不均匀，造成坯体开裂；②模型过干、过热、过旧，料浆存放时间过长，浇注速度过快，料浆比重大、黏度高等原因造成坯体中出现气孔与针眼；③模型太湿，脱模太早，料浆水分过多，原料颗粒过细等原因造成坯体变形；④模型过湿，原料过细，水分多，温度高，电解质多造成坯体塌落；⑤模型过湿、过冷、过旧，料浆水分太多造成粘模等工艺缺陷。

（4）流延成型

流延成型又称带式浇注法、刮刀法，是一种比较成熟的能够获得高质量、超薄型瓷片及层状陶瓷薄膜的成型方法，已广泛应用于独石电容器瓷、多层布线瓷、厚膜和薄膜电路基片、氧化锌低压压敏电阻、铁氧体磁记忆片及厚度小于 0.05mm 的薄膜等新型陶瓷的生产。流延成型对设备的要求不太复杂，且工艺稳定，可连续操作，生产效率高，自动化水平高，膜坯性能均匀一致且易于控制。但流延成型的坯料溶剂和黏结剂含量高，因此坯体密度小，烧成收缩率有时高达 20%～21%。

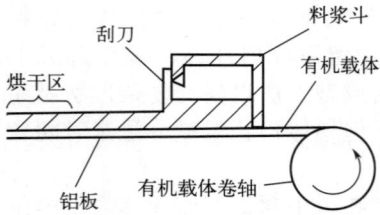

图 3-24 流延法原理

流延成型的工作原理是将细分散的陶瓷粉料悬浮在由溶剂、增塑剂、黏合剂和悬浮剂组成的溶液中，成为可塑且具有流动性的料浆。当料浆在刮刀下流过时，便在流延机的运输带上形成薄层的坯带，坯带缓慢向前移动，随着溶剂逐渐挥发，粉料固体微粒便聚集在一起形成较为致密的、似皮革柔韧的坯带（图 3-24），再冲压成一定形状的坯体。坯带的厚度与刮刀至基面的距离、运输带运动速度、料浆黏度及加料漏斗内浆面的高度有关。

（5）注射成型

应用塑料的成型方法，在陶瓷粉料中加入约 15%～30%（质量分数）的热塑性树脂、石蜡、增塑剂和溶剂等，把加热混匀后的坯料放入注射成型机中（图 3-25），经加热熔融，通过喷嘴把其压入金属模具，经冷却脱模得到产品坯体。注射成型法与金属压力铸造法类似，所制得的产品坯体尺寸偏差小、精度高、表面光洁度高，可制造形状复杂且批量生产的产品，目前主要用于生产纺织机用陶瓷配件以及光纤插头、透明灯管等。

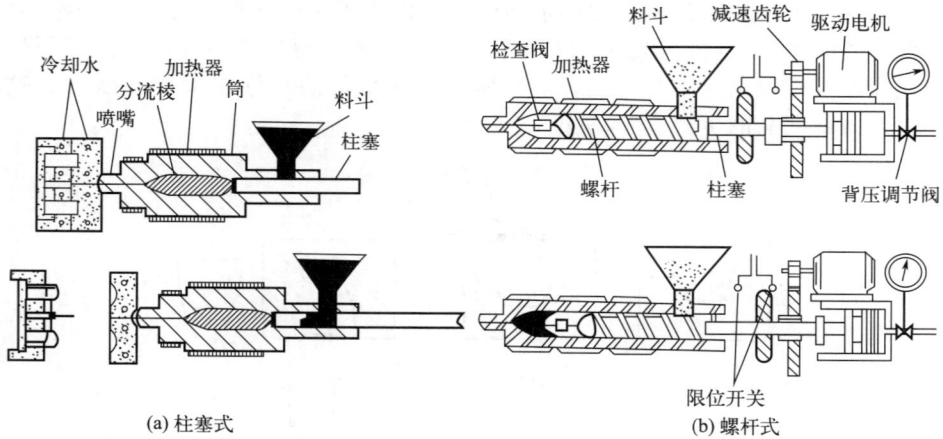

(a) 柱塞式　　　　　　　　　　　(b) 螺杆式

图 3-25　注射成型机

热塑性材料与陶瓷粉料混合物的主要工艺指标是可成型性能与固相含量。成型性能取决于混合物黏度，而混合物黏度是剪切速率与温度的函数，与固相体积分数、粉体颗粒大小以及颗粒分布有关，而固相含量则直接影响烧成过程的收缩。

3.2.3　成型技术新进展

3.2.3.1　原位凝固成型

原位凝固成型是陶瓷制造领域近年来发展起来的一种新型胶态成型技术。将陶瓷粉体和分散介质、有机聚合物或生物酶以及催化剂等混合均匀制成前驱体，在一定的温度和催化条件下发生反应，将料浆中的水分子包裹，使料浆失去流动性，达到原位凝固和成型的目的，从而得到高强度的坯体。

（1）直接凝固成型

简称 DCC，是一种把生物酶技术、胶体化学和陶瓷工艺相结合的净尺寸陶瓷成型工艺。

DCC成型的特点是不加或少加有机添加剂（小于1%），坯体无需脱排结合剂，同时坯体密度均匀、相对密度高（可达55%～70%）、强度高，可用于大型复杂部件的成型。

由胶体化学DLVO理论可知，在水中的Al_2O_3颗粒周围存在着吸附层与扩散层，颗粒与颗粒之间存在范德瓦耳斯力，双电层存在排斥力。当颗粒间双电层排斥力增大时，颗粒呈分散状态。当电解质浓度较高时，双电层厚度会减薄，颗粒表面电位降低，排斥力消失，范德瓦耳斯力起主导作用。在固相含量较少时会产生大的团聚体，对于高固相含量（＞50%）的陶瓷料浆会产生凝固，呈固态特性。

利用这个原理，在高固相体积含量（＞55%）的陶瓷料浆中加入改变其pH值或增大电解质浓度的化学物质，在工艺过程中控制化学反应的进行。注浆前保持反应缓慢进行，料浆保持低黏度；注浆后反应快速进行，料浆凝固，迅速转变成固态坯体。

DCC成型的化学反应有改变料浆pH值和增大电解质浓度的两种反应。Si_3N_4和SiC这两种材料难以通过料浆内部反应来改变双电层，可采用增大电解质浓度的方法来改变双电层。尿素酶（urease）催化尿素水解以增大料浆中NH_4^+和HCO_3^-的浓度来改变双电层，反应速度由温度和尿素酶的加入量来控制。在温度低于5℃时，反应速度很慢；在10～60℃时，随温度升高，反应逐步加快。因此，在低温（＜5℃）制备料浆，料浆注入模型后使温度升至室温，反应速度加快，料浆凝固。图3-26为DCC成型工艺流程图。采用DCC成型法，SiC坯体成型密度可达63%～69%，Si_3N_4坯体的成型密度可达63%。

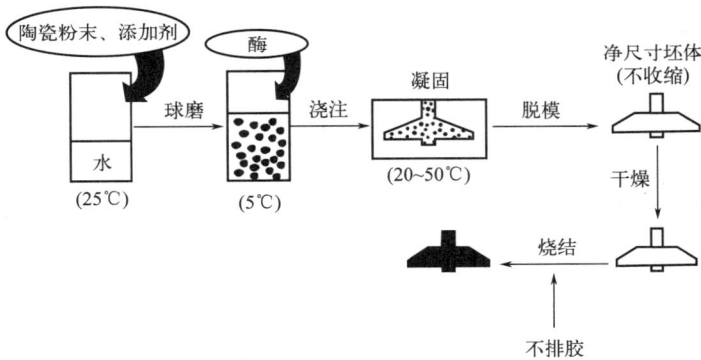

图3-26　DCC成型工艺流程

（2）凝胶注模成型

凝胶注模成型是通过原位聚合反应形成大分子网络将陶瓷粉料黏合在一起的成型技术。在黏稠陶瓷粉末悬浮液中使用可引发有机单体，同时实现浇注与固化的可控。在凝胶注模机制中只需添加少量黏合剂就可获得高固相含量，并具有相当强度的可加工坯体（图3-27）。

凝胶注模成型中所用的活性有机单体主要为：单官能团的丙烯酰胺［$C_2H_3CONH_2$（AM）］和双官能团的N,N'-亚甲基双丙烯酰胺［$C_2H_3CONHCH_2NHCOC_2H_3$（MBA）］，将这两种单体溶解在去离子水中预混合，预混合时过硫酸铵$(NH_4)_2S_2O_8$的出现将引发自由基聚合，加热或者加入N,N,N',N'-四甲基乙二胺触媒也可以加速这种反应。

在室温、氮气条件下将料浆注入模具，使用氮气条件是因为氧气会抑制聚合过程。也可以不用催化剂，在30～75℃加温以驱动聚合反应。

根据工艺条件的不同，浇注5～60min后开始凝胶。凝胶后的坯体在室温下脱模，坯体放入具有一定湿度的干燥室，以避免快速干燥造成的开裂或不均匀收缩。

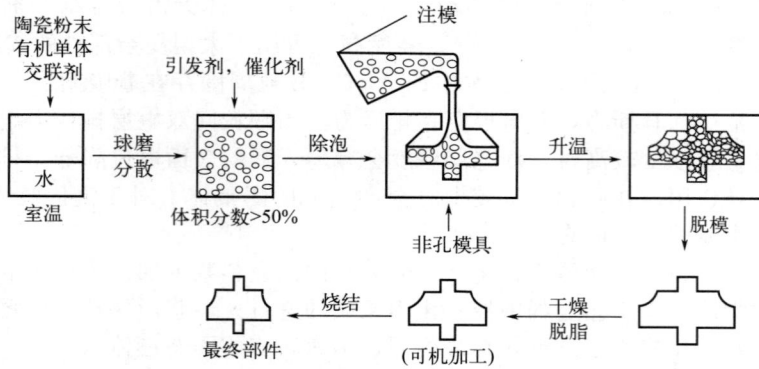

图 3-27　凝胶注模成型工艺流程

凝胶注模成型后坯体中黏合剂的去除和烧结都在空气中进行。

由于丙烯酰胺毒性较大，目前，已逐渐被低毒性的甲基丙烯酰胺所取代，而交联剂仍采用 N,N'-亚甲基双丙烯酰胺。

3.2.3.2　快速成型

快速成型技术（rapid prototyping technology）是汇集了计算机辅助设计（CAD）、计算机辅助制造（CAM）、计算机数字控制（CNC）及精密伺服驱动技术、激光和材料科学等于一体的新技术。它将任何三维零件看作是许多等厚度的二维平面轮廓沿某一坐标方向叠加而成，依据计算机构成的产品三维设计模型，先将 CAD 系统内的三维模型切分成一系列平面几何信息，即对其进行分层切片，得到各层截面的轮廓，然后按照这些轮廓，用激光束选择性地切割一层层的片材（或固化一层层的液态树脂，烧结一层层的粉末材料），或用喷射源选择性地喷射一层层的黏结剂或热熔材料等，形成各截面轮廓，并逐步叠加成三维产品。

快速成型技术摆脱了传统零件的"去除"加工法，而采用全新的"增长"加工法（用一层层的小毛坯逐步叠加成大工件），将复杂的三维加工分解成简单二维加工的组合。该技术不需要加工机床，也不需要成型模具，是材料成型领域的一次革命。通过快速成型技术，可以快速且精确地直接将设计思想转变为产品，大大缩短了产品的研制周期。快速成型技术的应用已成为材料成型领域的重大进步。

快速成型技术包括：陶瓷膏体光固化成型（stereo lithography apparatus，SLA）、粉末材料激光选区烧结（selected laser sintering，SLS）技术、三维打印（three-dimensional printing，TDP）成型、喷墨打印（ink-jet printing，IJP）成型技术、熔化沉积成型（fused deposition modeling，FDM）、分层实体制造（laminated object manufacturing，LOM）等。

3.3　陶瓷烧结技术

3.3.1　烧结时的传质机理

获得多晶陶瓷最常用的方法，是把适当的细晶粒原料组成的压制粉体加热到高温进行烧结。烧结是指将松散的粉末或经压制的具有一定形状的粉末压坯置于不超过其熔点的设定温度，并在一定的气氛保护下，保温一段时间的操作过程。当把系统加热到低于颗粒熔点的适当温度后，由于烧结，细晶粒聚集体转变成坚固、致密的多晶制品。烧结伴随有颗粒间孔隙（气孔）的排除和整个系统的收缩。延长保温时间后，初始晶粒长大。

压制成型后的粉末状物料坯体中的颗粒之间仅仅是点接触，在烧结过程中可以不通过化学反应而紧密结合成坚硬的物体，烧结理论认为烧结致密化的驱动力是固-气界面消除所造成的表面积减小与表面自由能降低，以及新的能量更低的固-固界面的形成所导致的烧结过程中自由能的变化。细小的原料颗粒，不仅有利于成型制造过程，它所产生的表面能在烧结时也成为有利于致密化的推动力。

因此，烧结是一种自发现象，其方向由表面积减小而降低的自由能来决定。在绝大多数情况下，烧结可以分成两个主要阶段。初期阶段，由于粉体中的晶粒生长和重排过程，原来松散颗粒的黏结作用增强，气孔体积减小，颗粒的堆积比较紧密。第二个阶段，由于物质从颗粒间的接触部分向气孔迁移，通过颗粒中心的靠近和颗粒间接触面积的增大而将气孔完全排除。这在图 3-28 中用图解法来说明。从图可知，上述两种宏观现象中无论哪一个都不足以获得无孔多晶固体，只有通过它们两个的共同作用才能得到。

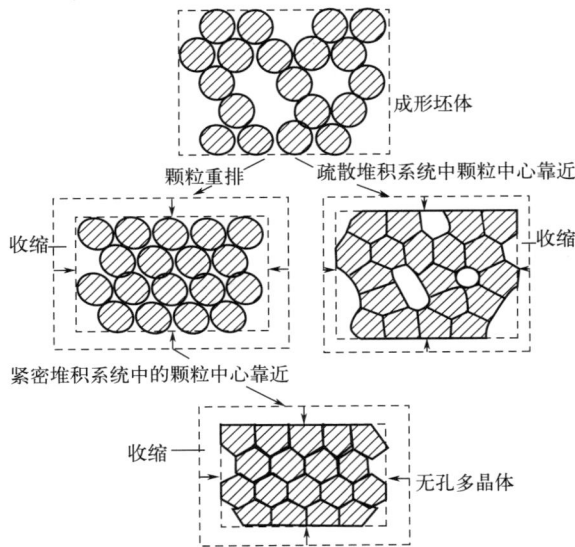

图 3-28　烧结现象示意

根据在烧结过程中是否出现液相还可把烧结分为固相烧结与液相烧结两种。

固相烧结（solid state sintering）是粉末的压坯在适当的温度、压力、气氛和时间条件下，通过物质与气孔之间的传质，变为坚硬、致密烧结体的过程。常压固相烧结可以简单地定义为粉末压坯的（可控气氛）热处理过程。但与致密材料（如钢铁）在热处理过程中只发生一些固相转变不同的是，粉末在烧结过程中必须完成颗粒间物理结合向化学结合的转变。

液相烧结（liquid phase sintering）也是二元系或多元系粉末的烧结过程，其烧结温度超过其中某一组元的熔点并形成液相。液相可能在烧结的一个较长时间内存在，称为长存液相烧结；也可能在一个相对较短的时间内存在，称为瞬时液相烧结。

1949 年库钦斯基以等径球体为基础提出了粉末压块的烧结模型。随烧结过程的进行，球体的接触点开始形成颈部，并逐渐扩大，最后烧结成一个整体。由于颈部所处环境和几何条件基本相同，因此只需确定两个颗粒形成颈部的生长速率就基本代表了整个烧结初期的动力学关系。

模型中两个颗粒之间中心距的变化有两种情况：变或者不变。可以认为在所有系统中，表面能都作为驱动力，只是由于烧结时传质机理的不同，颈部的增长方式不同，造成了不同的结果。可能的传质机理包括蒸发-凝聚、黏滞流动、表面扩散、晶界或晶格扩散以及塑性变形。

3.3.1.1 固相烧结

（1）蒸发-凝聚传质

固-气相间的蒸发-凝聚传质产生的原因是粉末体球形颗粒凸表面与颗粒接触点颈部之间的蒸气压差。

考虑半径为 r 的两个相邻颗粒的情况，如图 3-29 所示。颗粒表面为正曲率半径，蒸气压比平面状态要大一些；两个颗粒之间联结处存在一负曲率半径的颈部，颈部蒸气压比颗粒表面蒸气压要低一个数量级。一般地，烧结体中烧结颗粒平均细度较小，而且实际颗粒表面各处的曲率半径变化较大。开尔文公式表明不同曲率半径处的蒸气压不同。因此，物质将从蒸气压高的凸表面处蒸发，通过气相传质到呈负蒸气压的凹表面（如烧结颗粒的颈部）处凝聚，从而颈部逐渐被填充，导致颈部逐渐长大。这样，颗粒间的接触面增大，并伴随颗粒和孔隙形状的改变，导致表面积减小，促进了烧结体的致密化过程。

这种传质方式虽然仅发生在高温蒸气压大的系统中，如 PbO、BeO 和氧化铁，但是这种定量处理的最简单的传质过程，可以为了解复杂烧结过程提供一定的基础。

在蒸发-凝聚过程中，随烧结颈部区域的扩大，球的形状逐步变为椭球，气孔形状也发生变化，但两个球形颗粒中心之间的距离并未受颗粒表面向颗粒颈部传质的影响（图 3-30）。这意味着整个坯体的收缩不受气相传质过程的影响，气相传质仅改变了气孔的形状，这种改变可能对材料性质有很大的影响，但不会影响材料的密度。这种传质过程用延长烧结时间不能达到进一步促进烧结的效果。

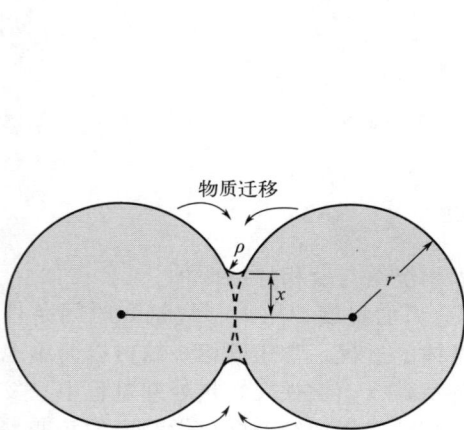

图 3-29　蒸发-凝聚过程示意

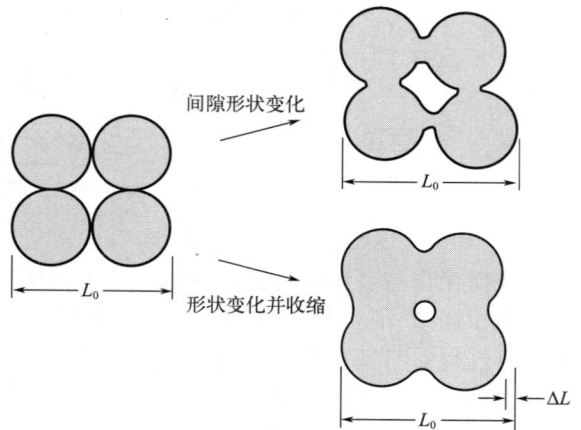

图 3-30　颈部长大、气孔与中心距的改变

除了时间因素，在蒸发-凝聚过程中，起始颗粒尺寸与蒸气压也是影响接触颈部生长速率的重要因素。起始颗粒尺寸越小，烧结速率越大。温度提高有利于提高蒸气压，因而对烧结是有利的。

（2）扩散传质

对大多数高温蒸气压低的固体材料，烧结时的物质传递可能更容易通过固态过程产生。

颈部区域和颗粒表面之间的自由能或化学势差，提供了固态物质传输可以利用的驱动力。可能的固态传质过程如图 3-31 所示。除了气相传质（图 3-31 中的③）之外，物质还可以通过表面扩散、晶格扩散和晶界扩散从颗粒表面、颗粒内部或晶界向颈部传输。在特定的系统中，真正对烧结致密化起显著作用的到底是哪一种过程或哪几种过程的联合作用，取决于它们的相对速率，因为每一种传质过程都是降低自由能的方式。在这些传质路径中，通过颗粒表面扩散或晶格扩散从表面到颈部的传质像蒸气传质一样，不会引起颗粒中心间距的任何减小，只有从颗粒体内或从颗粒晶界上的传质才会引起坯体收缩和气孔的消除。

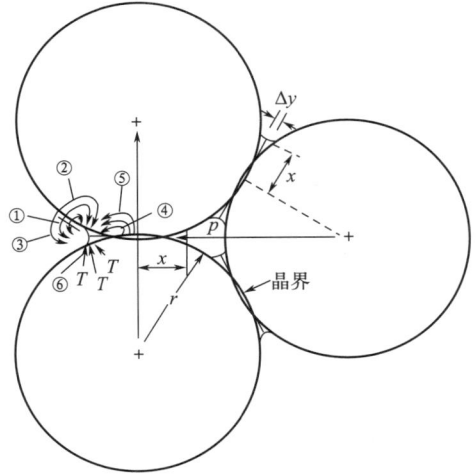

图 3-31　烧结初期物质可能的传输路径
①—表面扩散；②—晶格扩散；③—气相传质；
④—晶界扩散；⑤—晶格扩散；⑥—晶格扩散

3.3.1.2　液相烧结

　　具有两种或多种组分的陶瓷粉末压坯在液相和固相同时存在的状态下进行的粉末烧结，称为液相烧结。此时，烧结温度高于烧结体中低熔成分或低熔共晶的熔点。液相烧结工艺已广泛用来制造各种烧结合金零件、电接触材料、硬质合金和金属陶瓷等。

　　在液相烧结中，液相中的扩散速率比固体中的扩散速率快，固体颗粒在液相中的滑移也较为容易进行，同时由于液相将固体颗粒润湿并在固体颗粒之间形成具有曲面的液面，形成的毛细管力使颗粒互相靠近，使得烧结体的致密化速度和最终密度均大大提高。

　　为了使液相存在以便发生与固相烧结不同的快速烧结，必须具备几个条件。①应当存在相当量的液相；②固体颗粒在液相中应具有一定的溶解度；③固体颗粒应被液相完全润湿；④液相具有低黏度，固相成分的扩散系数大。如果固体颗粒不能完全被液相润湿，则液相不能浸入固体颗粒之间，颗粒与颗粒还会像原来那样的固体直接接触，烧结将通过固体颗粒间的接触点，依靠固相中的物质传递而发生，与前面所说的固相烧结没有什么区别。

　　液相烧结的驱动力与固相烧结相同，仍为表面能（或表面张力）的变化。其烧结过程大致可分为三个阶段。

（1）液相生成和颗粒重排

　　当液相生成后，因液相润湿固相，并渗入颗粒间隙，如果液相量足够，固相颗粒将完全被液相包围而近似于悬浮状态，并在液相表面张力的作用下发生位移、调整位置，从而达到最紧密的排列。在这一阶段，烧结体密度增加迅速。

（2）固相溶解和析出

　　固相颗粒大小不同、表面形状不规整、颗粒表面各部位的曲率不同，溶解于液相的平衡浓度不相等，由浓度差引起的颗粒之间和颗粒不同部位之间的物质迁移也就不一致。小颗粒或颗粒表面曲率大的部位溶解较多，另一方面，溶解的物质又在大颗粒表面或有负曲率的部位析出。结果是固相颗粒外形逐渐趋于球形或其他规则形状，小颗粒逐渐缩小或消失，大颗粒长大，颗粒更加靠拢。但因在此阶段充分进行之前，烧结体内气孔已基本消失，颗粒间距已很小，故致密化速度显著减慢。

（3）固相骨架形成

液相烧结经过上述两阶段后，固相颗粒相互靠拢，颗粒间彼此黏结形成骨架，剩余的液相充填于骨架的间隙。此时以固相烧结为主，致密化速度显著减慢，烧结体密度基本不变。由于封闭气孔的影响，烧结体的显微组织结构还会继续变化，即颗粒长大、颗粒之间的胶结、液相在气孔中的充填、不同曲面间的溶解沉淀析出等现象仍会继续进行，不过比较缓慢。

3.3.2 烧结工艺

（1）常压烧结

常压（无压）烧结（pressureless sintering）是将成型坯体装入炉内，在 1 个大气压下烧成的纯烧结工艺，也是陶瓷烧结工艺中最普通的一种烧结方法。

常压烧结的驱动力是自由能的变化，常压烧结过程中的物质传递可通过固相扩散或者蒸发-凝聚机制进行。在通常的空气气氛下的常压烧结很难获得完全无气孔的制品，该工艺在制备氧化物工程陶瓷中也经常使用。与其他方法相比，常压烧结的成本要低得多，并且有利于大规模生产。

对于氧化物陶瓷，一般使用空气气氛烧结，必要时也使用氢气、氮气及特殊气氛。对于非氧化物陶瓷，为了防止氧化，一般使用真空、氩气、氮气等气氛烧结。对于某些单靠固相烧结无法致密的材料，需要通过添加少量烧结助剂的方法，使助剂在高温下生成液相，通过液相传质来达到烧结的目的。对于含有易挥发成分的陶瓷材料，为了抑制低熔点物质的挥发，常将坯体用具有相同成分的片状或粒状物质包围，以获得较高的易挥发成分的分压，保证材料组成的稳定。

（2）热压烧结

热压烧结是制备高性能陶瓷材料的一种有效烧结方法。热压烧结是一种加压烧结方法，把粉末装在模腔内，高温烧结时在粉末成型体上额外施加轴向作用力以促进烧结。热压装置示意图如图 3-32 所示，原料粉末装入金属或高强石墨模腔内，发热体加热模具与模具中的粉末到正常烧结温度或稍低 ［一般为（0.5～0.8）倍熔点］，同时在上下模冲两个方向施加单轴压力。也可以把整个热压装置放入真空和保护气氛装置中。外部施加压力补充了烧结驱动力，因此烧结效率高，烧结温度低，在短时间内能把粉末烧结成致密、均匀、晶粒细小的制品，而且烧结添加剂或助剂用量少。

热压烧结的优点包括：成型压力低，仅为干压成型的 1/10 左右；烧结温度较低；烧结时间短（一般为 30～50min），连续热压烧结的时间更短（10～15min）；制品密度高，晶粒尺寸小（连续热压烧结制品的晶粒尺寸仅为 1～1.5μm），因此可以制得几乎接近理论密度的制品。

热压工艺的主要缺点有：采用高纯高强石墨模具时，模具的损耗大，寿命短；能耗大、效率低，难以形成规模化生产；不易制造形状过分复杂的制品。

（3）高温等静压烧结（high temperature isostatic pressing sintering， HIP）

尽管热压烧结有众多优点，但由于是单向加压，故制得的样品形状简单，一般为片状或环状。另外，对于非等轴晶系的样品，热压后片状或柱状晶粒严重取向。

高温等静压烧结结合了热压烧结和无压烧结的优点，与无压烧结和普通单向热压烧结相比，高温等静压烧结不仅能像热压烧结那样提高致密度，抑制晶粒生长，提高制品性能，而且还能像无压烧结那样制造出形状十分复杂的产品，还可以实现金属-陶瓷间的封接。

图 3-33 为高温等静压原理示意图。炉膛往往制成柱状，内部可通高压气体，气体为压力传递介质，发热体为电阻发热体。目前的高温等静压装置压力可达 200MPa，温度可达 2000℃或更高。由于高温等静压烧结时气体是承压介质，而陶瓷粉料或素坯中气孔是连续的，故样品必须封装，否则高压气体将渗入样品内部而使样品无法致密化。

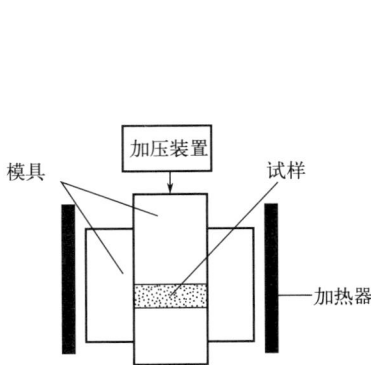

图 3-32　热压装置示意

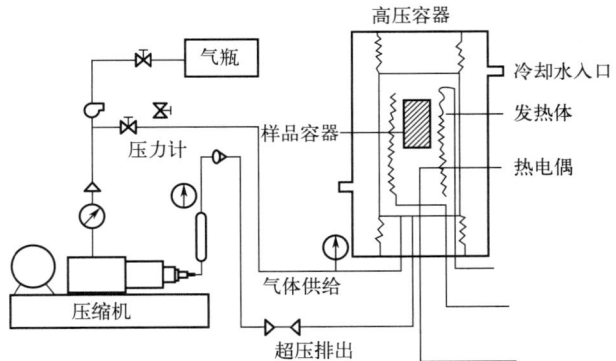

图 3-33　高温等静压原理示意

高温等静压还可用于已进行过无压烧结的样品的后处理，用以进一步提高样品致密度和消除有害缺陷。高温等静压和热压一样，已成功用于多种结构陶瓷，如 Al_2O_3、Si_3N_4、SiC 和 $Y\text{-}TZP$ 等的烧结或后处理。

图 3-34 所示为烧结亚微米颗粒尺寸的 $\alpha\text{-}Al_2O_3$ 陶瓷时，采用无压烧结（1350℃）所得试样（致密度 98%）的显微形貌与采用高温等静压烧结（1250℃）所得试样（致密度为 100%）的显微形貌的对比。采用无压烧结的方法，所得晶粒尺寸较大，而采用高温等静压烧结时，可以降低烧结温度，并且所得材料晶粒尺寸小且分布均匀。

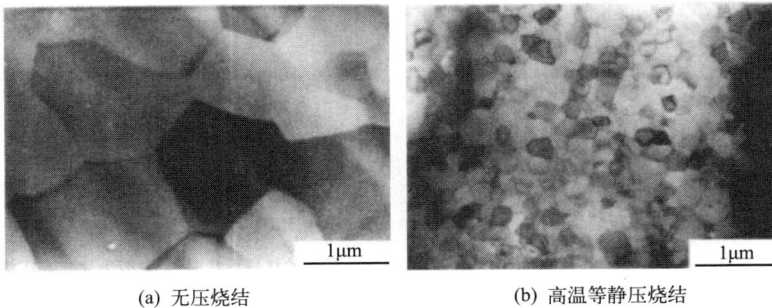

(a) 无压烧结

(b) 高温等静压烧结

图 3-34　无压烧结与高温等静压烧结所得 $\alpha\text{-}Al_2O_3$ 陶瓷试样的形貌对比（TEM）

（4）放电等离子体烧结（spark plasma sintering，SPS）

以上介绍的常用的烧结方法主要是通过温度、压力和时间几个参数控制烧结过程。但在烧结升温过程中，加热升温是依靠发热体对样品的对流、辐射加热，故其升温速率较慢（小于 50℃/min）。快速升温对烧结和显微结构的发展有利，等离子体加热可获得电加热所无法达到的极高的升温速率。

放电等离子体烧结是利用脉冲直流电流直接通电烧结的加压烧结方法，通过调节脉冲直流电的大小控制升温速率和烧结温度。放电等离子体烧结具有热压烧结的特点，同时又引入电场的作用，因此烧结驱动力不仅来自高温和外加机械力，还有电场以及晶粒间等离子体的作用，所以可以极大地促进烧结。整个烧结过程可在真空环境下进行，也可在保护气氛中进行。烧结过程中，脉冲电流直接通过上下压头和烧结粉体或石墨模具，因此加热系统的热容很小，升温和传热速度快。SPS系统可用于短时间、低温、高压（500～1000MPa）烧结，也可用于低压（20～30MPa）、高温（1000～2000℃）烧结。由于等离子体瞬间即可达到高温，其升温速率可达1000℃/min以上，所以等离子体烧结技术是一种新的实验室用快速高温烧结技术。

等离子体烧结具有以下特点：①烧结温度高，升温速率快。温度可达2000℃或更高，升温速率可达1000℃/min以上。②烧结速率快，约半分钟之内即可完成样品烧结。③烧结速率快，有效抑制了样品的晶粒生长。④过快的升温和收缩可能使一些线膨胀系数较大、收缩量较大的物件在升温收缩过程中开裂。

3.4 陶瓷表面工程

材料的性能受表面状态的影响很大，在某些情况下材料的使用特性甚至主要取决于其表面（表层）属性。因此，材料的表面以及与表面有关的技术，是工程陶瓷材料的重要组成部分。

3.4.1 表面残余应力与强化技术

由于温度的变化，以及化学和机械作用，有可能在材料表面形成残余应力。当表面残余应力表现为张应力时，会降低材料强度，在实践中一般应避免这种情况发生。相反，如果在构件表层形成残余压应力，则能抑制裂纹在表面的萌生和扩展，从而提高材料强度。

（1）玻璃淬火

经淬火处理的玻璃一般称为钢化玻璃。该工艺的关键是将玻璃加热至高于玻璃化转变温度但低于软化点，使玻璃本身的内应力被消除，然后采用空气喷射或油浴的方法使表面均匀急冷。开始冷却时玻璃外部冷却更快，因为玻璃的热导率小，所以玻璃的内层和表层将产生很大的温度梯度，由于玻璃内部的温度梯度的存在，玻璃在冷却过程中表面的温度低于其中心处的温度，因此表面先变坚硬而内部呈熔融状态。继续冷却时，内部的收缩将比刚硬的外部收缩更大。表面的早期较大的热收缩趋于使表面产生张应力，而中间平面产生压应力，但在后来的冷却阶段，这些应力被反号的应力所抵消。由于应力能在高温下弛豫，而在冷却的后阶段中产生的应力则保留了下来，导致最终在表层形成相当大的均匀分布的残余压应力层，并且玻璃的张应力与压应力会达到平衡。

玻璃表面的压应力的数值大约是内部最大张应力的两倍。当淬火玻璃受到外力作用时，所施加的应力首先必须克服残余压应力，使得合成后的表面张应力水平降低，如图3-35所示。由于玻璃等脆性材料破坏时裂纹的萌生和

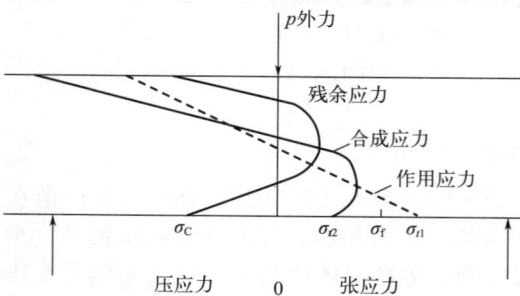

图 3-35　淬火玻璃板在横向载荷
作用下的应力分布

起裂总是从表面开始，因此，淬火后玻璃的强度得到了显著提高，从而使钢化玻璃具有很高的抵抗外界冲击的机械强度、较好的热稳定性及其他各种安全性能。

（2）化学强化

通过改变表面的化学组成使表面的摩尔体积增大，从而产生表层的压应力状态。大多数化学强化是以大的离子置换小的离子。有两种方式实现这种置换：扩散法和电驱动离子迁移法。从实践观点出发，只有 Li、Na、K 及 Ag 离子具有可用的迁移率。

除了用大的离子代替小的离子来产生表面填塞效应外，还可以用较小的离子进行置换来达到强化目的，如 Li 置换 Na。含有较小离子的表面区的特点通常是膨胀系数比主体玻璃小，因而产生表面压应力。这种方式产生的压应力比填塞技术产生的压应力小得多。

（3）上釉

釉或者搪瓷釉的膨胀系数与坯体陶瓷或金属的膨胀系数之间有差别时，同样也会在制品表面产生残余应力。假如在 T_0 时无应力，则残余应力取决于新的温度 T'、材料的弹性性能以及两者的膨胀系数。

如果使釉层中存在残余压应力，则不仅不会产生龟裂，而且还会显著提高强度。传统上釉的主要作用是美观和防止液体渗漏，近年利用釉来强化陶瓷坯体受到了广泛的重视。

3.4.2 表面陶瓷涂覆技术

涂覆是把无机质粉末、液体、陶瓷原料涂覆或附着在基体（主要是金属）上，然后进行各种处理，最后以陶瓷层的形式形成涂层。涂覆材料主要有非熔融型和熔融型两类，此外，还有以硅系（硅清漆、烷基硅酸盐）、聚磷酸盐、碳硼烷之类的聚合物为主的材料。

① 碱金属硅酸盐系涂料。一般以 $M_2O \cdot mSiO_2 \cdot nH_2O$ 表示，按照 M 的种类（Li、Na、K）以及 m 的值，可有很多种类，其中以硅酸钠（水玻璃）最为常用。通过水的蒸发形成黏附性好而且牢固的玻璃状薄膜。

② 磷酸盐系涂料。磷酸盐涂层是一种功能优异的涂层，分为反应固化型磷酸盐涂层和磷酸盐转化膜。反应固化型磷酸盐涂层由磷酸与金属（铝、镁、钙等）氧化物或其对应的矿石反应得到涂料，再通过反应固化得到涂层；磷酸盐转化膜则是通过将金属浸没在磷化液中，在金属表面进行化学和电化学反应得到磷酸盐涂层。由于磷酸盐涂层具有耐高温氧化、耐腐蚀、耐摩擦磨损等性能，开始逐渐替代有机硅类涂层与金属涂层，并且磷酸盐涂层凭借制备工艺简单、原材料丰富和绿色环保等特点，被广泛应用于汽车、建筑建材、航空航天、石油化工、航海和医疗等行业。

③ 硅溶胶系涂料。二氧化硅溶胶是无水硅酸的超细粒子分散在水中所形成的胶态溶液，粒子内部由硅氧键组成，表面由甲硅烷酸覆盖。甲硅烷醇基脱水缩合，粒子间形成硅氧烷键。用高温加热，能形成牢固的硅氧烷键，黏附力和硬度都有所提高。另外，如粒子越细，黏附力就越大，但粒子间和粒子与底材之间的结合主要靠范德瓦耳斯力，与上述其他的粘接剂相比，黏附性差、硬度低。

④ 金属醇盐系涂料。式 $M(OR)_n$ 中，金属 M 为 Si、Ti、Al、Zr 等，把这些醇盐溶液在室温下慢慢水解，同时发生缩聚反应成为凝胶。把该凝胶在 $100 \sim 300℃$ 下加热形成薄的玻璃膜。为了得到完善的物性，需要在更高温度下加热。

⑤ 锆系碳化硅涂料。耐热涂料是由氢化钛、非晶态二氧化硅、金属铝细粉或者氧化铬、釉、氧化锂、氧化钍、氧化镧、硼砂、烷基锆盐、烷基硅酸盐混合而成。非晶态二氧化硅经

高温处理再用碳还原得到碳化硅涂膜。它是一种人们很感兴趣的精细陶瓷。

⑥ 石墨碳化硅系涂料。以高纯度超细石墨粉末、碳化物、氮化物、硅化物、高分子化合物为主体的共晶系复合物。

⑦ 铝热法涂覆。在金属空心体内填充强还原性元素和金属氧化物组成铝热反应体系，同时还加入与反应无关的硅化合物或金属化合物的粉末混合物，边加离心力边点火引起铝热反应。在上述空心体内壁通过反应生成金属层和牢固结合的陶瓷层。铝热反应时，按下式使铝粉末和氧化铁粉末进行氧化还原反应。

$$3Fe_3O_4 + 8Al \Longrightarrow 4Al_2O_3 + 9Fe, \quad \Delta H = -3265kJ \tag{3-26}$$

通过计算得到放热反应产生的最高温达 3500K 以上。反应原理如图 3-36 所示。在高速旋转的金属管内引发铝热反应，再利用反应生成的热使反应生成物和外层金属的内壁熔融，利用离心力的作用使生成物以均匀厚度结合在金属管内壁。

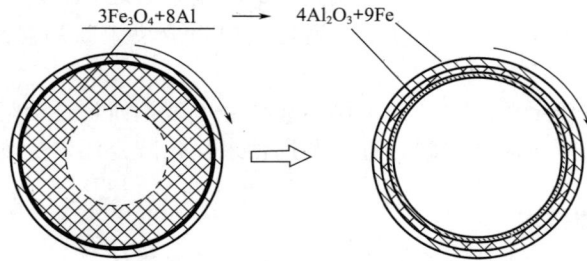

图 3-36　离心铝热法的原理

3.4.3　陶瓷喷镀技术

（1）喷镀的特点

喷镀也常称作喷涂，是采用燃烧能或电能，把加热成熔融或接近熔融状态的材料颗粒或粉末以极高的速度喷射且堆积于底材表面，从而形成涂层的涂覆方法。作为被喷镀的构件，可选择的材质较多，如大部分金属、玻璃、陶瓷、塑料等多种材料的表面均可做喷镀加工。可供的喷镀材料种类繁多，选择面广。被喷镀构件的尺寸不受限制，对大面积、长尺寸的构件均可进行喷镀。也可仅对构件的某一局部表面进行喷镀，形成局部喷镀层。可自由选择涂层厚度，涂层厚度因材料而异，可从 0.2mm 至数毫米厚。采用高温火焰喷镀，对被喷镀构件的热影响小，构件的热变形也小。喷镀操作工序少，而且操作迅速，喷镀层形成速度快。喷镀设备简单，而且重量轻，可直接将设备搬至现场进行施工。

（2）喷镀技术分类

喷镀技术种类繁多，其基本原理见图 3-37。喷镀过程一般经历以下四个阶段：喷镀材料被加热、熔化；熔化的喷镀材料被雾化；熔融或熔化的微细颗粒的喷射飞行；粒子在基材表面发生碰撞、变形、凝固和堆积形成涂层。根据热源可分为气体加热和电加热两大类，每类又可细分为几种。下面简要介绍主要的喷镀技术。

① 火焰喷镀。采用可燃性气体为热源，将喷镀材料熔化并以压缩空气高速喷射到构件表面，形成涂层。就陶瓷喷镀而言，常用熔棒式和粉末式。熔棒式的优点在于陶瓷未熔融便不能喷出，得到的涂层质量较粉末式高。火焰喷镀的发展趋势是大容量和超声速。

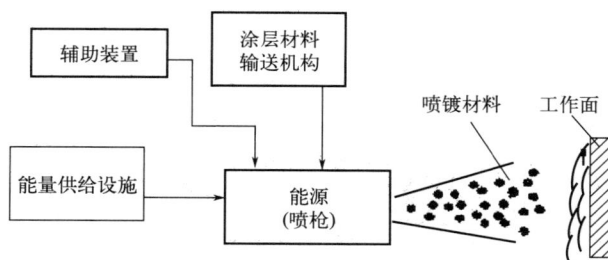

图 3-37　喷镀基本原理

② 爆炸喷镀。利用气体爆炸燃烧所产生的能量，将喷镀粉末以超声速撞击在底材表面，其基本原理为：首先向枪体燃烧部送入氧与乙炔混合气体，从另一进料口吹入含有喷镀粉末的氮气，同时用火花塞点火使气体发生爆炸，并使经过爆炸加热后的喷镀粉末获得极大动能撞击在底材表面。爆炸喷镀形成的镀层结合强度、硬度均较等离子喷镀高，气孔率也较低。

③ 电弧喷镀。电弧喷镀应用较早。由于采用直流电弧，形成的喷镀层组织较细，喷镀效率也较高。

④ 等离子喷镀。等离子喷镀主要是用高温等离子射流喷镀高熔点物质，尤其是对陶瓷材料喷镀更能发挥其优势。它是在阴极与水冷喷嘴阳极之间产生直流电弧，由于从后方送入的工作气体被电弧加热，使超高温等离子从喷嘴喷出，形成等离子射流。等离子喷镀时，其喷嘴出口温度高达 10000K 以上，因此喷镀材料的范围较广。

（3）陶瓷喷镀材料及应用

氧化铝、氧化铬、氧化锆等是过去使用较多的氧化物，与其他耐热材料相比，隔热及电绝缘性好，而且高温强度高，主要应用于耐磨镀层。主要的耐磨喷镀材料有绿色氧化铝（Al_2O_3-2％TiO_2）、白色氧化铝（99％Al_2O_3）、氧化铝-氧化钛（Al_2O_3-13％TiO_2）、钛酸铝（Al_2O_3-40％TiO_2）、氧化钛（99％TiO_2）、氧化铬（99％Cr_2O_3）等。二氧化锆是典型的耐热、隔热材料，目前已有多种适合不同用途的二氧化锆材料用于喷镀。在燃气轮机高温部件上，采用了 m-ZrO_2 和 Y-ZrO_2 稳定二氧化锆材料作为隔热喷镀层。TiC、SiC、CrC 等碳化物硬度高，耐磨性较氧化物更好，碳化物喷镀方法目前正在研究，以碳化物和金属或合金构成的复合喷镀，已推广应用。

3.4.4　陶瓷 CVD 与 PVD 技术

3.4.4.1　陶瓷 CVD 简介

化学气相沉积（chemical vapor deposition）简称 CVD，是薄膜、涂层领域的一种重要技术。通过赋予原料气体不同的能量使其产生各种化学反应，在基片上析出非挥发性的产物，沉积形成薄膜。图 3-38 为从 $TiCl_4$＋CH_4＋H_2 的混合气体中析出 TiC 的过程模型。CVD 的机理很复杂，该工艺中，下列几种过程同时发生：①原料气体向基片表面扩散；②原料气体吸附到基片上；③吸附在基片上的化学物质的表面反应；④析出颗粒在表面的扩散；⑤产物从气相分离；⑥从产物析出区向块状固体的扩散。

（1）CVD 分类

根据化学反应，CVD 法可分为五种。第一种热分解法，适用于获得热分解碳以及高纯

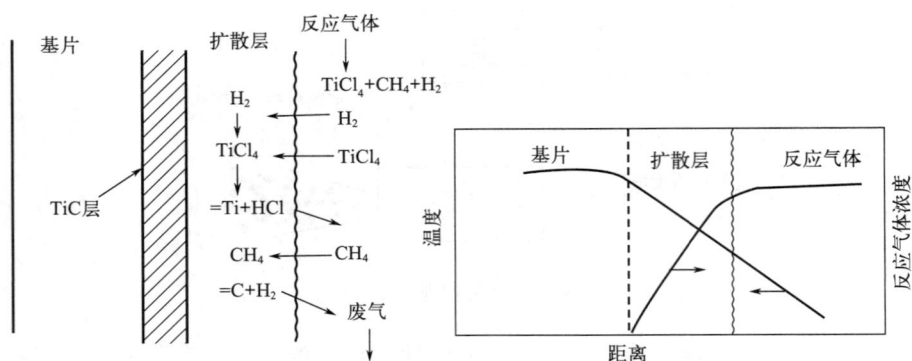

图 3-38　化学气相沉积 TiC 涂层的模型

度金属的方法。此外，也是由有机金属络合物合成新的化合物的方法，譬如从 CH_3SiCl_3 获得 SiC 膜。第二种氢还原法，用于硅、硼或耐热金属涂层。第三种复合反应法及第四种氢还原复合反应法，是制备陶瓷涂层的典型方法，但反应十分复杂。第五种固相扩散反应法，它是由原料气体分解所产生的元素和基片反应来生成薄膜，因为这种方法是利用在高温条件下固相-气相反应，非金属元素在涂层中的扩散是反应的控制因素，所以薄膜的生成速度较慢，并且大多需要在高温下进行。

此外，按照发生化学反应时的参数和方法，还可以将 CVD 法分为：常压 CVD 法、低压 CVD 法、热 CVD 法、等离子 CVD 法（PCVD）、间隙 CVD 法和激光 CVD 法。

（2）　CVD 法在陶瓷领域的应用

目前，用 CVD 法制备陶瓷涂层在许多工业领域中得到应用，如半导体工业、原子能与核聚变工业、陶瓷工业、金属工业和切削刀具工业等。

① 半导体工业。在半导体工业的结构材料上涂覆的陶瓷涂层有：石墨坩埚上的 Si_3N_4 涂层；石墨坩埚、石英坩埚上的 BN 涂层；高温承载台上的 SiC 涂层等。在硅片上涂覆多层薄膜大多采用 CVD 法。先将硅片加热，然后通过 CVD 法用 $SiCl_4$、SiH_4、H_2O、N_2、NH_3 等气体原料在其上涂覆 SiO、Si_3N_4 等。此外，在硅中扩散磷、硼时也采用以磷、硼的氢化物和氯化物作为原料的 CVD 法。

② 原子能、核聚变工业。对于核燃料颗粒来说，要达到燃料的高温化和高燃烧度化，因此，大多数涂覆具有封闭核裂变产物功能的涂层。如对 UO_2 粉末，研究了用 CVD 法涂覆 C、NbC、SiC、Zr、Al_2O_3、BeO。等离子体因受到高原子序数元素的污染，会产生等离子体的不稳定，使等离子体的温度下降而不能产生核聚变。为此，可用 CVD 法形成低原子序数的陶瓷涂层来掩蔽核聚变反应堆中直接面向等离子体的第一壁。

③ 陶瓷工业。在陶瓷上涂覆陶瓷涂层的目的大致有两个。其一是涂覆与基体材料不同的陶瓷，其典型应用是在碳纤维上涂覆 SiC 涂层，以提高碳纤维的抗氧化性；也可将织成布的碳纤维用 CVD 法浸渗 SiC，制造复合材料。其二是涂覆与基体相同的材料，提高材料的耐腐蚀性和抗氧化性，研究主要集中在 SiC、Si_3N_4 材料上，应用于轴承、燃气轮机和汽车零件。

④ 金属工业。陶瓷涂层在金属工业方面也正在得到广泛的应用，主要是通过提高表层的硬度、耐磨性、抗氧化性，来达到延长机器使用寿命的目的。

⑤ 切削刀具工业。通过 CVD 法在刀具表面形成陶瓷层，能显著提高刀具的耐磨性和红硬性，延长寿命数倍，特别适用于数控机床自动线刀具和高速切削刀具。目前涂层刀具已有多种牌号的工业化批量生产。

3.4.4.2　陶瓷 PVD 简介

物理气相沉积（physical vapor deposition，PVD）是形成陶瓷薄膜和涂层的又一先进方法。PVD 法也可分为很多方式，其用途各异，与结构陶瓷有关的主要有真空沉积（真空蒸发镀）、离子溅射、离子镀（离子喷涂）。

（1）真空沉积

该种工艺可分为两类。一类是广义的反应沉积，这类方法是在有反应活性气体的条件下使金属成分蒸发，一边在气相中反应，一边在底材上析出陶瓷。另一类方法是将所需要的陶瓷直接蒸发，使其在底材上析出，为此需要高能量的蒸发源。合适的蒸发源有电子束和激光，采用激光的陶瓷涂层法得到的 BN 涂层 HV 高达 4000 以上，接近 c-BN。

（2）溅射

所谓溅射现象是当固体受到高能离子轰击时，构成固体的原子从中飞出的现象。目前溅射技术发展很快，已能够将各种膜沉积在各种基体材料上。基本的溅射装置如图 3-39 所示。真空室内导入氩气至 1.3～10Pa，在基体材料（阳极）和靶（阴极）之间施加直流高压电场产生辉光放电，辉光放电等离子体中的氩粒子撞击靶材，使构成靶材的原子飞出，黏附在放置于阳极一侧的基片上形成薄膜。溅射法的优点在于能在较低的温度下形成各种薄膜，因此适用面宽。

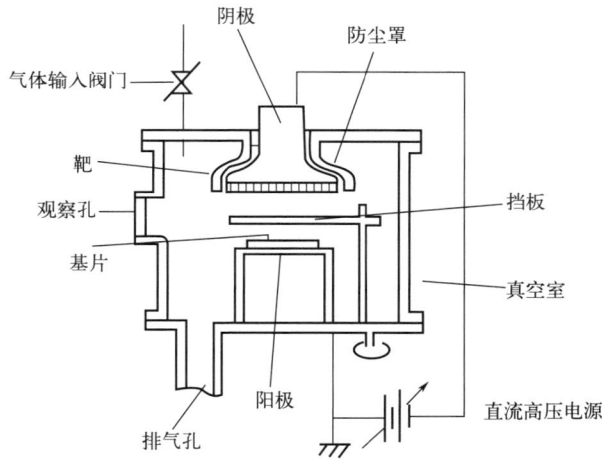

图 3-39　基本的溅射装置示意

（3）离子镀

离子镀是新近发展起来的技术，十分引人瞩目。金属在真空室内被电子束熔解，在由直流偏置电压感应的等离子体中金属原子被离子化，被偏置电压加速向基片撞击并在基片上析出。这种方法改善了用先前的方法制备的薄膜在耐磨性、耐腐蚀性等方面的不足，增强了薄膜与基片间的结合强度，并且能在具有复杂形状的基片上形成厚度比较均匀的薄膜。

3.4.5　其他陶瓷薄膜制备技术

（1）分子束外延（MBE）

迄今为止，分子束外延技术主要用于制备半导体超薄膜。该方法只是最近几年才引入陶瓷薄膜的制备。Pitt 等人设计了一个双室，即沉积室及衬底准备和样品分析室 MBE 系统，见图 3-40。利用该装置，外延生长了 $LiNbO_3$、$LiTaO_3$、Nb_2O_5 等薄膜。成膜过程中采用电子束蒸发铌和锂，再用导向喷嘴分别将铌和锂的原子束以及氧分子束吹向加热的衬底，以便在衬底上反应并凝结成膜。利用设置在反应沉积室中的质谱仪监测不同的束流，以控制薄膜的组分，确定束源的纯度及稳定性。

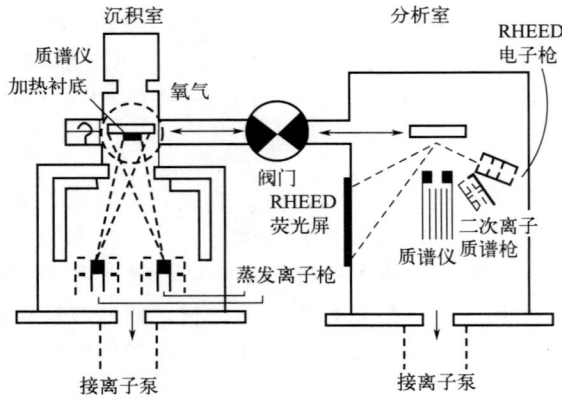

图 3-40　制备氧化物薄膜的双室 MBE 系统示意

（2）金属有机化学气相沉积（MOCVD）

金属有机化学气相沉积（MOCVD）是以ⅢA 族、ⅡA 族元素的有机化合物和ⅤA 族、ⅥA 族元素的氢化物等作为晶体生长源，以热分解反应或在基材表面进行反应的方式在衬底上进行沉积或气相外延，生长各种Ⅲ-Ⅴ族、Ⅱ-Ⅵ族化合物半导体材料以及它们的多元固溶体的薄层单晶材料。利用金属的有机化合物作为参与反应的气体，可大大降低所需的温度。采用 MOCVD 工艺制备单元氧化物（如 TiO_2、ZnO、Fe_2O_3、SnO_2 等）陶瓷薄膜已有较多报道。近年来，采用 MOCVD 工艺制备 $PbTiO_3$、$BaTiO_3$ 类铁电陶瓷薄膜的报道增多，利用 MOCVD 工艺制备铋锶钙铜氧（Bi-Sr-Ca-Cu-O）等系列超导薄膜也获成功。利用 MOCVD 工艺制备的氮化镓基蓝光 LED 获得了 2014 年诺贝尔物理学奖。

（3）溶胶-凝胶（sol-gel)法

该工艺的基本原理是，将薄膜各组元的醇盐或其他金属有机物溶解在一种共同的溶剂中进行反应，反应后生成一种复醇盐，然后加入水和催化剂使复醇盐水解，同时进行聚合反应。在反应的初始阶段，溶液逐渐变成溶胶，随后反应进一步进行，溶胶变成凝胶，经过干燥、烧结处理制得所需的薄膜。制膜时，使用甩胶、喷涂或浸渍等方法将溶胶涂于衬底上。该法的主要优点是，反应在室温下进行、具有原子或分子水平的均匀性、纯度高、烧结温度低、设备简单、可制作大面积薄膜。中国利用此法制备了 $PbTiO_3$、PZT、$BaTiO_3$、PLZT 等压电、铁电薄膜和 Y-Ba-Cu-O、Bi-Sr-Ca-Cu-O 等系列超导薄膜。

3.5 陶瓷的加工

陶瓷材料在工程中获得应用，多数情况下要进行加工。按照供给能量的方式，可将目前的陶瓷加工方法进行分类，具体情况如图 3-41 所示。这些加工方法中，机械加工方法的效率高，因而在工业上获得广泛应用，特别是金刚石砂轮磨削、研磨和抛光的应用较为普遍。工业上切割时大多用金刚石砂轮进行磨削切割，打孔时按照不同孔径分别采用超声波加工、研磨或磨削方式加工。

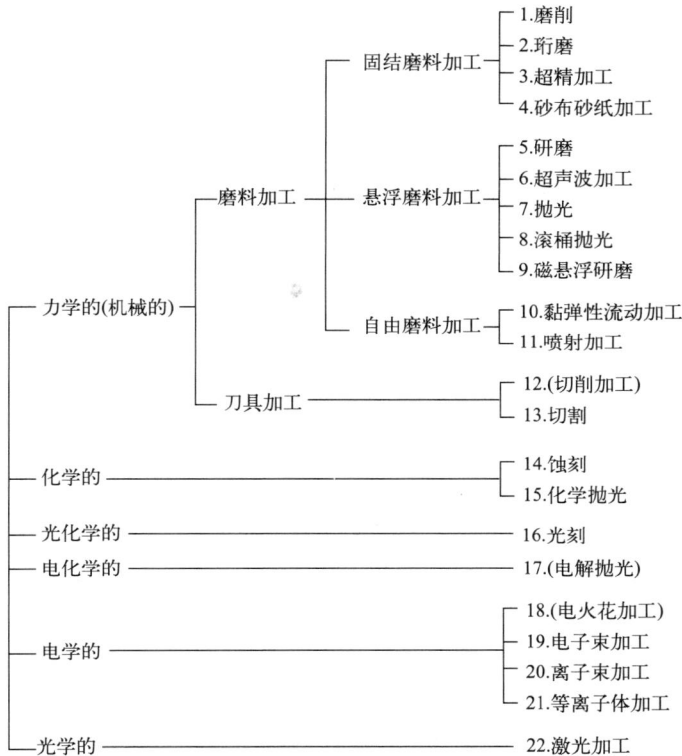

图 3-41　陶瓷的主要加工方法

根据设定的工件和工具的相对位置关系，可将机械加工方法大致分为如下两种方式：①强制进给方式；②压力进给方式。

强制进给方式为普通机床上所用的方式，根据机床的动态精度，决定吃刀深度设定值及工件的精度（母性原则），这种方式的特点是加工形状精确、加工效率高。

压力进给方式（以研磨为例）是在磨具、工件表面的突起部分进行选择性加工，从而提高精度的方式。加工平面、球、圆柱等比较简单的形状时，如果注意磨具的形状精度，就能使加工精度优于机床精度，这是这种加工方式的特点。以往需进行精加工时，通常采用压力进给的加工方式。但是，必须指出的是，这种加工方式缺乏形状赋予性。另外，还存在如下缺点：需要较长的加工时间，磨具通过一次的磨除量也很难确定。

采用磨料加工时，磨料不同的支承方式会使加工特性发生变化。具体来讲，可以是磨削砂轮或涂覆磨具那样固结的方式，也可以将悬浮磨料分散在工具表面或使磨料以三维自由度运动，如磨料分散在磁性液体中受外旋转磁场控制的研磨，等等。此外，磨料的支承是刚性的、弹性的还是黏弹性的，也将影响磨料分担荷重和吃刀深度，使加工机理发生变化。

用传统加工方法进行微细加工时，作用在工具上的力过大，很难避免其变形破坏，因此以波束形式供给能量则较好，例如激光加工、离子束加工就属于这种形式。

3.6 陶瓷连接技术

陶瓷的连接技术是陶瓷能否在实际生产中扩大应用的关键。陶瓷连接技术为制造复杂的复合结构提供了一种经济的方法。例如，密封透明灯泡中充入惰性气体以防止白炽灯中的钨丝氧化损坏，火花塞金属电极与绝缘氧化铝基体的密封连接，牙齿中金属填充物的连接，微电子电路与绝缘陶瓷基底的连接，用粘接剂修理珍贵的瓷器；在高技术领域，将耐热、耐磨、耐腐蚀陶瓷应用到汽车和飞机发动机上，用生物相容的耐磨陶瓷做金属脊椎替代物的包层，引线与高温超导陶瓷材料的连接。

在各种连接方法中钎焊与扩散连接法比较成熟，应用比较广泛；电子束焊与激光焊接也有应用，还可以采用超声波压接、摩擦压接、过渡液相连接等方法。有许多工艺可用于陶瓷材料的连接，但并没有所谓的最佳工艺，每一种工艺都有它的优点和局限。

陶瓷与金属材料的焊接结构无论是在电器制造、电子器件，还是在核能工业、航空航天，以及电真空器件生产等方面，都占有非常重要的地位。陶瓷与金属焊接接头要求具有较高的强度、高的真空气密性、低残余应力，在使用过程中应具有耐热性、耐蚀性和热稳定性，同时焊接工艺应尽可能简化，工艺过程稳定，生产成本低。

陶瓷的线膨胀系数与金属的线膨胀系数相差较大，陶瓷的弹性模量高于金属。通过加热连接陶瓷与金属时，接头区域会产生残余应力，削弱接头的力学性能，残余应力较大时还会导致连接陶瓷接头的断裂破坏。一般断裂发生在焊接接头的陶瓷一侧。

陶瓷材料的离子键或共价键表现出非常稳定的电子配位，很难被金属键的金属钎料润湿，所以用通常的熔焊方法很难使金属与陶瓷产生熔合。用金属钎料钎焊陶瓷材料时，需要对陶瓷表面进行金属化处理，对被焊陶瓷表面进行改性；或者在钎料中加入活性元素，使钎料与陶瓷之间有化学反应发生，通过反应使陶瓷的表面分解形成新相，产生化学吸附，形成结合牢固的陶瓷与金属界面。

电子产品中功能陶瓷与金属的连接多采用氧化物玻璃连接法。这种方法是利用氧化物熔化后形成玻璃相，一方面向陶瓷渗透，另一方面向金属浸润来形成连接。

陶瓷、金属和中间层三者都保持固态不熔融状态，也可以通过加热加压实现固态热压扩散连接。热压时陶瓷与金属之间的接触面积逐渐扩大，某些成分发生表面扩散和体积扩散，消除界面孔穴，界面发生移动，最终形成可靠连接。

用高能量密度热源进行熔焊时，靠近接头陶瓷一侧会产生高应力区域，容易在连接过程中或连接后产生裂纹。控制应力的方法之一是在焊接时尽可能地减少焊接部位及其附近的温度梯度，另一个减小应力的办法是用塑性材料或线膨胀系数接近陶瓷线膨胀系数的金属材料作为中间层。一般以镍作为塑性金属，钨作为低线膨胀系数材料使用。

不同陶瓷连接工艺及其特点如表3-1所示。

表 3-1　不同陶瓷连接工艺及其特点

工艺	连接性能			
	完整性	使用温度	真空密封	应用
机械连接	好	低~高	低	广泛
粘接	中	低	中	广泛
玻璃连接	好	中	高	广泛
钎焊	好	高	高	广泛
扩散连接	好	高	高	少
熔化焊接	好	高	高	少

3.6.1　陶瓷-金属材料的钎焊

陶瓷与金属材料的钎焊工艺比金属材料之间的钎焊复杂得多，这是因为多数情况下需要对陶瓷表面金属化处理后才能进行钎焊。陶瓷与金属材料常用的钎焊工艺有：①陶瓷表面金属化法（也称为两步法），先在陶瓷表面进行金属化后再用普通钎料进行钎焊；②活性金属法（也称为一步法），采用活性钎料直接对陶瓷与金属进行钎焊。

陶瓷表面金属化法主要适用于氧化物陶瓷。首先将陶瓷表面金属化，然后再与金属连接。该方法是将纯金属粉末与金属氧化物粉末组成的膏状混合物涂于陶瓷表面，再在氢气炉中高温加热，形成金属层。也可以在陶瓷表面镀镍以形成金属层，或采用 CVD 或 PVD 法进行气相沉积，在陶瓷表面形成金属层。

活性金属法适用于氧化物和非氧化物陶瓷。Ti、Zr、Hf 等过渡金属的化学活性很强，对陶瓷具有较强的亲和力。在 Au、Ag、Cu、Ni 等系统的钎料中加入这类活性金属后可以形成活性钎料。活性钎料在液态下极易与陶瓷发生化学反应形成陶瓷与金属的连接。活性金属的化学活性很强，所以钎焊一般要在真空中或极高纯度的惰性气氛中进行。

玻璃连接法是利用毛细作用实现连接，这种方法采用玻璃钎料，如氧化物、氟化物基的钎料。氧化物钎料熔化后形成的玻璃相不仅能向陶瓷渗透而且能浸润金属表面，最后形成连接。玻璃连接后接头没有韧性，无法承受陶瓷的收缩，只能通过调整成分使其线膨胀系数尽量与陶瓷的线膨胀系数接近。这种方法在实际应用中实施难度较大。

玻璃-金属封接通过直插式引线使内部元件与外部连接在一起，这种气密封接的方法广泛应用于高可靠微电子封装的制造中。由于玻璃具有良好的绝缘性能，它能形成各种形状，并能与各种金属封接，故成为制造外壳与直插引线之间气密封接所用的最主要的材料。但是，金属材料是以金属键为主形成的物质，它们同玻璃的化学键键性相差甚远，两者随意黏附，肯定气密性不好。因而要使它们牢固地气密封接，必须采取相应措施，使它们从化学结构上消除"隔阂"，才能互相亲近。说到底，预氧化的目的就是使金属表面生成以低价氧化物为主的过渡层，作为玻璃和金属之间结合的桥梁。

3.6.2　陶瓷-金属的扩散焊接

扩散焊是压焊的一种，它是指在相互接触的表面，在高温和压力的作用下，被连接表面相互靠近，局部发生塑性变形，经一定时间后结合层原子间相互扩散而形成整体的可靠连接过程。扩散焊包括无中间层的扩散焊和有中间层的扩散焊，陶瓷与金属焊接时，常采用添加中间夹层的扩散焊以及共晶反应扩散焊等。

陶瓷材料扩散焊的工艺包括同种陶瓷材料直接连接、用薄层异种材料连接同种陶瓷材料、异种陶瓷材料直接连接、用薄层异种材料连接异种陶瓷材料。

扩散连接的基本驱动力是使接触体的表面能达到最小，当扩散连接形成界面时，其释放的能量 W 为：

$$W = \gamma_{S1} + \gamma_{S2} - \gamma_{S1S2} \tag{3-27}$$

式中，γ 代表表面能或界面能；S1 和 S2 代表两种固体；S1S2 代表两固体之间的界面。

在扩散焊接中研究观察到的三类反应为：①溶解过程。氧化物与其他陶瓷在纯金属中的溶解。②界面反应。界面结合形成之后发生，比如镍铬合金与氮化硅扩散结合时会形成铬氮化物的界面反应产物层，防止脆性硅化镍的形成。③环境诱发反应。氧化环境可以提高金属与氧化物陶瓷形成的界面的强度。

陶瓷与金属的扩散焊既可在真空中，也可在氢气氛中进行。通常金属表面有氧化膜时更易产生相互间的化学作用。因此，在焊接真空室中充以还原性的活性介质（使金属表面仍保持一层薄的氧化膜）会使扩散焊接头具有更高的强度。

扩散焊在陶瓷与金属焊接技术领域越来越显示出明显的优越性，扩散焊具有广泛的应用范围和可靠的质量控制。其焊接接头质量好，连接强度高，尺寸容易控制，工艺过程稳定、焊件变形小，可一次焊成多个接头和大型截面焊口，焊接工艺参数容易控制，能焊接其他方法难焊的高熔点陶瓷与金属的连接，以及难熔金属、活性金属等。主要不足是温度高、时间长且在真空下连接，设备昂贵、成本高，试件尺寸和形状受到限制。

氧化铝陶瓷与无氧铜之间的扩散焊接温度只要达到 900℃ 就可获得合格的接头强度。更高的强度要在 1030～1050℃ 焊接才能获得，此时的铜有很高的塑性，易在压力下发生变形，使实际接触面增大。

影响扩散焊接头强度的主要因素是加热温度、保温时间、施加的压力、环境介质、被连接面的表面状态以及被连接材料之间化学反应和物理性能（如线膨胀系数）的匹配。

扩散焊接接头强度与保温时间 t 的关系为：$\sigma_b = B_0 t^{1/2}$，其中 B_0 为常数。但在一定的温度下，保温时间存在最佳值。用 Nb 作中间层扩散连接 SiC-SUS304 时，时间过长出现了与 SiC 线膨胀系数相差很大的 $NbSi_2$ 相，使接头剪切强度降低。用 V 作中间层连接 AlN 时，保温时间过长后也由于 V_5Al_8 脆性相的出现而使接头剪切强度降低。

扩散焊过程中施加压力是为了使接触面处产生塑性变形，减小表面的不平整并破坏表面氧化膜，增加表面接触，为原子扩散提供条件。陶瓷的硬度与强度较高，不易发生变形，所以陶瓷与金属的扩散连接除了要求被连接的表面非常平整和清洁外，扩散焊接时还必须压力大（高达 0.1～15MPa）、温度高［通常为金属熔点 T_m 的（0.5～0.9）倍］，焊接时间也比其他焊接方法长得多。

习　题

1. 陶瓷材料制备通常包括哪些环节？简述其特点。
2. 陶瓷材料的成型方法分类及其特点。
3. 简述陶瓷材料加工的难点及其方法。
4. 通过资料调研，列举几种陶瓷材料的最新制备方法。举例说明。
5. 简述模压成型法的工艺特点。

6. 比较固相烧结和液相烧结的异同点。

7. 简述热压烧结的特点和应用范围。

参考文献

[1] 金志浩,高积强,乔冠军. 工程陶瓷材料[M]. 西安:西安交通大学出版社,2000.

[2] 石德珂,王红洁. 材料科学基础[M]. 北京:机械工业出版社,2020.

[3] 周玉. 陶瓷材料学[M]. 北京:科学出版社,2004.

[4] 谢志鹏. 结构陶瓷[M]. 北京:清华大学出版社,2011.

第4章

常用结构陶瓷

常用结构陶瓷材料主要包括金属（过渡金属或与之相近的金属）与硼、碳、硅、氮、氧等非金属元素组成的化合物，以及非金属元素所组成的化合物，如硼和硅的碳化物及氮化物。根据其元素组成的不同可以分为氧化物陶瓷、氮化物陶瓷、碳化物陶瓷、硅化物陶瓷和硼化物陶瓷。此外，近年来玻璃陶瓷（glass ceramics）作为结构材料得到了广泛的应用。

表 4-1 为结构陶瓷的主要应用领域。本章对常用结构陶瓷进行介绍。

表 4-1　结构陶瓷的主要应用领域

领域	用途	使用温度/℃	常用材料	使用要求
特殊冶金	铀熔炼坩埚	>1130	BeO，CaO，ThO$_2$	化学稳定性高
	高纯铅、钯的熔炼	>1775	ZrO$_2$，Al$_2$O$_3$	化学稳定性高
	制备高纯半导体单晶用坩埚	1200	AlN，BN	化学稳定性高
	钢水连续铸锭用材料	1500	ZrO$_2$	对钢水稳定
	机械工业连续铸模	1000	B$_4$C	对铁水稳定，高导热
原子能反应堆	核燃料	>1000	UO$_2$，UC，ThO$_2$	可靠性，抗辐照
	吸收热中子控制材料	≥1000	B$_4$C，Sm$_2$O$_3$，Gd$_2$O$_3$，HfO$_2$	热中子吸收截面大
	减速剂	1000	BeO，Be$_2$C	中子吸收截面小
	反应堆反射层材料	1000	BeO，WC	抗辐照
航空航天	雷达天线罩	≥1000	Al$_2$O$_3$，SiO$_2$，Si$_3$N$_4$	透雷达微波
	航天飞机隔热瓦	>2000	Si$_3$N$_4$，SiC	抗热冲击，耐高温
	火箭发动机燃烧室内壁，喷嘴	2000～3000	SiC，Si$_3$N$_4$，HfC，ZrB$_2$	抗热冲击，耐腐蚀
	制导、瞄准用陀螺仪轴承	800	B$_4$C，Al$_2$O$_3$	高精度，耐磨
	探测红外线窗口	1000	透明 MgO，透明 Y$_2$O$_3$	高红外透过率
	微电机绝缘材料	室温	可加工玻璃陶瓷	绝缘，热稳定性高
	燃气机叶片，火焰导管	1400	SiC，Si$_3$N$_4$	热稳定，高强度
	脉冲发动机分隔部件	瞬时>1500	可加工玻璃陶瓷	高强度，破碎均匀
磁流体发电	高温高速等离子气流通道	3000	Al$_2$O$_3$，MgO，BeO	耐高温腐蚀
	电极材料	2000～3000	ZrO$_2$，ZrB$_2$	高温导电性好
玻璃工业	玻璃池窑，坩埚，炉衬材料	1450	Al$_2$O$_3$	耐玻璃液浸蚀
	电熔玻璃电极	1500	SnO$_2$	耐玻璃液浸蚀，导电
	玻璃成型高温模具	100	BN	对玻璃液稳定，导热

领域	用途	使用温度/℃	常用材料	使用要求
工业窑炉	发热体	>1500	ZrO_2，SiC，$MoSi_2$	热稳定
	炉膛	1000～2000	Al_2O_3，ZrO_2，莫来石	荷重软化温度高
	观察窗	1000～1500	透明 Al_2O_3	透明
	各种窑具	1300～1600	SiC，Al_2O_3，Sialon	抗热震，高导热
半导体	绝缘散热基板	−55～850	Al_2O_3，AlN，Si_3N_4，BeO，ZTA	高导热，高强度，低热膨胀系数
	晶圆夹具	−55～1200	SiC	耐高温，耐腐蚀，耐磨损
	热界面材料填料	−40～200	SiO_2，Al_2O_3，AlN，Si_3N_4，BN	高导热，高化学稳定性
	静电卡盘	>120	Al_2O_3，AlN	高强度，高导热，高绝缘

4.1 氧化物陶瓷

氧化物陶瓷材料的原子结合以离子键为主，存在部分共价键，因此具有许多优良的性能。大部分氧化物具有很高的熔点（一般都在2000℃附近）、良好的电绝缘性能，特别是具有优异的化学稳定性和抗氧化性，在工程领域已得到了较广泛的应用，目前已形成了较大的工业化生产规模。表4-2为常用氧化物陶瓷及其主要性能。本节将对其中代表性的材料加以介绍。

表 4-2   常用氧化物陶瓷及其主要性能

材料	晶系	晶格结构类型	莫氏硬度	密度/($g \cdot cm^{-3}$)	熔点/℃
Al_2O_3	六方	刚玉 α-Al_2O_3 型	9	3.97	2050±10
BeO	六方	闪锌矿 ZnS 型	9	3.02	2530±30
MgO	立方	岩盐 NaCl 型	5～6	3.58	2800±13
CaO	立方	岩盐 NaCl 型	4.5	3.35	2510±10
ZrO_2	立方	萤石 CaF_2 型	7	5.60	2700±20
ThO_2	立方	萤石 CaF_2 型	6.5	9.69	3050±20
UO_2	立方	萤石 CaF_2 型	3.6	10.75	2725±20
CeO_2	立方	萤石 CaF_2 型	6	7.30	2725±20

4.1.1 Al_2O_3 陶瓷

氧化铝（Al_2O_3）陶瓷又称刚玉瓷，是用途最广泛、原料最丰富、价格最低廉的一种高温结构陶瓷。工业上所指的 Al_2O_3 陶瓷一般是以 α-Al_2O_3 为主晶相的陶瓷材料。根据 Al_2O_3 含量和添加剂的不同，有不同系列的 Al_2O_3 陶瓷。例如，根据 Al_2O_3 含量的不同有75瓷、85瓷、95瓷和99瓷等不同牌号；根据其主晶相的不同可分为莫来石瓷、刚玉-莫来石瓷和刚玉瓷；根据添加剂的不同又分为铬刚玉、钛刚玉等，各自对应不同的应用范围和使用温度。

4.1.1.1 Al$_2$O$_3$ 陶瓷的晶体结构

在所有温度下，α-Al$_2$O$_3$ 是热力学上稳定的 Al$_2$O$_3$ 晶型。除此之外，氧化铝的其他同质异构体主要有：γ-Al$_2$O$_3$、β-Al$_2$O$_3$ 等，但在高温下将几乎全部转化为 α-Al$_2$O$_3$。α-Al$_2$O$_3$ 结构紧密、活性低、高温稳定、电学性能好，具有优良的机电性能。

γ-Al$_2$O$_3$ 属立方尖晶石结构，氧原子为面心立方排列，铝原子填充在间隙中。γ-Al$_2$O$_3$ 密度低、力学性能差、高温不稳定，在自然界不存在。可以利用其松散结构制造多孔材料。

β-Al$_2$O$_3$ 是一种 Al$_2$O$_3$ 含量很高的多铝酸盐矿物，它的化学组成可以近似地用 RO·6Al$_2$O$_3$ 和 R$_2$O·11Al$_2$O$_3$ 来表示（RO 指碱土金属氧化物，R$_2$O 指碱金属氧化物）。其结构由碱金属或碱土金属离子 [NaO]$^-$ 层和 [Al$_{11}$O$_{16}$]$^+$ 类型尖晶石单元交叠堆积而成，氧离子排列成立方密堆积，Na$^+$ 完全包含在垂直于 c 轴的松散堆积平面内，在这个平面内可以很快扩散，呈现离子型导电。

4.1.1.2 Al$_2$O$_3$ 陶瓷粉末的制备

Al$_2$O$_3$ 原料在天然矿物中的存在量仅次于二氧化硅，很少以纯粹的 Al$_2$O$_3$ 形式存在，大部分是以铝硅盐形式存在于自然界中，只存在少量的 α-Al$_2$O$_3$，如天然刚玉、红宝石、蓝宝石等矿物。铝土矿（矾土）是制备工业 Al$_2$O$_3$ 的主要原料。在高性能 Al$_2$O$_3$ 陶瓷的制备中，所经常采用的高纯原料主要用化学方法制备。

（1）工业 Al$_2$O$_3$ 粉末的制取

工业上经常采用焙烧法生产 Al$_2$O$_3$ 粉末，该法是 Al$_2$O$_3$ 粉末最基本的制造方法，焙烧法工艺流程如图 4-1 所示。

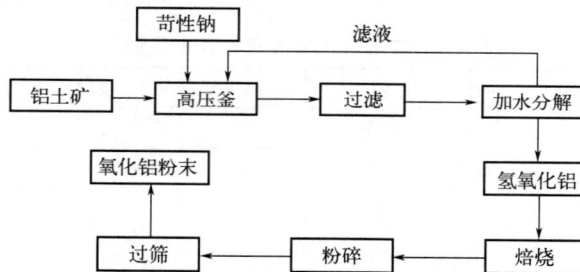

图 4-1　焙烧法工艺流程

铝土矿是含水氧化铝矿物的总称，它的主要组成为硬水铝石（α-Al$_2$O$_3$·H$_2$O）和软水铝石（γ-Al$_2$O$_3$·H$_2$O），但含有 Fe$_2$O$_3$、SiO$_2$、TiO$_2$ 等杂质。首先将粉碎的铝土矿与质量分数为 13%～20% 的苛性钠在 200～250℃ 下进行水热处理，将 Al$_2$O$_3$ 的水化物溶解为铝酸钠，不溶的各种杂质经过滤被除去；然后在滤液中加籽晶进行冷却、搅拌，从过饱和的铝酸钠中分解析出氢氧化铝白色晶体，将其置于回转炉、流动水焙烧炉或隧道窑中，在 1000℃ 以上煅烧，即可得到 Al$_2$O$_3$ 粉，再经机械粉碎、筛分，以及必要的酸处理以降低氧化钠含量，获得所需要的 Al$_2$O$_3$ 粉末原料。

（2）高纯度 Al$_2$O$_3$ 粉末的制取

Al$_2$O$_3$ 制品的强度、耐热性和电绝缘性等许多性能随杂质含量的增加而劣化，因此在制品要求高强度和优良透光性能时，如高压钠灯透光管、钟表玻璃、钟表轴承、纺织瓷件、切削刀具等，必须采用高纯度的 Al_2O_3 粉末原料，一般采用如下方法制取。

① 有机铝盐加水分解法。如 3.1 节所述，将铝的醇盐加水分解制得氢氧化铝，反应式如下：

$$Al(OR)_3 + 3H_2O \longrightarrow Al(OH)_3 + 3ROH \tag{4-1}$$

将水解生成的溶胶洗净、过滤、干燥，并在合适的温度煅烧，便得到易烧结的纯 Al_2O_3 粉。

② 无机铝盐的热分解法。如 3.1 节热分解法制备粉料中所述，用精制硫酸铝、铵明矾、碳酸铝铵等，通过热分解的方法制备 Al_2O_3 粉末。一般采用试剂级的硫酸铝和硫酸铵在纯水中加热溶解，并搅拌冷却，析出得到铝的硫酸铵盐（铵明矾）结晶。为了提高最后所制得的 Al_2O_3 的纯度，可将铵明矾进行 3～4 次重新结晶，再进行热分解，这种方法制得的 Al_2O_3 粉末的纯度可达 99.9％以上，可用于制造透明高压钠灯管等制品。

③ 放电氧化法。将高纯度铝粉浸于纯水中，插上电极使之产生高频火花放电，铝粉激烈运动并与水反应生成氢氧化铝，经煅烧制得高纯度 Al_2O_3 粉末。

此外还可采用水热沉淀法、气相法等制备 Al_2O_3 粉末原料。

4.1.1.3　Al_2O_3 陶瓷的制备

由于产品的使用要求、形状尺寸、成分配方、成型方法等不同，Al_2O_3 陶瓷的生产制备工艺也不尽相同。但无论何种制备方法，大体要经过的主要工序为：原料煅烧→磨细→配料→加黏结剂→成型→素烧→修坯→烧结→表面处理。

（1）煅烧

各种方法制得的 Al_2O_3 粉末未经高温煅烧前几乎都是 γ-Al_2O_3 晶型。为了减小烧成收缩，必须对原料进行煅烧，得到稳定 α-Al_2O_3 晶型的原料；同时煅烧有利于排除原料中的 Na_2O，提高纯度，保证产品的性能。

煅烧后的原料粉末质量与煅烧温度有关。煅烧温度偏低，不能使 γ-Al_2O_3 完全转变为 α-Al_2O_3；温度过高，则粉料发生烧结，不易粉碎，且活性降低。因此，为了获得高质量的粉末，对工业 Al_2O_3 通常要加入适量添加剂，如 H_3BO_3、NH_4F、AlF_3 等，加入量一般为 0.3％～3％。采用 H_3BO_3 作添加剂时，在 1400～1500℃煅烧并保温 2～3h，其反应如下：

$$Na_2O + 2H_3BO_3 \Longrightarrow 2NaBO_2 \uparrow + 3H_2O \tag{4-2}$$

如果采用 NH_4F 作添加剂，煅烧温度为 1250℃，保温 1h。

此外，煅烧气氛对 Al_2O_3 的煅烧质量也有重要影响，采用分解氨在还原气氛炉中 1500～1550℃下进行煅烧，可使 Na_2O 完全排除。

（2）磨细

如前所述，原始粉料的颗粒度对材料的烧结过程和材料性能有重要影响，因此必须对煅烧 Al_2O_3 进行磨细。一般认为，细颗粒有利于降低烧结温度。当粒径为 $5\mu m$ 的 Al_2O_3 粉末含量大于 10％～15％时，烧结明显受阻；粒径小于 $1\mu m$ 的 Al_2O_3 粉末应达到 15％～30％，若大于 40％，烧结时会出现重结晶现象，晶粒急剧长大。此外，成型方法不同，对粉末细度要求也不同。注浆成型时，小于 $2\mu m$ 的粉料应达到 70％～85％；半干压成型时，小于

$2\mu m$ 的粉料应占 $50\%\sim70\%$。

（3）配料

纯 Al_2O_3 主要靠固相烧结，液相很少，因此难以烧结，且烧成温度很高。在生产中，根据产品性能要求不同，可以加入不同类型和不同量的添加剂，以降低烧成温度。目前使用较多的有两类添加剂：第一类添加剂能与 Al_2O_3 形成固溶体，主要为变价氧化物，如 TiO_2、Cr_2O_3 及 Fe_2O_3 等，当加入 $0.5\%\sim1\%$ TiO_2 时，Al_2O_3 的烧成温度可以降低 $150\sim200℃$，大大节约了能源；第二类添加剂能与 Al_2O_3 生成液相，主要包括高岭土、SiO_2、CaO、MgO 等，由于 Al_2O_3 与添加剂生成二元、三元或更复杂的低共熔物，使烧成温度降低。

（4）成型

根据 Al_2O_3 制品形状、尺寸等选择成型方法，常用的有模压成型、热压注成型、注浆成型、冷等静压成型、热压成型等。

模压成型时首先将一定成分的粉料加入适当黏合剂并混合均匀，可以采用喷雾干燥的方法造粒，也可以使粉料经预加压成块—破碎—过筛进行造粒，制成粒度较粗、具有一定假颗粒度、流动性好的团粒。粉料的假颗粒度细，则粉料流动性不好，难以得到高致密度坯体。将造粒后的粉料置于钢模中加压形成一定形状的坯体。加压开始宜慢，中间可快，后期宜慢，并有一定的保压时间，以利于气体的排出和压力的传递。

（5）烧结

烧结之前需排出成型时所加入的各种有机添加成分。烧结过程中，应严格控制升温速度和烧成温度，根据成分不同，烧成温度一般为 $1650\sim1950℃$。

气氛对 Al_2O_3 陶瓷的烧结有很大影响，如图 4-2 所示。可以看出，低的氧分压有利于提高烧结致密化程度以及烧结速率。另有实验表明，在各种烧结气氛中以氩气最好，其次依次为氢气、氨气、氧气、氮气及空气。如果考虑气氛对晶粒长大的影响，则氨气的影响最为显著，其次依次为氢气、氧气、氮气、空气及氩气。因此，制备微晶 Al_2O_3 陶瓷最好的烧结气氛是氩气及空气，而氨气和氢气会加速 Al_2O_3 的重结晶，使材料力学性能下降。

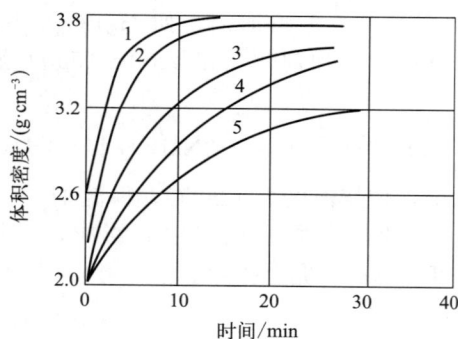

图 4-2　气氛对 Al_2O_3 烧结的影响
1—$CO+H_2$；2—H_2；3—Ar；4—空气；5—水蒸气

（6）表面处理

对于高温高强构件或表面要求平整光滑的制品，烧成后须进行研磨及抛光。

图 4-3 分别为 $Al_2O_3+(0.5\sim0.8)\%TiO_2$ 和 $Al_2O_3+3\%MgO+5\%TiO_2$ 的显微结构照片。图 4-3(a) 中的显微结构为柱状晶粒+少量气孔，平均晶粒尺寸为 $10\mu m$；图 4-3(b) 的显微结构中有较多的玻璃相，这与添加成分较多有关。

(a)   (b)

图 4-3　Al_2O_3 陶瓷的显微组织

(a) $Al_2O_3+(0.5\sim0.8)\%TiO_2$（3000 倍）；(b) $Al_2O_3+3\%MgO+5\%TiO_2$（500 倍）

4.1.1.4　Al_2O_3 陶瓷的性能与用途

纯 Al_2O_3 陶瓷需要很高的烧结温度，在满足使用要求的前提下，降低材料中的 Al_2O_3 含量，有利于降低烧结温度和成本。工业上大量生产的 Al_2O_3 陶瓷材料一般含 95% 的 Al_2O_3，97%、99% 甚至更高 Al_2O_3 含量的陶瓷材料一般用于有特殊要求的场合。表 4-3 为常用 Al_2O_3 陶瓷及其性能。

表 4-3　常用 Al_2O_3 陶瓷及其性能

项目	莫来石瓷	刚玉-莫来石瓷	刚玉瓷			
		75 瓷	90 瓷	95 瓷	99 瓷	99.5 瓷
主晶相	A_3S_2, $\alpha\text{-}Al_2O_3$	$\alpha\text{-}Al_2O_3$, A_3S_2	$\alpha\text{-}Al_2O_3$			
密度/(g·cm^{-3})	3.0	3.2~3.4	>3.40	3.50	3.90	3.90
抗弯强度/MPa	160~200	250~300	300	280~350	350	370~450
热膨胀系数/($10^{-6}℃^{-1}$)	3.2~3.8	5.0~5.5		5.5~7.5	6.7	—
热导率/(W·m^{-1}·K^{-1})（20℃）	—	—	16.8	25.2	25.2	29.2
烧结温度/℃	1350±20	1360±20	—	1650±20	—	1700±10

Al_2O_3 陶瓷是耐火氧化物中化学性质最稳定、力学强度最高的一种；Al_2O_3 陶瓷与大多数熔融金属不发生反应，只有 Mg、Ca、Zr 和 Ti 在一定温度以上对其有还原作用；热的浓硫酸能溶解 Al_2O_3，热的 HCl、HF 对其也有一定的腐蚀作用；Al_2O_3 陶瓷的蒸气压和分解压都是最小的。由于 Al_2O_3 陶瓷优异的化学稳定性，可广泛用于金属熔炼坩埚、理化器皿、炉管、炉芯、热电偶保护管和各种耐热部件；在化工领域广泛用于耐酸泵叶轮、泵体、泵盖、轴套、输送酸的管道内衬和阀门等。

Al_2O_3 含量高于 95% 的 Al_2O_3 陶瓷具有优异的电绝缘性能和较低的介质损耗，在电子、电器方面有十分广阔的应用。例如用于微波电介质，雷达天线罩，超高频大功率电子管支架、窗口、管壳、晶体管底座，大规模集成电路基板和元件等。

Al_2O_3 陶瓷的高硬度和耐磨性使其在机械领域得到了广泛应用。Al_2O_3 陶瓷制备的各种耐磨零件在纺织机械中得到了大量应用；采用 Al_2O_3 陶瓷可以提高各种工具、模具、拔丝模的耐磨性；Al_2O_3 陶瓷作为刀具的制造材料已有相当长的历史和相当广泛的市场。

各种发动机中还大量使用 Al_2O_3 陶瓷火花塞，这要求陶瓷具有高密度，一般是用冷等静压成型制造的。

（1） Al_2O_3 复相陶瓷

为了改善 Al_2O_3 的韧性和抗热震性，经常在材料中加入其他化合物或金属元素，形成 Al_2O_3 复相陶瓷材料。根据添加剂种类的不同，可以将其分为以下四类：①以 Al_2O_3 为主体，MgO、NiO、SiO_2、TiO_2、Cr_2O_3、Y_2O_3 等氧化物为添加剂，添加剂加入的主要目的是降低烧结温度或者达到某些特殊功能方面的要求；②以 Al_2O_3 为主体，Cr、Co、Mo、W、Ti 等金属元素为添加剂；③以 Al_2O_3 为主体，WC、TiC、TaC、NbC 和 Cr_3C_2 等碳化物为添加剂；④在 Al_2O_3 或 $Al_2O_3+TiO_2$、Al_2O_3+ 氮化物（如 TiN）、Al_2O_3+ 硼化物（如 TiB）中加入 SiC 晶须。表 4-4 列出了热压 Al_2O_3 及几种复相陶瓷的主要物理、力学性能。

表 4-4　热压 Al_2O_3 及几种复相陶瓷的物理、力学性能

性能	热压烧结 Al_2O_3	热压 Al_2O_3+Me	热压 Al_2O_3+TiC	热压 $Al_2O_3+ZrO_2$	热压 Al_2O_3+SiC (w)[①]
密度/(g·cm^{-3})	3.4~3.99	5.0	4.6	4.5	3.75
熔点/℃	2050	—	—	—	—
抗弯强度/MPa	280~420	900	800	850	900
硬度/HRA	91	91	94	93	94.5
热导率/(W·m^{-1}·K^{-1})	4~4.5	33	17	21	33
平均晶粒尺寸/μm	3.0	3.0	1.5	1.5	3.0

① w 表示晶须。

由表 4-4 可以看出，Al_2O_3 基复相陶瓷的抗弯强度是 Al_2O_3 陶瓷的 1.5~2 倍，这是因为分散的第二相既具有阻止 Al_2O_3 晶粒长大又有阻碍微裂纹扩展的作用，所以复相陶瓷的强度和韧性均得到提高。表 4-5 为部分热压 Al_2O_3+ 碳化物复相陶瓷的成分与抗弯强度。

表 4-5　部分热压 Al_2O_3+ 碳化物复相陶瓷的成分与抗弯强度

化学成分含量（体积分数）/%			抗弯强度/MPa
Al_2O_3	碳化物	添加元素	
60	30TiC	10（WC，Cr，ZrO_2，硼酸）	800
70	25TiC	5（50Ni-50Mo）	900
50	45TiC	5（68Ni-32Mo）	1000
50	40TiC	10（78Ni-22Mo）	1100
60	35TiC	5（68W-32Co）	900
70	25TiC	5（52Mo-48Ni）	950
70	25TiC	5（WC，ZrO_2）	900

Al_2O_3 及其复相陶瓷不仅有较好的室温性能，而且具有较好的高温强度，如图 4-4 所示。可以看出晶粒细化和采用热压烧结或热等静压烧结等先进技术，可以使陶瓷密度接近理论值，显著提高材料性能。

复相 Al_2O_3 陶瓷材料在高性能陶瓷刀具中得到了广泛的应用。

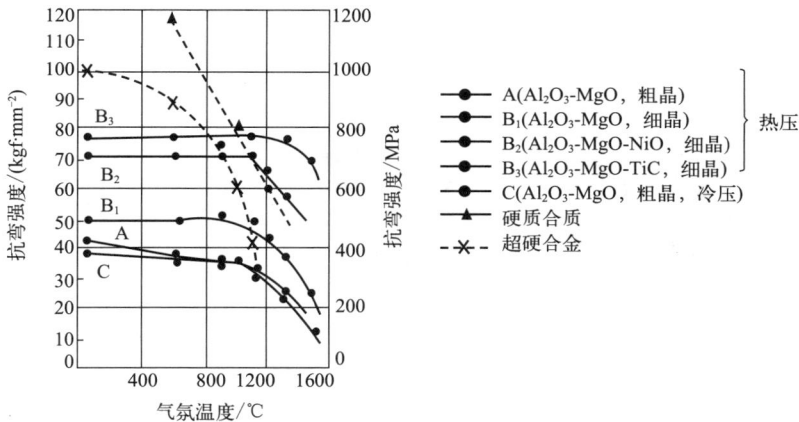

图 4-4　烧结 Al_2O_3 及其复相陶瓷的高温强度

（2）透明 Al_2O_3 陶瓷及其应用

透明 Al_2O_3 陶瓷的最大特点在于对可见光和红外光有良好的透过性。

一般陶瓷不透明的主要原因在于对透过光所产生的反射和吸收损失。损失的原因来源于陶瓷内部杂质对光的吸收和表面、晶界、气孔等对光的反射和散射。

科伯斯（Cobles）1962 年发明了透明 Al_2O_3 陶瓷，烧结时在高纯 Al_2O_3 粉末（＞99.9％）中加入少量 MgO 作为晶粒生长抑制剂，高温下在 Al_2O_3 颗粒表面形成尖晶石（$MgAl_2O_4$）薄膜阻碍 Al_2O_3 晶粒的过度长大，且不会造成晶内气孔，使颗粒间的孔隙能充分排除，形成无气孔的致密烧结体，其总透光率可达 96％。

现代生产透明 Al_2O_3 陶瓷管的主要方法是连续等静压和连续推进式高温钼丝炉氢气条件下烧结，烧结温度为 1700～1900℃。还可以采用二次烧结法，在 Al_2O_3 粉末中加入 0.1％～0.5％的 MgO，成型后，先在 1000～1700℃的氧化气氛中烧结 1h，然后在真空或氢气气氛中 1700～1950℃烧成。

除了良好的透光性以外，透明 Al_2O_3 陶瓷还具有高温强度高、耐热性好、耐腐蚀性强（耐强碱和氢氟酸腐蚀）等特点。高压钠灯发光效率高，但在气体放电发光时，灯管中心温度达 1000℃以上，同时附带高温钠蒸气的严重浸蚀，透明 Al_2O_3 陶瓷在满足透光性要求的同时，又满足了耐热性和耐钠蒸气浸蚀的要求。此外，透明 Al_2O_3 陶瓷还可以用作红外检测窗口材料、熔制玻璃的坩埚（在某些场合可以代替铂金坩埚）等，以及用作集成电路基片、高频绝缘材料及结构材料等。

4.1.2　ZrO_2 陶瓷

4.1.2.1　ZrO_2 的晶体结构与相结构

纯 ZrO_2 有 3 种同质异构体结构：立方结构（c 相）、四方结构（t 相）及单斜结构（m 相），如图 4-5 所示。3 种同质异构体的转变关系为：

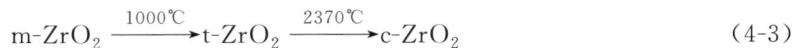

$$\text{m-}ZrO_2 \xrightarrow{1000℃} \text{t-}ZrO_2 \xrightarrow{2370℃} \text{c-}ZrO_2 \qquad (4\text{-}3)$$

ZrO_2 具有萤石（CaF_2）结构，正离子（Zr^{4+}）构成面心立方结构，其中 8 个四面体中心间隙位置被负离子（O^{2-}）所占据。当 c-ZrO_2 转变为 t-ZrO_2 时，c 轴拉长（$a=b<c$）；

t-ZrO$_2$ 转变为 m-ZrO$_2$ 时，$a \neq b \neq c$，$\alpha = \gamma = 90° \neq \beta$。3 种晶型的密度分别为：m 相 5.65g/cm^3，t 相 6.10g/cm^3，c 相 6.27g/cm^3。

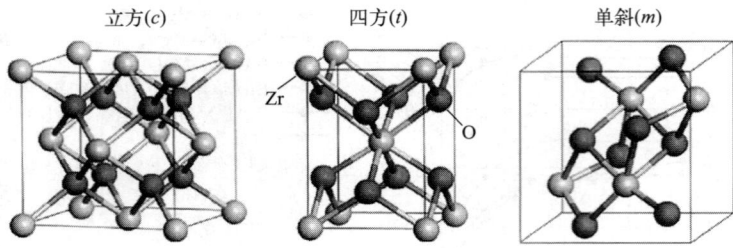

立方(c)　　　四方(t)　　　单斜(m)

图 4-5　ZrO$_2$ 的 3 种晶体结构

纯 ZrO$_2$ 冷却时发生的 t→m 相变为无扩散型相变，具有典型的马氏体相变特征，并伴随产生约 7% 的体积膨胀；相反，在加热时，由 m→t 的相变，体积收缩。这种膨胀和收缩不是在同一温度发生，前者在 1000℃ 左右，后者在 1200℃ 左右，如图 4-6 和图 4-7 所示。

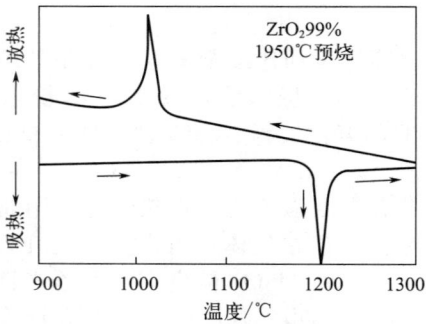

图 4-6　ZrO$_2$ 的差热分析曲线

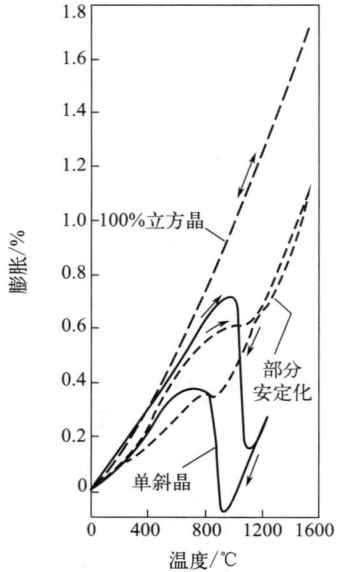

图 4-7　ZrO$_2$ 的热膨胀曲线

由于纯 ZrO$_2$ 加热、冷却过程中晶型转变引起的体积变化，难以烧结得到块状致密陶瓷。在烧结升温至 1100℃ 左右时，ZrO$_2$ 颗粒发生的突然收缩将影响整个体系的颗粒重排过程；当高温烧结致密后降温至 1000℃ 左右时，ZrO$_2$ 所发生的突然膨胀又将导致制品的严重开裂，以致无法得到可供使用的块状纯 ZrO$_2$ 陶瓷材料。

为了消除体积变化的破坏作用，通常在纯 ZrO$_2$ 中加入适量立方晶型氧化物，这类氧化物的金属离子半径与 Zr^{4+} 相差不大，如 Y$_2$O$_3$、MgO、CaO、CeO 等，在高温烧结时它们将与 ZrO$_2$ 形成立方固溶体，消除了单斜相与四方相的转变，所得到的 ZrO$_2$ 陶瓷称作稳定化的 ZrO$_2$ 陶瓷，用 FSZ（fully stabilized zirconia）表示。图 4-8 是 ZrO$_2$-Y$_2$O$_3$ 二元相图，可以看到在 Y$_2$O$_3$ 加入量达到 8%（摩尔分数）时就可得到立方 ZrO$_2$ 固溶体。图 4-7 中稳定化 ZrO$_2$ 陶瓷的热膨胀曲线表明无体积的突然变化。

由相图［图 4-8(b)］可以看出，ZrO_2 中适量 Y_2O_3 的加入可以将部分四方 ZrO_2 亚稳定至室温，称作部分稳定 ZrO_2，用 PSZ（partly stabilized zirconia）表示。对于 t-ZrO_2 全部亚稳定到室温的单相多晶 ZrO_2 陶瓷则用 TZP（tetragonal zirconia polycrystals）表示，TZP 除和稳定剂的含量有关外，还与烧结工艺及热处理制度有关。

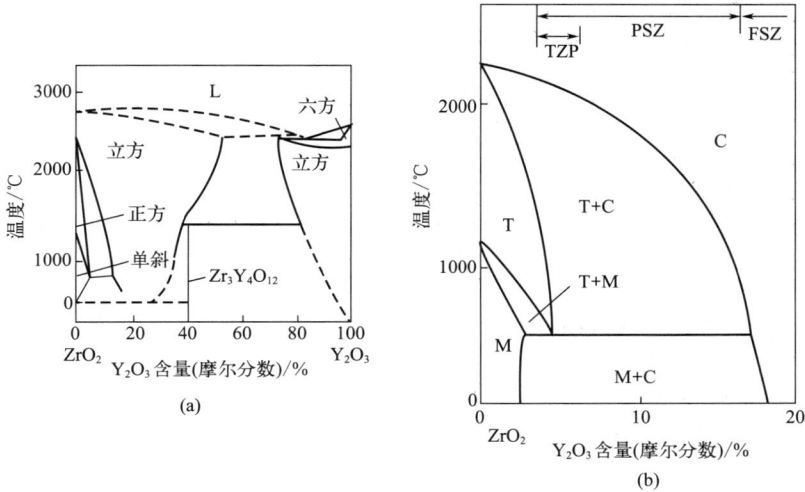

图 4-8 ZrO_2-Y_2O_3 系统相图

图 4-9 为 ZrO_2-3％ Y_2O_3（摩尔分数）多相组织的热膨胀曲线。由热膨胀曲线看出：在升温过程中，发生 m→t 相变，并在 A_s 点与 A_f 点之间的温度范围内完成相变；降温过程发生 t→m 逆相变，逆相变是在 M_s（t→m 相变开始点）与 M_f（t→m 相变终了点）之间的一个温度区间完成的。这种热膨胀行为与钢中的奥氏体（A）→马氏体（M）相变相似。

随 Y_2O_3 等稳定剂含量的增加，ZrO_2 陶瓷的 M_s 点降低，即高 Y_2O_3 含量使残余 t 相增多，甚至有 c 相被稳定到室温。一般能发生 t→m 相变的 t 相含 Y_2O_3 为 0～4％（摩尔分数）。

由于稳定剂含量、烧结和热处理工艺的不同，室温下可分别获得 t＋m、c＋t 双相或 c＋t＋m 三相组织或 TZP 单相组织。将前 3 种含有亚稳 t 相的复相组织统称为 PSZ。对于稳定剂含量相对较低的 FSZ，在烧结后快速冷却会形成非平衡组织，在 c＝t 双相区进行等温时效也会在基体上析出 t 相而成为 PSZ 组织。

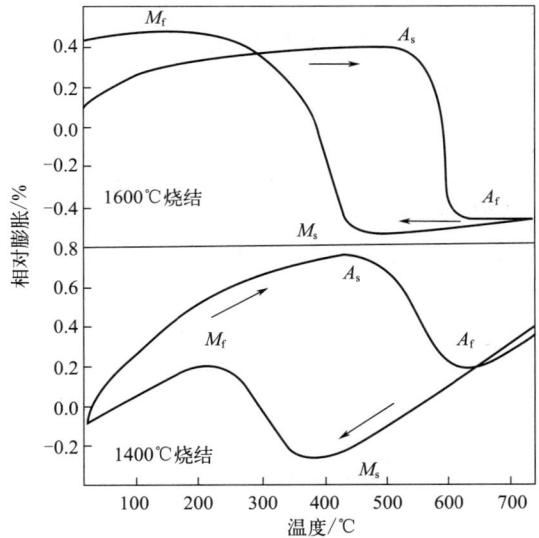

图 4-9 ZrO_2-3％Y_2O_3 陶瓷的热膨胀曲线

4.1.2.2 稳定 ZrO_2 陶瓷材料

（1）稳定 ZrO_2 粉末的制备方法

根据稳定剂的不同，选择不同的稳定剂加入量，采用电熔合成、高温合成和共沉淀等方

法制备稳定 ZrO_2 粉末。

① 电熔合成法。使用 ZrO_2 含量在 $98\%\sim99\%$ 的锆英石矿石，按需要配入稳定剂 Y_2O_3、CaO、MgO，在电炉中熔融或使 ZrO_2 熔融分解，除去 SiO_2，得到结晶块，经过粉碎、分选得到稳定 ZrO_2 粉末。用该法制得的立方稳定 ZrO_2 粉末可用作特种陶瓷、耐火材料的原料，还可用该法制得单斜晶系 ZrO_2 陶瓷作为耐火材料、颜料、研磨材料等。

② 碱熔融法（湿法）。该法用于制备高纯度 ZrO_2 细粉。在 $600\sim1000℃$ 下加入 $NaOH$ 或 Na_2CO_3，将锆英石按下式熔融。

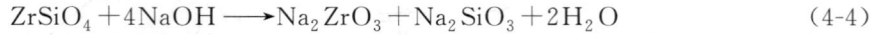

$$ZrSiO_4 + 4NaOH \longrightarrow Na_2ZrO_3 + Na_2SiO_3 + 2H_2O \qquad (4\text{-}4)$$

生成的锆酸钠经水解形成水合氢氧化物，再用硫酸浸出并纯化，得到浓的锆氧基硫酸盐。加氨水获得沉淀，将析出物在 $700\sim1300℃$ 煅烧，得到单斜 ZrO_2 细粉。该法制得的 ZrO_2 粉末纯度高（达 99.5% 以上），主要用作压电元件、氧传感器的原料和光学玻璃的添加剂。

③ 高温合成法。以采用上述方法制得的高纯度 ZrO_2 为原料并与一定量的稳定剂在球磨筒内球磨 $8\sim24h$，加入少量黏结剂，在 $50\sim100MPa$ 下制成压坯块，目的是使粉料之间接触紧密，促进固相反应完全，有利于均匀稳定。坯块在 $1450\sim1800℃$ 保温 $4\sim6\ h$ 进行稳定化。稳定化后的坯块经粉碎、球磨、清洗、烘干、过筛，得到各种粒度的粉料。如果在 $1800℃$ 或 $1800℃$ 以上进行稳定化，稳定的坯块将不易磨细；如果稳定化温度低，得到的 ZrO_2 粉料中会含有一定量的单斜相。

（2）稳定 ZrO_2 材料的制备

根据产品性能要求、形状、大小的不同，可以用不同的工艺方法制造稳定 ZrO_2 材料。为了改善工艺性能，可以采用在不同温度下稳定的混合粉作为原料，例如将高于 $1700℃$ 稳定的粉与 $1450℃$ 稳定的粉混合并加入适当黏合剂；采用注浆法、模压法和冷等静压成型；在中性或氧化性气氛中 $1650\sim1850℃$ 保温 $2\sim4h$ 烧成。一般情况下，粉末中粗颗粒多，体积收缩小，细颗粒多则产品密度高。为了降低烧结温度，也可加入适量 Al_2O_3。

由于稳定的 ZrO_2 具有很高的膨胀系数，为了提高制品的抗热震性，有时加入部分稳定的 ZrO_2 或在稳定的 ZrO_2 中加入未稳定的 ZrO_2 配料，例如 $70\%\sim90\%$ 的稳定 ZrO_2 加 $10\%\sim30\%$ 的单斜 ZrO_2，从而使材料整体体积变化减小，提高制品的抗热震性。

此外用热压法还可制备透明 ZrO_2 陶瓷。

（3）稳定 ZrO_2 的性质与用途

纯 ZrO_2 的熔点为 $2715℃$，加入 15%（摩尔分数）的 MgO 或 CaO 后，熔点为 $2500℃$。在 $0\sim1500℃$ 热膨胀系数为 $(8\sim11.8)\times10^{-6}℃^{-1}$，热导率 $1.6\sim2.3W\cdot m^{-1}\cdot℃^{-1}$。烧结后的稳定 ZrO_2 约含有 5% 的气孔，密度 $5.6g\cdot cm^{-3}$，莫氏硬度 7，弹性模量比氧化铝小得多，约为 $170GPa$（氧化铝约为 $300GPa$）。

稳定 ZrO_2 耐火度高，比热容与热导率小，是理想的高温隔热材料，可以用作高温炉内衬，也可作为各种耐热涂层，改善金属或低耐火度陶瓷的耐高温、抗腐蚀能力。

稳定 ZrO_2 化学稳定性好，高温时仍能抗酸性和中性物质的腐蚀，但不能抵抗碱性物质的腐蚀。元素周期表中第ⅤB、ⅥB、ⅦB、Ⅷ族金属元素与其不发生反应，可以用来制作熔炼这些金属的坩埚，特别是用于钴、钯、钌、铑、铱等金属的冶炼与提纯。稳定 ZrO_2 对钢水也很稳定，可以作为连续铸锭用的耐火材料。

纯 ZrO_2 是良好的绝缘体，室温电阻率为 $10^{13} \sim 10^{14}\Omega \cdot cm$。随温度升高，电阻率迅速下降，加入稳定剂可进一步降低电阻率。如果加入少量 MgO，$1000℃$ 时的电阻率为 $10^4\Omega \cdot cm$，$1700℃$ 时为 $6\sim 7\Omega \cdot cm$，加入 13%（摩尔分数）CaO 后 $1000℃$ 时的电阻率为 $13\Omega \cdot cm$。由于其明显的高温离子导电特性，可作为 $2000℃$ 使用的发热元件与高温电极材料（如磁流体发电装置中的电极），还可用作产生紫外线的灯。

此外，利用稳定 ZrO_2 的氧离子传导特性，可制成氧气传感器，进行氧浓度的检测。目前，稳定 ZrO_2 陶瓷氧量计，可作为气体、液体或钢水氧含量连续测量装置，也可用于对汽车燃料是否充分燃烧的测量与控制。有关细节在第 5 章中再加以讨论。

4.1.2.3 部分稳定 ZrO_2 材料

（1）部分稳定 ZrO_2 粉末的制取方法

部分稳定 ZrO_2 对原材料颗粒度有严格的要求，一般采用液相法制备 ZrO_2 粉末，基本原理如 3.1 节所述。使用 Y_2O_3 作稳定剂时，3%（摩尔分数）的添加量可得到部分稳定 ZrO_2 粉末，也可采用 MgO、CeO 等作稳定剂。

① 共沉淀法。共沉淀法工艺流程如图 4-10 所示。在水合氧氯化锆（$ZrOCl_2 \cdot 8H_2O$）等水溶性锆盐与稳定剂（如 YCl_3）的混合水溶液中加入 $NH_3 \cdot H_2O$ 等碱性物质，形成两者的氢氧化物溶胶共沉淀物，然后经过滤、水洗、脱水、干燥（$100℃$，$2h$），再经 $800℃$ 左右煅烧，便得到含 Y_2O_3 的 ZrO_2 粉末，粉末平均粒径为 $0.5\mu m$，比表面积为 $30m^2/g$。共沉淀法制得的部分稳定 ZrO_2 粉末，具有纯度高（氧化物总杂质含量在 0.1% 以下）、粉末粒径小、能在较低温度下进行烧结的特点，烧结体具有高的强度。

② 加水分解法。将共沉淀法制得的混合氯化物水溶液煮沸加水分解，得到共沉淀溶胶，该溶胶是析晶的水合 ZrO_2，将溶胶焙烧，得到 ZrO_2（Y_2O_3）粉末。

③ 热分解法。将锆和稳定剂的混合盐在高温气氛中直接进行喷雾干燥或冻结干燥，然后在 $800\sim 1000℃$ 煅烧，或者采用喷雾燃烧法，直接获得超细 ZrO_2 粉末。

④ 溶胶-凝胶法。调节锆盐和稳定剂混合水溶液的 pH 值，然后在 $90\sim 100℃$ 下加热形成凝胶物质，经过滤、脱水、干燥，再在 $400\sim 700℃$ 下煅烧，即得粉末，用该方法可调节 ZrO_2 晶粒的大小。

⑤ 水热法。将锆盐水溶液放入高压釜并在 $120\sim 200℃$ 水热条件下加热，通过与高压水之间的反应进行水热分解，可直接析晶得到 ZrO_2 微细粉末。

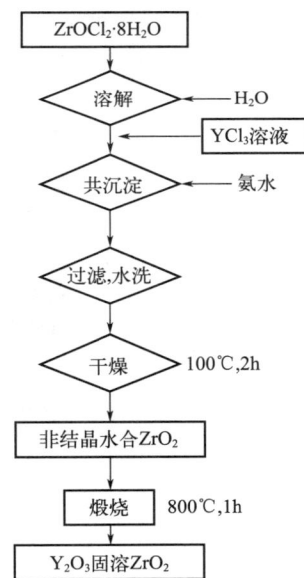

图 4-10 部分稳定 Y_2O_3 固溶 ZrO_2 粉末的制备工艺流程

（2）部分稳定 ZrO_2 陶瓷的制备

采用高纯、超细粉末，加入 $3\%\sim 4\%$（摩尔分数）的 Y_2O_3 稳定剂，经造粒、成型、在空气或氧化性气氛中 $1450\sim 1700℃$ 烧结制得。为了防止晶粒长大，尽可能采用较低的烧结温度。温度过低，成瓷性能差；温度过高，变形大，晶粒粗大，强韧性下降。

图 4-11 为一种含 3%（摩尔分数）Y_2O_3 的 ZrO_2 在 1600℃烧结得到的晶粒形态。可以看出，在 t 单相区烧结，冷却至室温后得到 TZP 多晶等轴细晶粒组织。

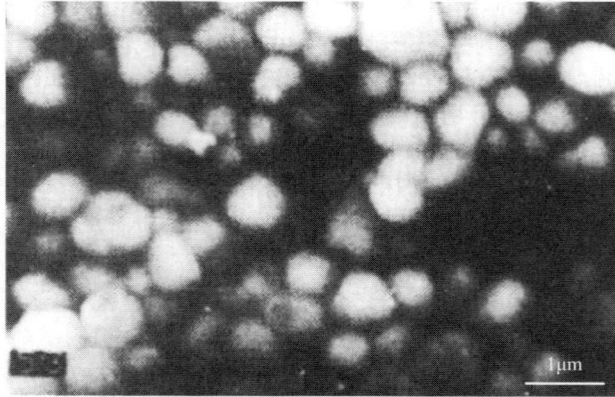

图 4-11 1600℃烧结的 ZrO_2-3%（摩尔分数）Y_2O_3 的晶粒形态

适当提高烧结温度，使 TZP 组织中一部分晶粒长大到超过 t→m 转变的临界尺寸 D_c，则冷却时 $D > D_c$ 的晶粒转变为 m 相，在室温下得到 t+m 双相组织，如图 4-12 所示。这种组织，在应力诱发相变韧化和微裂纹韧化等多种复合韧化作用下可获得很高的韧性。

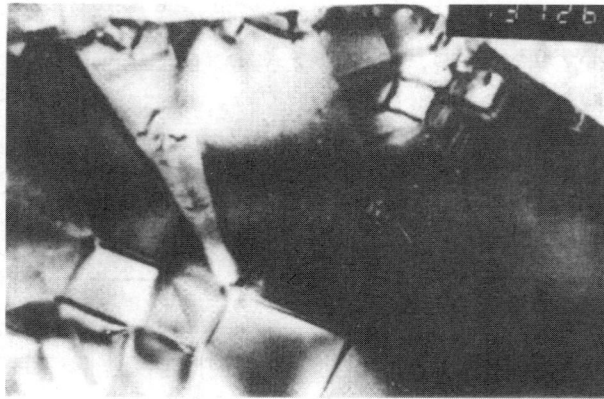

图 4-12 t+m 双相 ZrO_2 组织

如果将 ZrO_2-Y_2O_3 陶瓷于 c+t 双相区等温处理，快速冷却至室温后，可以得到 c+t 双相组织，如图 4-13 所示。图中大晶粒为高温 c 相，小晶粒为 t 相，t 相中有一部分晶粒（尺寸大且 Y_2O_3 含量低的）已经转变为 m 相，所以这种显微组织中含有 c+t+m 等轴晶粒，如图 4-14 所示。

（3）部分稳定 ZrO_2 的性质与用途

部分稳定 ZrO_2 陶瓷是在 1975 年研制成功的，人们把这种强度和断裂韧性都非常优异的陶瓷称为"陶瓷钢"，与稳定化 ZrO_2 陶瓷相比，它具有非常高的强度、断裂韧性和抗热冲击性能。最近报道的最高断裂韧性已达 15～30MPa·$m^{1/2}$，抗弯强度达 2000MPa 以上。表 4-6 为澳大利亚尼尔森公司生产的部分稳定 ZrO_2 的性能指标。

图 4-13　c＋t 双相 ZrO$_2$ 组织

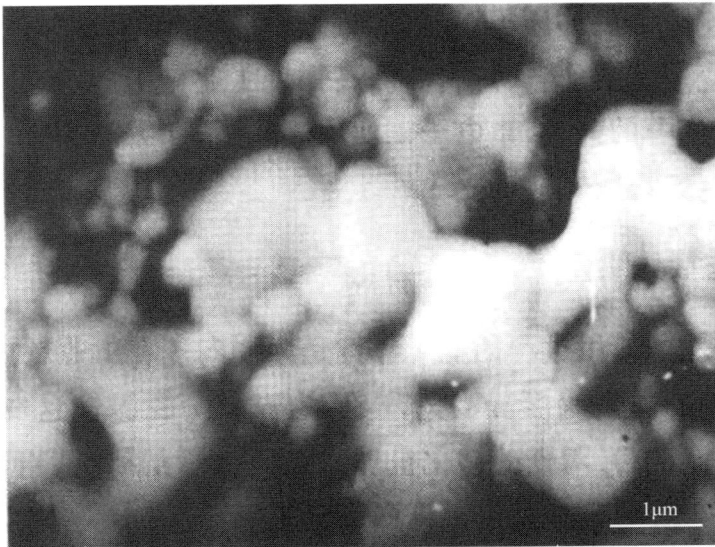

图 4-14　c＋t＋m 复相 ZrO$_2$ 组织

表 4-6　澳大利亚尼尔森公司生产的部分稳定 ZrO$_2$ 陶瓷性能指标

性能	高强型	高抗热震型
抗弯强度/MPa	690	600
断裂韧性/(MPa·m$^{1/2}$)	8～15	
韦伯模数	21.5	21
抗压强度/MPa	1850	1800
弹性模量/GPa	205	205
硬度（HV）/GPa	11.2	10.2
密度/(g·cm^{-3})	5.75	5.70

性能	高强型	高抗热震型
热膨胀系数/($10^{-6}K^{-1}$)	10.1	8.6
热导率/($W \cdot m^{-1} \cdot K^{-1}$)	1.8	2.1
抗热震温差 ΔT/℃	300	500
泊松比	0.23	0.23
电阻率/($\Omega \cdot cm$)	$>10^8$	$>10^8$
与钢对磨时摩擦系数	0.17	0.17

由于部分稳定 ZrO_2 陶瓷有很好的力学性能，同时热传导系数小，隔热效果好，而热膨胀系数又比较大，比较容易与金属部件匹配，在目前所研制的陶瓷发动机中用于汽缸内壁、活塞、缸盖板、气门座和气门导杆，其中某些部件是与金属复合而成的。由于陶瓷发动机处于研制阶段，尚有许多问题有待解决。

此外，部分稳定 ZrO_2 陶瓷还可用于采矿和矿物工业的无润滑轴承、喷砂设备的喷嘴、粉末冶金工业所用的部件、制药用的冲压模、紫铜和黄铜的冷挤和热挤模具泵部件、球磨件等。

部分稳定 ZrO_2 陶瓷还可用于各种高韧性、高强度工业与医用器械。例如纺织工业落筒机用剪刀、羊毛剪，磁带生产中的剪刀，微电子工业用工具（如无磁性改锥）。此外由于其不与生物体发生反应，也可用作生物陶瓷材料。

4.2 氮化物陶瓷

氮化物包括非金属和金属元素氮化物，它们都是高熔点物质。氮化物陶瓷的种类很多，但都不是天然矿物，均是人工合成的。目前工业上应用较多的氮化物陶瓷有氮化硅（Si_3N_4）、氮化硼（BN）、氮化铝（AlN）、氮化钛（TiN）等。

大多数氮化物的熔点都比较高，特别是元素周期表中ⅢB、ⅣB、ⅤB、ⅥB族过渡元素都能形成高熔点氮化物，如表4-7所示。但 BN、Si_3N_4、AlN 等在高温下不出现熔融状态，而是直接升华分解。多数氮化物在蒸气压达到 $10^{-6}Pa$ 时对应的温度都在 2000℃以下，表明氮化物易蒸发，从而限制了其在真空条件下的使用。氮化物陶瓷一般都有非常高的硬度，即使对于硬度很低的六方 BN，当其晶体结构转变为立方结构后也具有仅次于金刚石的硬度。和氧化物相比，氮化物抗氧化能力较差，从而限制了其在空气中的使用。氮化物的导电性能变化很大，一部分过渡金属氮化物属于间隙相，其晶体结构与原来金属元素的结构相同，氮则填隙于金属原子间隙之中，它们都具有金属的导电特性，而 B、Si、Al 元素的氮化物则由于生成共价键晶体结构而成为绝缘体。

表 4-7 典型氮化物材料的性能

材料	熔点/℃	密度/($g \cdot cm^{-3}$)	电阻率/($\Omega \cdot cm$)	热导率/($W \cdot m^{-1} \cdot K^{-1}$)	热膨胀系数/($10^{-6}℃^{-1}$)	莫氏硬度
HfN	3310	14.0	—	21.6	—	8～9
TaN	3100	14.1	135×10^{-6}	—	—	8

先进结构陶瓷

材料	熔点/℃	密度 /(g·cm^{-3})	电阻率 /(Ω·cm)	热导率 /(W·m^{-1}·K^{-1})	热膨胀系数 /(10^{-6}℃$^{-1}$)	莫氏硬度
ZrN	2980	7.32	13.6×10^{-6}	13.8	6~7	8~9
TiN	2950	5.43	21.7×10^{-6}	29.3	9.3	8~9
ScN	2650	4.21	—	—	—	—
UN	2650	13.52	—	—	—	—
ThN	2630	11.5	—	—	—	—
Th$_3$N$_4$	2360	—	—	—	—	—
NbN	2050（分解）	7.3	200×10^{-6}	3.8	—	8
VN	2030	6.04	85.9×10^{-6}	11.3	—	9
CrN	1500	6.1	—	8.8	—	—
BN	3000（升华分解）	2.27	10^{13}	15~28.8	0.59~10.51	2
AlN	2450（升华分解）	3.26	2×10^{11}	20~260	4.03~6.09	7~8
Be$_2$N$_3$	2200	—	—	—	2.5	—
Si$_3$N$_4$	1900（升华分解）	3.44	10^{13}	20~170	3.2-3.6	—

一般来说，氮化物陶瓷原料和制品的制造成本都比氧化物陶瓷高。同时一些共价键强的氮化物难以烧结，往往需要加入烧结助剂，甚至需要采用热压或气压烧结工艺。此外，氮化物陶瓷的后加工也是非常困难的。

4.2.1 Si$_3$N$_4$ 陶瓷

4.2.1.1 Si$_3$N$_4$ 陶瓷的晶体结构

Si$_3$N$_4$ 有 α 和 β 两种晶型，其中 α 型是不稳定的低温晶型，β 型是稳定的高温晶型。它们的晶体结构均为六方晶系，将 α-Si$_3$N$_4$ 加热至 1500℃ 转变为 β-Si$_3$N$_4$，这种转变是不可逆的。

在 Si$_3$N$_4$ 中，Si 原子和周围的 4 个 N 原子以共价键结合，形成［Si-N$_4$］四面体结构单元，如图 4-15(a) 所示，所有四面体共享顶角构成三维空间网，形成 Si$_3$N$_4$。正是由于［Si-N$_4$］四面体结构单元的存在，Si$_3$N$_4$ 具有较高的硬度。在 β-Si$_3$N$_4$ 的一个晶胞内有 6 个 Si 原子，8 个 N 原子。其中 3 个 Si 原子和 4 个 N 原子在一个平面上，另外 3 个 Si 原子和 4 个 N 原子在高一层平面上。第 3 层与第 1 层相对应，如此依次地在 c 轴方向重复排列，即按 ABAB…方式层叠排列，β-Si$_3$N$_4$ 的晶胞参数为 $a=0.7606$nm，$c=0.29909$nm。α-Si$_3$N$_4$ 中第 3 层、第 4 层的 Si 原子在平面位置上都分别与第 1、第 2 层的 Si 原子错了一个位置，形成 4 层重复排列，即按 ABCDABCD…方式排列。相对 β-Si$_3$N$_4$ 而言，α-Si$_3$N$_4$ 的晶胞参数变化不大，但 c 轴扩大了约一倍（$a=0.775$nm，$c=0.5618$nm），因此体系的稳定性比较差，高温时原子位置发生调整会转变成稳定的 β-Si$_3$N$_4$。

4.2.1.2 Si$_3$N$_4$ 陶瓷粉末的制备方法

Si$_3$N$_4$ 粉末的制取方法很多，表 4-8 为 Si$_3$N$_4$ 粉末的主要制备方法和特性。

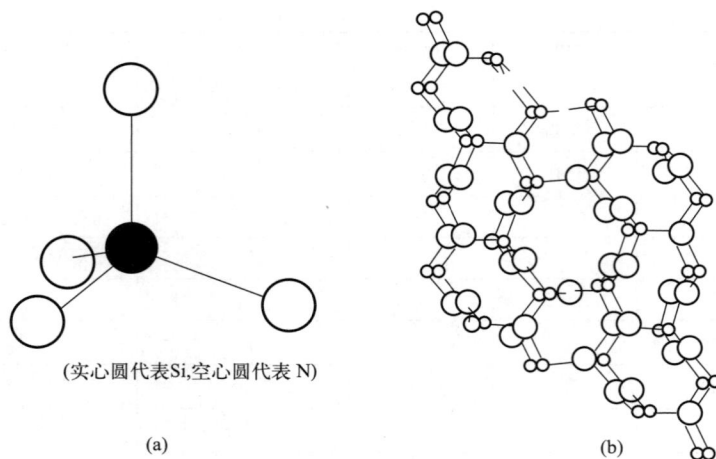

（实心圆代表Si,空心圆代表N）

(a)　　　　　　　　　　　　　　　　(b)

图 4-15　Si₃N₄ 的晶体结构

（a）Si₃N₄ 四面体结构；（b）Si₃N₄ 四面体的排列

表 4-8　Si₃N₄ 粉末的主要制备方法和特性

制备方法	平均粒径 /μm	比表面积 /(m²·g⁻¹)	α 相含量（质量分数）/%	不纯物含量（质量分数）/%						备注
				Fe	Al	Ca	Mg	O	C	
直接氮化法	<0.5	—	<90	0.03	0.1	0.03	—	2.0	0.15	高纯微粉
直接氮化法	<10	—	70~75	0.2	0.2	0.04	—	1.7	0.2	普通粉末
碳热还原氮化法	0.9	—	<98	—	0.2	0.01	0.003	2.0	0.9	
气相合成法	—	4	>57	—	<0.002	—	<0.002	<3		
热分解法	0.2	12	≤95	0.01	<0.005	<0.005	—	<2.0	<0.2	
自蔓延高温合成法	0.7	9.4	<93	0.02	0.01	0.002	—	1.1	—	

（1）直接氮化法

直接氮化法是制取 Si₃N₄ 粉末最常见的工业方法，将具有一定细度和纯度的硅粉置于炉内，氮气或氨气条件下加热，所获得的 Si₃N₄ 粉末主要为 α 型，少量为 β 型。反应式为：

$$3Si+2N_2 \Longrightarrow Si_3N_4 \tag{4-5}$$
$$3Si+4NH_3 \Longrightarrow Si_3N_4+6H_2 \tag{4-6}$$

从 1200℃ 左右控制升温速度，到 1400℃ 左右氮化结束，粉料制备流程如图 4-16 所示。

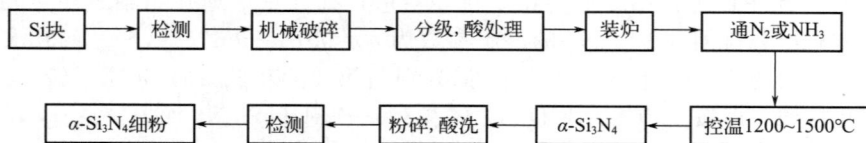

图 4-16　直接氮化法制备 Si₃N₄ 粉末的工艺流程

（2）碳热还原氮化法

由表 4-8 可以看出，碳热还原氮化法得到的 Si₃N₄ 粉末含金属杂质少，纯度高，颗粒细；同时由于反应吸热，氮化速率比直接氮化法快。

采用高纯超细二氧化硅粉，将其与作为还原剂的碳粉混合，氮气气氛中 $1350\sim1480℃$ 下还原氮化，其反应式为：

$$3SiO_2 + 6C + 2N_2 \Longrightarrow Si_3N_4 + 6CO \tag{4-7}$$

将反应得到的 Si_3N_4 粉末在氧化性气氛中 $600\sim700℃$ 下热处理除碳，得到质量较高的粉末。用碳热还原法制备的 Si_3N_4 粉末中 α 相含量高，烧结材料抗弯强度高。

（3）化学气相沉积法（CVD法）

用硅的卤化物和氨进行反应：

$$3SiCl_4 + 4NH_3 \Longrightarrow Si_3N_4 + 12HCl \tag{4-8}$$

所得到的为高纯度超细（$<0.1\mu m$）Si_3N_4 粉末原料。

（4）自蔓延高温合成法

自蔓延高温合成法是一种高效、低成本制备 Si_3N_4 粉末的工业方法。将具有一定细度和纯度的硅粉置于自蔓延高温合成炉内，在大于 $3MPa$ 的氮气压力下点燃，依靠硅粉氮化［同式（4-5）］所放出的高反应热维持反应的持续进行，燃烧完成后将产物破碎、除杂后，即可得到 Si_3N_4 粉末。需要注意的是，在自蔓延高温合成过程中，需要严格控制原料的组分和燃烧工艺参数，甚至添加 NH_4Cl 催化剂等，才能获得高 α 相含量的 Si_3N_4 粉末。

4.2.1.3　Si_3N_4 陶瓷的烧结工艺

Si_3N_4 陶瓷的烧结方法很多，表4-9为常用烧结工艺及其特点。由于 Si_3N_4 的共价键特点，自扩散系数小，难以烧结致密。即使采用热压工艺也必须在原料中加入烧结助剂。经常根据所采用的烧结工艺对 Si_3N_4 陶瓷进行分类。

表 4-9　Si_3N_4 陶瓷制品的烧结方法

烧结方法	主要原料	烧结助剂	制品特征
反应烧结	Si	—	收缩小，气孔率 $10\%\sim20\%$，尺寸精确，强度低
二次反应烧结	Si	Y_2O_3，MgO	收缩率小，较致密，尺寸精确，强度有所提高
常压烧结	Si_3N_4	Y_2O_3，Al_2O_3	较致密，低温强度高，高温强度下降
气压烧结	Si_3N_4（Si）	MgO，Y_2O_3，Al_2O_3	添加剂加入量减少，致密度、强度、热导率提高
普通热压烧结	Si_3N_4	MgO，Y_2O_3，Al_2O_3	制品形状简单，致密，强度高，存在各向异性
热等静压烧结	Si_3N_4	Y_2O_3，Al_2O_3	致密，组织均匀，强度高，添加剂微量
化学气相沉积	Si_3N_4，NH_3	—	高纯度薄层，各向异性，不能得到厚壁制品

（1）反应烧结 Si_3N_4

将硅粉或硅粉与 Si_3N_4 粉的混合料按一般陶瓷成型方法成型。根据反应式：

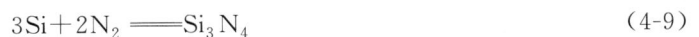

$$3Si + 2N_2 \Longrightarrow Si_3N_4 \tag{4-9}$$

在氮化炉内，于 $1150\sim1450℃$ 分两阶段加热进行氮化反应，生成的 Si_3N_4 制品称作反应烧结 Si_3N_4。第一阶段在 $1150\sim1200℃$ 预氮化，以获得具有一定强度的 Si_3N_4 素坯，可以对其用各种机床进行车、刨、钻、铣等加工；第二阶段在 $1350 \sim 1450 ℃$ 进一步氮化，直到全部生成 Si_3N_4 为止。各阶段升温速度和保温时间与坯体的大小和形状有关，一般采用以氮耗定升温的氮化制度。

反应烧结 Si_3N_4 为 α 相和 β 相的混合物。氮化反应本身将产生 22% 的体积膨胀，膨胀主要表现在坯体内部，而整个坯体外形尺寸基本不发生变化。

反应烧结 Si_3N_4 的主要优点是产品尺寸和素坯尺寸基本相同，同时在第一阶段烧结后可以用普通设备对其进行机加工，从而获得尺寸精确、形状复杂的产品，此外由于烧结过程无添加剂，故材料高温性能不下降。但反应烧结 Si_3N_4 的密度与素坯成型密度有关，一般含有 $13\% \sim 20\%$ 的气孔，密度不可能太高（$2.2 \sim 2.7 g/cm^3$），强度也不太高（$200 \sim 300 MPa$）。适当的添加剂可以提高氮化速率，促进烧结，例如加入 $2\% CrF_3 \cdot 3H_2O$，氮化后材料密度可以提高 63%，即达到 Si_3N_4 理论密度的 90%。

（2）热压烧结 Si_3N_4

为了克服反应烧结 Si_3N_4 气孔率高、强度低的缺点，可以采用热压工艺获得完全致密的 Si_3N_4 陶瓷。

采用 α 相含量 $>90\%$ 的 Si_3N_4 细粉和少量添加剂（如 MgO、Al_2O_3、MgF_2 或 Fe_2O_3 等），充分磨细，混合均匀，然后放入石墨模具中进行热压烧结，热压温度 $1600 \sim 1800 ℃$，压力 $20 \sim 30 MPa$，保压 $20 \sim 120 min$，整个操作在氮气气氛下进行。由于纯 Si_3N_4 体扩散系数很小，难以固相烧结，添加剂的加入可以生成液相促进烧结。例如 MgO 在高温生成 $MgO \cdot SiO_2$ 或 $2MgO \cdot SiO_2$ 低熔点玻璃相，在热压温度超过 $1500 ℃$ 后形成液相而促进烧结，冷却后作为玻璃相存留于晶界上。

热压烧结 Si_3N_4 制品密度高，气孔率接近零，抗弯强度约 $1000 MPa$，断裂韧性 $5 \sim 8 MPa \cdot m^{1/2}$，强度在高温（$1000 \sim 1100 ℃$）仍不下降。热压烧结 Si_3N_4 的缺点在于只能制造形状简单的制品，同时热压烧结后 β 相具有方向性，导致性能具有方向性，限制了其使用范围。此外，由于硬度高，热压后加工到所需的形状、尺寸非常困难。

（3）无压烧结 Si_3N_4

与热压烧结所用原料一样，采用 α 相含量 $>90\%$ 的 Si_3N_4 细粉料并加入适量烧结助剂（如 ZrO_2、Y_2O_3、Al_2O_3、MgO、La_2O、$MgSiN_2$ 等），烧结助剂可以单独加入，也可以复合加入，复合加入效果更好。原料粉末充分混匀并冷压成型，成型坯体经排胶后，在氮气气氛下 $1700 \sim 1800 ℃$ 烧结。

无压烧结机理仍然是液相烧结。由于烧结温度高（$1700 \sim 1800 ℃$），烧结的关键是防止 Si_3N_4 的分解，必须精心选择外加剂、烧成制度和烧结用坩埚等。一般选择涂有 h-BN 的石墨坩埚，加上比例为 $Si_3N_4 : BN : MgO = 50 : 40 : 10$ 的均匀混合埋粉，将成型坯体覆盖起来，烧结过程中 MgO 高温挥发扩散至坯体中，降低了液相生成温度，增加了液相量，有利于致密化，促进了烧结。

此外，提高氮气压力有利于减少 Si_3N_4 的热分解，提高材料的致密度。一般来说，在 $1900 \sim 2100 ℃$ 时相应的氮气压力要达到 $1 \sim 5 MPa$ 才能保证优异的烧结性能和小于 2% 的分解失重。

无压烧结 Si_3N_4 的烧成收缩率约为 20%，相对密度可达 $96\% \sim 99\%$，可以制造形状复杂的产品，性能优于反应烧结 Si_3N_4，并且成本低。但由于坯体中玻璃相较多，影响材料的高温强度，同时由于烧成收缩较大，产品易开裂变形。

（4）反应烧结重烧结 Si_3N_4（即二次反应烧结 Si_3N_4）

反应烧结重烧结 Si_3N_4 是指将含有添加剂的反应烧结 Si_3N_4 在一定氮气压力下，在更高温度下再次烧结，使之进一步致密化的过程，所以也可称其为二次反应烧结 Si_3N_4。

重烧结时的添加剂可在硅粉球磨时直接加入，使用较多的添加剂有 MgO、Y_2O_3、Al_2O_3、La_2O_3、TiO_2、Mg_3N_2 等；也可在重烧结时将添加剂加入埋粉之中。

添加剂与 Si_3N_4 加入量的比例为（4%～15%）：（85%～96%）。为了抑制 Si_3N_4 的高温分解，在重烧结过程中必须保持较高的氮气压力，一般为几兆帕，最高至 200MPa。

重烧结可将反应烧结后 Si_3N_4 中 13%～20% 的气孔率减小到 5% 左右，烧成收缩比较小。此外，由于它是以已经达到 80% 以上密度的反应烧结制品作为重烧结坯体，所以反应烧结重烧结 Si_3N_4 既具有较高的密度和强度，又可做成形状复杂、尺寸精确的制品。

除以上几种方法外，还可采用高温热等静压法、气压烧结法和化学气相沉积法等制备 Si_3N_4 陶瓷，以满足对材料性能越来越高的要求。

4.2.1.4　Si_3N_4 陶瓷的显微结构

除了反应烧结外，Si_3N_4 陶瓷的其他高温烧结过程都属于液相烧结。烧结过程包含颗粒重排（≥1350℃）、溶解-析出（1450～1600℃）和晶粒长大（≥1600℃）3 个阶段。其中溶解-析出对应 α 相的溶解及 β 相的析出，晶粒长大对应 β 相粗化和烧结体内气孔成为封闭气孔。

图 4-17 为 85% Si_3N_4（α 相＞90%）＋10% Y_2O_3＋5% Al_2O_3 的混合粉料在不同温度下无压烧结所得材料的显微结构。当烧结温度较低（1350℃）时，主要结构为 $\alpha＋\beta＋$ 气孔＋玻璃相，材料中保留了原始粉料中的大量细小等轴 α 相和少量棒状 β 相，存在少量玻璃相和气孔；当烧结温度提高到 1600℃ 时，主要显微结构为 β 相柱状晶（含量达 96%）和少量玻璃相，α 相消失；当烧结温度进一步提高至 1650℃ 时，显微结构全部为 β 相＋少量晶界玻璃相，柱状相晶粒尺寸明显增大，长径比减小。

| (a) 1350℃ | (b) 1600℃ | (c) 1650℃ |

图 4-17　Si_3N_4 显微结构随烧结温度的变化

要得到致密的 Si_3N_4 陶瓷材料，必须考虑 Si_3N_4 陶瓷烧结过程的各种变化。细粉料表面能高，溶解析出容易进行；原始粉料中高 α 相含量有利于 α 相的溶解与 β 相的析出；此外，合适的添加剂、烧结气氛、埋粉组成，以及工艺条件的控制也是获得高密度、高性能 Si_3N_4 材料的重要保证。

4.2.1.5 Si₃N₄ 陶瓷的性能与用途

由于生产工艺不同，Si_3N_4 陶瓷性能有很大差异，表 4-10 为几种 Si_3N_4 材料的典型性能的参考值。

表 4-10 Si₃N₄ 陶瓷材料的典型性能参考值

性能	反应烧结 Si_3N_4	常压烧结 Si_3N_4	热压烧结 Si_3N_4	气压烧结 Si_3N_4
密度/$(g \cdot cm^{-3})$	2.7～2.8	3.2～3.26	3.2～3.4	3.2～3.4
硬度/HRA	83～85	91～92	92～93	92～93
抗弯强度/MPa	250～400	600～800	900～1200	600～800
弹性模量/GPa	160～200	290～320	300～320	300～320
韦伯模数	15～20	10～18	15～20	15～20
热膨胀系数 /$(10^{-6}℃^{-1})$	3.2（室温～1200℃）	3.4（室温～1000℃）	2.6（室温～1000℃）	3.4（室温～1000℃）
热导率 /$(W \cdot m^{-1} \cdot K^{-1})$	17	20～25	30～60	60～170
抗热震性参数 $\Delta T_c/℃$	300	600	600～800	600

Si_3N_4 陶瓷材料的热膨胀系数小，因此具有较好的抗热震性能；在陶瓷材料中，Si_3N_4 的弯曲强度比较高，硬度也很高，同时具有自润滑性，摩擦系数小（只有 0.1），与加油的金属表面相似，作为机械耐磨材料使用具有较大的潜力；Si_3N_4 陶瓷材料的常温电阻率比较高（$10^{13}～10^{14}\Omega \cdot cm$），可以作为较好的绝缘材料；$Si_3N_4$ 陶瓷材料的化学稳定性很好，耐氢氟酸以外的所有无机酸和某些碱液的腐蚀，也不被铅、铝、锡、银、黄铜、镍等熔融金属合金所浸润与腐蚀；高温氧化时材料表面形成的氧化硅膜可以阻碍进一步氧化，抗氧化温度达 1400℃；在还原气氛中最高使用温度可达 1800℃。

Si_3N_4 陶瓷可用作热机材料、切削工具、高级耐火材料、陶瓷基板材料，还可用作抗腐蚀、耐磨损的密封部件等，其具体用途如表 4-11 所示。

表 4-11 Si₃N₄ 陶瓷的用途

用途	主要应用实例
耐热零部件	燃气涡轮和柴油机中定子叶片、燃烧器等，汽缸盖、活塞环、密封排气阀、高温气体流量调节阀、高温气体送风扇零件、加热炉传热管、炉芯管、热交换器等
耐腐蚀部件	各种化学反应管，机械轴封，阀类喷嘴，耐腐蚀内衬件，熔融非铁金属输送泵零件，浸渍电热器等
工具及耐磨损件	切削工具，轴承类，研磨类，抄纸机零件，浆用阀类
轻量化零部件	机器油压控制阀，自动化装置和快速加热炉零件，飞机和宇航零件等
其他	各种绝缘体（陶瓷基板），精密工作机器及量规，弹簧等

4.2.1.6 赛隆陶瓷

在开发 Si_3N_4 材料的过程中发现了一些新的物质和材料，其中最为重要的是赛隆 (Sialon)，也称赛阿龙陶瓷，它是 Si_3N_4-Al_2O_3-AlN-SiO_2 系列化合物的总称。当使用

Al_2O_3 作为添加剂加入 Si_3N_4 进行烧结时发现，在 β-Si_3N_4 晶格中部分 Si 和 N 被 Al 和 O 取代形成单相固溶体，它保留着 β-Si_3N_4 的结构，只不过晶胞尺寸增大了，形成了由 Si-Al-O-N 元素组成的一系列相同结构的物质，将组成元素排列起来便称为 Sialon 陶瓷。

Sialon 的晶体结构仍属六方结构，有 α-Sialon 和 β-Sialon 两种晶形，α-Sialon 性能较差，β-Sialon 则具有优良的性能。

图 4-18 为 Sialon 系统相图。这个相图是以等电价百分比来表示的，是在 1750℃ 下得到的 Si_3N_4-Al_2O_3-AlN-SiO_2 系统进行反应的等温相图。可以看出，β-Si_3N_4（β-Sialon 相）并不在 Si_3N_4-Al_2O_3 的连线上，而是处在 Si_3N_4-Al_2O_3·AlN 的连线上。在 Si_3N_4 中金属原子（Si）和非金属原子（N）之比为 3:4，而 Al_2O_3 与 Si_3N_4 的价数不同，当仅以 Al_2O_3 去取代 Si_3N_4 时，为了保持电价平衡，必然出现 Si 空位，可是 Si_3N_4 的共价键特性又很难出现空位，因此单纯加入 Al_2O_3 不可能形成无组分缺陷的固溶体，只有在 Si_3N_4-Al_2O_3·AlN 连线上才能保持金属原子（Si 和 Al）和非金属原子（N 和 O）之比为 3:4，而且其价态也是平衡的，因此在 Si_3N_4-Al_2O_3·AlN 连线上才能形成无组分缺陷的单相固溶体点 β-Sialon。β-Sialon 具有优良的抗氧化、耐腐蚀性能。可以把 β-Sialon 固溶体写成：$Si_{6-x}Al_xO_xN_{6-x}$，其中 x 的取值为 0~4.2，在此范围内均可形成单相赛隆（Sialon）。$x=0$ 时对应 β-Si_3N_4，随 x 值的增大，固溶的 Al_2O_3 含量增加，晶格膨胀，密度下降，硬度和弯曲强度也略有下降。当 $x>4.2$ 时，Al_2O_3·AlN 过多，已不能保持 β-Sialon 的晶体结构，在相图右下角出现了 8H、15R、12H、21R、27R 等相，都是 AlN 的多形体。

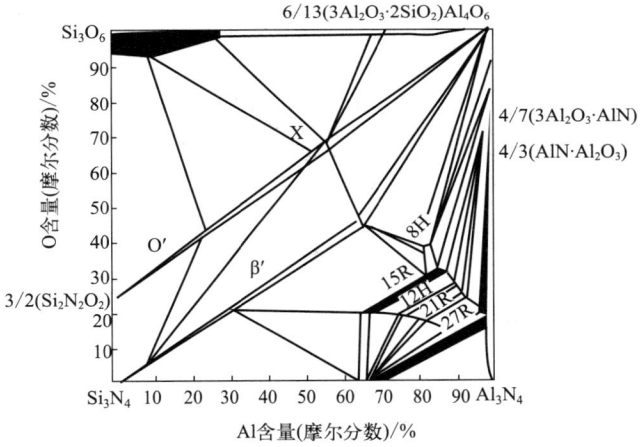

图 4-18　Si_3N_4-Al_2O_3-AlN-SiO_2 系统相图
（8H、15R、12H、21R、27R 为不同晶胞尺寸的新相）

α-Sialon 也是 Al、O 原子部分置换 Si_3N_4 中 Si、N 原子的固溶体。α-Sialon 的组织结构中存在严重的晶格缺陷，其强度比 β-Si_3N_4 低，但其最大的优点是高硬度（HRA93~94），高耐磨，高抗热震性，有良好的抗氧化性和高低温性能。

由于 Sialon 有很宽的固溶范围，可通过调整固溶体的组分比例按预定性能对 Sialon 进行成分设计，通过添加剂加入量的适当调节可以得到最佳 β-Sialon 和 α-Sialon 的比例，获得最佳综合强度和硬度的材料。

从理论上讲，赛隆陶瓷是单相固溶体，所加入的烧结助剂应进入晶格，在晶界上没有玻璃相，具有优异的高温强度和抗蠕变性能。然而实际上不可能没有玻璃相，所以赛隆比

Si_3N_4 易于烧结。在无压力情况下，可烧结至理论密度，特别是 x 值较大时。综合考虑使用性能和烧结性能，x 的取值一般为 $0.4\sim1.0$。

经常采用无压烧结或热压烧结的方法制备赛隆陶瓷。主要的添加剂为 MgO、Al_2O_3、AlN、SiO_2 等，同时添加 Y_2O_3、Al_2O_3 能获得强度很高的赛隆陶瓷。此外，加入 Y_2O_3 可降低赛隆陶瓷的烧结温度。在制备 Sialon 陶瓷时应选择超细、超纯、高 α 相含量的 Si_3N_4 粉末，采用适当的工艺措施控制其晶界相的组成和结构，才能获得性能优异的材料。

近年来又出现了 Y-Sialon、Mg-Sialon 和 Ca-Sialon 等一系列相同结构的 Sialon 家族，主要的差别在于加入了不同的烧结助剂。

Sialon 陶瓷材料除了具有较低热膨胀系数，较高耐腐蚀性，高的热硬性，优良的耐热冲击性能，优异的高温强度、硬度等优点（表 4-12）外，其最大的优越性在于制备工艺相对容易实现。

表 4-12   Sialon 陶瓷的主要物理、力学性能

项目	常压烧结 Sialon	热压烧结 Sialon
密度/($g \cdot cm^{-3}$)	2.93	3.2
气孔率/%	8.6	—
抗弯强度/MPa	$340\sim1000$	>1000
热导率/($W \cdot m^{-1} \cdot K^{-1}$)	—	24.2（40℃）
热膨胀系数/($10^{-6}K^{-1}$)	—	3.8（0~1000℃）

由于赛隆陶瓷所具有的优良性能，其应用范围比 Si_3N_4 更广，主要应用领域为：①热机材料，用于汽车发动机的针阀和挺杆垫片；②切削工具，陶瓷的热硬性比 Co-WC 合金和 Al_2O_3 高，当刀尖温度大于 1000℃ 时仍可进行高速切削；③轴承等滑动件及磨损件，Sialon 陶瓷易于直接烧结到工件所需尺寸，硬度高，耐磨性能好。

4.2.2 AlN 陶瓷

4.2.2.1 AlN 材料的基本特性

AlN 属于共价键化合物，六方晶系，纤维锌矿型结构，白色或灰白色，密度 3.26g/cm³，无熔点，在 $2200\sim2250$℃ 升华分解，热硬度很高，即使在分解温度前也不软化变形。在 2000℃ 以下的非氧化性气氛中具有良好的稳定性；其室温强度虽不如 Al_2O_3，但高温强度比 Al_2O_3 高，通常随温度升高，强度不发生变化；热膨胀系数比 Al_2O_3 低，但热导率是 Al_2O_3 的 5 倍以上，因此 AlN 具有优异的抗热震性。AlN 对 Al 和其他熔融金属、砷化镓等具有良好的耐蚀性，尤其对熔融 Al 液具有极好的耐侵蚀性。此外，还具有优良的电绝缘性和介电性能。但 AlN 的高温（$>$800℃）抗氧化性差，在大气中易吸潮、水解。

4.2.2.2 AlN 陶瓷制备工艺

（1）AlN 粉末的制备

目前工业上制备 AlN 粉末的方法主要有铝粉氮化法、碳热还原氮化法和自蔓延高温合成法，其中以前两种方法为主。

① 铝粉氮化法。工业上一般首先采用预处理，除去铝的氧化膜，将铝和氮气（或氨）

直接反应制备 AlN 粉末。

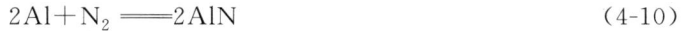

$$2Al + N_2 = 2AlN \tag{4-10}$$

反应在 $580 \sim 600℃$ 进行，经常添加少量氟化钙或氟化钠等氟化物作为触媒，防止反应过程中发生未反应铝粉的凝聚。

② 碳热还原氮化法。Al_2O_3 和 C 的混合粉末在 N_2 或 NH_3 气氛中加热，反应式为：

$$Al_2O_3 + 3C + N_2 = 2AlN + 3CO \tag{4-11}$$

铝的卤化物（$AlCl_3$、$AlBr_3$ 等）和氨反应：

$$AlCl_3 + NH_3 = AlN + 3HCl \tag{4-12}$$

铝粉和有机化合物按 1∶1 混合，在氮化炉内逐步升温氮化，最终在 $1000℃$ 保温 2h，可获得 90% 以上的 AlN 粉末。

不论何种方法制备得到的 AlN 粉料都容易发生水解反应：

$$AlN + 3H_2O = Al(OH)_3 + NH_3 \tag{4-13}$$

因此必须对制备好的 AlN 粉末进行处理，以降低粉料表面活性。通常将 AlN 粉末在 Ar 气中加热到 $1800 \sim 2000℃$，以降低其活性。

③ 自蔓延高温合成法。自蔓延高温合成法是一种高效、低成本合成 AlN 粉末的方法。将具有一定细度和纯度的铝粉置于自蔓延高温合成炉内，在一定的氮气压力下点燃，依靠 Al 粉氮化［同式（4-10）］所放出的高反应热维持反应的持续进行，燃烧完成后将产物破碎、除杂后，即可得到 AlN 粉末。在自蔓延高温合成过程中，通过控制原料的组分和燃烧工艺参数，甚至添加 NH_4Cl 催化剂等，有可能获得不同形貌的 AlN 粉末，如晶须、近球形颗粒等。

（2） AlN 陶瓷的烧结

通常采用无压、热压等烧结方法制造 AlN 陶瓷制品。

无压烧结时，在 AlN 中加入烧结助剂（Y_2O_3、Al_2O_3、SiO_2、BeO、CaO 等），于 $1800℃$ 左右烧结，使烧结助剂与 AlN 反应生成低熔点铝酸盐类液相以促进烧结，液相冷却后则生成铝酸钙或铝酸钇和玻璃相，可以提高坯体强度；有时也加 Fe、Ni、Co、Mo 等金属细粉，这些粉末在 AlN 坯体中均匀分布，起到弥散作用，可以提高坯体强度。

热压烧结则在 $1800 \sim 2000℃$ 的高温下进行，于 Ar 气氛中保持 $1 \sim 2h$，即可得到致密的制品。

（3） AlN 陶瓷的性能与用途

表 4-13 为两种不同方法烧结的 AlN 陶瓷材料的基本特性。

AlN 可以用于熔融金属用坩埚、热电偶保护管、真空蒸镀用容器，也可用于真空中蒸镀金（Au）的容器、耐热砖、耐热夹具等，特别适用于 $2000℃$ 左右非氧化性电炉的炉衬材料；AlN 的热导率是 Al_2O_3 的 5 倍以上，热压时强度比 Al_2O_3 还高，可用于要求高强度、高导热的场合，例如大规模集成电路的绝缘散热基板、半导体装备中的加热器和静电吸盘等，这些都是 AlN 陶瓷很有前途的应用领域。

表 4-13 AlN 陶瓷材料的基本特性

性能	普通烧结		热压热结	
	AlN	AlN＋Y_2O_3	AlN	AlN＋Y_2O_3
密度/(g·cm^{-3})	2.61	3.26～3.50	3.2	3.26～3.5
抗弯强度/MPa	100～300	450～600	300～400	500～900
硬度/GPa	—	11.8～15.7	11.8	11.8～15.7
热导率/(W·m^{-1}·K^{-1})	—	＞150	—	＞170
抗氧化性	劣	优	良好	优
机械加工性	良	良	良	—

4.2.3　BN陶瓷

在元素周期表中，B 和 N 分别位于 C 的两侧，因而 BN 的结构、性质与 C 材料（石墨、金刚石）有许多相似之处，即存在六方与立方两种结构的 BN，其中以六方 BN（h-BN）应用最广。

4.2.3.1　h-BN 的晶体结构

h-BN 的晶体结构类似于石墨，设想把石墨晶格网中层状六方结构的 C 原子换成互相交替的 B 原子与 N 原子就成为 h-BN，各层之间以较弱的分子键连接，如图 4-19 所示。与石墨的不同之处在于石墨层中存在共有自由电子，而 BN 的层中电子为满壳层结构，无自由电子，故为良好的绝缘体。

由于六方层间为分子键，层间距离大，易破坏，硬度很低，有润滑性，因此 h-BN 也称为"白石墨"。层内的强共价键不易破坏，要到 1000℃ 以上才发生分解，所以 h-BN 是良好的耐高温材料。

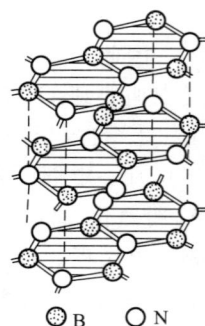

○ B　○ N

图 4-19　h-BN 的晶体结构

h-BN 加触媒剂（碱金属或碱土金属），在 6～9GPa、1500～2000℃ 的条件下会转变成立方 BN（c-BN），其具有金刚石的特性，硬度接近金刚石，但比金刚石耐高温、抗氧化，是优良的超硬材料。

4.2.3.2　h-BN 的制备、性能与用途

（1）h-BN 粉末的制备

h-BN 粉末可以通过含硼化合物与氨基的反应制得。含硼化合物包括硼的卤化物、氧化物及其酸类；氨基则来自氨、氯化铵、尿素、氮等，也可以用硫氰化铵、氰化钠等无机物。从原料分类可以有硼酸法、硼砂法、BN 法、卤化硼法、元素直接合成法及碱金属硼酸法等。制备方法有气相合成法、等离子体合成法和气固相合成法。

（2）h-BN 陶瓷的制备

h-BN 粉末的烧结性能很差，为了获得致密 h-BN 陶瓷制品，常采用热压法。在制备时添加 2%～5% B_2O_3（或氮化硅等），在高温生成液相以改善烧结性能，提高材料密度。将 h-BN 粉和添加剂均匀混合并在 1700～2000℃、10～35MPa 下热压烧结，可制得体积密度为 2.1～2.2g/cm^3、莫氏硬度为 2 的制品。

B_2O_3 的加入有利于烧结致密化，但会引起 BN 制品的吸潮，导致材料电性能与高温性能的劣化，因此必须控制 B_2O_3 的加入量。表 4-14 为不同原料合成方法与温度、B_2O_3 含量、热压工艺下所得制品的密度。研究表明，加入 B_2O_3 既可以改善烧结性能，又能保证材料的致密度和强度。

表 4-14　原料合成方法、B_2O_3 含量、热压工艺与 BN 的密度

合成方法	合成温度 /℃	BN 含量/%	B_2O_3 含量/%	热压温度 /℃	热压压力 /MPa	密度 /(g·cm^{-3})
硼砂尿素法	850	93.48	1.728	1750	25	1.71
硼砂尿素法	820	89.48	4.314	1720	25	2.18
硼砂尿素法	850	90.61	2.275	1700	25	2.01
硼砂氯化铵法	950	98.23	1.510	1700	25	1.70

（3）h-BN 陶瓷的性能与用途

h-BN 陶瓷密度小（2.27g/cm^3），硬度低，可进行各种机械加工，容易制成尺寸精确的陶瓷部件，通过车、铣、刨、钻等切削加工，其制品精度可达 0.01mm。表 4-15 为 h-BN 的基本物理性质。

表 4-15　h-BN 的性质

熔点 /℃	使用温度 /℃	密度 /(g·cm^{-3})	硬度 （莫氏）	热导率 /(W·m^{-1}·K^{-1})	热膨胀系数 /(10^{-6}℃$^{-1}$)	击穿电压 /(kV·m^{-1})	相对介电 常数（ε）	介电损耗 (tanδ×10^4)	电阻率 /(Ω·cm)
3000 （分解）	900～1000 （空气）, 2800（N$_2$）	2.27	2	16.75～50.24	7.5	3.0～4.0	4.0～4.3	2～8	>10^{12}

h-BN 具有自润滑性，可用于机械密封、高温固体润滑剂，还可用作金属和陶瓷的填料来制成轴承，在 100～1250℃ 的空气、氢气和惰性介质中的润滑性能比其他固体润滑剂（二硫化钼、氧化锌和石墨等）要好。

h-BN 耐热性非常好，可以在 900℃ 以下的氧化气氛中及 2800℃ 以下的氮气和惰性气氛中使用。h-BN 无明显熔点，在常压氮气中于 3000℃ 升华，在氨中加热至 3000℃ 也不熔解。在 0.5Pa 的真空中，1800℃ 开始迅速分解为 B 和 N。

热压 h-BN 的热导率与不锈钢相当，且随温度的变化不大，在 900℃ 以上热导率优于 BeO；h-BN 的热膨胀系数和弹性模量都较低，因此具有非常优异的热稳定性，可在 1500℃ 至室温反复急冷、急热条件下使用。

h-BN 对酸、碱和玻璃熔渣有良好的耐侵蚀性，对大多数熔融金属如 Fe、Al、Ti、Cu、Si 等，以及砷化镓、水晶石和玻璃熔体等既不润湿也不发生反应，因此可用于熔炼有色金属和贵金属以及稀有金属的坩埚、器皿、管道、输送泵部件，也可用于硼单晶熔制器皿、玻璃成型模具、水平连铸分离环、热电偶保护管等，还可用于制造砷化镓、磷化镓、磷化铟等半导体材料的容器、各种半导体封装的散热基板，以及半导体和集成电路用的 p 型扩散源。

h-BN 既是热的良导体，又是电的绝缘体。它的击穿电压是氧化铝的 4～5 倍，介电常数是氧化铝的 1/2，到 2000℃ 仍然是电绝缘体，可用来做超高压电线的绝缘材料。h-BN 对微

波和红外线是透明的，可用作透红外和微波的窗口（如雷达窗口）。

由于硼原子的存在，h-BN 具有较强的中子吸收能力，在原子能工业中与各种塑料、石墨混合使用，作为原子反应堆的屏蔽材料。

h-BN 在超高压下性能稳定，可以作为压力传递材料和容器。h-BN 是最轻的陶瓷材料之一，用作飞机和宇宙飞行器的高温结构材料是非常有优势的。

此外，利用 h-BN 的发光性，可用作场致发光材料。涂有 h-BN 的无定形碳纤维可用于火箭的喷嘴等。

4.2.3.3　c-BN 的合成、性质与用途

（1）　c-BN 的合成

以碱或碱土金属为催化剂，在 1500～2000℃、6～9GPa 下 h-BN 可转化为 c-BN；此外，较细的 h-BN 粉料（粒度为 0.1μm 或≤1μm），在不加催化剂时，在较低的压力（6GPa）和温度（1200～1450℃）下，也可合成 c-BN。

（2）　c-BN 的性质与用途

c-BN 为闪锌矿结构，化学稳定性高，导热及耐热性能好，其硬度与人造金刚石相近，是性能优良的研磨材料。与金刚石相比，其最突出的优点在于高温下不与铁系金属反应，并且可以在 1400℃使用（金刚石为 800℃）。

c-BN 除了直接用作磨料外，还可以将其与某些金属或陶瓷混合，经烧结制成块状材料，用于制作各种高性能切削刀具。

4.3　碳化物陶瓷

典型的碳化物陶瓷材料有碳化硅（SiC）、碳化硼（B_4C）、碳化钛（TiC）、碳化锆（ZrC）、碳化钒（VC）、碳化钽（TaC）、碳化钨（WC）、碳化钼（Mo_2C）等。

碳化物的共同特点是高熔点，许多碳化物的熔点都在 3000℃以上。二元化合物中最耐高温的是碳化物，其中 HfC 和 TaC 的熔点分别为 3887℃和 3877℃。

碳化物在非常高的温度下均会发生氧化，但许多碳化物的抗氧化能力都比 W、Mo 等高熔点金属好。在许多情况下碳化物氧化后所形成的氧化膜有提高抗氧化性能的作用。各种碳化物开始强烈氧化的温度如表 4-16 所示。

表 4-16　碳化物开始强烈氧化的温度

碳化物	TiC	ZrC	TaC	NbC	VC	Mo_2C	WC	SiC
强烈氧化温度/℃		1100～1400			800～1000	500～800		1300～1400

大多数碳化物都具有良好的电导率和热导率，如表 4-17 所示。许多碳化物都有非常高的硬度，特别是 B_4C，硬度仅次于金刚石和立方氮化硼，但碳化物的脆性一般较大。

过渡金属碳化物不水解，不和温度低的酸起作用，但硝酸和氢氟酸的混合物能侵蚀碳化物。按照对酸和混合酸的稳定性，过渡金属碳化物排列顺序为：TaC＞NbC＞WC＞TiC＞ZrC＞HfC＞Mo_2C。碳化物在 500～700℃时与氯和其他卤族元素作用。大部分碳化物在高温下和氮作用生成氮化物。

表 4-17　碳化物的电导率和热导率

碳化物	电阻率/($\Omega \cdot cm$)	热导率/($W \cdot m^{-1} \cdot K^{-1}$)	显微硬度/($kgf \cdot mm^{-2}$)
TiC	$(1.8 \sim 2.5) \times 10^{-4}$	17.1	3000
HfC	6×10^{-4}	22.2	2910
ZrC	6.4×10^{-4}	20.5	2930
B_4C	$0.3 \sim 0.8$	28.8	4950
TiC	$10^{-5} \sim 10^{13}$	33.4	3340

过渡金属元素的碳化物，如 TiC、ZrC、HfC、VC、NbC、TaC 等，属于间隙相，WC、Mo_2C 则属于间隙化合物。

SiC 和 B_4C 是最重要的高温碳化物结构陶瓷材料。

4.3.1　SiC 陶瓷

4.3.1.1　SiC 的晶体结构

SiC 陶瓷主要有两种晶型，即 α-SiC 和 β-SiC。β-SiC 属面心立方结构，是低温稳定的晶型，如图 4-20(a) 所示；α-SiC 属六方结构，是高温稳定的晶型，如图 4-20(b) 所示。

SiC 是共价键很强的化合物，离子键约占 12%，其晶体结构的基本单元是硅碳四面体，四面体中心有 1 个硅原子，周围环绕着 4 个碳原子。硅碳四面体按图 4-20 所示的方式排列，即以 3 个硅原子和 3 个碳原子为一组，构成具有一定角度的六边形，呈平行层状结构排列。层状结构可按立方、六方紧密堆积排列，即可以按 ABCABC…循环重复，或 ABAB…循环重复。

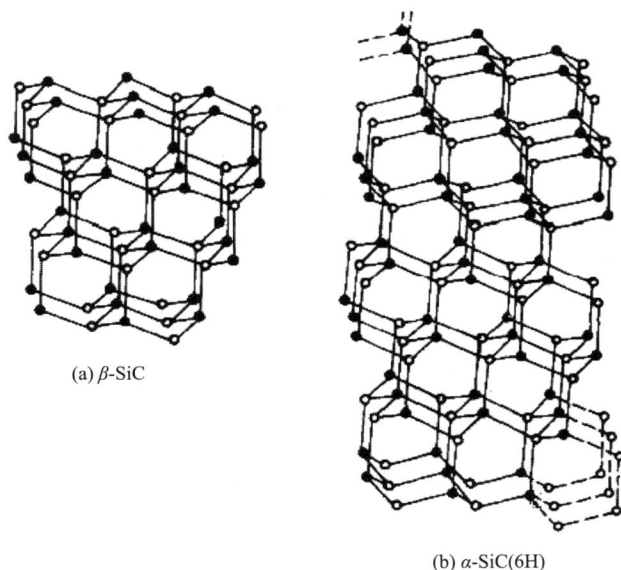

(a) β-SiC

(b) α-SiC(6H)

图 4-20　SiC 的晶体结构

α-SiC 有 100 多种变体，其中最主要的是 4H-SiC、6H-SiC、15R-SiC 等。4H-SiC、6H-SiC 属于六方晶系，在 2100℃ 以上是稳定的；15R-SiC 为菱面（斜方六面）晶系，在 2000℃ 以上是稳定的。

β-SiC 的密度为 $3.215g/cm^3$，各种 α-SiC 的变体的密度基本上不变，为 $3.217g/cm^3$。β-SiC 在 2100℃ 以下是稳定的，高于 2100℃ 时 β-SiC 开始转变为 α-SiC，转变速度很慢，到 2400℃ 转变迅速，这种转变在一般情况下是不可逆的。在 2000℃ 以下合成的 SiC 主要是 β-SiC，在 2200℃ 以上合成的主要是以 α-SiC，而且以 6H 为主。

4.3.1.2　SiC 粉体的合成

合成 SiC 粉体的方法主要有二氧化硅碳还原法、碳-硅直接合成法、气相沉积法、聚合物热分解法等。

图 4-21 为 Si-C 二元相图。由图可以看出，SiC 无熔点，形成 SiC 结晶的最高温度为 2735℃。而在 2300℃ 左右碳化硅开始分解，形成气态硅和残余石墨。

主要合成方法在 3.1 节中已有详细的讲述。合成得到的粉料中 SiC 含量愈高，颜色愈浅，高纯 SiC 应为无色。工业方法得到的 SiC 一般为绿色和黑色两种。

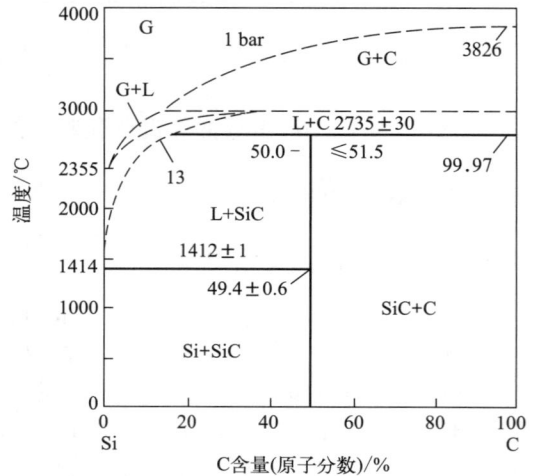

图 4-21　Si-C 二元相图
（注：1bar＝0.1MPa）

4.3.1.3　SiC 陶瓷的制备

SiC 是共价键材料，非常难烧结，因此必须采用一些特殊的工艺手段或者依靠第二相促进烧结，甚至用第二相结合的方法制备 SiC 陶瓷。

（1）无压烧结（常压烧结）

SiC 是共价键很强的材料，难以直接烧结致密，必须加入烧结助剂才可能实现无压烧结。其中 ⅠA～ⅥA 族轻元素，如 Be、B、Al、N、P、As 等易溶入 SiC 中，而以 B 的溶解度最大。B 与 SiC 高温时能够形成置换固溶体，从而促进 SiC 在无压情况下的烧结致密化，B 可以以 B_4C 的形式加入。此外，碳的加入有利于使 SiC 颗粒表面的氧化膜在高温时还原，增加颗粒表面能。目前常用的添加剂为 Al＋B＋C 或 Al_2O_3＋Y_2O_3。

采用亚微米级 β-SiC 粉末，分别加入 0.5％ 和 1.0％（质量分数）的 B 和 C，充分混匀，采用干压、注浆或冷等静压成型，然后在 2000～2200℃ 的中性气氛中烧成，所得制品密度可达理论密度的 95％ 以上。

无压烧结的优点是可以采用多种成型工艺制备各种形状的制品，在适当添加剂的作用下可获得较高的强度和韧性。其不足之处在于烧结温度较高，得到的材料具有一定的气孔率，强度相对较低，并且伴随 15％ 左右的烧成体积收缩，此外在烧结过程中可能出现化学成分和密度的不均匀，影响其性能的均匀性。

（2）热压烧结

一般来讲，热压烧结工艺可以制得接近理论密度的制品，但对 SiC 而言，在无烧结助剂的情况下热压烧结，仍然无法得到完全致密的材料。与无压烧结类似，B＋C、B_4C、Al_2O_3、AlN、BN、BeO、Al 等也是 SiC 热压烧结时经常加入的烧结助剂。烧结助剂种类与含量不同，所得到材料的性能也不相同；此外，影响热压烧结 SiC 性能的因素还有原料颗粒度、原料中的 α 相含量、热压压力与温度等。一般采用温度为 1950～2300℃、压力为

$20\sim40\text{MPa}$ 的热压烧结工艺制备的 SiC 制品密度高、抗弯强度高，但只能生产形状简单的产品，且生产成本高。

（3）反应烧结（自结合）

将 α-SiC 粉末和碳按一定比例混合制成坯体，在 $1400\sim1650℃$ 加热，使液相或气相 Si 渗入坯体，与碳反应生成 β-SiC，把坯体中 α-SiC 颗粒结合起来，从而得到致密 SiC 材料，这种工艺又称为自结合 SiC 工艺。液相或气相硅的获得可以通过对 SiO_2 的还原（与 SiC 原料制备的原理相同），也可以直接加热纯 Si。

反应烧结工艺制备 SiC 材料的优点是烧结温度低，制成品无体积收缩，无气孔，形状保持不变，其主要缺点是烧结体中含有 $8\%\sim20\%$ 的游离 Si 与少量残留碳，限制了材料的最高使用温度（$<1350℃$），同时也不适合于在强氧化与强腐蚀环境中使用。通过多步反应烧结，可以大幅度降低残留硅，提高材料性能。

（4）反应烧结重烧结

针对反应烧结与无压烧结存在的缺点，将反应烧结与无压烧结后的材料在高温下进行二次重烧结，降低材料中游离 Si 含量，提高材料致密度，最终得到高性能 SiC 材料。

（5）第二相结合 SiC

SiC 材料除了采用以上工艺方法制备外，为了降低烧结温度和制造成本，根据不同的使用条件，还可使用较低熔点的第二相，把主晶相 SiC 结合起来，形成氧化物结合 SiC、氮化硅结合 SiC、赛隆结合 SiC、氧氮化硅结合 SiC 等多种复相材料。这类材料目前在冶金、电子、机械、轻工等领域得到了广泛的应用。

① 氧化物结合 SiC。可以采用黏土或其他氧化物陶瓷原料（SiO_2、Al_2O_3、ZrO_2 等）作为添加剂，在氧化气氛中烧结，由于多相成分的存在使 SiO_2 液相温度降低，同时 SiC 颗粒表面氧化生成的 SiO_2 膜也成为液相，最终得到石英或莫来石、锆英石等第二相将 SiC 颗粒结合在一起的 SiC 复相材料。图 4-22 为氧化物结合 SiC 的结构模型。

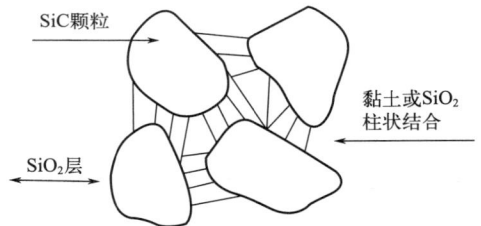

图 4-22　氧化物结合 SiC 的结构模型

氧化物结合 SiC 制品的特点是烧结温度低、抗氧化性能好，但使用温度受到结合剂类型的限制。由于黏土中含有较多的钠、钾、钙低熔点物质，使得黏土结合 SiC 材料荷软温度低、使用温度低，同时在高温使用时易与其他材料发生化学反应，故黏土结合 SiC 材料只能用作较低温度的耐火材料。采用氧化物陶瓷原料作为结合成分的 SiC 材料比黏土结合 SiC 材料具有优异的性能。氧化物陶瓷原料结合的 SiC 材料中，方石英结合相在冷、热循环条件下发生的高低温晶型转变所伴随的较大的体积变化将导致制品开裂、变形和损坏。

通过矿化剂（例如氧化钙、氧化铁）的适量加入，在结合相中得到磷石英结构有利于提高材料的抗热疲劳能力，使用陶瓷增韧技术加入增韧成分可以控制结合相中微裂纹的形成，或者加入可以抵消方石英体积变化的成分也可以降低材料在温度变化时的热应力，提高材料的热震抗力。

② 氮化硅结合 SiC。在配料时加入细的 Si 粉，压制成型后在氮气氛中约 $1400℃$ 氮化烧结，得到氮化硅结合 SiC 陶瓷。根据工艺的不同，除了 Si_3N_4 将 α-SiC 紧密结合的组织外，还可能存在少量残余 Si 或得到氧氮化硅（Si_2N_2O）结合的 SiC 陶瓷。氮化硅结合 SiC 制品

抗氧化性能较好，在使用过程中，体积变化很小，但在冷、热循环过程中会发生突然性破坏。

4.3.1.4 SiC 陶瓷的性能和用途

SiC 没有熔点，在常压下 2500℃时发生分解。SiC 的硬度很高，莫氏硬度为 9.2～9.5，显微硬度为 33.4GPa，仅次于金刚石、立方 BN 和 B_4C 等少数几种物质。

SiC 陶瓷的性能随制备工艺的不同会发生一定的变化，表 4-18 为三种不同烧结方法制得的 SiC 材料的物理与力学性能。SiC 的热导率很高，大约为 Si_3N_4 的 2 倍；其热膨胀系数大约相当于 Al_2O_3 的 1/2；抗弯强度接近 Si_3N_4 材料，但断裂韧性比 Si_3N_4 小；具有优异的高温强度和抗高温蠕变能力，热压 SiC 材料在 1600℃时的高温抗弯强度基本和室温时相同；抗热震性好。

表 4-18　不同烧结方法制得的 SiC 制品的性能

性能	热压 SiC	常压烧结 SiC	反应烧结 SiC
密度/(g·cm^{-3})	3.2	3.14～3.18	3.10
气孔率/%	<1	2	<1
硬度/HRA	94	94	94
抗弯强度/MPa（室温）	989	590	490
抗弯强度/MPa（1000℃）	980	590	490
抗弯强度/MPa（1200℃）	1180	590	490
断裂韧性/(MPa·m$^{1/2}$)	3.5	3.5	3.5～4
韦伯模数	10	15	15
弹性模量/GPa	430	440	440
热导率/(W·m^{-1}·K^{-1})	65	84	84
热膨胀系数/(10^{-6}K^{-1})	4.8	4.0	4.3

高纯 SiC 具有 $10^{14}\Omega\cdot cm$ 量级的高电阻率。当有铁、氮等杂质存在时，其电阻率减小到零点几 $\Omega\cdot cm$，电阻率变化的范围与杂质种类和数量有关。SiC 具有负温度系数特点，即温度升高，电阻率下降，可作为发热元件使用。

SiC 的化学稳定性高，不溶于一般的酸和混合酸，沸腾的盐酸、硫酸、氢氟酸不分解 SiC，发烟硝酸和氢氟酸的混合酸能将 SiC 表面的氧化硅溶解，但对 SiC 本身无作用。熔融的氢氧化钾、氢氧化钠、碳酸钠、碳酸钾在高温时能分解 SiC，过氧化钠和氧化铅强烈分解 SiC，Mg、Fe、Co、Ni、Cr、Pt 等熔融金属能与 SiC 反应。

SiC 和水蒸气在 1300～1400℃开始作用，直到 1775～1800℃才发生强烈作用。SiC 在 1000℃以下开始氧化，1350℃显著氧化，在 1300～1500℃时可以形成表面氧化硅膜，阻碍进一步氧化，直到 1750℃时 SiC 才强烈氧化。SiC 和某些金属氧化物能生成硅化物。

由于 SiC 陶瓷高温强度高、抗蠕变、硬度高、耐磨、耐腐蚀、抗氧化、高热导、高电导和优异的热稳定性，使其成为 1400℃以上最有价值的高温结构陶瓷，具有十分广泛的应用领域。

氧化物、氮化物结合 SiC 材料已经大规模地用于冶金、轻工、机械、建材、环保、能源等领域的炉膛结构材料、隔焰板、炉管、炉膛，以及各种窑具制品中，起到了节能、提高热效率的作用；SiC 材料制备的发热元件正逐步成为 1600℃以下氧化气氛加热的主要元件；高性能 SiC 材料可以用于高温、耐磨、耐腐蚀机械部件，在耐酸、耐碱泵的密封环中已得到广泛的工业应用，其性能比 Si_3N_4 更好；SiC 材料在用于制造火箭尾气喷管、高效热交换器、各种液体与气体的过滤净化装置方面也取得了良好的效果；此外，SiC 是各种高温燃气轮机高温部件提高使用性能的重要候选材料。在 SiC 中加入 BeO 可以在晶界形成高电阻晶界层，可以满足超大规模集成电路衬底材料的要求。表 4-19 列出了 SiC 陶瓷的主要用途。

表 4-19 SiC 陶瓷的主要用途

领域	使用环境	用途	主要优点
石油工业	高温、高压（液）研磨性物质	喷嘴，轴承，密封，阀片	耐磨，导热
微电子工业	大功率散热	封装材料，基片	高热导，高绝缘
化学工业	强酸（HNO_3、H_2SO_4、HCl）强碱（NaOH），高温氧化	密封，轴承，泵部件，热交换器，气化管道，热电偶，保温管	耐磨损，耐腐蚀，气密性，高温耐腐蚀
汽车、拖拉机、飞机、航天	燃烧（发动机）	燃烧器部件，涡轮增压器，涡轮叶片，燃气轮机叶片，火箭喷嘴	低摩擦，高强度，低惯性负荷，耐热冲击性
激光	大功率、高温	反射屏	高刚度，稳定性
喷砂器	高速研削	喷嘴	耐磨损
造纸工业	纸浆废液、（50%）NaOH纸浆	密封，套管，轴承衬底	耐热，耐腐蚀，气密性
钢铁工业	高温气体、金属液体	热电偶保温管，辐射管，热交换器，燃烧管，高炉材料	耐热，耐腐蚀，气密性
矿业	研削	内衬，泵部件	耐磨损性
原子能	含硼高温水	密封，轴套	耐放射性
其他	塑性加工	拉丝，成型模具	耐磨，耐腐蚀性

4.3.2 B₄C 陶瓷

B_4C 具有低相对密度、高中子吸收截面等独特性能，是碳化物陶瓷中较为重要的材料。

4.3.2.1 B₄C 的晶体结构

B_4C 的晶体结构以斜方六面体为主，如图 4-23 所示。每个晶胞中含有 15 个原子，在斜方六面体的角上分布着硼的正二十面体，在最长的对角线上有 3 个硼原子，碳原子很容易取代这 3 个硼原子的全部或部分，从而形成一系列不同化学计量比的化合物。当碳原子取代 3 个硼原子时，形成严格化学计量比的 B_4C；当碳原子取代 2 个硼原子时，形成 $B_{13}C_2$ 等。因此，B_4C 是由相互间以共价键相连的 12 个原子（$B_{11}C$）组成的二十面体群以及二十面体之间的 C-B-C 原子链构成的，而 $B_{13}C_2$ 是由 $B_{11}C$ 组成的二十面体和 B-B-C 链构成的。由于 B、C 原子在二十面体及其之间的原子链内的相互取代，使得 B_4C 的含碳量可以在一个范围 [8.82%～20%（质量分数）] 内变化，如图 4-24 所示。

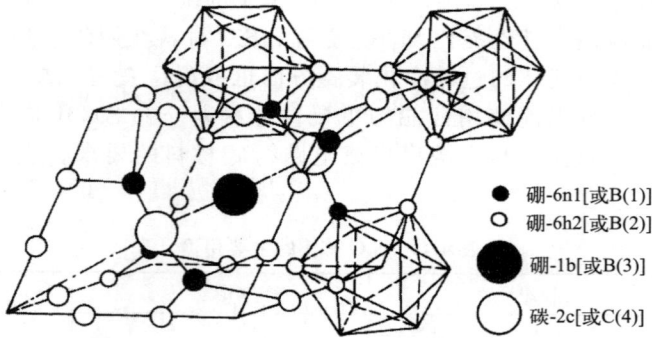

图 4-23 B_4C 的晶体结构

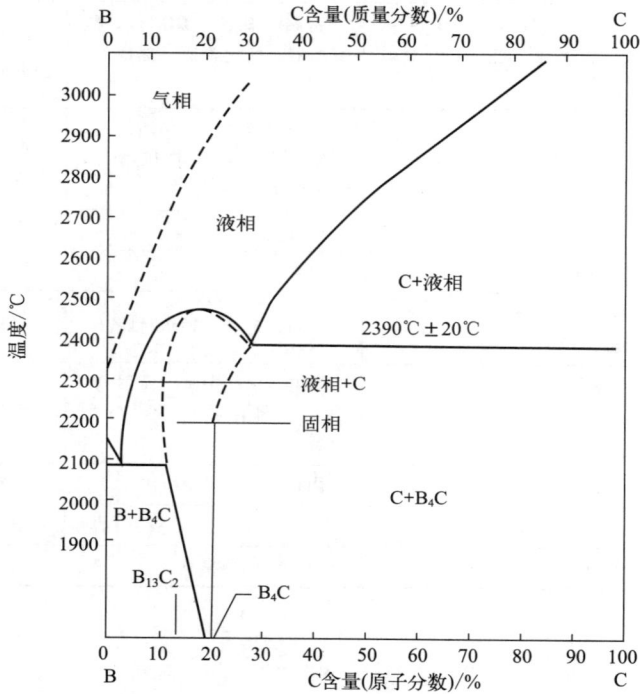

- ● 硼-6n1[或 B(1)]
- ○ 硼-6h2[或 B(2)]
- ● 硼-1b[或 B(3)]
- ○ 碳-2c[或 C(4)]

图 4-24 B-C 相图

4.3.2.2 B_4C 粉末的合成

B_4C 粉末的主要合成方法有：①硼碳元素直接合成法；②硼酐碳热还原法；③镁热法；④BN+碳还原法；⑤BCl_3 的固相碳化和气相沉积。

（1）硼碳元素直接合成法

根据图 4-24 的 B-C 相图，将纯硼粉和石油焦（或活性炭粉）按严格化学计量比的 B_4C 配制，混合均匀，在真空或保护气氛下于 $1700 \sim 2100℃$ 反应生成 B_4C。其反应式为：

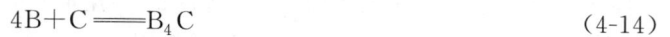

$$4B + C \Longrightarrow B_4C \tag{4-14}$$

根据热力学数据计算，此反应可以自发进行；但由于固相反应的反应激活能大，必须在较高温度下才能使反应物发生活化，并得到 B_4C。本方法合成 B_4C 的 B/C 比可严格控制，但生产效率低，不适合工业化生产。

（2）硼酐碳热还原法

工业上采用过量碳还原硼酐（或硼酸）的方法合成 B_4C。将硼酐（或硼酸）与石油焦或人造石墨混合均匀，在电弧炉或电阻炉中于 $1700 \sim 2300℃$ 合成，反应式为：

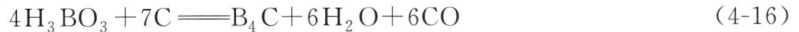

$$2B_2O_3 + 7C \Longrightarrow B_4C + 6CO \qquad (4\text{-}15)$$

$$4H_3BO_3 + 7C \Longrightarrow B_4C + 6H_2O + 6CO \qquad (4\text{-}16)$$

将合成得到的 B_4C 粗碎、磨粉、酸洗、水洗，再用沉降和串联水选法得到不同粒度的 B_4C 粉料。电弧熔炼法产量大，但由于电弧炉内温度分布不均，造成合成的 B_4C 的成分波动大，同时由于电弧熔炼法合成温度高（高于 $2200℃$），存在 B_4C 的分解，所得到的 B_4C 含有大量游离碳，甚至高达 $20\% \sim 30\%$；但在电阻炉中，可以控制在较低的温度合成，以避免 B_4C 的分解，所得到的 B_4C 含有很少量的游离碳，但有时会存在 $1\% \sim 2\%$ 的游离硼。

（3）镁热还原法

将碳粉、过量 50% 的 B_2O_3 和过量 20% 的 Mg 粉混合均匀，在 $1000 \sim 1200℃$ 按下式进行反应。

$$2B_2O_3 + 6Mg + C \Longrightarrow B_4C + 6MgO \qquad (4\text{-}17)$$

此反应为强烈放热反应，最终产物用 H_2SO_4 或 HCl 酸洗，然后用热水洗涤可获得纯度较高且粒度较细（$0.1 \sim 5\mu m$）的 B_4C 粉末。

4.3.2.3 B_4C 陶瓷的烧结

B_4C 陶瓷的制备主要采用热压烧结，也可以用热等静压和无压烧结。

（1）热压烧结

热压烧结在惰性气氛（或真空）中进行，一般温度为 $2200 \sim 2300℃$、压力为 $20 \sim 40MPa$、保温时间 $0.5 \sim 2h$，如果制品对化学成分没有严格要求，也可适当加入一些添加剂，如 Mg、Al、Cr、Si、Ti、Al_2O_3、MgO 或玻璃等。这些添加剂可以促进烧结，降低烧结温度，获得致密度较高的 B_4C。由于 B_4C 抗热震性较差，因此要缓慢降温。热压烧结只能制造形状简单的制品。

（2）热等静压烧结

将 B_4C 粉末装在玻璃包套中，采用气体为传压介质，在 $1700℃$、$200MPa$ 的热等静压条件下，使烧结体接受高温和各向同性的等静压作用。常压烧结的制品也可以重新在 $2000℃$、$200MPa$ 的热等静压条件下烧结 $2h$，使残余气孔得以排出，达到理论密度的 99%。

图 4-25 为热压烧结、无压烧结 B_4C 的显微组织。可以看出，$2100℃$、$25MPa$ 热压烧结的 B_4C 密度高，气孔小而少，且分布在晶界上，晶粒尺寸为 $3 \sim 5\mu m$；而 $2200℃$ 无压烧结 $40min$ 的 B_4C 密度较低，气孔较多，且分布在晶内、晶界上，有些成连通气孔，晶粒尺寸粗大（$50\mu m$），晶粒内部有较多孪晶。

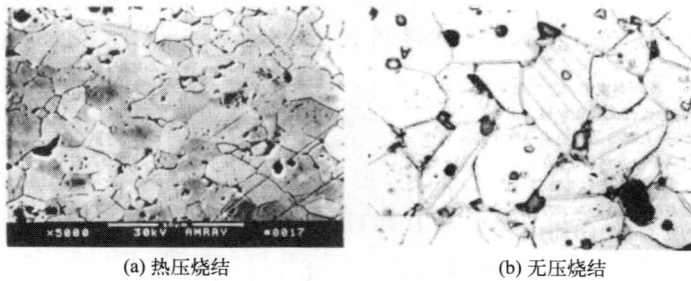

(a) 热压烧结   (b) 无压烧结

图 4-25 B_4C 的显微组织

4.3.2.4 B_4C 的性能和用途

（1） B_4C 的性能

B_4C 的显著特点是高熔点（约 2450℃）；低相对密度（理论密度 2.52g/cm³），其密度仅是钢的 1/3；低热膨胀系数 $[(2.6\sim5.8)\times10^{-6}K^{-1}]$；高导热性 [100℃时的导热率为 120W/(m⁻¹·K⁻¹)]；高硬度和高耐磨性，其硬度仅低于金刚石和 c-BN；具有较高的强度和一定的断裂韧性。热压 B_4C 的抗弯强度为 400～600MPa，断裂韧性为 6.0MPa·m¹ᐟ²，具有较大的热电动势（100μV/K），是高温 p 型半导体，随 B_4C 中碳含量的减少，可从 p 型半导体转变成 n 型半导体；具有高的中子吸收截面。

（2） B_4C 的应用

B_4C 所具有的优异性能，使其除了大量用作磨料之外，还可以用来制作各种耐磨零件（如喷砂嘴、拉丝模、切削刀具、高温耐蚀轴承等）、热电偶元件、高温半导体、宇宙飞船上的热电转化装置、防弹装甲、反应堆控制棒与屏蔽材料等。

4.4   硼化物陶瓷

4.4.1   硼化物的基本性质

硼化物陶瓷是间隙化合物，B 与 B 之间可形成多种复杂的共价键，同时硼又可与许多金属原子形成离子键。大部分硼化物中包含 M—M 金属键、B—B 共价键、B—M 离子键，硼化物的这些特点决定了它具有高熔点、高硬度、高耐磨性和高抗腐蚀性。在硼化物陶瓷中，ZrB_2、HfB_2、TaB_2、TiB_2、CrB_2 等六方晶系的二元硼化物因其性能优异而被认为是最有应用前景的硼化物陶瓷。部分二元硼化物的性能如表 4-20 所示。

表 4-20   部分二元硼化物的性能

性能	ZrB_2	HfB_2	TaB_2	TiB_2	CrB_2
熔点/℃	3000	3150～3350	3050～3180	2890～2990	2150
密度/(g·cm⁻³)	6.0～6.2	11.2	11.0～11.7	4.4～4.6	5.6
莫氏硬度	9	—	8	8	8～9

性能	ZrB₂	HfB₂	TaB₂	TiB₂	CrB₂
弹性模量/GPa	420	—	280	530	220
晶体结构	六方晶系	简单六方晶系	六方晶系	简单六方晶系	六方晶系
热膨胀系数 /(10^{-6}K^{-1})	6.2	6.6	8.5	4.8	10.5
比热容（25℃） /(J·g^{-1}·K^{-1})	0.502	0.461～0.67	0.17～0.46	0.62	0.461
热导率（25℃） /(W·m^{-1}·K^{-1})	18.9	16.6	6.0	20.6	31.8

4.4.2　硼化物粉末的制备方法

过渡金属硼化物的研究开始于 20 世纪中叶，最开始采用电弧熔炼法制备出 Re-B、Ru-B、Rh-B、Pd-B、Os-B、Ir-B 等系列金属硼化物。随着科技的不断进步，合成了许多新的过渡金属硼化物，如 TiB₂、ZrB₂ 等。与此同时，也开发出许多新的过渡金属硼化物粉末的制备方法。

（1）电弧熔炼法

电弧熔炼法利用由高熔点材料制成的电极产生高温电弧，使金属或过渡金属融化，断电后温度下降，使金属或过渡金属凝固成锭。该方法要求全程在真空下或惰性气体保护下完成，是最早合成过渡金属硼化物的方法，也是目前使用最多的一种方法，可适用于几乎所有过渡金属硼化物的制备。目前，利用电弧熔炼法已经制备了诸如 RuB、ReB、RhB、IrB₁.₁、PtB、ReB₂、RuB₂、OsB₂ 等在内的铂族金属二元硼化物。以制备 OsB₂ 为例，将高纯度（＞99.5％）的锇和硼粉按比例均匀混合，利用压力设备预压成合适尺寸的小锭，把小锭放入水冷铜坩埚中，在 Ar 气氛中熔炼。通过坩埚的不断翻转以保证样品成分的均匀。

不过这种方法存在明显的不足。电弧熔炼法要求熔炼是靠电极与被熔炼物之间产生的电弧来熔化的，因此要求原料要具备金属性。然而硼只具有半导体或绝缘体特性，使得熔炼困难，因此高硼含量的过渡金属硼化物难以采用电弧熔炼法制备。除此之外，由于硼元素的蒸气压明显高于过渡金属，导致硼元素很容易挥发而很难合成所预期的硼化物。

（2）还原反应法

还原反应法包括碳热还原法、金属热还原法、硼热还原法等。

碳热还原法是以 C 为还原剂，金属氧化物为金属源，B₄C 或 B₂O₃ 为硼源。其合成温度一般在 1600℃以上。以制备 TiB₂ 为例，其基本反应方程式为：

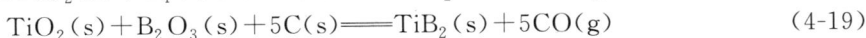

$$2TiO_2(s)+B_4C(s)+3C(s)\Longrightarrow 2TiB_2(s)+4CO(g) \tag{4-18}$$

$$TiO_2(s)+B_2O_3(s)+5C(s)\Longrightarrow TiB_2(s)+5CO(g) \tag{4-19}$$

例如，以 TiO₂：B₂O₃：C=8：8.4：6 的配比采用碳热还原法制备 TiB₂ 粉体，其中 B₂O₃ 为精确配比量的 120％，在 1750℃于碳管炉中反应得到接近 87％的 TiB₂。

金属热还原法与碳热还原法的不同之处是将还原剂替换为 Al 或 Mg。同样以制备 TiB₂ 为例，其基本反应方程式为：

$$TiO_2(s) + B_2O_3(s) + 5Mg(s) \!=\!=\!= TiB_2(s) + 5MgO(s) \tag{4-20}$$

该反应是一个放热反应，由反应开始发生后所放出的能量使反应迅速进行。但是该反应原料中金属还原剂的成本较高，反应速率难以控制。后续杂质处理工序较为复杂，难以得到高纯的硼化物粉体。

硼热还原法使用 B 作为还原剂，相对于碳热还原法和金属热还原法减少了杂质元素的引入，降低了产物后续处理工序的复杂程度。例如，利用 99% 的 ZrO_2 粉末和 92% 的非晶 B 粉，在真空下球磨 70h，退火后得到 ZrB_2 粉体。反应方程式为：

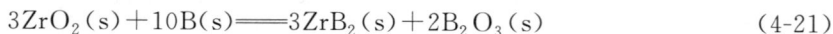

$$3ZrO_2(s) + 10B(s) \!=\!=\!= 3ZrB_2(s) + 2B_2O_3(s) \tag{4-21}$$

该反应中产生的 B_2O_3 易溶于热水及乙醇，仅需要热水洗涤就可以除去 B_2O_3 得到纯 ZrB_2 粉体。

（3）直接合成法

直接合成法一般采用过渡金属粉末与硼粉为原料，在真空或者惰性气体气氛中熔融直接发生化合反应。反应通式为（M 表示过渡金属）：

$$M(s) + 2B(s) \!=\!=\!= MB_2(s) \tag{4-22}$$

直接合成法虽能获得较高纯度的硼化物粉体，但是其原料粉末活性较低，粒径较大导致合成产物粒径偏大。昂贵的原料与高温环境大大降低了反应的经济性。另外，反应速度快、反应温度高使该工艺难以控制且易生成其他配比的硼化物，很难实现大规模生产。

（4）自蔓延高温合成法

自蔓延高温合成（SHS）法利用反应物间高反应热提供反应所需的能量，使反应自发进行至完全，又称为燃烧合成法。与传统合成方法相比，SHS 法的工序简单，且反应一经开始就无需再提供能量，大大提高了其经济性。例如，以摩尔比为 1∶2 的 Zr 粉和 B 粉为原料，利用 SHS 法成功合成出了 ZrB_2 粉体。另外，SHS 法制备 OsB_2 时，将 $OsCl_3$ 和 MgB_2 按摩尔比 2∶3 混合，放入坩埚中，用电阻预热激活自蔓延反应：

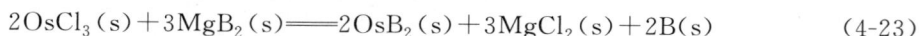

$$2OsCl_3(s) + 3MgB_2(s) \!=\!=\!= 2OsB_2(s) + 3MgCl_2(s) + 2B(s) \tag{4-23}$$

（5）机械化学法

机械化学法在常温下是一个非平衡的固态反应过程，又称为机械合金化。该法通过球磨使颗粒粒径变小，增加原料粉末的表面能和晶格的不完整性，从而降低反应的温度。该法工艺简单、能耗少，但合成的粉体结构缺陷较多且粉体粒径分布不均匀。如以 TiO_2 粉末、B_2O_3 粉末及 Mg 条为原料，在球磨机中球磨数十小时进行机械合金化反应，酸洗后得到 TiB_2 粉体。由于反应物在球磨罐内壁的粘黏以及酸洗的损失，其综合产率只有 26%。

（6）熔盐法

熔盐法通常采用一种或数种低熔点的盐类作为反应介质，反应物在熔盐中有一定的溶解度，使得反应在原子尺度进行。反应结束后，采用合适的溶剂将盐类溶解，经过滤、洗涤后即可得到合成产物。例如，以摩尔比为 3∶10 的 B 粉和 HfO_2 粉为原料，摩尔比为 1∶1 的 KCl 和 NaCl 为熔盐介质，在流动 Ar 气氛中于 1100℃ 下发生熔盐反应，产物经过洗涤去除熔盐和 B_2O_3 杂质后，获得了亚微米尺度的 HfB_2 粉体。反应方程式为：

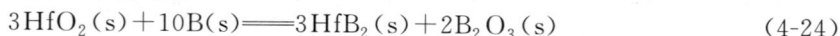

$$3HfO_2(s) + 10B(s) \!=\!=\!= 3HfB_2(s) + 2B_2O_3(s) \tag{4-24}$$

4.4.3 硼化物陶瓷的烧结

硼化物超高温陶瓷材料的烧结致密化方法主要有无压烧结法、热压烧结（HPS）法、反应烧结法和放电等离子烧结（SPS）法。

（1）热压烧结

因为硼化物超高温陶瓷具有很强的共价键、低的自扩散率，使其必须在高温高压的环境下才能烧结致密化。早期研究发现，纯的硼化物超高温陶瓷需在 2000℃ 以上、20～30MPa 的高温高压条件下才可以实现烧结致密化。例如，平均粒径为 $10\mu m$ 的 HfB_2 粉体在 2160℃、27.3MPa 下热压烧结 180min，所得块体致密度小于 95%。随后发现通过降低原料粒径，可以在一定程度上降低烧结温度和压力。当 ZrB_2 粉体的平均粒径减小到 $2\mu m$ 时，在 1900℃、32MPa 的条件下烧结 45min 就可以得到完全致密的硼化物陶瓷。但是，平均粒径过小也会对烧结产生阻碍。因为粒径太小，原料粉末容易发生氧化，形成氧化物阻碍烧结过程中物质的扩散迁移。另外，添加烧结助剂可以大大降低烧结温度，提高烧结致密性。硼化物超高温陶瓷烧结过程中的添加剂主要有两种：一种是金属添加剂，如 Al、Cr、Ni 等，另一种是以 SiC 为主的陶瓷添加剂。例如，在添加了 Ni 之后，ZrB_2 在 1600℃、20～50MPa 下就可以实现烧结致密化。

（2）无压烧结

无压烧结比热压烧结效率更高而且更加经济，两者都可以通过添加烧结助剂和细化原料粒径来促进烧结致密化。例如，采用无压烧结法在 2000～2100℃ 下可将亚微米级 TiB_2 粉末烧结成致密度大于 99% 的 TiB_2 陶瓷。相对于通过细化原料粒径来提高烧结致密性的方法而言，添加烧结助剂的方法更为简单有效。例如，以硼粉为烧结助剂，采用无压烧结法在 2100℃ 烧结 3h，所得 ZrB_2-SiC 陶瓷的致密度接近 100%。

（3）反应烧结

反应烧结的原理是利用原始材料之间的化学反应，生成热力学稳定的新相，同时完成烧结致密化。反应烧结可以极大地提高生产效率，节约成本，但是同时存在反应过程不易控制、得到的晶粒相对粗大的缺点。国外有学者将反应热压烧结和普通热压烧结得到的 ZrB_2 陶瓷粒径进行了对比，用亚微米级的原始粉末分别在 2100℃ 反应热压烧结的条件下得到了平均粒径为 $12\mu m$ 的 ZrB_2 陶瓷，在 1900℃ 热压烧结的条件下得到了平均粒径为 $6\mu m$ 的 ZrB_2 陶瓷。反应烧结因为同时具备原位合成和烧结致密化的优点，也被用于硼化物复相陶瓷 ZrB_2-SiC 和 HfB_2-SiC 的烧结制备，反应式如下：

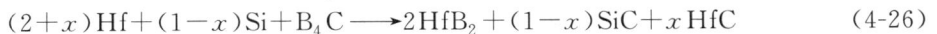

$$2Zr + Si + B_4C \longrightarrow 2ZrB_2 + SiC \tag{4-25}$$
$$(2+x)Hf + (1-x)Si + B_4C \longrightarrow 2HfB_2 + (1-x)SiC + xHfC \tag{4-26}$$

值得一提的是，原位反应烧结生成的 SiC 不仅可以很大程度上降低烧结温度，也可以对微观结构产生影响，该反应烧结温度为 1650℃，低于普通反应烧结的温度 2100℃，晶粒平均直径为 $2\mu m$，远小于普通反应烧结的粒径 $12\mu m$。

（4）放电等离子烧结

放电等离子烧结（SPS）相对比于前面几种烧结致密化方法出现较晚，但现在已经被广泛用于各种超高温陶瓷材料的烧结致密化。例如，对比以 HPS 和 SPS 的方法制备的 ZrB_2-

ZrC-SiC 复相陶瓷时发现，在不添加烧结助剂的情况下，HPS 只能在 1870℃烧结出最高致密度为 90%的样品，而 SPS 则可以在 2100℃、烧结时间少于 60min 的条件下得到完全致密的硼化物复相陶瓷。另外，将 Zr、B_4C、Si 粉作为起始原料，利用 SPS 技术在 1450℃、30MPa 的条件下烧结，所得 ZrB_2-SiC 复相陶瓷的致密度为 98.5%。

4.4.4　硼化物陶瓷的应用

硼化物超高温陶瓷具有优异的力学性能和理化性能。ZrB_2、TiB_2、CrB_2 等硼化物陶瓷可广泛应用于耐磨、耐蚀涂层，中子吸收涂层和自熔性合金中的强化硬质相以及超高温涂层等领域。

TiB_2 由于具有优良的导电、导热性和不与铝液及冰晶石反应的特点，可用作铝电解槽的阴极或阴极涂层，并可用于制备大电流电极、导轨、电枢等。TiB_2 还可用作真空蒸镀金属膜的蒸发舟或容器，集成电路、薄膜电容器、光学器件薄膜、镀铝纸或塑料和玻璃的金属镀膜等。另外，TiB_2 可用来制备活泼金属的防杂质扩散层和 AS1 仪器中的电磁屏蔽及防应力扩散部件。TiB_2 由于其高硬度和高强度，可用于航空、汽车、军事和工具等行业，制备防弹体、军用盔甲、各种耐磨耐蚀的辊道、衬板、阀门、风机、管道、管配件、模具、刀具和喷嘴等；由于其高稳定性，可用于制备超高温耐火材料，如导弹喷嘴及高温引擎部件等。

ZrB_2 由于具有高熔点、高硬度、良好的电磁性能和高的抗腐蚀性能，可作为耐高温材料、耐腐蚀材料、耐磨材料和超硬材料使用，如耐腐蚀和磨损的电镀涂层、水下管口和喷嘴材料等。ZrB_2 还可用作熔融金属坩埚、装甲板和钢铁工业连续测温保护管。此外，ZrB_2 可用于在苛刻条件下工作的电导及电触头材料、连铸体中间包两次加热电极和热电偶保护管等。

4.5　玻璃陶瓷

将特定组成（含晶核剂）的玻璃进行晶化热处理，在玻璃内部均匀析出大量微小晶体并进一步长大，形成致密微晶相，玻璃相填充于晶界，得到的像陶瓷一样的多晶固体材料统称为玻璃陶瓷，也称为微晶玻璃。

玻璃陶瓷中的晶相是从单一均匀玻璃相或已产生相分离的区域通过成核和生长产生的，为致密无气孔材料。多晶陶瓷材料中，虽然通过固相反应可能出现某些重结晶或新的晶体，但大部分晶体物质是在制备陶瓷时通过组分直接引入的。玻璃陶瓷与玻璃的不同之处在于它是微晶体（尺寸在 $0.1\sim1\mu m$）和残余玻璃组成的复相材料，而玻璃完全是非晶体。

玻璃陶瓷种类繁多，可以有不同的分类。按性能及用途分，玻璃陶瓷主要包括：①低膨胀玻璃陶瓷；②高强度玻璃陶瓷（包括表面强化玻璃陶瓷）；③可切削玻璃陶瓷；④耐磨耗玻璃陶瓷；⑤耐侵蚀玻璃陶瓷。

4.5.1　玻璃陶瓷形成的热力学条件

玻璃陶瓷是通过控制非晶态玻璃热处理制成的。在玻璃冷却、转变成玻璃陶瓷时存在两种类型的热力学过程。第一种过程为典型的成核生长过程；第二种过程为不稳分解过程。两者的动力学过程可快可慢，主要决定于热力学驱动力、原子迁移率以及材料组分中的非均匀性等因素，以下分别讨论与相变有关的热力学条件。

4.5.1.1 成核过程中的热力学条件及成核速度

为了讨论方便，规定玻璃和晶体两相自由能相等的温度为 T_0，T_0 是热力学上的转变温度。如果加热温度超过 T_0，晶相将全部转变为玻璃；如果冷却至 T_0 以下，晶相将从玻璃中析出。玻璃中热激活引起的微小起伏把原子从一个位置移动到相当于产物相的位置从而形成晶核。这种起伏大多数是不稳定的，当它们的大小在某一特定的临界尺寸（体积）以下，将引起系统自由能上升。对应于这样的不稳定产物相的微小区域称为新相的胚，当胚的尺寸超过某一最小临界尺寸之后，才能继续生存下去。这些大小超过临界尺寸的胚称为产物相的核。形成这种核的过程称为成核，成核又分为均匀成核和非均匀成核。

（1）均匀成核的热力学条件及成核速度

从均匀相中成核称为均匀成核。均匀玻璃体内析出晶相时自由能的变化 ΔG 包括两部分：形成新相界面引起的表面自由能的增加和新相析出所导致的体积自由能的减少。为简化起见，假设新相为球形，球形胚的半径为 r，母相和产物相之间的比体积没有差别（即界面上不存在应变）。如果两相之间的界面能为 γ，且 γ 与结晶方向无关。则 ΔG 可以写为：

$$\Delta G = 4\pi r^2 + \left(-\frac{4}{3}\right)\pi r^3 \Delta G_V \tag{4-27}$$

其中与界面能有关的项为正，ΔG_V 为相变时体积自由能的变化，第 2 项为负值。可以看出，当 r 很小时，第 1 项界面能将起主要作用，这时形成的胚在热力学上是不稳定的；当胚逐渐长大，即 r 增大，第 2 项体积自由能起主要作用。因此当胚达到临界尺寸 r_c 时，系统自由能开始下降，这时胚的进一步生长在热力学上是有利的，如图 4-26 所示。可以看出，在 T_0（真正的相变温度）时，系统自由能 ΔG 为正值，不能发生相变（即成核）。为了发生相变，需要存在过冷度（过热度），即均匀成核的热力学条件是存在必要的过冷度。

令 r_c 为临界晶核半径，ΔG^* 为临界形核自由能。令 $\partial \Delta G / \partial r = 0$，得到临界值分别为：

$$r_c = \frac{2\gamma}{\Delta G_V} \tag{4-28}$$

$$\Delta G^* = \frac{4}{3}\pi r_c^2 \gamma = \frac{16\pi\gamma^3}{3(\Delta G_V)^2} \tag{4-29}$$

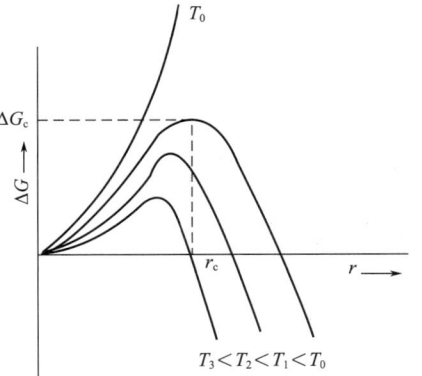

图 4-26 不同温度下成核自由能 ΔG 与核半径 r 的关系

单位体积母相中单位时间内出现核的数目称为成核速率。如果在每单位体积的母相中，有 N 个位置，半径为 r 的胚的数目为 n_r，则平衡常数 K 可写为：

$$K = \frac{n_r}{N} \tag{4-30}$$

K 与新相形成时系统自由能 ΔG 的关系，可用标准热力学方程表示为：

$$K = \frac{n_r}{N} = \exp\left(\frac{-\Delta G}{RT}\right) \tag{4-31}$$

或

$$n_r = N \times \exp\left(\frac{-\Delta G}{RT}\right) \tag{4-32}$$

对于具有临界尺寸的胚，则为：

$$n^* = N \times \exp\left(\frac{-\Delta G^*}{RT}\right) \tag{4-33}$$

达到临界尺寸的胚长成晶核要借助于原子越过界面的跃迁。如果这些跃迁所需的扩散激活能为 E_a，则界面移动的速率将正比于 $\exp(-E_a/RT)$。设在临界尺寸胚周围的界面里，有 n_s^* 个原子，这些原子的振动频率为 ν，界面里一个原子在胚的方向振动的概率为 P，则原子跃迁传递至临界尺寸胚的频率，即临界尺寸的胚稳定成为核的速率 I，可以由下式表示：

$$I = N \times \exp\left(\frac{-\Delta G^*}{RT}\right) n_s^* \nu \exp\left(\frac{-E_a}{RT}\right) = A \times \exp\left[\frac{-(\Delta G^* + E_a)}{RT}\right] \tag{4-34}$$

式中，$A = N n_s^* \nu$；$I = A \times \exp\left(\frac{-E_a}{RT}\right) \times \exp\left(\frac{-\Delta G^*}{RT}\right)$。温度对成核速率 I 的影响可以从式（4-34）中的 A（包括 n_s^*）、ΔG^* 与 E_a 看出来。n_s^* 的改变对 I 影响很小，因为 n_s^* 是一个指数前项，E_a 是一个常数。当温度为绝对零度时，$I \to 0$。ΔG^* 如式（4-29）所示是 ΔG_V 和 γ 的函数，对于一级近似，γ 与温度的关系可以忽略，ΔG_V 在 T_0 附近与温度有线性关系，即 $\Delta G_V \propto (T_0 - T)$，则由式（4-29）知 ΔG^* 与 $(T_0 - T)^{-2}$ 成比例，因此当 $T = T_0$ 时，式（4-34）中 I 为零。在 T_0 和绝对零度之间的某一温度 T_m 下，成核速率有一极大值。通过令 $(\partial \ln I / \partial T)_{T-T_m} = 0$ 得到：

$$T_m = (\Delta G^* + E_a)\left(\frac{\partial \Delta G^*}{\partial T}\right)^{-1}_{(T-T_m)} \tag{4-35}$$

根据 ΔG^* 与温度的关系图，求得 $\partial \Delta G^* / \partial T$，便得到成核速率 I 与温度的关系（图 4-27）。

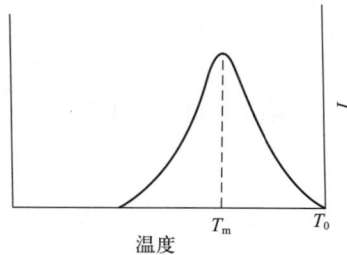

图 4-27　成核速率 I 与温度的关系

（2）不均匀成核的热力学条件及成核速度

如果母相中存在界面，如容器壁、杂质、母相固体的结构缺陷（空位、杂质、位错），那么就会优先在这些界面上成核，这种成核称为不均匀成核。

为了改善玻璃陶瓷的成核性能，经常在配料时加入 TiO_2、ZrO_2、P_2O_5、铂族贵金属或氟化物等作为成核剂。因此在玻璃陶瓷的晶化过程中，一般总是存在不均匀成核，即在相当于杂质的成核剂表面首先成核。虽然不均匀成核使成核界面能降低，但不能改变玻璃和晶粒之间的体积自由能变化。当晶核与成核剂部分润湿时，会出现不均匀成核的球帽状模型，如图 4-28。可以看出，接触角 θ 由液相、成核剂、晶核三相的表面张力平衡关系所决定，在 $0 \leqslant \theta \leqslant 180°$ 的情况下，不均匀成核的自由能 ΔG_s^* 都小于均匀成核自由能 ΔG^*，ΔG_s^* 与

ΔG^* 的关系为：

$$\Delta G_s^* = \Delta G^* f(\theta) \tag{4-36}$$

式中，$f(\theta) = \dfrac{(2+\cos\theta)(1-\cos\theta)^2}{4}$。

不均匀成核的成核速率相应地可以写成：

$$I_s = K_s \exp\left(\frac{-\Delta G^*}{kT}\right) \tag{4-37}$$

其中

$$K_s = A \exp\left(\frac{-E_a}{kT}\right) \tag{4-38}$$

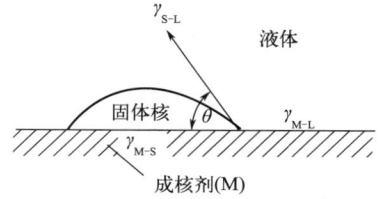

图 4-28 不均匀成核的球帽模型

4.5.1.2 晶体生长

虽然晶核的形成对玻璃陶瓷的制备极其关键，但晶体的生长过程对材料的结构与性能也是十分重要的。

在稳定晶核形成后，晶核长大时原子必须越过晶相与玻璃（母相）之间的界面，晶体生长速度与原子扩散过程有关。因此可以推导出表示晶体生长速度 μ 的方程式：

$$\mu = \lambda AD \frac{\Delta S \cdot \Delta T}{kT} = K'D \frac{\Delta G}{kT} \tag{4-39}$$

式中，K' 为常数，$K' = \lambda A$；A 为晶核表面接受的原子数（称容纳系数）；λ 为一个原子的体积；ΔG 为结晶过程中自由能的变化；D 为扩散系数。温度越低，扩散系数越小，生长速率也就越小，并趋于零。所以，当过冷度大，温度远低于平衡温度 T_0 时，生长速率由扩散过程控制；当温度接近 T_0 时，扩散系数变大，这时生长速率 μ 主要取决于两相自由能差 ΔG；当 $T = T_0$ 时，$\Delta G = 0$，$\mu = 0$。因此，在低于 T_0 的某个温度，会出现生长速率的极大值。这个温度总是高于最大成核速率温度 T_m，如图 4-29 所示。

玻璃转化为玻璃陶瓷的过程中首先要成核，然后晶核长大。虽然一般在室温下都可能成核，但通常并不析晶。因为熔融态玻璃冷却时，在较低的温度下成核，对应极小的生长速率；但如果核的生长速率很大，没有或只有极少的核，也不会有大的晶化转变速率。因此，玻璃陶瓷的晶化速率是成核速率与生长速

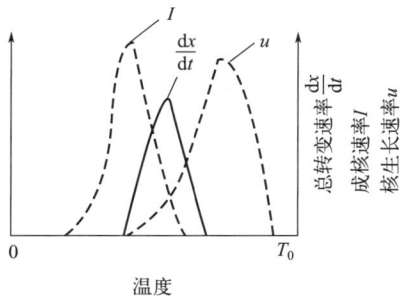

图 4-29 成核及生长速率与温度的关系

I—成核速率；u—核生长速率；$\dfrac{\mathrm{d}x}{\mathrm{d}t}$—总转变速率

率综合作用的结果。它们都在某一对应过冷度具有极大值，并且最大成核速率对应的温度 T_m 要比最大生长速率 μ 对应的温度低。在相应的最大成核速率 I 和最大生长速率 μ 之间对应总转变速率，如图 4-29 所示。晶化可以在成核迅速而生长缓慢的情况下发生，也可以在成核缓慢而生长迅速的情况下发生，但这两者的显微结构将产生很大的差别。一般情况下，当过冷度较小时，成核缓慢而长大迅速，得到粗大的显微组织；当过冷度大时，成核迅速而长大缓慢，得到较细的显微组织。

4.5.1.3 玻璃陶瓷中的相分离现象

实验发现，许多玻璃系统在晶化热处理之前，已经发生相分离，即分成两个非晶态相。如果相分离发生在熔体的液相线温度以上，就称为稳定不混溶；如果相分离发生在熔体的液

相线温度以下，就称为介稳不混溶。玻璃陶瓷中主要发生的是介稳不混溶现象。

如果玻璃在晶体成核和生长之前已经发生相分离，产生两相产物，这种由单相变成两相的分解过程对应两种不同的机理。一种与成核-生长机理类似，另一种为不稳分解［斯宾那多（Spinodal）分解］机理。在同一二元系统中，有可能同时存在两种分解机理的区域。区域的划分由自由能-组成曲线来确定。

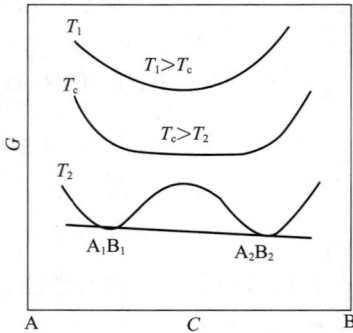
图 4-30　温度对自由能-
组成曲线的影响

图 4-30 和图 4-31 分别为不同温度下自由能 G 的变化曲线及不稳分解和成核-生长的相分离区形成的相图。

由图 4-30 看出，在温度为 T_1 时，系统的整个组成区域中只有一个相。这时自由能曲线呈 U 字形，表示单相固溶体状态。在温度为 T_c 时，自由能曲线的中心区域呈现平坦的形状。温度 T_c 称作相分离的临界溶合温度，简称临界温度或溶合温度，在这个温度以上是均匀单相状态，低于这个温度就可能出现分相现象。在低于 T_c 的任何温度 T_2，自由能曲线的中心区域上升，表示在具有公切线 A_1B_1-A_2B_2 的区域，发生了不混溶现象。在这个区域中的组成最后要分解为组成分别为 A_1B_1 和 A_2B_2 的两个相。

对于温度 T_2 所对应的系统，设系统的平均组成为 C_0，当组成发生起伏时，即在 C_0 周围的一个微小的组成起伏 ΔC，自由能的变化 ΔG 可以用下式表示。

$$\Delta G = G(C_0 + \Delta C) + G(C_0 - \Delta C) - 2G(C_0) \tag{4-40}$$

右边第一、二项用泰勒级数展开为：

$$G(C_0 + C) = G(C_0) + \Delta C \cdot G'(C_0) + \frac{\Delta C^2}{2} \cdot G''(C_0) + \cdots \tag{4-41}$$

$$G(C_0 - C) = G(C_0) - \Delta C \cdot G'(C_0) + \frac{\Delta C^2}{2} \cdot G''(C_0) + \cdots \tag{4-42}$$

合并式（4-41）和式（4-42）得到组成波动引起的自由能变化的表达式：

$$\Delta G = G''(C_0) \Delta C^2 \tag{4-43}$$

图 4-31（a）表示相应温度 T_2 的自由能曲线，根据 $G'' > 0$ 及 $G'' < 0$ 可以分为两个不同的区域。在 $G'' > 0$ 的区域，C_0 附近一个微小的组成起伏将使自由能增大，只有大的组成起伏才能使自由能减小并生成 A_1B_1 和 A_2B_2，即存在常规的成核势垒。由于界面的形成，使自由能增大，成核的势垒相当高，只有超过某个临界尺寸之后，才能使自由能减小，因此需要一个较大的组成起伏。这个区域，对于小的组成起伏是稳定的，而对于大的组成起伏是不稳定的，所以称为亚稳区，表现出自由能曲线是 U 字形的，自由能存在一个极小值。

在 $G'' < 0$ 的区域，G-C 曲线是下凹的。在这个区域中，在任意一个 C_0 附近的任何波动，不管是微小的还是大的都使自由能下降，所以在这个区域的相分离不需要成核过程，其对组成的波动是不稳定的，叫做不稳分解，该区域称为不稳区。在这个区域中，新相的形成起初并没有明显的界面，也就是没有成核势垒存在，随着成分的波动发生连续的分解，最后界面才逐渐形成。在自由能-组成曲线中，负曲率的区域（$G'' < 0$），称作斯宾那多分解区域。$G'' > 0$ 及这两部分曲线的交界点（拐点）处，是按照成核-生长机理和斯宾那多机理进行相变的边界。在热力学上，把斯宾那多分解定义为 $G''(\partial^2 G / \partial C^2) = 0$ 的轨迹。又因为在这个区域中，对于任何一个成分波动，都是不稳定的，是一个不稳定的组成区域。

当玻璃熔化冷却到液相线以下某一个温度（如 T_2），其组成处在 A_1B_1 和 A_2B_2 之间时，可能有两种不同的相变机理：若组成点处在斯宾那多线和不混溶间隙线之间的两相区，要产生临界尺寸的核就必须有大的组成起伏，并按成核-生长机理进行相变；若组成点处于斯宾那多区域之内，任何微小的组成起伏，都足以促使相分离。以上两种过程产生相分离的主要区别在于：成核与生长过程形成的分相之间界面界限清晰，形成规则分布；而不稳分解形成的分相界面起初是散乱不清的，只有在过程的后一阶段才清晰可辨，同时在不稳分解中，第二相的组分在整个过程中都在改变，只有成核相的组分保持不变，并且相分离区域具有规则的空间分布。

由图 4-31（b）可以看出，如果一种玻璃从混溶间隙线以上温度冷却时，一般会经过成核与生长的分相区，所以采用正常冷却速度的玻璃陶瓷，如果出现相分离，则更可能是由成核与生长所引起，而不是由不稳分解引起。图 4-32 为成核-生长相分离的显微结构，两相之间具有十分清晰的界面。

成核之前发生的不同形式的相分离对成核的影响目前还不十分清楚。但由成核与生长所导致的相分离对玻璃的晶化会比较有利，因为这种分相颗粒具有明确、固定的组成，有利于均匀成核析晶并同时促使周围玻璃相的非均匀成核。可能的机制为：①分相导致在结晶驱动力大的温度范围形成高迁移率的玻璃相，有利于快速产生晶体成核。②玻璃的分相增加了相之间的界面，晶化成核总是优先发生于相界上。③玻璃分相为不存在驱动力的均匀溶液提供了结晶驱动力。这几种可能的机制中最重要和最常用的似乎是第一种。

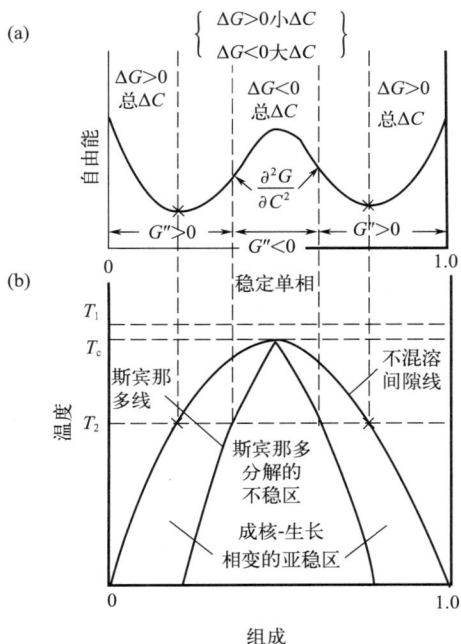

图 4-31　不稳分解的自由能和相图
（a）相的自由能变化反相图；（b）不稳分解和成核-生长的相分离区形成的相图

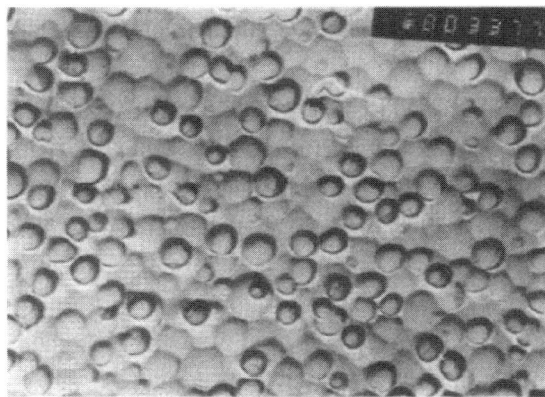

图 4-32　玻璃陶瓷中的成核-生长相分离显微结构

4.5.2　玻璃陶瓷的制造

主要包括熔化、成型、晶化三个过程，如图 4-33 所示。

（1）熔化

玻璃陶瓷的熔化过程与一般玻璃基本相同。但由于微晶玻璃组成中难熔组分多，熔制温度高，一般在 $1500\sim1600\,°C$ 及以上，设计配方时应在不影响产品性能的前提下，调整组成，降低熔制温度。

微晶玻璃的晶相组成同基础玻璃的组成关系极大。在高温熔制时，如耐火材料选择不当，则会造成基础玻璃组成的变化，从而影响微晶玻璃的性能。例如，熔化高温低膨胀玻璃陶瓷 $Li_2O\text{-}Al_2O_3\text{-}SiO_2$ 时，在

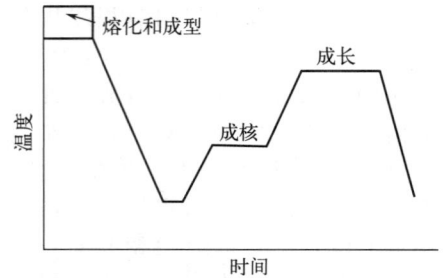

图 4-33　玻璃陶瓷体结晶过程的
温度-时间曲线示意

Li_2O 少、Al_2O_3 不高的情况下，其主晶相为 β-石英固溶体或 β-锂辉石固溶体，如果耐火材料中有较多的 Al_2O_3 熔入玻璃，则基础玻璃中 Al_2O_3 增多，晶化后则出现莫来石晶体，产品性能变差。对于某些对耐火材料侵蚀严重的玻璃的熔化，则必须使用白金坩埚或炉衬才能熔制出合格的基础玻璃。另外，熔制的基础玻璃应无结石、条纹、气泡等缺陷，这些缺陷会影响以后的晶化过程，影响结晶种类、成核速度和晶粒尺寸，甚至造成产品损坏。

基础玻璃可以在坩埚中进行熔化，但工业上一般采用连续生产池炉熔化玻璃，在池炉生产中特别要注意的问题就是防止玻璃液在工作池和料道中挥发而产生成分不同的表面层。这些变质的表面层会造成制品中的条纹和结石。目前采用溢流法除去表面变质层，熔化过程中为保证基础玻璃均匀，经常使用搅拌装置对玻璃液进行搅拌。

（2）成型

① 热端成型

热端成型即自熔融玻璃液直接成型，这种成型方法与普通玻璃成型方法类似，将玻璃从熔化温度冷却到操作温度，利用玻璃液的黏度采用压制、吹制、拉制、压延、离心浇注、重力浇注等方法直接制备成所需的形状。该方法成型时液相温度高，析晶温度与成型温度接近，如掌握不好极易析晶。热端成型过程冷却时在玻璃体内会由于温度梯度而产生内应力，必须退火消除，否则会使制品破碎。退火时把成型好的玻璃制品立即放在退火炉中均匀保温，利用黏滞流动使应力消除，然后以足够慢的速度将玻璃制品冷却。

② 冷端成型

一些电绝缘玻璃陶瓷、封接用玻璃陶瓷，由于其成分特殊，不适合热端成型，而是将熔化的玻璃陶瓷用冷水激淬，再用球磨机将其粉碎成具有适当粒度的粉末，然后加入结合剂进行压力成型并加热烧结。在球磨、粉碎过程中应注意不能混入异物，否则会使异物附近的玻璃析晶速度变大或变小，造成制品损坏，粒度要达到工艺要求，否则对其后的析晶过程有显著影响。

（3）加工

对于热端成型制品，一般在晶化处理前进行切削、研磨等加工，主要由于晶化前基础玻璃强度低，易于加工；同时机械加工中造成的尖锐棱角和微小裂纹在晶化过程中可以通过加热变成圆滑表面，使微裂纹消失，消除了加工对强度的不利影响。

（4）结晶化热处理

基础玻璃通过结晶化热处理转变成玻璃陶瓷。晶化过程要遵循正确的加热曲线，否则会造成不完全结晶或析出异种晶体，从而使玻璃陶瓷性能变差。不同种类玻璃陶瓷的结晶化加

热曲线不同，即使在基础成分完全相同的情况下，采用不同的加热曲线也会由于析出晶体的不同而成为性能不同的玻璃陶瓷，图 4-33 即为玻璃陶瓷晶化过程加热曲线示意图。

一般采用阶梯式加温的方法分段进行晶化热处理。第 1 阶段在一定温度下保温，使玻璃中产生尽可能多的晶核，这是制得微细晶体结构材料的先决条件；第 2 阶段是在较高一些的温度下保温，令晶体生长，使基础玻璃转化为以微晶结构为主的玻璃陶瓷。少数情况下要在更高温度下进行第 3 阶段热处理，才能得到完全不透明的制品，例如 $Li_2O\text{-}Al_2O_3\text{-}SiO_2$ 低膨胀玻璃陶瓷。

对于晶化过程中放出较多转化热的系统则采用等温方式进行晶化热处理。玻璃晶化时自身放热会使温度升高，特别对于厚壁制品更为严重。温度升高导致温度梯度增大，不能得到理想的结晶化效果。解决的办法是调整玻璃成分，使成核速度曲线与晶化速度曲线在一定程度上重合，在某一恒定温度下，晶核生成后就以较慢的速度晶化，使转化热放出的速率下降，把时间拉长，就有可能及时向外部散热，不至于产生较大的温度梯度。等温晶化热处理曲线根据系统的等温转变图确定。根据等温转变图确定适宜的晶化速度，晶化过慢，制品在高温和重力作用下会发生变形；晶化太快，会由于转化热造成较大的热应力，使制品破裂。例如，某些大型浇注体晶化时，为了控制在较慢的晶化速度下晶化，其转化时间甚至长达 5年之久。

粉粒或颗粒状基础玻璃结晶化必须保证在结晶化之前具有一定的流动性，以便颗粒之间相互融合。作为封接剂使用时除必须保证相互融合外，还要与被封接物浸润良好，以保证晶化之后没有气孔存在。这类玻璃晶化的特点在于结晶化温度与颗粒度关系密切，颗粒度过细对应结晶化温度过低，则晶化速度过快，将造成小颗粒之间难以很好地融合并与被封接物浸润；但颗粒边界的存在有利于析晶，这类材料可以不用加入成核剂。因此，对某些颗粒成型的玻璃陶瓷在加热时可以不考虑晶核形成的保温阶段；同时，由于析晶是在玻璃软化后进行的，析晶放热不会引起玻璃开裂，析晶时体积收缩也不会造成变形和破碎。但这两个因素会影响封接玻璃陶瓷的气密性和强度，以及制品析晶的均匀性，因此要引起注意。

4.5.3　典型的玻璃陶瓷及其制备

4.5.3.1　低膨胀玻璃陶瓷

低膨胀玻璃陶瓷的基础组成是 $Li_2O\text{-}Al_2O_3\text{-}SiO_2$，其成核剂主要有 ZrO_2、TiO_2、P_2O_5。膨胀系数为零的玻璃陶瓷的主晶相是 β-石英固溶体，主晶相为 β-锂辉石的玻璃陶瓷热膨胀系数为 $(7\sim20)\times10^{-7}\,℃^{-1}$。这两种玻璃陶瓷的化学成分基本相同，只是晶化热处理制度不同。图 4-34 为组成基本相同，不同热处理温度晶化后析出不同晶体的情况。

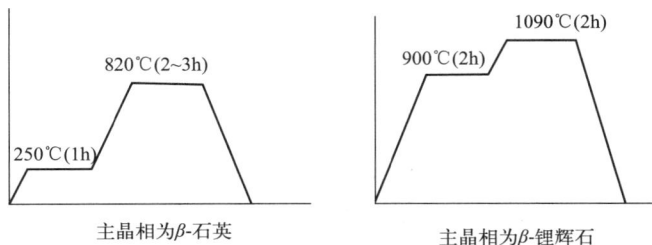

图 4-34　不同热处理温度析出不同的晶体

这类玻璃陶瓷的特点是其显微组织为架状硅酸盐，主晶相分别为 β-石英、β-锂辉石、β-锂霞石，具有热膨胀系数低（可为负值）、强度高、热稳定性好、使用温度高等特点，并可制成透明和浊白两种类型的制品。低膨胀系数对于构件的尺寸稳定性及抗热震是十分有利的，所以可以用于航天飞机上尺寸稳定性要求高的零部件。低膨胀玻璃陶瓷是目前生产量最大的玻璃陶瓷，广泛用于制作各种高级炊具、高温作业观察窗、微波炉盖、大型天文望远镜和激光反射镜的支撑棒、激光元器件以及航天飞机上的重要零部件。

4.5.3.2　表面可强化玻璃陶瓷

玻璃陶瓷的强度比一般玻璃要大好几倍，抗弯强度可达 88～250MPa。但对于某些特殊场合仍然不能满足要求，有必要进一步提高强度。由于脆性材料的破坏大多起源于表面微裂纹，可以采用在玻璃陶瓷材料表面引入压应力薄层的方法，阻止表面微裂纹的扩展，从而提高材料的强度。

（1）利用表层和内部热膨胀差引入表面压应力层

加有 NiO 的 $MgO-Al_2O_3-SiO_2$ 系统玻璃陶瓷，在第 1 阶段的 900℃以下热处理保温时，从玻璃中析出 Ni-尖晶石，其抗弯强度达 290MPa，继续在 960℃进行第 2 阶段保温，可使强度进一步提高到 590MPa。这是由于在 960℃保温时材料表面层析出热膨胀系数接近于零的石英固溶体，冷却时由于表层与内部材料膨胀系数的差别，表层产生压应力，而玻璃陶瓷本体产生张应力，根据材料强度理论可知，表层压应力有利于提高材料强度。

又如在 $MgO-Al_2O_3-SiO_2$ 系统中，富 Al_2O_3 玻璃在 900℃以上热处理时内部析出莫来石细晶粒，再将温度升高到近 1000℃时，在表面成核析出董青石，产生的薄层董青石相玻璃陶瓷与内部莫来石热膨胀系数不同，表层热膨胀系数比内部小得多，冷却时内部相对于表面产生大得多的收缩，使表面形成压应力层。

采用适当的热处理，利用表面滞后效应，也可使内部和外层产生热膨胀系数差，如 $MgO-Al_2O_3-Li_2O$ 系统中以 β-锂辉石为主晶相的玻璃陶瓷。先把玻璃加热到能形成 β-锂霞石的温度进行热处理，并在该温度下保温至析出晶体全部为 β-锂霞石为止，然后继续升温使 β-锂霞石在可转变为 β-锂辉石的温度下保温 1h。在晶化过程中需严格控制保温时间，使制品内部组织大部分转变为 β-锂辉石，表面保持为 β-锂霞石，随即迅速冷却终止转变。之所以发生这种现象是因为表面层 β-锂霞石向 β-锂辉石转变的速率比内部低，这种表面滞后被认为是在制品成型、退火、晶化时表面易挥发组分的损失改变了表面组成，造成了玻璃表层与内部组成的轻微差别，因而产生了表面滞后相变的现象。由于 β-锂霞石为负膨胀系数，而 β-锂辉石具有较低的膨胀系数，所以当制品从晶化温度冷却时，在表面形成压应力层使材料强化。

此外，也可以采用低热膨胀系数玻璃涂覆高热膨胀系数玻璃陶瓷本体的方法形成表面压应力层，用这种方法可以把材料强度提高 2～4 倍，此法适用于高热膨胀系数的玻璃陶瓷。但应注意利用表层与内部热膨胀差造成的强化效果在高温时会因为表面层压应力的丧失而消除，因此在高温使用环境下不能采用这类强化方法。

（2）采用离子交换引入表面压应力层

可以采用离子交换的方法使玻璃陶瓷表层晶格发生畸变或者使玻璃陶瓷表层发生相变，从而在玻璃陶瓷表层引入压应力，达到强化的目的。离子交换可以在熔融盐中进行，也可在盐的气体中进行。常用于离子交换的盐为 KCl、KNO_3、$NaNO_3$、Na_2SO_4、Li_2SO_4 等。离子交换的温度为 550～900℃，交换的时间为 4～48h。采用离子交换法使表面获得的压应力层在高温时不会丧失，因此这类玻璃陶瓷可以在高温使用。

① 表面形成简单固溶体的离子交换。含有 Mg 的 β-石英固溶体为主晶相的玻璃陶瓷置于熔融 Li_2SO_4 中，在 $800\sim900℃$ 时表面即发生离子交换，1 个镁离子被 2 个锂离子所置换。在离子交换中获得双重效应：一方面使表层单位晶胞体积增大；另一方面，交换后表面层含 Li^+ 的石英固溶体比含 Mg 的固溶体具有低得多的热膨胀系数，冷却后两因素的联合效应在表面产生压应力层，使材料强度提高。

又如，在以 β-锂辉石固溶体为主晶相的玻璃陶瓷中，表层中小尺寸的 Li^+ 被较大的 Na^+ 所置换（$Na^+\Leftrightarrow Li^+$），使表层单位晶胞体积增大，从而在表面引入压应力层，提高了材料强度。

② 离子交换导致表面相转变。霞石（$Na_2O\cdot Al_2O_3\cdot 2SiO_2$）为主晶相的玻璃陶瓷在 $750℃$ 的 K_2SO_4+KCl 熔融盐中进行热处理，玻璃陶瓷表层 Na^+ 被 K^+ 所置换（$K^+\longrightarrow Na^+$），离子交换的结果使表面层发生了由霞石向六方钾霞石（$K_2O\cdot Al_2O_3\cdot 2SiO_2$）的相转变，并伴随大约 10% 的体积增大，从而使表面层产生了很高的压应力，提高了材料强度。

4.5.3.3 可加工玻璃陶瓷

传统陶瓷材料难以直接机加工，从而限制了其应用。可加工玻璃陶瓷则可以采用各种机加工手段对其进行加工。

（1）可加工玻璃陶瓷的制备

可加工玻璃陶瓷属 SiO_2-B_2O_3-Al_2O_3-MgO-K_2O-F 体系，其基础玻璃一般在 $1400\sim1600℃$ 熔化，由于熔化时耐火材料侵蚀较严重，一般需采用白金坩埚，熔化成型后的制品采用热处理进行晶化，其制备工艺如图 4-35 所示。

（2）可加工玻璃陶瓷的显微组织、性能和用途

可加工玻璃陶瓷容易机械加工的主要原因在

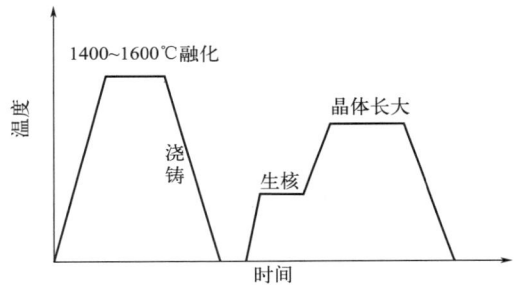

图 4-35　可加工玻璃陶瓷制备工艺

于其主晶相为氟云母结构，已发现可加工玻璃陶瓷中的氟云母主要有 3 种：氟金云母、四硅氟云母和锂云母。氟金云母晶体的理论式为（$KMg_3Si_3AlO_{10}F_2$），当玻璃中含有硼时则变为硼氟金云母（$KMg_3BSi_3AlO_{10}F_2$）；四硅氟云母晶体的理论式为（$KMg_{2.5}Si_4AlO_{10}F_2$）；锂云母的理论式为（Na_2O,K_2O）$Li(Mg,Fe)[AlSi_3O_{11}]F_2$。

图 4-36 为氟金云母结构示意图与氟金云母为主晶相的可加工玻璃陶瓷的显微结构。可以看出，在氟金云母的层状结构中，紧密结合的双四面体层之间是 K^+ 形成的弱结合层，致使云母晶体易于沿弱结合的（001）面解理。通过控制成分和工艺，在玻璃陶瓷中可以形成具有相互交错的"卡片框架"状氟金云母晶体，从图 4-36（b）可以看出，其结构中大约有 $50\%\sim75\%$ 的细小层片晶体和少量残余的玻璃相。氟金云母晶体中的 K^+ 和 Al^+ 可以分别被 Na^+ 和 B^+ 所置换，形成钠金云母及硼金云母，其性能与氟金云母相似。

由于云母片易于解理，这种独特的显微结构使得含云母的玻璃陶瓷可以采用普通的钻、锯或车削、磨等加工到精密尺寸。以氟金云母为主晶相的可加工玻璃陶瓷，具有高热震抗力、优异的绝缘性能、高介电强度与低介电损耗。碱土云母可加工玻璃陶瓷具有较高的强韧性、更高的热稳定性（>$1100℃$）和绝缘性（$500℃$ 电阻率达 $10^{11}\Omega\cdot m$）。因此，可加工玻璃陶瓷在电绝缘、微波技术以及精密仪器和航空、航天领域具有广阔的应用前景。

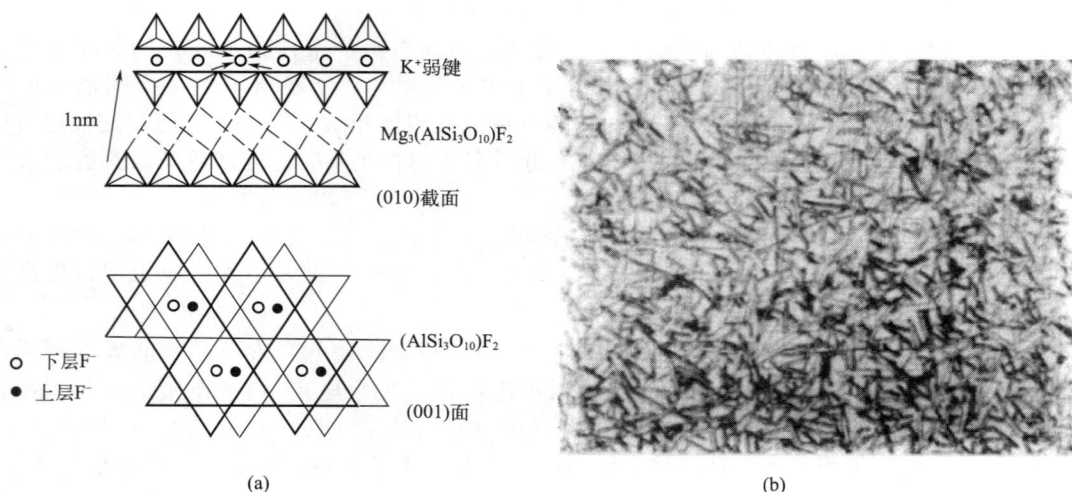

图 4-36　氟金云母结构示意（a）及含有氟金云母的玻璃陶瓷的显微组织（b）

习　题

1. 氧化铝含量高于 95% 的 Al_2O_3 陶瓷的性能特点和用途是什么？

2. 在纯 ZrO_2 中加入适量立方晶型氧化物（如 Y_2O_3、MgO、CaO、CeO 等）形成固溶体的作用是什么？

3. 请说明部分稳定 ZrO_2 的性质并列举其 $1\sim2$ 个典型用途。

4. 玻璃体内晶相均匀成核的热力学条件是什么？

5. Si_3N_4 陶瓷粉末的制备方法主要有哪几种？

6. 什么是赛隆陶瓷，其性能特点是什么？

7. 请简述 AlN 陶瓷粉末的主要制备方法。

8. 请简述 h-BN 的晶体结构特点和性能特点。

9. 如何通过无压烧结法制备致密 SiC 陶瓷？

10. 请简述 B_4C 陶瓷的性能特点和主要用途。

11. 请简述玻璃陶瓷的定义及分类。

参考文献

[1] 金志浩,高积强,乔冠军. 工程陶瓷材料[M]. 西安:西安交通大学出版社,2000.

[2] 彭易发,李争显,陈云飞,等. 硼化物超高温陶瓷的研究进展[J]. 陶瓷学报,2018,39(2):119-126.

[3] 贾成科,张鑫,彭浩然,等. 硼化物陶瓷及其复合材料的研究进展[J]. 热喷涂技术,2011,3(1):1-21.

[4] 李世普. 特种陶瓷工艺学[M]. 武汉:武汉工业大学出版社,2007.

[5] 金格瑞,鲍恩,乌尔曼. 陶瓷导论[M]. 北京:高等教育出版社,2010.

[6] 周玉. 陶瓷材料学[M]. 北京:科学出版社,2004.

[7] 谢志鹏. 结构陶瓷[M]. 北京:清华大学出版社,2011.

[8] 乔冠军. 精细碳化硅陶瓷粉体的有机合成及烧结[D]. 西安:西安交通大学,1992.

[9] 白克武. 高温结构陶瓷碳化硼的合成和烧结[D]. 西安:西安交通大学,1992.

[10] 李平. 碳化硼陶瓷材料的成分组织与性能[D]. 西安:西安交通大学,1993.

[11] 颜峰. Sialon 材料的研究[D]. 西安:西安交通大学,1995.

[12] 乔冠军. 玻璃陶瓷及其复合材料的疲劳与断裂特性[D]. 西安:西安交通大学,1995.

[13] 史忠旗. 低维氮化铝(AlN)纳米粉体的燃烧合成及应用[D]. 西安:西安交通大学,2009.

[14] 樊新民,张骋,蒋丹宇. 工程陶瓷及其应用[M]. 北京:机械工业出版社,2006.

[15] 王承遇,陶瑛. 玻璃表面和表面处理[M]. 北京:中国建材工业出版社,1993.

[16] 干福熹. 玻璃科学技术前沿[M]. 北京:中国建筑工业出版社,1986.

第 5 章

常用结构功能一体化陶瓷

工程陶瓷可分为结构陶瓷和功能陶瓷两大类，结构陶瓷主要利用陶瓷的力学性能，功能陶瓷主要利用陶瓷的其他物理性能，包括导电、介电、磁和热性能等。结构功能一体化陶瓷是兼顾陶瓷力学性能和功能特性的一类陶瓷，具有品种多、用途广、发展迅速等特点，已经形成了巨大的市场，本章重点介绍几类常用的结构功能一体化陶瓷。

5.1 热管理陶瓷

热管理包括热的分散、存储与转换，正在成为一门横跨材料、电子、物理等学科的新兴交叉学科。热管理材料是一类能够调节或控制热量传导的材料，广泛应用于电子设备、汽车工业、新能源和航空航天等领域。按材料类别，热管理材料主要可分为陶瓷类、聚合物类和金属类三种，其中陶瓷类热管理材料具有化学性能稳定、耐高温、耐腐蚀等优点，应用十分广泛。根据应用需求的不同，陶瓷类热管理材料可分为导热陶瓷、防热陶瓷、隔热陶瓷和蓄热陶瓷等。

5.1.1 导热陶瓷

随着集成电路工业的发展，高端电子装备对电力电子系统功能完整性、可靠性、功率密度、抗干扰性等性能的要求越来越高，电力电子器件技术正朝着高电压、大电流、大功率密度、小尺寸的方向发展。小型化、高集成度、高功率密度的发展趋势不可避免地导致器件温度升高，如果高热量不能及时有效地散出，将导致电子元器件温度急剧上升。据统计，芯片温度每升高 18°C，电子元器件的性能和稳定性就会降低 50% 以上。因此，高效的散热系统是高性能集成电路必不可少的一部分（图 5-1），亟须开发高导热的热管理材料以确保电子元器件服役的可靠性和稳定性。陶瓷热管理材料热导率相对较高，远超传统环氧树脂塑料，有些立方晶系的陶瓷材料，其理论热导率接近甚至超过金属；且陶瓷材料具有化学性能稳定、密封性能佳、不导电、热膨胀系数与电子元器件相匹配等优点，在高导热基板材料中具有广阔的应用前景。

常用的导热基板材料包括 Al_2O_3、AlN、BeO 和 Si_3N_4 等，其中 Al_2O_3 陶瓷具有原料来源丰富、价格低廉、绝缘性高、耐热冲击、抗化学腐蚀及机械强度高等优点，是一种综合性能优异的陶瓷基板材料，占陶瓷基板材料总量的 80% 以上，但其热导率仅为 $20\text{W}/(\text{m}\cdot\text{K})$ 左右，难以满足高功率密度电子元器件的散热要求。AlN 陶瓷的热导率为 $70\sim260\text{W}/(\text{m}\cdot\text{K})$，同时具有与芯片相匹配的热膨胀系数，可以用作薄的热管理衬底材料，但是高纯 AlN 陶瓷基板机械强度低、易潮解、生产难度大、成本高。Si_3N_4 陶瓷热导率可达 $90\sim120\text{W}/(\text{m}\cdot\text{K})$，热膨胀系数为 $3.2\times10^{-6}\,^\circ\text{C}^{-1}$，并具有优异的机械强度、良好的化

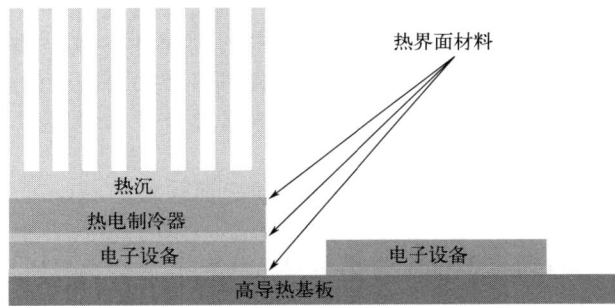

热界面材料

热沉

热电制冷器

电子设备

电子设备

高导热基板

图 5-1　电子设备热管理系统

学稳定性和抗热冲击性。尽管 Si_3N_4 陶瓷基板的热导率略低于 AlN，但其抗弯强度、断裂韧性都可达到 AlN 的 2 倍以上，同时，Si_3N_4 陶瓷基板的热膨胀系数与第 3 代半导体衬底 SiC 晶体接近，能够与 SiC 晶体材料相匹配。BeO 陶瓷最突出的性能是热导率大，其室温热导率可达 $250W/(m \cdot K)$，与金属铝相近，是 Al_2O_3 的 6～10 倍。遗憾的是，由于 BeO 陶瓷的粉末有剧毒，伤口接触会难以愈合，长期吸入 BeO 粉尘会引起中毒甚至致命。此外，BeO 的毒性对周围环境也会造成污染，因此 BeO 陶瓷基板难以产业化。表 5-1 比较了除 BeO 之外三种陶瓷基板的性能，下面将重点对 AlN 陶瓷和 Si_3N_4 陶瓷展开叙述。

表 5-1　三种陶瓷基板材料性能对比

性能	基板材料		
	Si_3N_4	AlN	Al_2O_3
强度/MPa	600～700	350	400
断裂韧性/(MPa·m$^{1/2}$)	6.0～7.0	2.7	3.0
热导率/(W·m^{-1}·K^{-1})	≥90	≥150	≥25
电流承载能力/A	≥300	100～300	≤100
热阻/(℃·W^{-1})	≤0.5	≤0.5	≥0.1
可靠性/次	≥5000	200	300
使用成本	较高	较高	低

（1）AlN 陶瓷

AlN 陶瓷具有高的热导率［理论上可达 $320W/(m \cdot K)$］、低的介电常数（1MHz 下约为 8.9F/m）及与半导体材料相当的热膨胀系数［AlN：$4.3 \times 10^{-6} \cdot ℃^{-1}$，Si：$3.4 \times 10^{-6} \cdot ℃^{-1}$（20～400℃）］，且电绝缘性、耐电击穿强度、力学性能优良，已经成为混合集成电路、微波功率器件、半导体器件、功率电子器件、大规模集成电路、光电器件等领域理想的基板材料。

因受晶界相、杂质、气孔等多因素影响，目前商用多晶 AlN 陶瓷基板的热导率一般为 $150～180W/(m \cdot K)$，远低于其理论值。通常采用优化 AlN 陶瓷显微结构的办法，尽可能降低甚至消除其中的晶界相、杂质、气孔等结构缺陷，开发制备高导热 AlN 陶瓷。然而，高导热 AlN 陶瓷的开发也面临多方面的挑战。①AlN 陶瓷的热导率对其氧含量（包括固溶于 AlN 中的晶格氧原子及分布于 AlN 晶界的氧化物相）高度敏感。为此，需要选用低氧含量的高品质 AlN 粉体原料，同时合理选择烧结助剂，促进晶格氧原子的脱溶及晶界氧化相向坯体外的迁移，尽可能降低烧结 AlN 陶瓷基板中的氧含量。②单元或多元体系的烧结助剂类型与添加量的合理选择对于实现 AlN 陶瓷的烧结致密化至关重要。AlN 陶瓷烧结过程中及烧结后，烧结助剂向氧化物熔体及晶界相的转变是一个复杂的物理、化学过程，并对 AlN 陶瓷的结构与性能产生显著影响。

AlN 陶瓷中的氧杂质主要来源于 AlN 粉体颗粒表面包覆的 Al_2O_3 纳米层，Al_2O_3 中的氧离子固溶于 AlN 的晶格中，可以取代其中的 N 离子，同时产生 Al 空位，降低声子平均自由程，从而导致 AlN 陶瓷热导率降低。随着烧结温度的升高、保温时间的延长，AlN 晶粒逐渐长大，晶界面积减小，热阻降低，声子散射减弱，有助于 AlN 陶瓷热导率的提高。

理想状态下，AlN 陶瓷的晶粒发育完全，呈等轴多面体形态，AlN 晶粒紧密接触，无气孔及晶界相。但实际情况下，烧结 AlN 陶瓷仍含有一定的气孔及晶界相等微结构缺陷，气孔的存在易诱发应力集中，导致强度、硬度及断裂韧性等力学性能的降低，同时也增大了界面热阻，增加声子散射，降低 AlN 陶瓷的热导率。晶界相的分布状态对 AlN 陶瓷的热导率也具有明显的影响。一般地，AlN 陶瓷中晶界相的分布状态有三种：①晶界相的含量较少，且龟缩于 AlN 的三叉晶界处，如图 5-2 箭头 1 所示，AlN 晶粒紧密接触，界面热阻减小，声子散射降低，声子平均自由程增大，AlN 陶瓷的热导率相应较高，是一种理想的烧结 AlN 陶瓷结构特征；②晶界相半连续分布于 AlN 晶间，如图 5-2 箭头 2 所示，AlN 晶粒之间的有效连接被阻断，声子散射增强，热导率下降；③晶界相含量高，且与 AlN 晶粒润湿良好，晶界相在 AlN 晶间连续分布，包裹 AlN 晶粒，

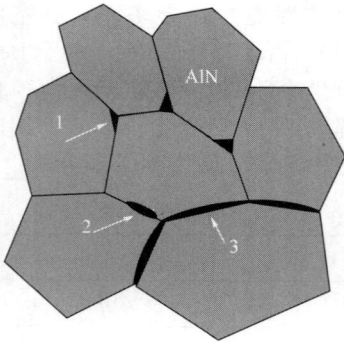

图 5-2　AlN 陶瓷中晶界相分布示意

如图 5-2 箭头 3 所示，完全割裂 AlN 晶粒的直接连接，界面热阻急剧增加，声子散射严重，极大地降低 AlN 陶瓷的热导率。此外，晶界相的分布状态对 AlN 陶瓷的强度也会产生明显的影响。

（2）　Si_3N_4 陶瓷

Si_3N_4 理论热导率较高，为 $200\sim320W/(m\cdot K)$，但早期生产的 Si_3N_4 材料热导率较低，还不到理论值的十分之一，后来经过研究发现热导率下降的主要原因是 Si_3N_4 材料复杂的结构，导致晶格对称性下降，降低了声子的平均自由程。后期经过改进生产工艺，已经研发出热导率高达 $177W/(m\cdot K)$ 的高纯 Si_3N_4 陶瓷。此外，Si_3N_4 较 AlN 具有更高的强度、韧性和硬度，所以高性能 Si_3N_4 导热基板材料成为国内外各大先进陶瓷研究机构和企业争相研制与开发的下一代高性能导热基板材料，目前能够生产商用 Si_3N_4 基板的主要企业有中材高新材料股份有限公司、日本东芝集团、日本京瓷株式会社、日本丸和株式会社（表 5-2）。上述企业生产制备的氮化硅基板的热导率为 $60\sim130W/(m\cdot K)$。

从表 5-2 可以看出，Si_3N_4 陶瓷的实际热导率与理论热导率差距很大，究其影响因素主要有：晶格排布、体相氧、物相组成、晶界相含量、陶瓷气孔及密度和其他杂质缺陷等。原料粉体的粒度、纯度、物相是影响高导热 Si_3N_4 陶瓷力学性能、热导率的关键因素。内部杂质和晶格缺陷都会阻碍氮化硅陶瓷热导率的提升，因此要选择纯度高的 Si_3N_4 原料，尤其避免引入氧、铝元素。

目前流延、轧膜、浇注和注射等高导热 Si_3N_4 基板的成型方法中，流延成型被公认为是

最适合于工程化的制备技术。流延法制备 Si_3N_4 陶瓷基板的生产流程如图 5-3 所示。高导热 Si_3N_4 陶瓷材料的主要烧结方法有热等静压烧结、热压烧结、反应烧结和气压烧结。早期的研究多采用热等静压烧结法，但是热等静压烧结存在设备昂贵、操作复杂、制备成本高等问题。气压烧结、热压烧结和反应烧结是目前制备高导热 Si_3N_4 陶瓷材料使用较多的烧结工艺。

表 5-2　国内外商用 Si_3N_4 陶瓷基板的主要性能对比

	企业/研究所	热导率/(W·m^{-1}·K^{-1})	抗弯强度/MPa
国外	日本京瓷株式会社	60	850
	日本丸和株式会社	85	800
	日本东京电气化学工业株式会社	90	600
	日本东芝集团	90	650
	美国罗杰斯公司	90	700
	日本日立株式会社	130	550～650
国内	杭州海合精密陶瓷有限公司	70	—
	威海圆环先进陶瓷股份有限公司	85	600
	中材高新材料股份有限公司	80	680
	上海硅酸盐研究所	120	—

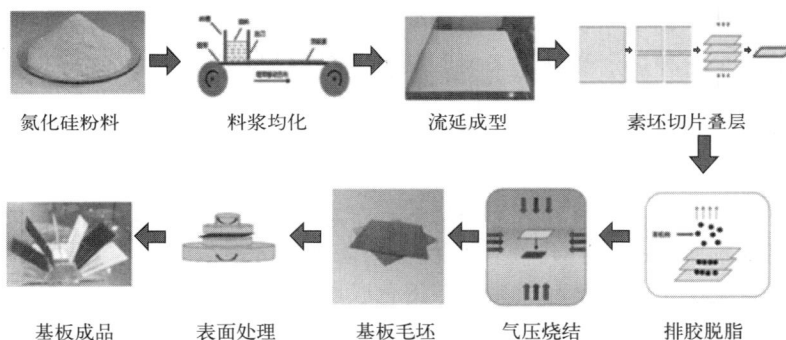

图 5-3　Si_3N_4 陶瓷基板流延法生产工艺流程

5.1.2　防热陶瓷

近十年来，高超声速技术取得了重大突破，但满足新型飞行器构型和轨道要求的"新热障"问题仍然是一个难以回避的重大问题。目前，飞行速度的提高和机动能力的提升促使许多传统热防护系统向着"防热-承载结构功能一体化"和集成化、低成本与高结构效率一体化的方向发展。因此，优异的热防护材料是发展和保障高超声速飞行器和可重复使用飞行器在极端环境下安全服役的基石。

防热陶瓷是为保证飞行器在特殊的热环境下正常工作的一种功能材料，它不仅要使飞行器在热环境中免遭损毁破坏，还要使被防护结构在指定的工作温度范围内保持完整和尺寸稳定，同时还应保证结构的气动特性。要求材料具有良好的耐高温性能以及机械强度。防热陶瓷主要涉及一系列较为复杂的防热方式，包括吸收防热、辐射防热、发汗防热和烧蚀防热等等。

（1）吸收防热

吸收防热是利用材料本身具有较大的热容和热导率，将热量吸收或导出。因此，要求材料比热容大、热导率大、熔点高。吸收防热方式只用在热通量低和时间较短的情况下。

（2）辐射防热

选用在红外波段具有高发射率的物质（碳化硅、氧化铬等），在使用中辐射掉大量的热，以得到尽量低的温度。陶瓷辐射防护层能广泛应用于 1400℃ 以上的温度，能辐射掉 95％ 的吸收热。辐射防护层可以多次使用，在长时间和较低的热通量下比较有利，并在很多情况下构成较经济的结构。

（3）发汗防热

工作时，发汗冷却液由大面积的多孔结构持续注入高温燃气中。注入的过程中冷却液流经多孔壁面大量吸收了进入壁面的热量，由于接触面积很大，从而能高效地带走热量，起到保护壁面的热防护效果。如图 5-4 所示，利用"发汗"物质，通过耐高温多孔陶瓷材料的毛细管进行发汗，来实现防热。发汗防热适用于大热通量时的防热，但结构复杂笨重，辅助系统庞大。

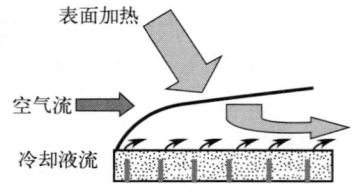

图 5-4 "发汗"防热示意

（4）烧蚀防热

利用材料的分解、解聚、熔化、蒸发、气化、离子化等化学和物理过程移走大量的热，来达到防热目的，是一种以消耗物质来换取隔热效果的积极隔热方式。与非烧蚀材料相比，烧蚀材料虽然不利于重复使用，但其可以适应更宽范围和突变情况下的热流密度变化，安全性和可靠性较高。通常采用的有机碳化烧蚀防热，烧蚀防热材料不适用于尺寸要求严格的场合。

烧蚀防热材料按烧蚀机理可以分为升华型、熔化型和碳化型三类。升华型烧蚀防热材料主要是利用高温升华吸收热量，代表性材料包括聚四氟乙烯、石墨、C/C 复合材料等；熔化型烧蚀防热材料主要是利用材料在高温下熔化吸收热量，并进一步利用熔融的液态层来阻挡热流，其代表性材料为石英和玻璃类材料；碳化型烧蚀防热材料则主要是借助于高分子材料的高温碳化吸收热量，并进一步利用其形成的碳化层辐射散热和阻塞热流，纤维增强酚醛树脂基复合材料即属于碳化型烧蚀防热材料。

（5）可重复使用的防热陶瓷

烧蚀热防护是以防热材料的质量损失来换取防热的效果。对于可重复使用的航天飞机的热防护要求，烧蚀热防护显然已无能为力。于是，近年来开发出一种可重复使用的热防护材料，仅用于相对缓和的进入环境，其能量调节机理如图 5-5 所示。外部热量到达材料表面时，通过再辐射和对流将大部分热量从表面辐射出去，仅有极小部分热量到达材料内部。因此，可重复使用的热防护材料应具有较高的表面辐射率（最大限度地将热量再辐射出去）。可重复使用的防热陶瓷主要有整体增韧复合陶瓷材料、超高温陶瓷等。

整体增韧复合陶瓷材料具有轻质、高温稳定性好、半球辐射率高、成本低、制造周期短等优点，与传统飞行器使用的防热材料相比，在耐温能力、强韧化性能和制备尺寸等方面基本突破了航天飞机的薄弱环节。

超高温陶瓷是指在高温环境以及反应气氛中能够保持物理和化学稳定性的一类陶瓷材

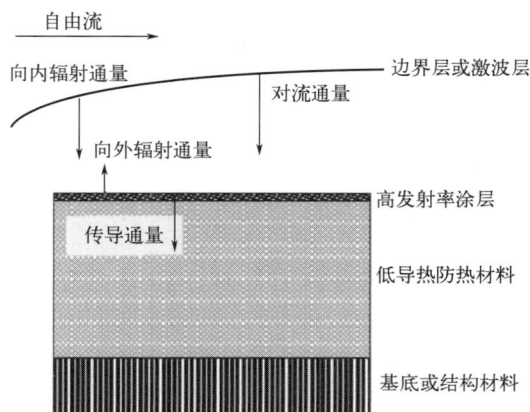

图 5-5　可重复使用的防热材料能量调节机理

料，主要是由以铪、锆、钼等形成的硼化物、碳化物以及氮化物等过渡金属化合物组成的多元复合陶瓷材料，这些化合物的熔点一般都超过 3000℃。超高温陶瓷具有耐超高温、高导热率和高强度等特点，可作为可重复使用航天器鼻锥、翼前缘等承载热结构部件。

5.1.3　隔热陶瓷

隔热陶瓷是指具有绝热性能并对热流能够起到屏蔽作用的陶瓷或者陶瓷的复合体，通常具备轻质、多孔及低热导率等特点。在工业上，隔热材料不仅能够防止热工设备及管道的热量散失，还可以在冷冻和低温环境中使用。因此，隔热材料也被称作保温材料或保冷材料。

在航空航天领域，当飞行器在大气中高速飞行时，其表面会产生严重的气动加热，为避免飞行器机身在气动加热过程中焚毁，并确保其内部器件的正常运转，就需要阻隔热量向机身内部的传递。

高效隔热陶瓷通常要求材料具有低的热导率和低的密度。在空间技术中广泛应用的 Min-K 材料是典型代表，其组成如表 5-3 所示。Min-K 材料隔热性能极佳，其热导率比静止空气还低，又可做成很薄很轻的部件提供特殊需要的热防护，广泛应用于空间技术领域。这类材料具有较高的耐冲击、耐振动性能，能够经受加速度的强烈作用，能在使用温度内保持结构完整和严格的尺寸稳定，特别适用于空间技术中的某些特殊场合。

表 5-3　Min-K 材料的组成

成分	含量（质量分数）/%	成分	含量（质量分数）/%
二氧化硅气溶胶	50	石棉纤维	5
硅酸锆	40	甲酚醛树脂	5

隔热陶瓷主要包括多孔陶瓷隔热材料、陶瓷纤维及纤维复合隔热材料、陶瓷气凝胶隔热材料。

（1）多孔陶瓷隔热材料

多孔陶瓷材料内部存在大量的气孔，具有气孔率高、隔热效果佳、耐高温等特点，将其应用于工业窑炉的炉衬或隔热层等部位，可起到隔热保温、节能降耗的作用，国内外主流多孔陶瓷材料的耐火度、热膨胀系数、热导率等性能如表 5-4 所示。目前，多孔陶瓷材料仍存在热导率较高、保温隔热效果不佳、力学性能较低、使用寿命较短等问题。究其原因，主要在于多孔陶瓷材料内的气孔数量、大小、形态等分布不合理。因此，如何获得既满足实际需求又具备良好力学性能的多孔陶瓷材料，是工业窑炉隔热领域亟须解决的关键问题。

表 5-4　国内外主流多孔陶瓷材料的性能

多孔陶瓷	耐火度/℃	热膨胀系数 /(10^{-6}℃$^{-1}$)	热导率 /(W·m^{-1}·K^{-1})	密度 /(g·cm^{-3})	抗压强度 /MPa	抗弯强度 /MPa
Al_2O_3	约2000	7.03	约3.00	1.0~1.2	3~10	2.5~4.0
ZrO_2	约2500	6.50	约2.09	0.7~1.5	3~20	3.0~6.0
莫来石	约1800	4.20~5.60	约1.70	0.9~1.5	2~10	4.0~6.0
堇青石	约1400	1.40~2.00	约1.50	0.4~1.0	2~8	1.0~3.0
钙长石	约1400	4.82	约3.67	0.5~0.8	1~6	0.8~3.0

多孔颗粒陶瓷的制备方法主要包括有机泡沫浸渍法、纤维缠绕法、颗粒堆积法、造孔法、发泡法、溶胶-凝胶法、冷冻干燥法以及凝胶注模法等，不同制备方法制备的多孔陶瓷的性能见表 5-5。而制备多孔陶瓷（分为多孔颗粒类及空心球类）选用的材料主要包括氧化硅、氧化铝、氧化锆等。

表 5-5　不同方法制备的多孔陶瓷的性能

制备方法	孔隙率/%	孔径尺寸/μm	抗压强度/MPa
凝胶注模法	40~80	0.1~10.0	5~30
发泡法	40~90	10.0~10000	1~20
牺牲模板法	50~90	0.1~10.0	1~20
模板法	40~90	100.0~10000	1~30
溶胶-凝胶法	50~90	0.01~2.0	5~40
增材制造法	5~80	0.01~10000	1~20
熔盐合成法	40~70	0.2~100.0	1~10
水热合成法	40~70	0.01~10.0	5~20

（2）陶瓷纤维及纤维复合隔热材料

陶瓷纤维具有耐高温、抗氧化、化学稳定性好和耐机械振动性能好等优点，既可作为气凝胶材料的增强体和红外遮光剂，也可单独作为高温隔热材料，在航空航天、化工冶金和核能发电等领域具有广阔的应用前景。相比于传统陶瓷隔热纤维（$\phi \geqslant 5\mu m$），细化纤维直径制备微纳陶瓷隔热纤维（$\phi < 5\mu m$）不仅有助于降低纤维热导率，还能改善其力学性能。

高孔隙率的纤维隔热材料，通常在大气环境中应用，纤维之间的孔隙由气体填充。由于纤维材料内部没有足够的气压差，因而在微纳纤维隔热材料中对流换热很小，可忽略不计。在微纳陶瓷隔热纤维中，热传输主要包括气体热传导、固体热传导和辐射传热。微纳陶瓷隔热纤维中热传输示意图如图 5-6 所示。

陶瓷纤维材料质地柔软，重量轻、强度高，加工性好，其中以二氧化硅和玻璃纤维系统研究较多，其他纤维型隔热材料如矿物棉等早已大规模应用，正在大规模使用的还有石英纤维、高硅氧纤维、硅酸铝纤维、玻璃纤维等，一些耐高温纤维也正在发展，如氧化铝纤维、氧化锆纤维、氮化硼纤维、氧化镁纤维和带碳化硅涂层的石墨纤维等。近年来，钛酸钾纤维、空心玻璃和空心陶瓷纤维的发展，新型纤维陶瓷加工技术——毛毡陶瓷技术的出现，都为更大规模地使用性能更佳的纤维材料开辟了良好的途径。

目前，微纳陶瓷隔热纤维取得了较大发展，制备了一系列具有较好隔热性能的微纳陶瓷纤维。但当前的微纳陶瓷隔热纤维强度相对较低，且在高温条件下晶粒长大导致强度下降、脆性增大，长期工作温度较低。因此，如何提高微纳陶瓷隔热纤维的强度和耐高温性能是其未来发展中需关注的重点。

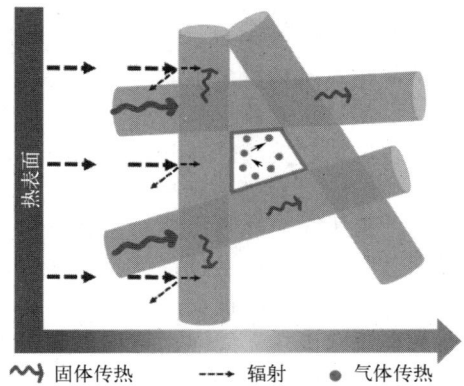

图 5-6　微纳陶瓷纤维热传输示意

〜〜 固体传热　　- - -> 辐射　　● 气体传热

（3）陶瓷气凝胶隔热材料

气凝胶是一种以气体为分散介质，由胶体粒子相互聚积形成的纳米多孔材料，其基本结构是由三维的纳米固体骨架与填充在空隙中的气体共同组成的气固两相材料。气孔率最高可达 99%，可与耐高温氧化物陶瓷纤维复合得到强度较高、可成型大尺寸样件、可加工性能好的复合材料。目前航天隔热应用中最主要的气凝胶种类有氧化物气凝胶（如 SiO_2 气凝胶）与非氧化物气凝胶（如 SiC 气凝胶、Si_3N_4 气凝胶）等。

氧化物气凝胶是人类最早制备和研究的气凝胶。常见的氧化物气凝胶包括 SiO_2、Al_2O_3、TiO_2 及 ZrO_2 气凝胶，一般通过溶胶-凝胶法制备而成。这种方法制备的气凝胶纳米结构保存完好，因而具有极低的热导率，如 SiO_2 气凝胶的热导率可低至 $0.015W/(m \cdot K)$，是典型的超级隔热材料。

由于溶胶-凝胶法制备的气凝胶在微观结构上比较单一，因此有人采用静电纺丝法制备二氧化硅纳米线，并以此为基本结构单元，采用冷冻干燥技术制备具有定向及功能性的二氧化硅纳米线气凝胶。相较于溶胶-凝胶法制备的气凝胶，该气凝胶热导率略高 [约为 $0.025W/(m \cdot K)$]，但仍属于超低热导率材料。

不论是溶胶-凝胶法制备的氧化物气凝胶还是其他方法制备的氧化物气凝胶，制备过程中都需要在溶液中采用湿化学方法对基本结构单元进行合成，这种方法获得的材料一般为低温相或者非晶相，并且表面会存在大量的有机官能团，导致气凝胶耐温性能较差。随着使用温度的升高，非晶颗粒会发生结晶反应，低温相则会相变成高温相，这些过程都伴随着体积的变化，可能导致气凝胶结构的坍塌。此外，纳米氧化物超高的烧结活性也为氧化物气凝胶的热稳定性带来了巨大的障碍，高温下纳米颗粒的烧结会导致气凝胶纳米结构的坍塌，除了带来尺寸的变化外，纳米结构带来的优异性能也会因此而消失。现有研究表明氧化物气凝胶的最高使用温度低于 1200℃。

与氧化物气凝胶不同，在碳化物和氮化物气凝胶的制备过程中，很难找到合适的前驱体在溶液里进行溶胶-凝胶法合成，大部分的碳化物和氮化物气凝胶都是通过已有的纳米材料进行组装或者高温反应来合成的。其中碳化物具有耐高温、耐磨、耐腐蚀、熔点高、硬度高、导电性良好等特点，且力学性能稳定。虽然碳化物本身具有较高的热导率，但将其制成具有极高孔隙率的气凝胶材料之后，可大幅提高隔热能力，作为一种优良的耐高温隔热材料使用。纯的 SiC 气凝胶虽然耐温性能较传统氧化物气凝胶高，但在高温条件下仍然会发生氧化。通常是将其与其他材料复合或将其表面氧化形成一层致密的氧化膜来克服该问题。

5.1.4 蓄热陶瓷

蓄热式换热技术是非常重要的节能环保技术，它通常利用炉窑排气携带的热能预热助燃空气，在提高热效率的同时，可以提高燃烧温度和促进低品位燃料的燃烧利用，广泛应用于炼铁热风炉、玻璃炉窑和电站锅炉等设备。典型的蓄热式换热器由两个蓄热体和一个换向阀门组件组成。蓄热体具有较大热容，用于周期性蓄存和释放热能，阀门则用于烟气和空气的切换。蓄热式换热器工作时，高温烟气从上端流入蓄热体，向蓄热体骨架传热，蓄热体骨架温度得以升高，这一过程称为烟气（加热）周期；经过一定时间之后，换向阀转动，低温空气从底部流入已经被加热的蓄热体，吸收蓄热体骨架热量后温度升高，进入炉膛，这一过程称为空气（预热）周期；空气周期经历与烟气周期相同的时间后，再次转动换向阀，进入烟气周期，如此反复进行。经过多次换向阀切换后，整个换热过程达到"周期性稳态"，即温度场将呈现周期性变化的特点。

蓄热体是蓄热式换热器的核心部件，陶瓷材料是蓄热体中应用最广泛的材料，常用的蓄热陶瓷材料性能见表 5-6。其中，堇青石虽然抗热震性能较好，但其烧成温度范围很窄，一般为 1250～1350℃。温度低时会欠烧，从而达不到低的热膨胀系数和优良的抗热震性能；温度过高时，堇青石会分解为莫来石和玻璃相，所以堇青石的使用温度仅为 1200℃，使用温度低，只能耐碱。钛酸铝在高温下易分解，锂辉石、磷酸锆钠、氧化铅等抗热震性能较差且成本高，碳化硅、氮化硅的抗热震性能虽然好，但价格昂贵。

表 5-6　蓄热陶瓷性能

材料	热容 /(J·K^{-1})	密度 /(g·cm^{-3})	抗折强度 /MPa	耐火度/℃	热辐射率 /%	热导率 /(W·m^{-1}·K^{-1})	热膨胀系数（室温～900℃）/(10^{-6}℃$^{-1}$)
钛酸铝	0.92	3.34	5～20	＞1500	0.55	0.78	1.22
堇青石	0.92	1.7	10～20	1450	0.5～0.7	1.97～2.32	1～2
黏土	1.00	1.7～2.1	10～20	1700	0.8～0.9	1.39～2.40	4.3～7.5
刚玉	1.05	2.5～3.2	25	1850	0.5～0.7	2.20	＞7.2
莫来石	4.55	3.23	25	1850	0.8～0.9	5.20	4.3
锆英石	0.71	3.2～3.5	25	＞2000	0.4～0.8	2.20	3.3

1982 年，英国的 Hotwork Development 公司与英国燃气集团（British Gas）联合开发出蓄热式陶瓷燃烧器（regenerative ceramic burner，RCB），它采用陶瓷小球作为蓄热体。与格子砖相比，陶瓷小球强度大，抗热震性优良，同时价格低，且方便更换、清洗。RCB燃烧系统在工业炉和锅炉上节能潜力巨大，被各类企业广泛采用。RCB 为第一代蓄热式燃烧器，预热后的风温比炉温低 200℃左右，能源效率需要进一步提高，它的流动阻力也比较大，此外，氮氧化物排放量很高。

20 世纪 90 年代初，日本 NKK 和日本工业炉公司将节能与环保结合起来，开发出了第二代蓄热式燃烧技术，也称高温空气燃烧技术。这种技术采用蜂窝陶瓷作为蓄热体，与小球相比，蜂窝陶瓷热膨胀小，结构紧凑，比表面积大，导热性能优良，压力损失小，不易发生阻塞。蜂窝陶瓷与蓄热小球的性能对比见表 5-7。相较于蓄热小球，蜂窝陶瓷蓄、放热速度快，大大缩短了烟气和空气的换向时间，炉温更均匀，这有助于降低氧化损耗和 NO$_x$ 气体的生成。

表 5-7　蜂窝陶瓷与蓄热球的性能比较

性能	蜂窝陶瓷体	蓄热球
温度效率/%	95	75
比表面积/($m^2 \cdot m^{-3}$)	640～1280	200～300
体积密度/($g \cdot m^{-3}$)	0.5～1.0	＞2.65
换向周期/s	30～60	180～300
气流方向	直线流动	横向绕流
阻力损失（相对值）	1/3～1/4	1
材质要求	堇青石、莫来石	高铝质、莫来石
使用寿命	4～8 个月	年损耗约 20%
积灰、积渣	难	易

相比于格子砖蓄热体蓄热效率低且结构巨大以及陶瓷小球蓄热体氮氧化物排放量相对较高的缺点，经过长时间发展和完善的蜂窝陶瓷蓄热体，其性能和性价比在同类蓄热体中都具有比较明显的优势。蜂窝陶瓷蓄热体多孔的结构决定了其在传热的过程中具有较低的阻力损失和热量损失，从而使得整个传热过程能够快速且高效地完成，提高气、固间温度的传递速度也是工程师们一直重点研究的问题。优质的材料和合理的结构使得蜂窝陶瓷蓄热体具备了较强的耐火性，使其工作在上千摄氏度高温的恶劣环境下能高效进行热量传递的同时短时间内不会被熔化。蜂窝陶瓷蓄热体拥有大小合适的体积和较高的蓄热效率，工业炉中蓄热室内放置了大量的蓄热体，既提高了蓄热效率，也使蓄热体的蓄热量得到了最大程度的保障。蜂窝陶瓷蓄热体通常采用莫来石、堇青石等耐高温、抗腐蚀性能较好的材料，而且自身的结构不会轻易堵塞，适于传热和蓄热，从而使蜂窝陶瓷蓄热体的故障率远远低于其他类型蓄热体，具有较长的使用寿命。

我国工业上的蓄热体大多采用陶瓷小球和陶瓷蜂窝的结构形式，如图 5-7 所示。蓄热体的材质主要有堇青石、刚玉、莫来石等，蜂窝孔截面常采用正方形、矩形、正六边形、圆形、三角形等。

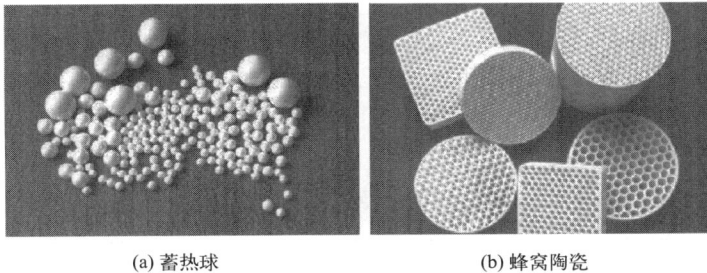

(a) 蓄热球　　　　　　　　(b) 蜂窝陶瓷

图 5-7　蓄热陶瓷结构形式

5.2　电功能陶瓷

电功能通常指的是材料或装置所具有的特定的电学性能或功能，涉及材料的导电性、电阻特性、电介质性能等方面。例如，导电材料具有良好的导电性，可以用于电子元器件和电路中；电阻材料具有调控电流的能力，可以用于电阻器等器件中；绝缘材料具有较高的绝缘性能，可以用于电容器等器件中。电功能陶瓷是指在陶瓷基质上添加某些特殊元素，具有特定电学性能的陶瓷材料。常见的电功能陶瓷有导电陶瓷、绝缘陶瓷、压电陶瓷等。这些陶瓷材料具有特定的电学性能，可在电子元器件、传感器、纳米技术、医疗器械、能源等领域中得到应用。

5.2.1 导电陶瓷

随着全球电子信息产业的迅速发展，新型电子元器件将继续朝着微型化、高性能化、集成化、智能化和环保节能的方向发展，线性电阻作为电路基本元件在电子元器件中扮演着重要角色。导电陶瓷是陶瓷材料中具备离子导电、电子和空穴导电性能的一种新型功能材料。它既具有导电性，又具有陶瓷的结构特性、机械特性和独有的物理化学性质，如抗氧化、抗腐蚀、抗辐射、耐高温，因而作为线性电阻的核心组成部分具有广阔的应用前景，受到越来越多的关注和研究。

复相导电陶瓷一般由陶瓷基质和多种导电相所组成。其中，陶瓷基质往往选用具有很高绝缘性的陶瓷材料，保证导电陶瓷的电绝缘性。而导电相一般是由导电金属、氧化物和碳化物等高导电率材料制散成的微小颗粒。在导电陶瓷的制备过程中，这些微小颗粒会被均匀地分布在陶瓷基质中。随着导电颗粒含量的增加，颗粒之间的接触将会逐渐增多，形成多个导电路径，由此导致材料的导电性增强。导电陶瓷可广泛应用于电子器件、电子陶瓷、光电子器件、医学器械等领域。其中，导电陶瓷应用于高速列车的转向架陶瓷板、电子陶瓷微波滤波器、传感器、热丝致冷器等电子产品中，已经取得了显著的应用效果。

在陶瓷材料中，由离子的运动引起的导电现象被称为离子导电。同样地，由电子的运动引起的导电现象被称为电子导电。研究发现，某些氧化物同时具有很好的离子导电和电子导电性能，人们把这种物质称为混合离子-电子导体（简称混合导体）。根据导电的机理不同，导电陶瓷分为电子导电陶瓷、离子导电陶瓷和电子-离子混合导电陶瓷（表 5-8）。

表 5-8　导电陶瓷

导电机理	半导体类型	典型导电陶瓷	优点	缺点
离子导电	单一氧化物半导体	ZrO_2	制备简单，应用广泛	导电性能不是太好
	多种氧化物复合半导体	ZrO_2-Ta_2O_5	导电性能相对较高，组分可调	制备复杂，影响因素多
电子导电	氧化物半导体	ZnO	应用广泛，制备简单	单一氧化物导电性能差
	其他类型的半导体	SiC	耐高温，高强度	还原气氛不耐氧化
电子-离子混合导电	电子-离子混合导电半导体	$Ba_{0.5}Sr_{0.5}Co_{0.8}Fe_{0.2}O_{3-\delta}$	复合性能优越	难制备

（1）离子导电陶瓷

离子导电陶瓷的晶体结构一般由两套晶格组成，一套是由骨架离子构成的固体晶格，另一套是由迁移离子构成的亚晶格。在迁移离子亚晶格中，缺陷浓度高达 1 个/cm^3，以至于迁移离子位置的数目远超过迁移离子本身的数目，使所有离子都能迁移，增加载流子浓度。同时还可以发生离子的协同运动，降低电导活化能，使电导率增加。

对离子导电陶瓷的导电机理研究很多，以 ZrO_2 基固体电解质为例，它是一种重要的氧离子导体材料，通过掺杂产生氧空位，使氧迁移发生离子传导。氧空位是立方晶系稳定的

ZrO_2 中的主要缺陷，由较低价正离子的氧化物如 Y_2O_3、CaO 掺杂形成，氧空位是掺杂造成的晶格缺陷的一种电荷补偿。ZrO_2 在室温具有单斜结构，在约 1150℃ 发生四方结构的可逆相变。纯 ZrO_2 并没有离子导电性，但当 ZrO_2 中加入少量 2 价或 3 价氧化物，如 CaO 或 Y_2O_3 时，可形成不再有相变的立方 ZrO_2 固溶体。稳定 ZrO_2 具有立方萤石型结构，氧原子呈简单立方排列，Zr 原子则呈面心立方排列。氧原子位于 Zr 原子四面体的中心，配位数为 4；Zr 原子位于氧原子简单立方体的中心，配位数为 8。当四价 Zr 离子被低价离子取代后，在 ZrO_2 晶格中必然形成氧空位，存在氧离子的迁移，以保持电价平衡，所以稳定 ZrO_2 是氧离子导体。CaO 和 Y_2O_3 稳定的 ZrO_2 材料在 1000℃ 时氧离子电导率可分别达到 10^{-2} S/cm 和 10^{-1} S/cm。

钙钛矿型氧化物的晶体结构中，小的正离子居于八面体的中央，周围有 6 个氧离子，体积大的正离子周围有 12 个氧离子。一般为三价正离子，或者为二价或四价正离子。这一类型的晶体结构中，用低价的正离子取代其中的任何一个正离子时，因无法通过正离子变价达到电中性，因此只能产生氧离子空位，即晶体中点缺陷，利于氧离子迁移。如 $La_{1-x}M_xCoO_3$ 和 $La_{1-x}M_xCrO_3$（$M=Ca$、Sr、Ba）等化合物，在没有外电场时，这些化合物中的缺陷作无规则的布朗运动，不产生宏观电流；但是，当有外电场存在时，外电场会对该类化合物所带电荷产生作用，使其布朗运动偏向一边导致宏观电流的产生。钙钛矿型固体电解质材料分为氧离子导电型和氢离子导电型两种。

铬酸镧（$LaCrO_3$）为 La_2O_3-Cr_2O_3 二元系中的一种复合氧化物，属于钙钛矿型结构，其熔点达 2490℃，如图 5-8 所示。以铬酸镧为主要原料制造的铬酸镧发热体可在氧化性气氛下使用到 1800℃，不会像碳化硅和硅化钼发热体那样发生氧化变质。在铬酸镧中，当部分 3 价 La^{3+} 被 Ca^{2+} 等 2 价碱土金属离子置换形成固溶体后，由于正电荷不足，结果产生 4 价铬离子，Cr^{3+} 与 Cr^{4+} 之间的电子跃迁可使导电性大大提高，成为 n 型半导体。与碳化硅和硅化钼发热体相比，铬酸镧发热体的密度大，辐射效率高，电阻比硅化钼高，与碳化硅相似，但呈负温度系数，电阻-温度特性曲线的斜率较小，如图 5-9 所示。但因铬酸镧热膨胀系数大且热导率小，其抗热震性能较差。高温下铬酸镧发热体可与酸或碱反应，使铬溶解，并能与 SiO_2、MgO 反应而影响导电性能。因此，铬酸镧发热体电炉应采用 Al_2O_3、ZrO_2 等稳定性好的耐火材料做炉衬。

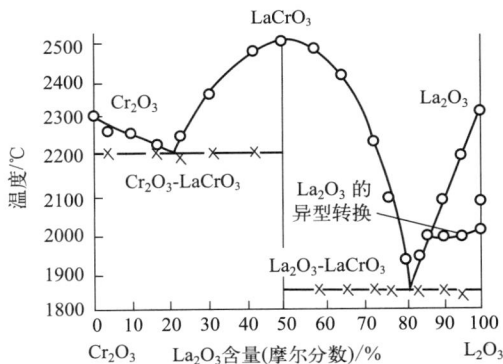

图 5-8　La_2O_3-Cr_2O_3 二元系统相图

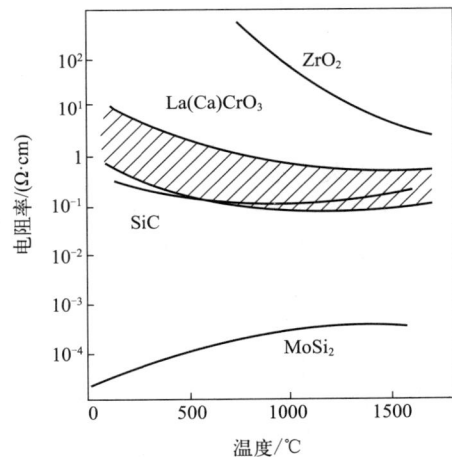

图 5-9　铬酸镧发热体与其他陶瓷发热体的电阻-温度特性比较

（2）电子导电陶瓷

电子导电陶瓷由于兼具金属的良好导电性和陶瓷的强耐腐蚀性、热稳定性、化学稳定性，已经成为研究开发惰性阳极新材料的首选，典型的电子导电陶瓷是 ZnO。ZnO 导电陶瓷具有良好的线性伏安特性、较低的电阻温度系数和可调的电阻率等优点，可作为大功率线性电阻使用，也能通过大电流和承受高能量，并兼有高稳定性、成本低等特点，使得其在电子电力、通信等方面越来越受到国内外人士的青睐。ZnO 导电陶瓷是以 ZnO 为主体，添加了 MgO、Al_2O_3、TiO_2、SiO_2 等多种氧化物制备而成的半导体陶瓷元件，其性能参数和原料的成分有密切关系。目前，对于 ZnO 导电陶瓷的研究工作主要集中在调节掺杂剂的种类和含量、烧结温度、升降温速率、保温时间以及烧结气氛等方面，结合先进的测试手段，探究相应的添加剂含量对 ZnO 导电陶瓷电学性能的影响，建立实验组分变量、微观结构和电学性能之间的对应关系。

ZnO 导电陶瓷最大的特征之一就是烧结过程中以固相烧结为主，以 ZnO 为主的主晶相和以尖晶石为主的第二相形状均为多面体（图 5-10）。烧结过程中掺杂元素部分进入 ZnO 晶粒内部，形成电阻率较低且可调的 ZnO 晶粒，以尖晶石为主的第二相近似为绝缘体。少量高电阻第二相分布在大量 ZnO 晶粒之间（主要分布在 ZnO 晶粒的三叉晶界处），这使得大部分 ZnO 晶粒之间为直接接触。因此，ZnO 导电陶瓷中大部分晶界为 ZnO 晶粒之间形成的晶界，只有少部分晶界是以 ZnO 晶粒与第二相晶粒形成的晶界为主。相对于晶粒内部，晶界处原子排列的有序度较低、密度也较低，烧结过程中掺杂原子更容易通过晶界扩散在晶界处富集，导致 ZnO 晶粒之间的晶界处掺杂元素浓度比 ZnO 晶粒内部高。因此，影响 ZnO 导电陶瓷电学性能的结构主要有三种：电阻率较低的 ZnO 晶粒、大量的 ZnO 晶粒之间的晶界（微观结构不同于 ZnO 晶粒）和以尖晶石为主的第二相（近似绝缘）。

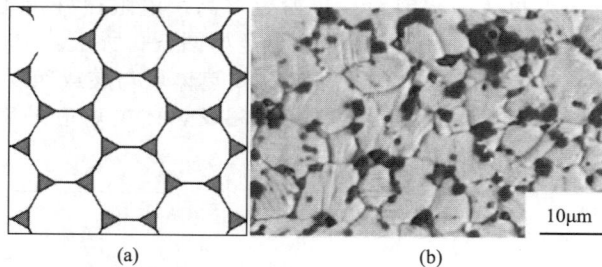

图 5-10　ZnO 导电陶瓷的结构示意（a）和 SEM 照片（b）

元素周期表中第ⅣB、ⅤB 族过渡金属与碳、氮、硼形成的碳化物、氮化物和硼化物，由于电子导电性好、扩散系数低、键合强度大、硬度和熔点高，比传统的铜、铝及其合金更适合制备电子器件。目前此类过渡金属化合物日益引起人们的兴趣，在电子学和机械领域的应用研究已取得较大进展，人们已成功制备碳化物、氮化物、硼化物的半导体薄膜材料，并对其生长模型、结构性能以及应用领域等进行了探讨，这可以使过渡金属化合物尽快走向实用化。表 5-9 给出了几种碳化物、氮化物以及硼化物的电阻率和电导率。这些坚硬的材料同样也是电子导体，所以这些过渡金属碳化物、氮化物和硼化物不仅可以用作切割和打磨的工具，也可以用于微电子学工业作导体。这种陶瓷金属化的应用之一是在大规模集成电路，或超大规模集成电路的硅和砷化镓芯片上用于接触连接，它是被沉积在芯片上的微观"线"，形成数以千计的晶体管之间的连接。并且这些碳化物和氮化物的化学性质比其过渡金属的化学性质稳定得多。

表 5-9　各种碳化物、氮化物、硼化物的电阻率以及电导率

性能	WC	TiC	NbC	Cr_3C_2	Mo_2C	VC	ZrC	SiC	TaC
电阻率/($\mu\Omega \cdot cm$)	22	68.2	25	75	71	60	42	1000	25
电导率/($10^4 S \cdot cm^{-1}$)	4.5	1.47	4	1.3	1.4	1.6	2.3	0.1	4
性能	TiN	ZrN	HfN	VN	NbN	TiB_2			
电阻率/($\mu\Omega \cdot cm$)	25	21	33	81	78	6			
电导率/($10^4 S \cdot cm^{-1}$)	4	4.76	3	1.23	1.282	16.667			

（3）混合电子-离子导电陶瓷

某些氧化物或者是混合氧化物同时具有很好的电子和离子导电性能，这种材料就称为混合电子-离子导电陶瓷，简称混合导体或复合导电陶瓷。复合导电陶瓷有优越的性能，但是存在很多制备工艺方面的问题。国内外主要采用合成法，如高温固相反应法、化学共沉淀法、柠檬酸-EDTA 联合络合法、柠檬酸盐法、水热合成法、燃烧合成法和微波合成法等制备高性能混合导体材料粉体。混合导电陶瓷是一类同时具有氧离子导电性能和电子导电性能的新型陶瓷材料。此类材料不仅具有催化活性，而且在高温下具有选择性透氧的特性，在燃料电池、纯氧制备以及传感器等方面具有广阔的应用前景。

混合导电陶瓷的导电类型可以用交流阻抗仪来测试区分。交流阻抗以恒电位方式进行测定，通过测定不同频率下的响应电流得到阻抗随频率的分布曲线和交流阻抗谱。通过分析阻抗谱的形状、大小、频率随电极制备条件和反应条件的变化，可以得出电极反应过程及电极本身的重要信息。用通常的极化方法分析阴极的反应过程往往是不全面的，交流阻抗方法的特殊性决定了在一次频率扫描中，可以在不同频率下观察到不同类型的导电过程的响应信号，分别进行研究。

5.2.2　半导体陶瓷

随着现代通信、计算机技术、智能手机、智能驾驶等人工智能的高速发展，半导体陶瓷作为敏感元器件的关键材料，已成为当今世界迅速发展起来的高新技术产业之一，从其研究开发到规模化生产，涉及物理、化学、材料科学与工程等多个学科。半导体陶瓷是电导率为 $10^{-6}\sim10^{-5}S/m$、具有半导体特性的陶瓷。就其成分、原料及工艺而言，半导体陶瓷和传统电子陶瓷并无根本差别，但运用近代半导体理论对陶瓷加以改性后，可获得一系列独特的敏感性能。陶瓷工艺与半导体特性这种奇妙的结合，促成了半导体陶瓷的蓬勃发展。半导体陶瓷敏感元件具有灵敏度高、结构简单、使用方便、价格低廉等优点，作为一类重要的无源电子元件，在现代微电子技术、光电技术、计算机技术、激光技术等许多高技术领域获得了广泛的应用，在理论上也形成了一门崭新的富有生命力的科学分支，已受到国防、科技、工农业，特别是材料科学领域的极大重视。

半导体陶瓷一般由一种或数种金属氧化物（氮化物、硫化物），采用陶瓷制备工艺制备而成。常见的半导体陶瓷材料有钛酸钡、钛酸银、钛酸钡锶铅固体、氧化锌、硫化镉、氧化锡等。由于这些材料多数具有比较宽的禁带宽度（通常 $E_g \geqslant 3eV$），在常温下多表现为绝缘体，要使它们形成半导体必须有一个半导化过程。所谓半导化，是指在禁带中形成施主或受主能级等附加能级。一般来说，施主能级多数靠近导带底，而受主能级多数靠近价带顶。换句话说，就是这些附加能级的电离能一般比较小，常温下受到热激发就会产生导电载流子，从而形成半导体。附加能级的产生主要有两个途径：不含杂质的氧化物附加能级主要通过化

学计量比偏离来形成，含杂质的氧化物附加能级通过杂质缺陷来形成。

实际应用中，人们常常根据敏感对象的类型来划分半导体陶瓷，如热敏半导体、压敏半导体、光敏半导体、气敏半导体、湿敏半导体等。以钛酸钡半导体陶瓷为例，利用其电阻随温度显著变化的特点制成的正温度系数（positive temperature coefficient，PTC）热敏元件，具有灵敏度高、体积小、响应快、结构简单、成本低、使用方便等优点，广泛应用于温度的测量、控制、补偿、风速、液体流速的测量，彩电消磁及报警等众多领域。再如以氧化锡为代表的金属氧化物半导体气敏元件，具有灵敏度高、响应速度快、成本低廉等优点，始终占据着气体传感器市场的主流地位，广泛应用于可燃性气体，如天然气、液化石油气、C_2H_2、H_2 等的检测。随着人们生活水平的提高和对环境污染问题的日益重视，SnO_2 气体传感器的检测对象已扩展到 CO、H_2S、NH_3、NO、NO_2、SO_2 等毒害性气体。接下来将着重介绍氧化锡气敏陶瓷以及钛酸钡热敏陶瓷两种半导体陶瓷。

（1）SnO_2 气敏陶瓷

SnO_2 是一种宽禁带氧化物，它是直接禁带半导体，价带顶和导带底都在布里渊区中的原点，室温禁带宽度约为 3.6eV。由于禁带较宽，室温下价带电子被激发到导带中去的概率很小。由于锡的电子亲和力不太强，易于失氧而发生化学计量比偏离，具有氧缺位和锡间隙原子等固有缺陷，它们都起施主作用，故属于 n 型半导体。Houston 和 Kohnke 用光电法测量了单晶禁带中的能级，其能级分布如图 5-11 所示。

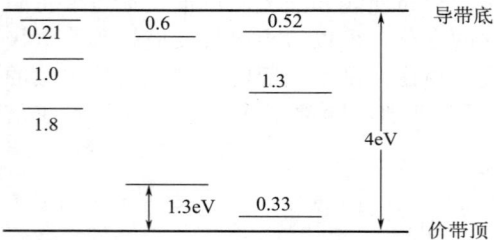

图 5-11　SnO_2 禁带中能级的分布

1962 年，日本学者 Seiyama 等人发现当加热到 300℃ 左右时，ZnO 的电阻率对空气中的微量还原性气体十分敏感。同年，Taguchi 等人发现 SnO_2 不仅具有与 ZnO 相似的高灵敏度气敏特性，而且稳定性更高。SnO_2 气敏元件可分为以下三种类型：烧结型、薄膜型和厚膜型，其典型结构如图 5-12 所示。其中，烧结型 SnO_2 气敏元件是目前工艺最成熟、应用最广泛的气敏元件，它是以多孔质 SnO_2 陶瓷为基本材料，采用传统制陶工艺烧结而成。从工作原理来看，SnO_2 的电阻率随接触的气体种类而变化（一般吸附还原性气体时电阻率降低，而吸附氧化性气体时电阻率升高），利用这种吸附气体前后电阻发生变化的特性，即可实现对气体的检测。

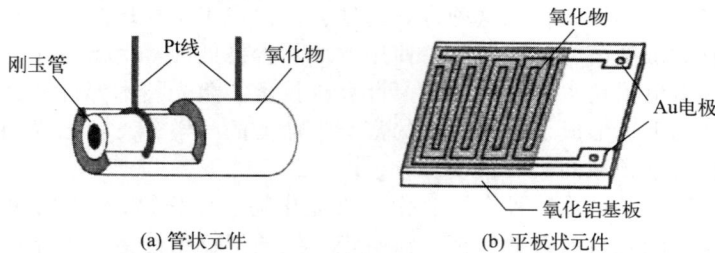

(a) 管状元件　　　　　　(b) 平板状元件

图 5-12　SnO_2 气敏元件结构示意

图 5-13 是 SnO_2 气敏半导体陶瓷元件的几种典型特性曲线示例。图 5-13（a）表示元件阻值随气体变化的动态响应过程，包括灵敏度和响应-恢复特性。元件在空气中的初始阻值为 R_a，注入气体后的稳态阻值为 R_g，待气体脱离后将恢复到正常空气中的阻值。据此，可

以将元件对气体的响应 ［常称为灵敏度（sensitivity，S）］ 定义为：

$$S = \frac{R_a}{R_g} \tag{5-1}$$

就物理意义而言，气敏元件的灵敏度表征了元件对被检测气体的敏感程度。

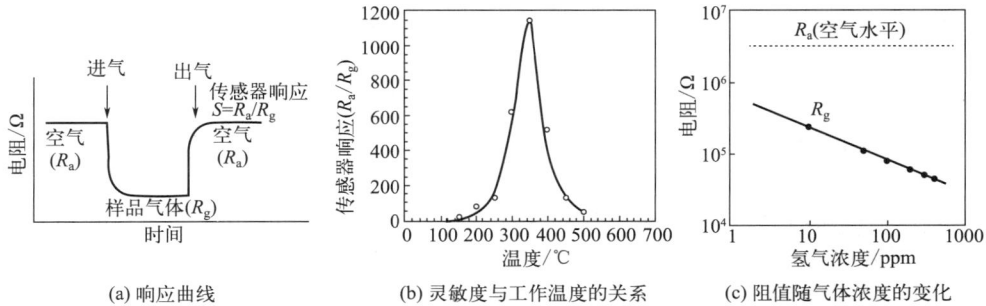

图 5-13　SnO_2 气敏半导体陶瓷元件典型特性曲线示例

(a) 响应曲线　　　　(b) 灵敏度与工作温度的关系　　　　(c) 阻值随气体浓度的变化

研究表明，SnO_2 气敏半导体陶瓷元件的灵敏度与工作温度有着强烈的依赖关系。如图 5-13（b）所示，元件对气体的灵敏度在某一温度时达到最大值，此温度即灵敏度峰值温度，称作最佳工作温度。另外，元件的阻值（也即灵敏度）还随检测气体浓度变化而变化，如图 5-13（c）所示，通常二者在对数坐标中呈线性关系。除此之外，由于 SnO_2 对多种气体具有敏感特性，对待检测气体的选择性也是衡量 SnO_2 气敏半导体陶瓷元件性能的重要指标之一，它意味着元件对该气体的灵敏度相较其他气体而言要高。选择性越高，则受其他气体的干扰而出现误检误报的概率就越小，所以选择性往往意味着元件是否具有实用价值。

（2）$BaTiO_3$ 热敏陶瓷

$BaTiO_3$ 是一种典型的铁电材料，常温电阻率大于 $10^{12}\,\Omega \cdot cm$，相对介电常数高于 10^4，是一种优良的陶瓷电容器材料。在这种陶瓷材料中引入微量稀土元素，如 Sb、La、Sm 等，可使其常温电阻率下降到 $10^2 \sim 10^4\,\Omega \cdot cm$，成为良好的半导体陶瓷材料。

$BaTiO_3$ 是一种典型的 ABO_3 型钙钛矿结构，钛离子有 6 个氧与之配位，钡离子有 12 个氧与之配位，氧离子有 4 个钡离子、2 个钛离子与之连接（图 5-14）。如果钛离子占据晶胞的体心，氧离子则位于晶胞的面心，钡离子位于晶胞的各个顶点。当钡离子位于晶胞的体心时，氧离子则位于晶胞各条棱的中点上，而钛离子则处在顶角上。从整体结构可以看出，八面体之间顶角相接，构成了钛氧离子链。正是由于这种钛氧离子链的存在产生了内电场，内电场的作用结果使八面体中心的钛离子发生微小位移，产生自发极化。铁电 $BaTiO_3$ 有三个相变点，分别为 $T_1(T_c) \approx 120\,℃$，$T_2 \approx 5\,℃$，$T_3 \approx -80\,℃$。相应的晶型是：高于 $120\,℃$ 为立方晶型，$5 \sim 120\,℃$ 为四方晶型，$-80 \sim 5\,℃$ 为正交晶型，低于 $-80\,℃$ 为三角晶型。

1995 年，海曼等人发现在纯净的 $BaTiO_3$ 陶瓷中引入微量的稀土元素，其室温电阻率大幅度

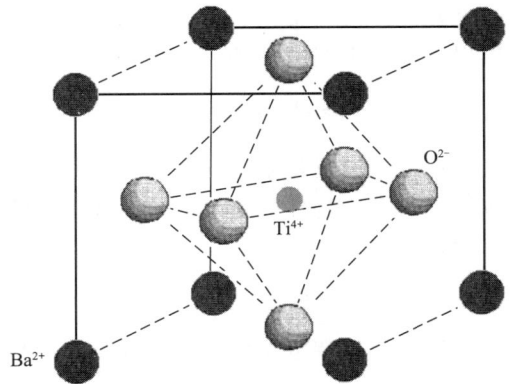

图 5-14　$BaTiO_3$ 的晶体结构

下降。与此同时，若温度超过材料的居里温度，其电阻率在几十度的温度范围内能增大 3～10 个数量级，即产生 PTC 效应。$BaTiO_3$ 半导体陶瓷的 PTC 效应，一经发现就激起了科学工作者的极大兴趣和研究热情，它是当前研究最成熟、应用范围最宽的 PTC 热敏半导体陶瓷材料。

20 世纪 60 年代初期，海望等人提出了表面势垒理论，并把 PTC 效应与材料的铁电特性联系起来，成功地解释了与 PTC 效应有关的实验现象。但随着研究的深入，相继发现了不少海望模型无法解释的实验现象。到了 20 世纪 70 年代中期，丹尼尔斯等人用缺陷化学的方法研究了 $BaTiO_3$ 的缺陷模型之后，提出了钡缺位理论，从而解释了更多的实验现象。迄今为止，PTC 理论的研究仍然十分活跃，新的实验现象不断涌现，新的观点不断提出。

理论研究的同时，PTC 热敏元件的应用研究也备受人们重视。大量研究事实表明，$BaTiO_3$ 半导体陶瓷的 PTC 效应是一种晶界效应，只有当施主掺杂的 $BaTiO_3$ 在氧化气氛中烧结或在一定温度进行氧化处理时，样品才呈现 PTC 效应。而且这种 PTC 效应主要在降温过程中形成，高温烧成的样品直接淬火至室温，则不呈现 PTC 效应或 PTC 效应微弱，通常降温速率越慢，PTC 效应越大。研究还发现，$BaTiO_3$ 半导体陶瓷的 PTC 特性与外加电压的幅值和频率存在着密切关系。外加电压越高，PTC 效应越小。材料在居里温度以上的电阻率随外加电压频率的增高明显下降，在居里温度以下此现象不明显。另外，在 $BaTiO_3$ 半导体陶瓷材料中掺入微量［一般小于 0.1％（摩尔分数）］Mn、Cu、Fe 等受主杂质可使其 PTC 效应明显提高，但引入 Na、Ca、Al 等受主杂质只能提高材料的室温电阻率，不会提高 PTC 效应。

$BaTiO_3$ 半导体陶瓷的 PTC 效应与材料的晶格结构、组分、制造工艺及测量条件等都有密切关系，多年来一直吸引着众多研究者的注意。利用其具有的电阻温度特性、电流时间特性（动特性）和电压电流特性（静特性），$BaTiO_3$ 半导体陶瓷已作为一种重要的基础控制元件，在电子信息、自动控制、生物技术、能源、交通及环境保护等各个领域（包括军用和航天航空设备）获得了广泛的应用。

5.2.3　绝缘陶瓷

在电子设备中作为安装、固定、支撑、保护、绝缘、隔离及连接各种无线电元件及器件的陶瓷材料，我们称之为绝缘陶瓷。电绝缘陶瓷的性能，主要强调三个方面，即高体积电阻率（$>10^{12}\Omega\cdot m$）、低介电常数（$<9F/m$）和低介电损耗。除此之外，还要求具有一定的机械强度。陶瓷材料是晶相、玻璃相及气相组成的多相系统，其电学性能主要取决于晶相和玻璃相的组成和结构，尤其是晶界玻璃相中的杂质浓度较高，且在组织结构中形成连续相，所以陶瓷的电绝缘性和介电损耗主要受玻璃相的影响。

5.2.3.1　绝缘材料的性能指标

通常，对材料绝缘性能的影响往往是多方面的，为了防止绝缘材料因绝缘失效而引发事故，针对不同特性的绝缘材料，评价其绝缘性能的优劣也有不同的要求。常见的绝缘材料性能指标主要有击穿强度、绝缘电阻、热稳定性、介质损耗、材料老化以及机械强度等。

（1）击穿强度

绝缘介质在电场作用下会发生击穿导致其绝缘性能失效，绝缘材料被击穿时的最大电场强度称为击穿强度，也称为耐压强度，单位为 kV/mm，是评价绝缘材料的最直观的判据之一，根据测试类型的不同，击穿强度可分为直流击穿强度和交流击穿强度。

（2）绝缘电阻

在绝缘材料内部，往往会存在着一些较弱的带电质点，对绝缘材料施加一定的电压，带电质点会做定向运动形成微弱的电流，该电流称为漏电流。电流会随着时间的延长而减小到一个稳定的值。在一定的电压下，允许通过的最大漏电流所对应的电阻值称为绝缘电阻。绝缘电阻的单位为 MΩ。

（3）介质损耗

对于绝缘介质而言，在外加静电场或交变电场下，由于绝缘材料本身的电导和极化效应的存在，绝缘介质的能量产生损耗，并以热能的形式耗散。介质损耗不但消耗了电能，而且使元件发热影响其正常工作。如果介质损耗较大，甚至会引起介质的过热而产生绝缘失效。介质损耗通常用介质损耗角的正切 $\tan\delta$ 来表示。

（4）热稳定性

对于绝缘材料而言，当温度升高时，绝缘材料的电阻、击穿强度以及机械强度等性能都会降低。因此要求材料在规定的温度下长期工作且保持稳定。

（5）材料老化

绝缘材料在电场作用下将发生极化、电导、介质发热、击穿等物理现象，其在承受电场作用的同时，还要经受机械、化学等诸多因素的影响，绝缘材料在长期运行中电气性能、力学性能等随时间的增长而逐渐劣化的现象即为材料老化。

对大多数绝缘材料而言，击穿强度和绝缘电阻是其绝缘性能优劣的直观判据。考虑到材料的实际使用环境和性能，例如低熔点材料，在考察其绝缘性能的时候，也要对材料的热稳定性以及材料的绝缘老化性能进行进一步的分析。

5.2.3.2 绝缘陶瓷的加工方法

绝缘陶瓷加工是目前一个具有挑战的研究方向，由于绝缘工程陶瓷材料具有高脆性、高硬度的特点，使其加工非常困难。在日常生产中对陶瓷材料进行精加工的方法主要是机械磨削，该方法的使用范围仅局限于平面和回转曲面的加工，并且加工的周期长、成本也高，极大地限制了陶瓷材料的推广使用。所以，寻求高精度、高效率、低成本的绝缘工程陶瓷材料的加工方法，成了人们孜孜以求的目标。

绝缘工程陶瓷加工方法众多，比如机械磨削、超声波加工、激光加工等，但是国内外很多学者在绝缘工程陶瓷的特种加工方面，尤其是在电火花加工方面进行了很多深入的研究。学者们认为电火花加工是利用火花放电产生的电腐蚀现象将工件材料去除掉，可以实现对任何硬、脆、韧、软及高熔点的难加工材料，复杂型面及薄壁件的加工。因此，人们开展了绝缘工程陶瓷的电火花加工及其复合加工技术的研究，并取得了较大的成绩。

5.2.3.3 常用的绝缘陶瓷材料

常用的绝缘陶瓷材料有高铝瓷、滑石瓷等。随着电子工业的发展，尤其是厚膜、薄膜电路及微波集成电路的问世，对封装陶瓷和基板提出了更高的要求，已有很多新品种，例如氧化铍瓷、氮化硼瓷等。

（1）高铝瓷

高铝瓷是以 $\alpha\text{-}Al_2O_3$ 为主晶相，其含量在 75% 以上的各种陶瓷，具有优良的机电性能，是高频绝缘陶瓷应用最广泛的一种。可用来制造超高频、大功率电真空器件的绝缘零件，也可用来制造真空电容器的陶瓷管壳、微波管输能窗的陶瓷组件和多种陶瓷基板等（图 5-15）。

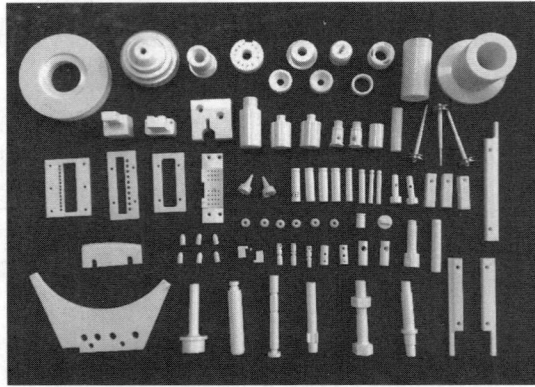

图 5-15　氧化铝绝缘陶瓷器件

高铝瓷也可以其显微结构中主晶相（$\alpha\text{-}Al_2O_3$）的矿物名称来命名，如刚玉瓷。高铝瓷不论在高频或低频下均有良好的机械、电气性能，如较低的介质损耗角正切、高的绝缘电阻、高的机械强度、较大的硬度、良好的耐磨性能和耐化学腐蚀性能，平均线膨胀系数不大，耐热性能较好。高铝瓷由于其优良性能，在真空断路器灭弧室作壳体材料，满足壳体材料与金属封接和真空气密性要求，同时高铝陶瓷壳体比玻璃壳体机械强度高、使用寿命长、运行安全可靠、结构紧凑。目前普遍采用质量分数 $92\%\,Al_2O_3$ 和 $95\%\,Al_2O_3$ 的高铝瓷制造陶瓷壳体。高铝瓷还用于制造额定电流大的有填料刀型触头熔断器、有填料螺旋栓连接熔断器、有填料圆筒形帽熔断器和有填料半导体器件保护用熔断器等陶瓷件。

此外，高铝瓷由于高温绝缘性能良好，大量用于制造汽车火花塞绝缘体、高温耐热设备的绝缘子，如电除尘器装置用的瓷套和瓷轴。高铝瓷在耐温设备方面可用来制造家用电器控温器，暖气炉的瓷管、瓷珠和瓷柱，耐较高温度的点火棒、氩弧焊嘴和煤气喷嘴等；在耐磨瓷件方面可用于制造喷雾干燥器的喷嘴孔片、旋涡片，喷砂用的喷嘴，球磨机的瓷球和瓷衬等。

（2）滑石瓷

滑石瓷是以矿物滑石（$3MgO\cdot4SiO_2\cdot H_2O$）为主要原料，加入适当量的黏土和 $BaTiO_3$ 等配料，经混料磨细、成型和高温烧结等工序制成。滑石瓷的主晶相为顽辉石，即偏硅酸镁（$MgSiO_3$），是一种电性能优良、价廉的高频结构陶瓷，常用于高频设备中作为绝缘零部件。滑石瓷的优点是介电性能优良、价格低廉，缺点是热膨胀系数较大、热稳定性较差、强度比高铝瓷低。滑石瓷广泛用于制造波段开关、插座、可调电容器的定片和轴、瓷板、线圈骨架、可变电感骨架等。

（3）氧化铍瓷

氧化铍瓷是以氧化铍粉末为主要原料制成的陶瓷。其最大特点是热导率高（与金属铝相当），可用以制造大功率晶体管的管壳、管座、散热片以及大规模高密度集成电路中的封装管壳和基板。但由于氧化铍粉有剧毒，在生产和使用上受到一定程度的限制。航空电子技术转换电路中以及飞机和卫星通信系统中大量用 BeO 来作托架部件和装配件，其在飞船电子学方面也有应用前景。BeO 陶瓷具有特别高的耐热冲击性，可在喷气式飞机的导火管中使用。带有金属涂层的 BeO 板材已用于飞机驱动装置的控制系统；福特和通用汽车公司在汽车点火装置中使用了喷涂金属的氧化铍衬片。BeO 陶瓷的导热性能良好，而且易于小型化，在激光领域的应用前景广阔，如 BeO 激光器比石英激光器的效率高，输出功率大。

5.3 电磁波介质陶瓷

5.3.1 吸波陶瓷

电磁波吸收材料，是一种能够有效地吸收或者衰减电磁波的能量、减少电磁干扰的功能材料。随着智能科技的快速发展，吸波材料在电子通信、数据传输、雷达及卫星发射等商用或民用领域的应用越来越多。电磁波吸收材料不仅可以赋予武器装备雷达隐身性能，提高国防安全水平，还能够吸收周围环境中的电磁波污染，使人们免受电磁波的伤害。因此，无论在军用领域还是在民用领域，吸波材料均具有极大的应用价值。在军事领域，隐身战斗机（图 5-16）可在敌军毫无察觉的情况下就对其大批重要设施进行毁灭性打击。在民用领域，电磁波污染已经是继噪声、水和空气污染之后得到普遍重视的一种新型污染，不仅影响通信设备的信息安全和电子设备的正常运行，而且会危害人类的身体健康。因此发展电磁波吸收材料具有十分迫切的需求。

图 5-16　隐身战斗机

吸波陶瓷是一种可通过电磁损耗将入射电磁波能量转换为热能或其他形式能量而消耗掉的一类功能材料，其反射率、散射率和透射率均很小。通常来说，高性能的吸波材料需要满足两个基本条件：一是有良好的阻抗匹配特性；二是有良好的衰减特性。

阻抗匹配表示电磁波最大限度地进入吸波材料的能力，电磁波在吸波材料表面发生的反射越少，材料的阻抗匹配特性越好。根据电磁学原理，良好的阻抗匹配需要创建特殊的边界条件。在理想条件下，入射电磁波需完全进入材料内部被耗散掉，而不在材料表面发生反射，即反射系数为 0。反射系数 Γ 的表达式为：

$$\Gamma = \frac{Z - Z_0}{Z + Z_0} \tag{5-2}$$

$$Z = \sqrt{\frac{\mu\mu_0}{\varepsilon\varepsilon_0}} \qquad (5\text{-}3)$$

$$Z_0 = \sqrt{\frac{\mu_0}{\varepsilon_0}} \qquad (5\text{-}4)$$

式中，Z 为界面处波阻抗；Z_0 为自由空间波阻抗；μ 为界面处磁导率；μ_0 为自由空间的磁导率；ε 为界面处介电常数；ε_0 为自由空间的介电常数。若想让反射系数为 0，则需满足 $Z = Z_0$，即 $\mu = \varepsilon$。在实际研究中，磁导率（μ）和介电常数（ε）并不相同，在材料设计中，一般使两值尽量接近。

衰减特性是指进入材料内部的电磁波因电磁损耗而被迅速吸收，被吸收的电磁波能量以分子摩擦产生热能的方式耗散。由于电磁波能量转化为分子偶极子振荡，所以损耗能力由相对介电常数和磁导率的虚部决定，即损耗正切为：

$$\tan\delta = \tan\delta_\varepsilon + \tan\delta_\mu = \frac{\varepsilon''}{\varepsilon'} + \frac{\mu''}{\mu'} \qquad (5\text{-}5)$$

式中，$\tan\delta_\varepsilon$ 和 $\tan\delta_\mu$ 分别表示介电损耗和磁损耗。

因此，提高吸波材料的吸波性能必须提高 ε'' 和 μ''，以增加极化"摩擦"和磁化"摩擦"，同时还要满足阻抗匹配条件，使尽可能多的电磁波进入吸波材料内部。

吸波材料通常由吸波剂和高分子材料、玻璃或透波陶瓷等吸波剂载体组成。其中，吸波剂的主要作用是衰减和耗散电磁波，吸波剂载体的主要作用是实现吸波材料与电磁波传输介质之间的阻抗匹配。一般来说，材料吸波性能的优劣主要由吸波剂决定。按照损耗机理不同，可以将吸波剂分为电损耗型（如炭黑、石墨、碳纤维、碳纳米材料等）、磁损耗型（如铁氧体、羰基铁和超金属微粉等）及介电损耗型（如钛酸钡类）。随着先进武器装备的开发与应用，吸波材料需要满足高温服役要求。如为了提高战斗机和巡航导弹等空中武器装备的战场生存能力，要求其尾喷管、鼻锥帽、机翼前沿等的服役温度达 700℃ 甚至 1000℃ 以上。密度较大的磁性吸波剂在居里温度以上转变为顺磁体，失去磁性，不适于作为高温吸波剂使用。目前备受关注的电损耗吸波剂主要包括纤维和纳米粉体。与电损耗吸波剂相比，介电损耗型吸波陶瓷材料具有更优异的抗氧化性和高温使用性能，能够满足高温隐身的应用要求。

（1）磁损耗吸波陶瓷

磁性材料在磁化过程和反磁化过程中有一部分能量不可逆地转变为热能损耗掉，称为磁损耗。磁性材料在变化的电磁场中衰减的能量由磁滞损耗、涡流损耗和剩余损耗引起。磁性吸波材料包括磁性金属及合金、铁氧体等。磁性金属材料的饱和磁化强度比铁氧体高，具有较大的介电常数，其吸波机理主要为磁滞损耗、共振损耗以及涡流损耗。但磁性物质在高于居里温度时会失去磁性，这使得复合物使用条件较为严格。

铁氧体是一类典型的磁损耗型吸波陶瓷材料，目前应用最广泛的是掺杂一种或者多种铁族或稀土元素的复合氧化物。铁氧体是以氧化铁为主要成分的金属氧化物，有耐高温、制备容易的特点。尽管导电性较差，但介电性能优于金属材料，作为磁损耗类吸波剂受到了较多关注。

以 $BiFeO_3$ 为例，北京理工大学曹茂盛课题组制备了 $BiFeO_3$ 纳米材料，并进行了一系列元素取代掺杂（比如 Y 元素取代掺杂、Ho 元素取代掺杂、Er 元素取代掺杂、La 元素取代掺杂、La/Nd 元素取代掺杂、Ca 元素取代掺杂等），进一步研究了它们的磁性能以及在 X 波段的电磁波吸收性能。结果表明，相比于纯 $BiFeO_3$ 纳米材料，取代掺杂可以提高磁性能和吸波性能。图 5-17 所示为纯 $BiFeO_3$ 和 Ca 取代掺杂 $BiFeO_3$ 样品的晶体结构示意图。相比于纯 $BiFeO_3$，除了菱方结构外，新的四方结构也能在取代掺杂产物中观察到。取代掺杂后的样品由于菱方结构和四方结构共存，通过调节晶体结构的边界，可以提高材料的复介电常数以及磁性能。此外，$Ca'Bi$-$V^{\cdot\cdot}O$ 偶极子对和缺陷的存在会增强材料在电磁辐射下的极化，进而会提高介电性能。

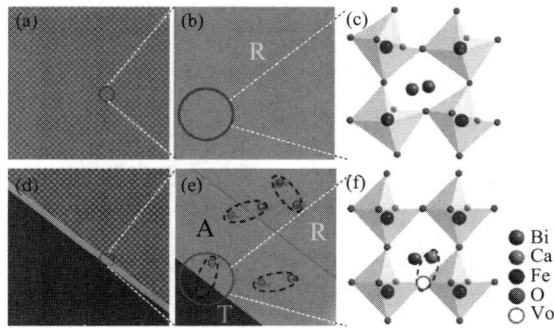

图 5-17　$BiFeO_3$［（a）～（c）］和 Ca 取代掺杂 $BiFeO_3$［（d）～（f）］晶体结构示意

（2）电导损耗吸波陶瓷

吸波材料中不可避免地存在一些导电载流子。在电场作用下，这些导电载流子作定向移动，在吸波材料内部形成传导电流。传导电流的大小由材料本身的导电性能决定。传导电流将使电磁能以热能的形式损耗掉，称为电导损耗。

电损耗型吸波材料主要是通过把电磁能转换为热能消耗电磁波。这类吸波材料中的吸波剂为碳和碳化物等常用的电损耗类吸波剂，包括热解碳、碳纤维、碳纳米管、石墨烯、Ti_3SiC_2 等。它们通常有较高的电导率或介电常数，可以增强电导损耗和极化损耗，但用量过高也会引起阻抗失配问题。

碳材料密度小、电导率高，在雷达隐身技术中已经被广泛应用。例如，无定形碳可以通过高温热解前驱体的方法与基体复合，制备方式简便且吸波剂用量较少。石墨烯是由碳原子构成的二维纳米材料，不仅因为其独特的导电机制在常温下有极高的电子迁移率，并且也容易引入缺陷进一步增强极化效应。相较于碳材料，碳化物吸波剂具有高温稳定、耐腐蚀、强度高的优势。

（3）介电损耗吸波陶瓷

电介质在交变电磁场下会发生极化，而各种极化形式的建立需要一定的极化时间。电子、离子建立极化所需的时间都非常短，约为 $10^{-15}\sim10^{-14}$ s，因此相对应的电子位移极化、离子位移极化只会出现在超高频率的电磁场中。偶极子转向极化和热离子弛豫极化等的建立所需的时间相对要长一些，约为 $10^{-8}\sim10^{-2}$ s。当外加电磁场频率较高时，偶极子极化就滞后于电磁场的周期性变化，产生弛豫现象，使得电介质的极化滞后于外加电磁场。随着外加电磁场频率的进一步升高，滞后更加明显，导致材料介电常数下降。当频率高到一定程度，偶极子极化完全跟不上电磁场的周期性变化时，由这一极化机制形成的介电常数趋于零。材料极化弛豫过程将消耗部分电磁波能量。

介电损耗吸波陶瓷材料一般都是由吸波剂和吸波基体组成的。单纯的陶瓷材料一般都为透波相，通过掺杂、化学改性、热处理等方式，在其中引入介电型吸波剂，则可以使其成为吸波陶瓷。以 SiC 粉体吸波剂为例，常规方法制备的 SiC 粉体吸波性能并不理想，需对其进行改性处理。常用的改性处理方法为对 SiC 粉体进行晶格掺杂，掺杂元素主要包括 N、P 等ⅤA 族元素和 B、Al 等ⅢA 族元素。图 5-18 为晶格掺杂 SiC 晶体结构示意图。在 SiC 粉体中掺杂 N 后，SiC 晶格中固溶的 N 原子取代 C 原子形成晶格缺陷。由于 N 为三价，只能与三个 Si 原子成键，另一个 Si 原子将剩余一个不能成键的价电子，形成一个带负电的缺陷。这个电子可在 N 原子周围的四个 Si 原子上运动，在电磁场中该电子的位置也会随电磁场方向的变化而发生位移。随着电磁场频率的增加，电子位移运动滞后于电磁场，出现强烈极化弛豫，该强烈极化弛豫能显著提高 SiC 对电磁波的损耗。

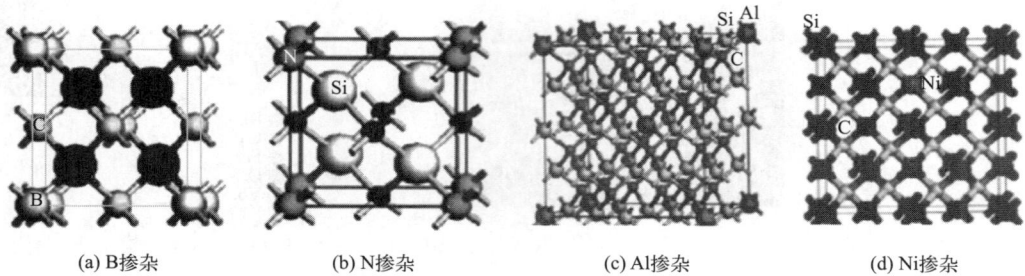

(a) B掺杂   (b) N掺杂   (c) Al掺杂   (d) Ni掺杂

图 5-18　晶格掺杂的 SiC 粉体吸波剂晶体结构示意

5.3.2　透波陶瓷

透波材料是指对波长为 1～1000mm、频率为 0.3～300GHz 的电磁波的透过率大于 70% 的材料。这种材料主要用于制作雷达、导弹天线罩，如图 5-19 所示，是导弹、飞机的雷达天线罩和天线窗板制造的必需品，也可用作高能陀螺仪的窗口材料、一些诊疗仪器的透波窗材料及用于微波通信设施中。

图 5-19　导弹用先进复合材料天线罩

微波在介质中的传输路径如图 5-20 所示，与光波相似，当电磁波作用于材料时，在界面处会出现反射、透射和吸收现象。一部分微波能被反射（该部分可用功率反射系数表征），一部分微波能透过材料的表面进入内部（该部分可用能量损耗表征），未被吸收的微波则透射出去（该部分可用功率透过系数表征）。根据能量守恒原理，功率透过系数（或透波率）T^2、功率反射系数 R^2 和能量损耗 A 三者之间的关系可由式（5-6）来表示。

$$T^2 + R^2 + A = 1 \tag{5-6}$$

影响功率透过系数 T^2、功率反射系数 R^2 和能量损耗 A 的主要因素有材料的电磁特性参数、电磁波的频率、极化方式、入射角度和介质的厚度等。此处着重分析的陶瓷透波材料就是指透波率 T^2 大于 70% 的材料。

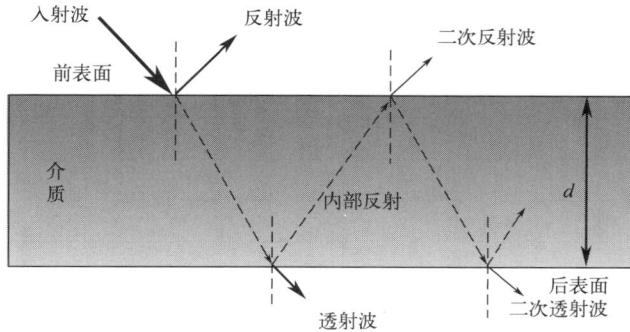

图 5-20 微波在介质中的传输路径

按照使用温度，透波材料主要分为高温透波材料和中低温透波材料两大类，各种透波材料的使用温度如图 5-21 所示。高温透波材料多为陶瓷材料，中低温透波材料多为高分子材料。高温透波陶瓷是在恶劣使用环境下保护飞行器的通信、遥测、制导、引爆等系统正常工作的一种多功能电介质材料，作为透波材料中的主流，应用和需求最大。

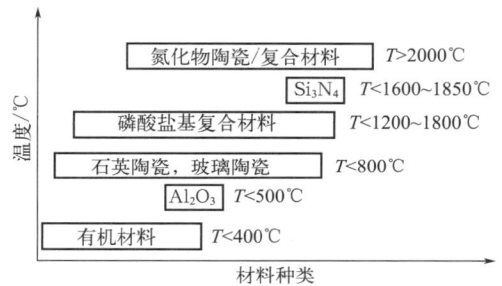

图 5-21 不同透波材料的使用温度

透波性能是高温透波陶瓷使用性能的首要参数，是设计选材的重要依据。高温透波材料首先需要能够满足在频率为 $0.3\sim300\mathrm{GHz}$、波长为 $1\sim1000\mathrm{mm}$ 时保证电磁波的通过率大于 70%，以保证飞行器在严苛环境下通信、遥测、制导、引爆等系统的正常工作。通常来讲，具有低介电常数及介电损耗角正切值的材料，具有较高的透波率。飞行器用高温透波材料的介电常数通常应该在 $10\mathrm{F/m}$ 以下。如果材料具有较高的介电常数，则需要降低壁厚以满足其透波性能，这将会对材料的力学性能和加工精度提出更为严苛的要求。材料的损耗角正切值越小，则电磁波透过过程中转化成热量而产生的损耗也就越小。因此，高温透波材料的损耗角正切值通常要达到 $10^{-4}\sim10^{-3}$ 数量级，以获得较为理想的透波性能和瞄准误差特性。此外，为了保证在气动加热条件下尽可能不失真地透过电磁波，高温透波材料应具有稳定的高温介电性能。因此，要求材料不仅要具有低的介电常数和损耗角正切值，并且材料的介电性能不随温度、频率的变化而发生明显变化（如温升 $100℃$，介电常数变化率应小于 1%）。

近年来，随着高速飞行器天线罩/窗技术需求的不断提高，国内也掀起了高温透波材料的研制热潮。未来新型耐高温透波陶瓷材料的发展趋势主要为：①进一步提高材料的抗烧蚀性能和高温力学性能；②发展高效隔热透波材料；③发展多层复合透波罩技术，宽频带导引头的应用对天线罩提出了宽频带透波的要求；④发展适应多模复合制导的材料技术；⑤低成本、耐高温天线罩/窗制造技术。

研究较为广泛的高温透波陶瓷主要有氧化物透波陶瓷和氮化物透波陶瓷两类，前者主要包括氧化铝陶瓷、微晶玻璃、石英陶瓷及其复相陶瓷等，后者则主要包括氮化硅陶瓷、氮化硼陶瓷及 Sialon 陶瓷等，常用透波陶瓷材料的性质见表 5-10。随着导弹向高马赫数和高机动方向发展，对天线罩透波材料的耐热和高温承载等性能提出了更高的要求，陶瓷透波材料逐渐成为研究重点，并逐渐从氧化物体系向氮化物体系转变，同时向复相陶瓷及陶瓷基复合材料方向发展。

表 5-10 常用透波陶瓷材料的性质

材料	抗弯强度/MPa	相对介电常数（ε）	损耗角正切（$\tan\delta$）
熔融石英	$40\sim50$	4.01	<0.01
β-SiAlON	266	7.34	$0.003\sim0.004$
Si_2N_2O	190	4.80	0.0025
$AlPO_4$-莫来石	168 ± 7.6	3.42	0.00475
SiO_{2f}/SiO_2-BN	58.9	3.22	0.0039
Si_3N_4-BAS	420	8.16	—
Si_3N_4	$600\sim1000$	8.59	0.013
β-$Si_4Al_2O_2N_6$	226	7.72	—
β-$Si_4Al_2O_2N_6$-SiO_2	199	6.32	0.002
多孔 Si_3N_4	$57\sim176$	$2.35\sim3.39$	0.0035
反应连接 Si_3N_4	180	$4\sim6$	$0.002\sim0.005$
$9Al_2O_3 \cdot 2B_2O_3/AlPO_4$	215.3	4.23	0.0024

（1）氧化物透波陶瓷

以微晶玻璃为例。微晶玻璃的特点是通过控制玻璃的晶化过程形成大量微小晶体，晶体尺寸为 $0.1\sim1\mu m$，最终材料由晶体和玻璃相共同组成，兼具多晶陶瓷和玻璃的特性。微晶玻璃于 20 世纪 50 年代中期开发成功后，广泛替代了弹性模量和热膨胀系数均偏高的氧化铝陶瓷，成功应用于 $3\sim4Ma$ 的导弹天线罩。

（2）氮化物透波陶瓷

以氮化硅陶瓷为例。Si_3N_4 陶瓷作为综合性能最好的结构陶瓷之一，其高温力学性能、介电性能、稳定性及抗雨蚀性等可满足飞行速度$>6Ma$ 的热力环境对天线罩材料的要求，被称为最有希望的高温透波材料。然而，介电常数偏高是致密氮化硅陶瓷的一个不足之处，这将导致天线罩壁厚容差小，给罩体加工带来很大困难。这个问题通过氮化硅陶瓷成分和结构的设计得到了有效解决，即制备以 β-Si_3N_4 棒状晶为主晶相的多孔氮化硅陶瓷及其夹层结构材料，可以在保持较高的力学性能的同时，有效降低材料的介电常数，改善介电性能。

5.4 透明陶瓷

透明陶瓷是指通过一定制备工艺获得的直线透过率超过 10% 的一类陶瓷材料，其物理化学性能和光谱特性与单晶相似，而力学和热学性能优于玻璃。透明陶瓷的研究始于 20 世纪 50 年代末，近年来随着对透明陶瓷研究的深入，且因其具有优异的光学、力学、热学等性能，透明陶瓷被广泛应用于民用和军事领域，如透明装甲、红外窗口、激光器、LED 白光照明、医学诊疗等。透明陶瓷制备周期比单晶短，生产成本低，可实现大尺寸批量化生产；可按照要求对组成和结构进行设计，在光功能系统设计方面具有高的灵活性。根据组成成分，透明陶瓷可分为氧化物陶瓷（Al_2O_3、MgO、Y_2O_3、ZrO_2 等）、复合氧化物陶瓷（YAG、$MgAl_2O_4$ 等）、氮化物陶瓷（AlN、AlON 等）、氟化物陶瓷（MgF_2、CaF_2）和硫化物陶瓷（ZnS）等。

光学性能和力学性能是评价透明陶瓷性能的关键指标，在军事领域中，透明陶瓷由于透光性和硬度得到广泛应用，常见透明陶瓷性能参数如表 5-11 所示。

表 5-11　常见透明陶瓷性能参数

材料	硬度/$(kgf \cdot m^{-2})$	弹性模量/GPa	密度/$(g \cdot cm^{-3})$	熔点/℃
AlON	1950	323	3.68	2452
Al_2O_3	1500~2200	345~386	3.98	2027
Y_2O_3	720	174	5.03	2157
$MgAl_2O_4$	1400	273	3.58	2127
YAG	1215	300	4.55	1677
ZrO_2	1100	180~200	6.52	1855
CaF_2	159	89.8	3.18	1418

透光性是评价透明陶瓷材料光学性能的重要指标，综合材料对光的反射、折射、吸收、散射与色散即可得到材料的透光性（％）。表面反射、表面散射、内部吸收和内部散射是影响透明陶瓷透过性能的主要因素，光线穿过透明陶瓷的示意图如图 5-22 所示。

在上述光学现象中，影响透明陶瓷表面散射的主要因素是表面粗糙度。烧结后的透明陶瓷其表面是粗糙的，当入射光照射到陶瓷表面时，陶瓷会对光产生严重的漫反射，所以必须对陶瓷进行双面抛光处理，以降低漫反射。透明陶瓷的表面反射主要取决于透明陶瓷与外界环境的相对折射率，透明陶瓷与外界环境的相对折射率越大，界面反射损失越高，透过率就越低。表面反射会导致光在元件中的传播能量降低，同时多次反射形成杂散光，从而影响光学系统成像质量。为

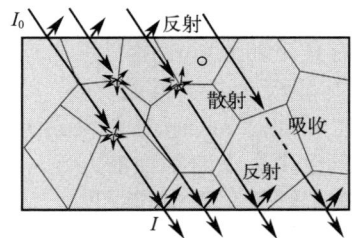

图 5-22　光线穿过透明陶瓷示意

解决上述问题，可根据材料的使用要求设计、制造相应的光学增透膜，从而有效增强光学系统性能。

透明陶瓷对光的吸收主要取决于透明陶瓷的组成和晶格振动，通常透明陶瓷对不同波长的光的吸收程度不同，一般称吸收非常小的波段为透明陶瓷的透过波段，而不同组成的透明陶瓷透过波段不尽相同。透明陶瓷吸收系数在其透过波段（尤其是可见光波段）范围内是比较低的，因此透明陶瓷内部吸收在影响透明陶瓷透光率的因素中不占主要地位。

内部散射是影响透明陶瓷透过率的主要因素，透明陶瓷的内部散射源主要有气孔、晶界、杂质和杂相，其中气孔是影响透明陶瓷光学质量的主要因素。陶瓷中气孔的折射率与陶瓷的折射率相差很大，由此会引起入射光强烈的散射损耗。因此要提高透明陶瓷的光学质量，就必须提高陶瓷的致密度。晶界对透明陶瓷光学性能的影响主要源于光线在晶界上发生的折射、反射导致陶瓷的透过率降低；晶界处存在的缺陷使晶界和晶内的组分发生偏差，引起折射率的变化，降低陶瓷的透过率。离子杂质和杂相主要来自烧结助剂以及稀土掺杂离子。过量的烧结助剂会在晶界聚集，形成散射源。而偏析聚集的稀土掺杂离子会形成影响陶瓷透过率的晶间相。使用高纯原料并在超净室内进行全部实验过程可以避免引入杂质。

尖晶石透明陶瓷具有低的光散射、高的光学透过率、高的机械强度，并能有效透过红外波段，因此广泛应用于整流罩、探测传感器、高温高压观察窗口、锅炉水位计、腐蚀液体管道喷嘴等领域。目前，研制成功的主要有镁铝尖晶石及 AlON 尖晶石透明陶瓷，它们的制备成本相比蓝宝石晶体小得多。

多晶镁铝尖晶石透明陶瓷（$MgAl_2O_4$，图 5-23）作为一种在 $0.3 \sim 5.5 \mu m$ 波段具有重要应用的红外材料，具有耐高温、耐磨损、耐腐蚀、抗冲击的特点，在紫外、可见光、红外光波段具有良好的透过率。镁铝尖晶石由于自身较慢的物质扩散速率，难以实现完全致密化，因此需要采用高温、高压烧结方法制备，常见的制备方法有无压烧结、热压烧结、真空烧结、热等静压烧结、放电等离子体烧结、微波烧结和固相反应烧结等。由于尖晶石制备成本一般较大，开发以透明多晶镁铝尖晶石陶瓷为代表的尖晶石透明陶瓷的新型制备方法是当下的研究重点之一。例如，利用热等静压两步烧结法制备自增韧和增强的镁铝尖晶石透明陶瓷；利用真空热压烧结与热等静压烧结相结合的方法制备透明多晶镁铝尖晶石陶瓷。然而目前多数新型制备方法仍不成熟，需要未来进行更深入、更全面的研究。

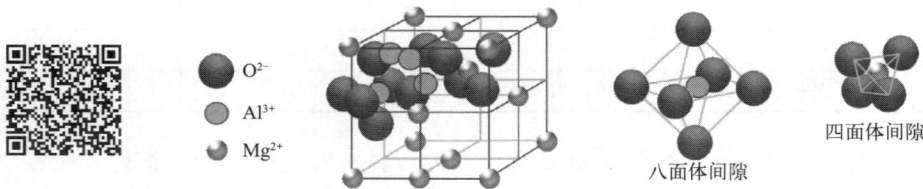

图 5-23 $MgAl_2O_4$ 晶胞结构示意

AlON 透明陶瓷具有高强度、高硬度、化学性质稳定，在紫外、可见光、红外光波段具有良好的光学透过率等优点，被认为是前景广泛的窗口材料。AlON 透明陶瓷透过波段宽（$0.2 \sim 6 \mu m$），覆盖紫外—可见—近红外—中红外波段，在 $0.4 \sim 4 \mu m$ 波段透过率在 82% 以上，同时 AlON 透明陶瓷属于立方晶系（图 5-24），具有光学各向同性，没有双折射，成像无重影。在力学性能方面，AlON 透明陶瓷继承了氧化铝陶瓷优异的力学性能特质，具有较高的硬度、模量和强度，综合力学性能接近蓝宝石。此外，AlON 透明陶瓷介电常数低、介电损耗小，电磁波在 AlON 透明陶瓷界面反射和内部吸收损耗较小，电磁波透过性能较好。

透明陶瓷根据用途不同可分为激光透明陶瓷、装甲用透明陶瓷、窗口用透明陶瓷等，详细叙述如下。

（1）激光透明陶瓷

第一台红宝石激光器问世以来，人们一直致力于开发以单晶和玻璃为主的高质量激光增益材料。玻璃增益介质容易制备成大尺寸，但热导率低；而通过熔融方式生长的单晶，受限于其制备方式，面临着掺杂剂与基体分离、晶体生长过程中应力引起的光学不均匀、高温加工的成本高及生产率低等问题。透明陶瓷

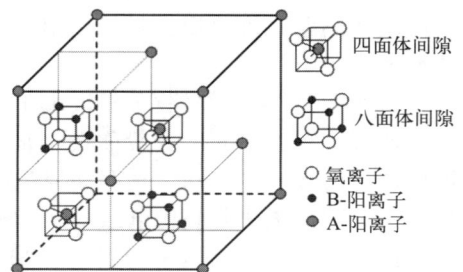

图 5-24   AlON 的晶体结构

作为一种新型激光增益介质，近年获得了越来越广泛的关注。

全固体激光器产生激光须具备三个条件：①激光增益介质，内部的激活剂离子的上下能级能产生离子数翻转的状态，通常是单晶、透明陶瓷、玻璃材料；②泵浦源，提供激活剂离子从低能级跃迁到高能级所需要的能量；③激光谐振腔，使激光增益介质可以发生持续的受激辐射，实现激光输出。其中激光增益介质是激光器中的关键部件，是激光技术的核心和基

础。单晶和玻璃是两种常用的激光增益介质，其中单晶具有优良的光学性能、热性能，但是单晶同时也存在生长周期长、价格昂贵、尺寸小、掺杂浓度低等缺点。玻璃虽有制备工艺简单、尺寸大、掺杂浓度高等优势，但其具有热导率低、机械强度低、激光振荡阈值较大等缺点。

透明陶瓷作为激光增益介质最早出现在 20 世纪 60 年代。1966 年，Carnall 等人首次证实了陶瓷材料有激光性能，其将 Dy^{3+}：CaF_2 多晶材料与单晶材料的激光性能进行了对比，发现二者的激光性能基本相同。1973 年，Greskovich 和 Chernoch 用共沉淀法和氢气气氛烧结方法制备出了 1％Nd^{3+} 掺杂的 Y_2O_3 基透明陶瓷（10％ThO_2-89％Y_2O_3），在闪光灯泵浦下，其激光性能和同时期 Nd^{3+} 掺杂的玻璃材料相当。在之后的十几年内，激光透明陶瓷材料一直没有得到人们的重视，因为其光学性能和单晶相比还有较大的差距。1995 年，日本科学家 Ikesue 等人以高纯的 Al_2O_3、Y_2O_3、和 Nd_2O_3 粉末为原料，利用固相反应法，制成高透明的 Nd：YAG 陶瓷，此样品的散射损耗很低（0.009cm^{-1}）；利用这个 Nd：YAG 透明陶瓷组装的激光器，首次实现连续激光输出，最大输出功率为 70mW，斜率效率为 28％，其光学性能与单晶相当。2002 年，神岛（Konoshima）化学公司用湿化学法制备出高质量的 Nd：YAG 透明陶瓷，与日本电气通信大学合作，实现了 1.46kW 的激光输出。2005 年，美国劳伦斯利弗莫尔国家实验室（Lawrence Livermore National Laboratory）利用 5 块神岛化学公司提供的 Nd：YAG 激光透明陶瓷（尺寸是 100mm×100mm×200mm），实现了 67kW 的连续激光输出，展示了激光透明陶瓷诱人的应用前景。2009 年，诺格（Northrop Grumman）公司报道了大于 100kW 的连续激光输出，启动时间 0.6s，光电效率达 19.3％，连续工作时间超过 5min。2010 年达信（Textron）公司也实现了 100kW 的激光输出。这是高功率激光器的里程碑，也证明了透明陶瓷在大功率激光器领域巨大的应用前景。

（2）窗口用透明陶瓷

窗口是光学系统的重要组成部分，主要用来隔离外部环境，起到保护仪器内部光电器件的作用。在复杂环境下，光学系统的工作环境异常恶劣，例如高速飞行时的振动、气动加热引起的高温以及外界砂石、雨水的冲刷，对窗口材料的性能提出严格要求，主要包括透过率高、机械强度高、抗热震性能好、发射率低、抗砂雨侵蚀性能好、耐腐蚀性好等。常见的窗口材料按材料构型分主要有非晶态玻璃、单晶、多晶透明陶瓷三类。玻璃类窗口材料以石英玻璃为主，单晶类窗口材料主要有 Ge 和 Si 以及蓝宝石，多晶透明陶瓷类窗口材料主要有 MgF_2、ZnS 和 ZnSe、尖晶石透明陶瓷以及未来极具发展前景的氮氧化铝（AlON）透明陶瓷。

石英玻璃被称为"玻璃之王"，是综合性能最为优异的玻璃材料，著名的美国机载激光系统（ABL）窗口就是由石英玻璃制作而成的。但是石英玻璃硬度低、力学性能较差，透过波段只覆盖紫外—可见—近红外，对常用的中红外、远红外波段透过率低，因此一定程度上限制了石英玻璃在军用光电系统中的应用。Ge 和 Si 在中远红外波段具有一定的红外透过性，但是其透过率随着温度升高而降低，并且其强度较低，故服役环境恶劣的高速飞行器不宜采用 Ge 和 Si 作为红外窗口材料。

蓝宝石具有优异的力学性能，良好的抗热冲击性，是常用的平板窗口和整流罩材料。由于蓝宝石具有光学各向异性，在各个晶面方向折射率会发生变化，因此无法满足共形光学元件的应用要求。同时受限于单晶的制备方式，难以实现大尺寸复杂结构制品的制备，目前世界最大的蓝宝石尺寸不超过 600mm。

MgF$_2$ 透明陶瓷具有红外透过率高（91％）和透光带宽（0.7～8.8μm）等优势，是较早用作导弹整流罩的材料之一。由于 MgF$_2$ 透明陶瓷的强度和抗热冲击性能不够高，不适宜用于超高速飞行器窗口。ZnS 和 ZnSe 多晶材料化学性能稳定，光传输损耗小，有良好的透光性能，透过波段覆盖可见—近红外—中红外—远红外波段，是性能优异的红外窗口材料。但 ZnS 和 ZnSe 多晶材料硬度低、力学性能较差，难以适应复杂的作战环境；另外高性能的 ZnS 和 ZnSe 多晶材料需要通过化学气相沉积结合热等静压工艺制备，制备周期长，成本高，制品尺寸有限。

尖晶石透明陶瓷是一种耐用的、各向同性的宽带光学材料，具有许多优点，如耐高温、耐磨损、抗冲击、高强度等。但是尖晶石的抗热冲击性较差，不适宜在高马赫数的导弹窗口上应用。AlON 透明陶瓷是具有优异的力学性能，其强度和硬度一般分别高达 380～700MPa 和 18GPa（努氏硬度，200g 载荷），与蓝宝石相近，同时还具有良好的耐高温性、抗热震性以及耐氧化性。因此 AlON 能同时满足未来技术发展和低成本大尺寸制造的需求。

（3）装甲用透明陶瓷

透明装甲具有光学透明性，可抵御爆炸冲击、弹道冲击和砂石撞击等战场威胁，起到保护军用车辆、空中平台人员、设备等关键目标安全的作用。战场态势感知、机动和防护是影响作战装备战场生存能力的重要因素，因此，为适应装备战场态势感知、机动和防护的要求，通常希望透明装甲具有高透过率、低面密度、高防护能力等特点。

目前主流的透明装甲材料仍以玻璃和树脂为主，国内外已有成熟的产品和相关的行业标准。

与玻璃相比，透明陶瓷具有更高的硬度和强度，符合透明装甲的发展要求，有望替代玻璃成为下一代透明装甲材料。目前新型透明装甲材料主要有蓝宝石、镁铝尖晶石透明陶瓷、AlON 透明陶瓷。采用上述材料替代现有玻璃材料，在实现同等防护能力的前提下，重量和厚度可降低 50％以上。

（4）透镜用透明陶瓷

透镜是光学系统中最常见的光学元件，根据光的折射规律来实现对光线传播的调控，被广泛用于数码电子产品、视力矫正、光刻机、天文望远镜等领域。透镜是上述领域光学系统的核心部件，透镜材料的性能直接决定了光学仪器的使用效能，通常希望透镜材料具有更高的折射率、较低的阿贝数和较强的耐磨能力。

树脂是目前最常用的透镜材料，它具有十分高的安全性，耐冲击性能优于玻璃，加工性能好，重量轻。但树脂透镜硬度低、易划伤，折射率较低，环境适应性差，因此树脂透镜常用于精度和环境要求不高的场合。相对玻璃而言，透明陶瓷耐磨性能更好，折射率更大。在相同厚度及形状下，透明陶瓷的焦距比玻璃更短，有利于实现光学镜头的小型化，在高性能光学镜头方面有广阔的应用前景。CASIO 公司利用 LUMICERA（一种由村田公司开发的透明陶瓷）创造了世界上第一组透明陶瓷镜头，LUMICERA 的光学性能与光学玻璃镜片相近，而且 LUMICERA 的某些光学特性更为优越，比如 LUMICERA 的折射率（nd＝2.08）远远高于光学玻璃镜片的折射率（nd＝1.5～1.85）。采用 LUMICERA 透明陶瓷镜片后，镜头的侧面厚度有望降低约 20％。A$_2$B$_2$O$_7$ 和 A$_3$BO$_7$（A 为稀土元素，B 为过渡金属元素）类透明陶瓷往往具有高的折射率（nd≥2.0），例如 La$_2$Zr$_2$O$_7$、Y$_2$Ti$_2$O$_7$ 和 Gd$_3$TaO$_7$ 透明陶瓷的折射率分别为 2.09、2.29 和 2.0，是未来高性能透镜的重要备选材料。

（5）闪烁体透明陶瓷

闪烁材料是一种能将入射在其上的高能射线（X/γ射线）或带电粒子转换为紫外或可见光的能量转换材料，当被高能射线照射后，闪烁材料便发出荧光，该荧光被光电转换系统接收并转变成电信号，经过电子线路处理后，便能在指示器上指示出来，因此人们将这种由闪烁材料组成的闪烁探测器比喻为看得见X光和其他高能射线的"眼睛"。利用高能射线的超强穿透能力，由闪烁材料组成的探测器可广泛应用于高能物理与核物理实验、影像核医学、工业CT在线检测、油井勘探、安全稽查及反恐等许多领域，是一种与生产生活密切相关的功能材料。传统器件中，晶体是一种常见的闪烁材料，近年来，透明陶瓷的快速发展，引起了人们的广泛关注。传统陶瓷是不透明的，这是由于陶瓷内部存在大量气孔、杂质相、晶粒双折射等光散射源，采用高纯原料，选择立方对称结构的材料体系，控制烧结有效消除这些散射源后，就可以实现陶瓷的透明化。透明陶瓷具有优异的光学、热学和力学性能，可以实现高浓度多种类发光离子的均匀掺杂，通过选择合适的发光离子，可以实现透明陶瓷作为闪烁材料的应用。

闪烁材料的重要性能指标包括透明性、X射线阻止本领、光输出、衰减速度、余辉和辐照损伤等，对于不同的应用场合，各类性能有不同的要求和侧重点。目前研究与应用最多的闪烁体是无机闪烁晶体，如（Y，Gd）$_2$O$_3$：Eu，Pr；Gd$_2$O$_2$S：Pr，Ce，F；Gd$_3$Ga$_5$O$_{12}$：Cr，Ce。国外对闪烁陶瓷的研究相对较早，并已成功应用于CT行业。

（6）磁光透明陶瓷

磁光材料是一种从紫外到红外波段具有磁光效应的光信息功能材料。利用这类材料的磁光特性以及磁、光、电的相互作用和转换，可以制成具有各种功能的光学器件，广泛应用于激光、光纤通信、光纤传感等高科技领域。自发现磁光效应以来，随着人们对磁光效应研究和应用的不断深入和拓展，各类磁光材料相继涌现并得到快速发展。与此同时，随着磁光器件不断朝着高功率、小型化、低成本等方向发展，对磁光材料的性能要求也越来越高，主要包括高Verdet常数、大尺寸、高光学质量、高热导率和高激光损伤阈值等。

常见的磁光材料主要包括磁光玻璃、磁光晶体、磁光陶瓷等。其中磁光玻璃和磁光晶体是两种传统的磁光材料，在磁光调制器、光纤电流传感器、磁光隔离器等磁光器件中已获得较多应用。磁光玻璃分为顺磁玻璃和逆磁玻璃两种，其中顺磁玻璃的Verdet常数较大，可以提高磁光效应的灵敏度，因而得到广泛应用。然而，磁光玻璃的热导率较低，热稳定性较差，使用时容易形成热损伤，无法承受较高的激光功率，因此应用范围受到较大限制。和磁光玻璃相比，磁光晶体材料具有更高的热导率，有效地避免了使用过程中的热效应问题，同时其磁光性能也优于磁光玻璃，在制备小尺寸的磁光器件方面更具有优势。磁光晶体材料主要包括钇铁石榴石（Y$_3$Fe$_5$O$_{12}$，YIG）、铽镓石榴石（Tb$_3$Ga$_5$O$_{12}$，TGG）、铽铝石榴石（Tb$_3$Al$_5$O$_{12}$，TAG）等，但是晶体材料也有其固有的缺点，如不宜制成大体积块材，制备周期较长，成本也相对较高等，这些问题都限制了磁光晶体的应用范围。

近年来，随着透明陶瓷制备技术的快速发展，透明陶瓷在力学、光学、热学等方面的优势日益凸显，也为磁光材料的发展提供了新的途径。磁光陶瓷正成为近年来出现的一种新型的磁光材料。磁光陶瓷的热导率和磁光晶体相当，热扩散性能较好，可以有效防止激光作用下的热损伤。和磁光晶体相比，磁光陶瓷材料更容易获得较大的尺寸，能够做成大口径的磁光元件；并且其断裂韧性高，抗热震性能好。这些性能上的优势满足了高功率激光器对磁光材料的性能要求，使得磁光陶瓷具有很好的应用前景。

习 题

1. 结构功能一体化陶瓷的特点是什么？
2. 常用的陶瓷基板材料有哪些，其各自的优缺点分别是什么？
3. 简述防热陶瓷的应用领域及作用，按防热原理，防热陶瓷主要分为哪几种类型？
4. 陶瓷气凝胶隔热材料的分类及其优点有哪些？
5. 按导电原理分，导电陶瓷主要有哪几种基本类型，其各自的特点分别是什么？
6. 简述吸波陶瓷的应用领域。按吸波原理，吸波陶瓷主要分为哪几种类型？
7. 影响透明陶瓷透过率的主要因素有哪些？

参考文献

[1] 金志浩,高积强,乔冠军. 工程陶瓷材料[M]. 西安:西安交通大学出版社,2000.
[2] 何鹏,耿慧远. 先进热管理材料研究进展[J]. 材料工程,2018,46(4):1-11.
[3] 郑瑞剑,魏鑫,张浩,等. 电子封装用高导热 AlN 陶瓷基板研究进展[J]. 中国陶瓷,2023,59(5):1-14,49.
[4] 陈玉峰,洪长青,胡成龙,等. 空天飞行器用热防护陶瓷材料[J]. 现代技术陶瓷,2017,38(5):311-390.
[5] 张晓山,王兵,吴楠,等. 高温隔热用微纳陶瓷纤维研究进展[J]. 无机材料学报,2021,36(3):245-256.
[6] 陈敏歌. 氧化锌系导电陶瓷的结构调控与性能优化[D]. 西安:陕西科技大学,2022.
[7] 蔡志新. SiC 纳米线气凝胶的吸波性能优化及机理研究[D]. 西安:西安交通大学,2022.
[8] 蔡德龙,陈斐,何凤梅,等. 高温透波陶瓷材料研究进展[J]. 现代技术陶瓷,2019,40(1-2):4-120.
[9] 张一铭. 氮氧化铝透明陶瓷粉末制备、烧结及性能研究[D]. 北京:北京科技大学,2023.
[10] 宗潇. MgAlON 透明陶瓷的设计、制备及组成-结构-性能关系研究[D]. 武汉:武汉理工大学,2021.

第 6 章

陶瓷基复合材料

所谓复合材料是指把两种或两种以上在宏观上不同的材料，合理地进行复合，在新制得的材料中，原来各材料的特性得到了充分发挥，并且得到了单一材料所不具有的新特性。如果从微观上看，我们所使用的材料很少不是复合的，但我们在这里所说的复合材料则是按上述定义复合得到的材料。

复合材料的起源可追溯到古埃及人在黏土中加入植物纤维所制成的土坯。100 多年前，人们开始使用以砂石作骨料，用水和水泥固结的混凝土，它是现代建筑领域不可缺少的材料。混凝土具有一定的抗压强度，但比较脆，在张应力作用下容易产生裂纹而破坏。在混凝土中加入钢筋，大大提高了材料的拉伸抗力，成为广泛应用的钢筋混凝土。在橡胶中加入纤维、钢丝，既保持了橡胶的柔软性、气密性，又提高了材料的强度和耐磨性能。

现代复合材料的发展起源于 1942 年美国空军用于制造飞机构件的玻璃纤维增强不饱和聚酯，即玻璃钢，随后提高玻璃纤维性能的工作有了很大的进展，硼纤维、碳纤维、碳化硅纤维及各种耐热氧化物纤维与晶须的相继出现，推动着复合材料的研究与开发工作。

虽然近代人们研究比较多的是纤维增强复合材料，但是复合材料的目的不仅仅限于提高材料强度，而是希望通过复合，得到热、电、磁和其他各种性能的最优化，这才是复合的意义所在。根据复合材料基体的不同及发展历史，把玻璃纤维增强塑料（GFRP）称作第一代复合材料，把硼纤维和碳纤维增强塑料（BFRP 和 CFRP）称作第二代复合材料，各种高性能纤维增强金属与陶瓷则被称为第三代复合材料。复合材料的发展过程如图 6-1 所示。

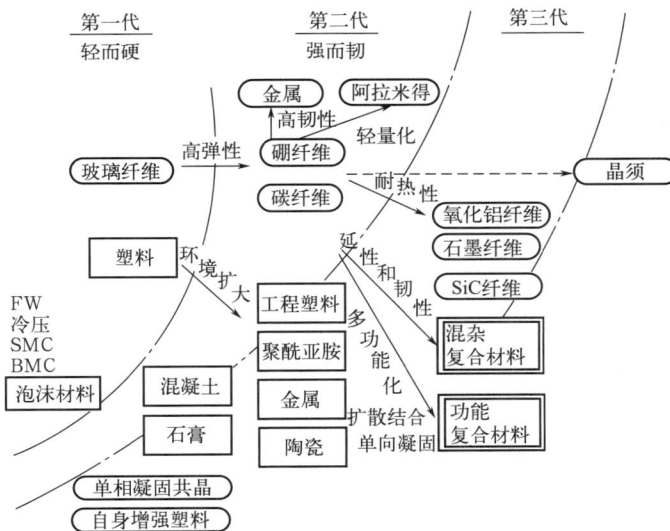

图 6-1　复合材料发展过程

现代科学技术的发展对材料性能提出了更加苛刻的要求，特别是航空、航天等高科技领域，对耐高温、高比强的新型结构材料提出了越来越高的要求。先进结构陶瓷（如 Si_3N_4 和 SiC）具有高温强度高、高温抗氧化性和热稳定性好、耐腐蚀和低相对密度等优点，但陶瓷材料本质性脆却严重限制了其实际工程应用，因此陶瓷材料韧性的提高与改善是陶瓷材料工程应用亟待解决的关键问题所在。目前用于改善陶瓷脆性的方法主要包括相变增韧、颗粒增韧和纤维（晶须）增韧。其中 ZrO_2 相变增韧可以大幅度提高陶瓷的韧性，但在高温条件下有很大的局限性，颗粒增韧陶瓷增韧效果有限。目前看来，纤维（包括晶须）增韧陶瓷基复合材料可能是一种既能增强，又能增韧，同时又能在较高温度保持材料强韧化的方式。

6.1 陶瓷基复合材料的分类

陶瓷基复合材料（ceramic matrix composite，CMC）是指在陶瓷基体中引入增强材料，形成以引入的增强材料为分散相、以陶瓷基体为连续相的复合材料。陶瓷基复合材料是 20 世纪 80 年代逐渐发展起来的新型陶瓷材料，包括纤维（或晶须）增韧（或增强）陶瓷基复合材料、异相颗粒弥散强化复相陶瓷、原位生长陶瓷复合材料、梯度功能复合陶瓷及纳米陶瓷复合材料。陶瓷基复合材料具有耐高温、耐磨、抗高温蠕变、热导率低、热膨胀系数低、耐化学腐蚀、强度高、硬度大及吸/透波等特点，在聚合物基复合材料和金属基复合材料不能满足性能要求的工况下得到广泛应用，成为理想的高温结构材料。

相比于其他材料体系，陶瓷基复合材料具有以下优点。①轻质。陶瓷基复合材料密度低（仅为高温合金的 $1/3 \sim 1/4$），可用于燃烧室、调节片/密封片等部件，能够直接减轻质量 50% 左右。②耐高温。陶瓷基复合材料的工作温度高达 1650℃，能够简化甚至省去冷却结构，优化发动机结构，提高发动机工作温度和使用寿命。在无冷却结构的条件下，可以在 1200℃长期使用。③优异的高温抗氧化性能。陶瓷基复合材料能够在高温环境，甚至是有氧环境下保持较高的稳定性，降低了热防护涂层的研制和应用成本。④优异的力学性能。通过制备工艺优化，特别是界面层组分和结构设计，陶瓷基复合材料的力学性能相对于单相陶瓷而言，有了质的提升。陶瓷基复合材料通常由增强纤维、界面层和陶瓷基体 3 部分组成，其性能由各部分本身的性能及它们之间的相互作用共同决定。

按照基体材料的不同，陶瓷基复合材料主要分为碳化硅陶瓷基复合材料（C_f/SiC、SiC_f/SiC）、超高温陶瓷基复合材料（$C_f/UHTCs$）以及氧化物陶瓷基复合材料（Al_2O_{3f}/Al_2O_3、Al_2O_{3f}/Al_2O_3-SiO_2、$Al_2O_{3f}/$莫来石等），如表 6-1 所示。不同基体的陶瓷基复合材料特性不同，可适用于不同的服役环境。

表 6-1 陶瓷基复合材料按基体组分的分类及其服役环境

基体组分	复合材料组分	特性	服役环境
碳化硅陶瓷	C_f/SiC	高温抗力（<1800℃）、良好的抗氧化性能	高温、氧-力-热耦合环境
	SiC_f/SiC	高温抗力（<1650℃）、优异的抗氧化性能、良好的中子辐照抗力	高温-辐照-长时氧化环境
超高温陶瓷	C_f/ZrB_2、C_f/ZrC、C_f/ZrB_2-SiC、C_f/HfC	超高温抗力（≥2000℃）、超高温氧化抗力、优异的烧蚀性能	超高温（氧化、烧蚀）环境
氧化物陶瓷	Al_2O_{3f}/Al_2O_3 $Al_2O_{3f}/$莫来石	高温抗力、无氧化	高温-长时氧化环境

根据增强体结构的不同，陶瓷基复合材料可分成连续增强陶瓷基复合材料和非连续增强陶瓷基复合材料两大类，如表 6-2 所示。其中，连续增强陶瓷基复合材料包括一维、二维和三维纤维增强的复合材料，也包括多层陶瓷复合材料，而 2.5 维针刺预制体增强复合材料可归为三维纤维增强的复合材料；非连续增强陶瓷基复合材料包括晶须、晶片和颗粒等增强的复合材料。

表 6-2 陶瓷基复合材料按增强体结构的分类

复合材料类型	连续增强陶瓷基复合材料				非连续增强陶瓷基复合材料			
增强体结构	一方向纤维	二方向纤维	三方向纤维	多层陶瓷复合材料	晶须	晶片	颗粒	自增强

连续纤维增强陶瓷基复合材料在保留了陶瓷材料耐高温、抗氧化、耐磨耗、耐腐蚀等优点的同时，充分发挥陶瓷纤维的增强、增韧作用，克服了陶瓷材料断裂韧性低、抗冲击性能差的先天缺陷。这类材料已成为航空航天、军事、医疗等多领域理想的高温结构材料，广泛应用于飞机发动机喷管、机翼护罩、导弹喷管、电磁窗、翼尖、尾舵、发动机涡轮等部件。因此，本章重点对连续纤维增强陶瓷基复合材料进行介绍。

6.2 纤维增强陶瓷基复合材料的力学行为

有关纤维增强陶瓷基复合材料力学的基本定义、公式、概念主要是从对聚合物复基合材料的研究中得到的。聚合物基体和金属基体中加入纤维的主要目的是为了提高与改善基体的强度。在陶瓷基体中加入纤维的目的除了增强以外，更重要的是提高陶瓷基体的韧性。因此既增强又增韧是纤维增强陶瓷基复合材料的主要目的。

与纤维增强聚合物基和金属基复合材料不同的是，纤维增强陶瓷基复合材料中纤维和基体本身都是脆性材料，没有塑性变形，所以带来了许多与传统纤维增强复合材料不同的性能与机制。因此纤维增强陶瓷基复合材料表现出了许多重要的失效/损伤行为，包括 Ⅰ 型、Ⅱ 型、Ⅰ 型和 Ⅱ 型的混合型，以及压缩破坏等断裂形式，其基本特点如图 6-2 所示。这里首

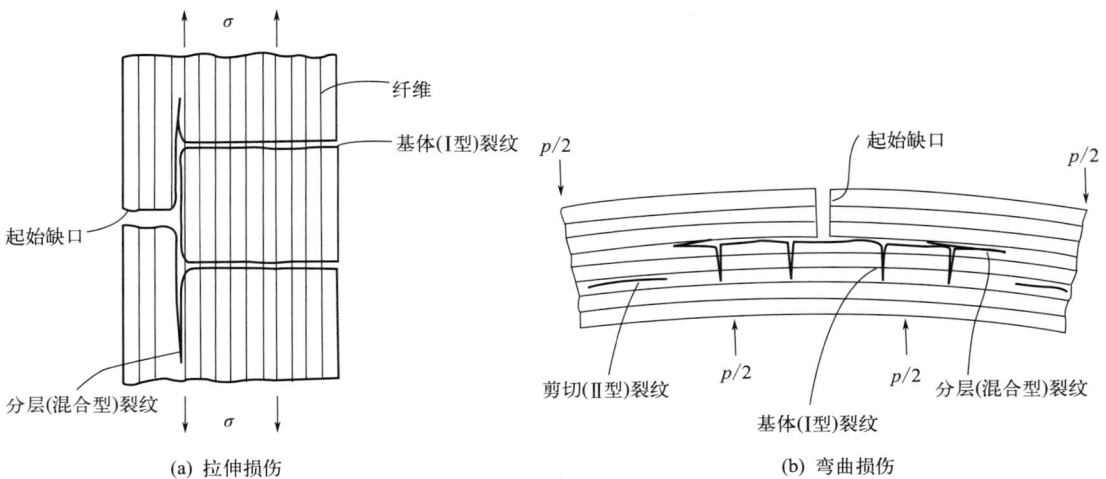

(a) 拉伸损伤   (b) 弯曲损伤

图 6-2 单向纤维增强陶瓷基复合材料的失效

先应该认识到纤维增强陶瓷基复合材料的断裂性质主要由界面控制，基体与界面的脱粘和滑移与材料性能有密切的关系。

6.2.1 增韧本质

（1）脱粘与滑移

脆性纤维能够"韧化"陶瓷的必要条件是裂纹扩展过程中纤维/基体之间的脱粘与滑移，如图 6-3 所示。要使纤维对裂纹面发挥桥接作用，必须在裂纹尖端纤维发生断裂前使纤维/基体之间的结合面产生脱粘，满足此条件的脱粘发生后，已脱离的界面之间的滑移阻力 τ 对载荷从纤维至基体的转移率起着非常重要的作用。很大的 τ 有利于载荷转移，并使纤维轴向应力随距裂纹面距离的增大而快速衰减。结果，根据最弱连接统计理论，纤维在接近裂纹面的位置断裂，减少了对力学性能 σ 有重要贡献的纤维拔出作用。相反，小的滑移阻力 τ 对纤维增强陶瓷基复合材料的韧性提高则是有利的。

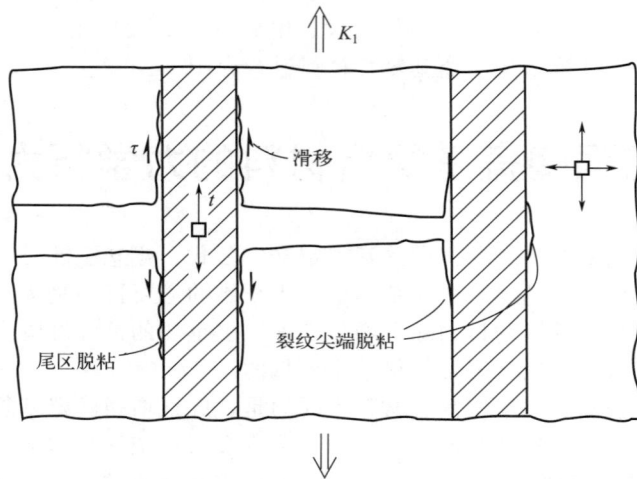

图 6-3　裂纹尖端初始脱粘与裂纹尾区的脱粘、滑移

纤维/基体界面存在的残余应力状态对脱粘的发生有重要影响。残余压应力限制了脱粘范围的扩大，而残余张应力不仅导致严重的脱粘发生，同时还会使裂纹尾区的脱粘进一步扩大，脱粘的范围取决于脱粘界面的摩擦系数与形态。

如图 6-4 所示，发生脱粘而不发生纤维断裂的条件是界面断裂能 G_{ic} 比纤维断裂能 G_{fc} 小，即

$$\frac{G_{ic}}{G_{fc}} \leqslant \frac{1}{4} \tag{6-1}$$

虽然对这个比值还没有确切的实验证明，但对铝锂硅酸盐玻璃陶瓷/SiC 纤维（LAS/SiC$_f$）系统界面与断裂的观察定性支持这种观点。例如，LAS/SiC$_f$ 复合材料具有碳中间层，容易脱粘，表现出严重的纤维拔出现象，当把这种材料在 800℃空气中热处理 16h 后，界面出现了连续的 SiO$_2$ 层，断裂时不出现脱粘，裂纹直接穿过纤维扩展。

（2）应力-应变曲线

纤维增强陶瓷基复合材料平行于纤维方向的纵向拉伸性质取决于纤维/基体界面的力学

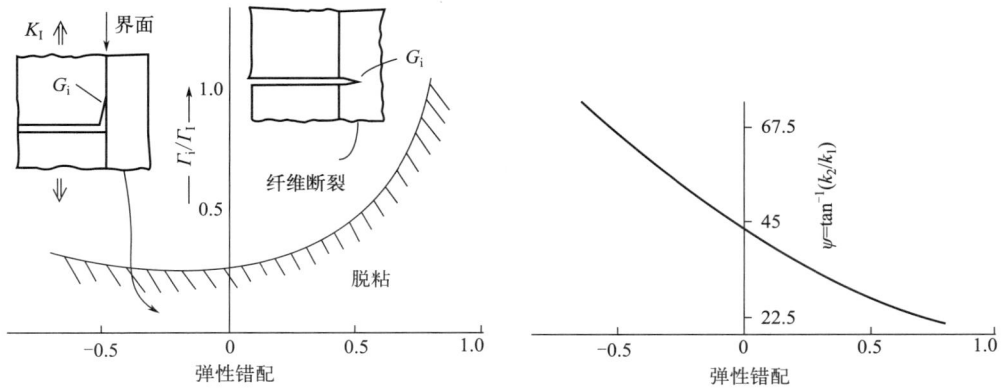

图 6-4　裂纹尖端脱粘临界界面能比

性质、纤维的强度以及纤维与基体热膨胀系数差所引起的残余应力。这些参数的合理组合可以得到复合材料的非突然性断裂方式，即图 6-5 所示的"韧性陶瓷"复合材料的拉伸应力-应变曲线行为。可以定性地说，"弱"界面、高强度纤维和垂直于界面的拉伸残余应力有利于这种断裂机制，其中任何一个参数的变化都可能使复合材料断裂方式转变成具有线弹性应力-应变曲线的突然性断裂。

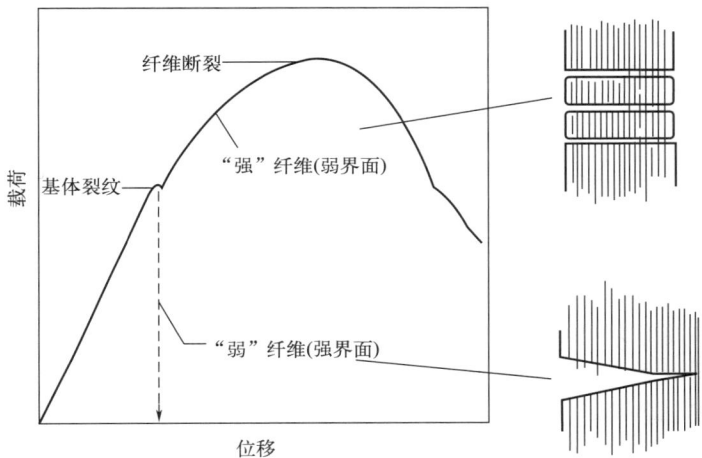

图 6-5　"韧性陶瓷"复合材料的拉伸应力-应变曲线

　　两种不同形式的应力-应变曲线上所发生的最初非线性偏离都与基体开裂有关。

　　在非突然性断裂方式中，最初的基体裂纹扩展是有限的，同时仅有少量纤维断裂，进一步加载会造成周期性的基体裂纹，裂纹间距取决于与桥接纤维有关的应力传递长度。由未损伤的纤维将这些被裂纹分割开的基体"块"联接在一起；应力-应变曲线非线性部分的增加取决于纤维的性质，以及纤维与基体"块"的摩擦作用；复合材料的断裂强度取决于纤维束的断裂；而应力-应变曲线的尾部对应于断裂纤维的拔出。相当多的复合材料发生这种形式的断裂，例如纤维/水泥、纤维/玻璃、纤维/玻璃陶瓷。

　　如果最初发生基体裂纹扩展时在裂纹尾部区域发生了大量纤维断裂，则复合材料的断裂方式就是灾难性的。这时复合材料的断裂强度由一个主裂纹控制，并且取决于断裂阻力曲线。阻力曲线的性质和稳态韧性的大小由裂纹尖端后方桥接纤维区所决定。

6.2.2 基本力学概念

纤维桥接裂纹的张开与裂纹面之间纤维的拉伸行为有关，这种拉伸可以用纤维应力 t 与平均局部裂纹张开位移 u 之间的关系来表示，如图 6-6 所示。这种关系与桥接机制的细节有关，并且反映了纤维/基体的脱粘、摩擦滑移、纤维弹性伸长等性质，图中的 $t(u)$ 关系是脆性纤维所表现出的行为。纤维与基体的强结合是一种极端行为，这时即使裂纹与界面相切，也不会发生脱粘，$t(u)$ 与 u 成线性关系，直至断裂；另一种极端情况是纤维和所有的基体都没有黏结，只有摩擦力阻止纤维的拔出。$t(u)$ 起初随 u 增加而增加，直至纤维断裂，然后随着断裂纤维拔出基体，$t(u)$ 降低；中等程度的纤维/基体结合时，则由部分脱粘，以及在脱粘裂纹面的摩擦滑移决定了 $t(u)$ 关系。

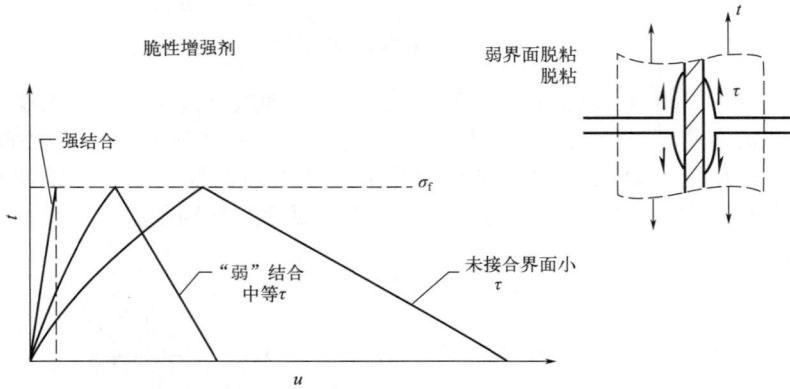

图 6-6　纤维桥接裂纹的张开趋势

桥接裂纹面的纤维如何影响复合材料的断裂，可以用两种等价的方法进行考虑，两种方法的前提都认为裂纹周围的复合材料是连续的，并且可以用 $t(u)$ 关系把复合材料组分性质与宏观连续力学联系起来。第一种方法，把纤维对裂纹面的桥接看作对裂纹面的闭合作用，这种作用减轻了裂纹尖端的应力，使用格林函数从表面牵引力出发计算裂纹尖端应力强度因子，然后让基体有效应力强度因子等于不增强基体的断裂韧性，则得到裂纹生长判据；第二种方法是用 J-积分计算桥接牵引作用对能量通量的影响。在两种方法中，为了确定裂纹面的闭合牵引力分布，都必须计算裂纹张开位移的积分方程数值解；但是在稳态下，J-积分方法可以提供简单的解析表达，因此比较有用。

（1）基体开裂

基体开裂起源于预先存在的微裂纹，典型基体裂纹的全部表面完全由未损伤纤维所桥接。假如裂纹在垂直于裂纹面的均匀外加拉伸应力 σ_a 作用下产生位移 u，裂纹表面所受到的纤维牵引压力 p（$p=V_f \cdot d$，V_f 为纤维体积分数，d 为距裂纹尖端的距离）随离开裂纹尖端的距离的增大而单调增加，当裂纹足够长时，u 和 p 会趋近极限值 u_a 和 σ_a（p 不可能超过 σ_a），这是一种稳态裂纹（图 6-7）。裂纹尖端应力随外加应力增加而增加，但与总裂纹长度无关，结果使得复合材料基体裂纹扩展的临界应力 σ_c 也与总裂纹长度无关。因此，只要 $\sigma_c < \sigma_f \cdot V_f$（$\sigma_f$ 是纤维强度），则裂纹在一不变外加应力作用下可以无限扩展，直至完全穿越样品，裂纹尾部的纤维不会发生断裂。

可是，如果预先存在的基体裂纹长度不够长，以致在 $\sigma_a = \sigma_c$ 时不能达到渐近张开的极限值，这时外加应力是裂纹长度的减函数，如图 6-8 所示。

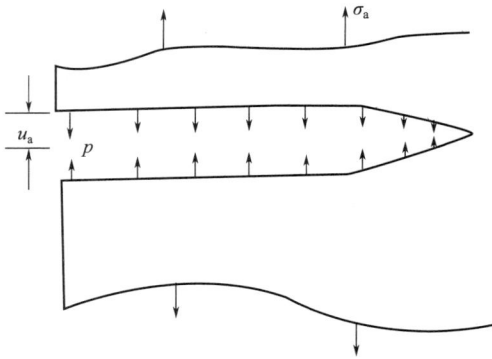

图 6-7　稳态裂纹在裂纹尾部的均匀张开

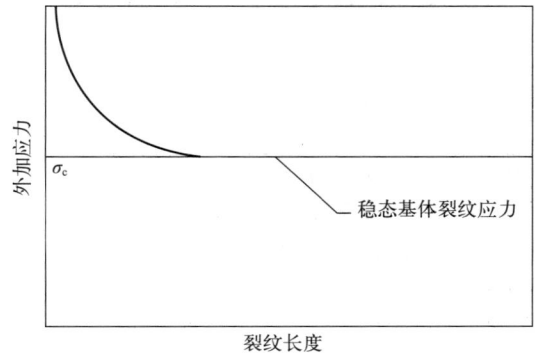

图 6-8　基体开裂应力与裂纹长度的关系

分析基体的稳态裂纹，可以得到下列关系：

$$\frac{G_{mc}(1-V_f)}{2}=\sigma_c u_c-\int_0^{u_c}p(u)\mathrm{d}u \tag{6-2}$$

式中，u_c 是 $\sigma_a=\sigma_c$ 时裂纹张开的渐近值；G_{mc} 是不增强基体的断裂能。只要得到了 $p(u)$ 关系，就可以计算出临界应力 σ_c。式（6-2）右边对应的是图 6-9（a）中的阴影区部分。可以看出，由外加应力确定的基体开裂临界条件是这个区域面积等于 $G_{mc}(1-V_f)/2$。而对于给定基体和纤维体积分数的情况，这个区域是一个常数，因此很容易得到桥接纤维性质变化对基体开裂应力的影响。一般来讲，$p(u)$ 曲线加载部分的刚度增加使得复合材料基体裂纹临界扩展应力 σ_c 增加，而 $p(u)$ 曲线最大值或曲线峰值之后其他区域的变化对 σ_c 没有影响。

当外加应力超过 σ_c 时，在基体中会出现多裂纹现象，多裂纹时的饱和裂纹间距离 D 是基体从外加应力为零的裂纹面到未开裂处的距离的 1～2 倍。

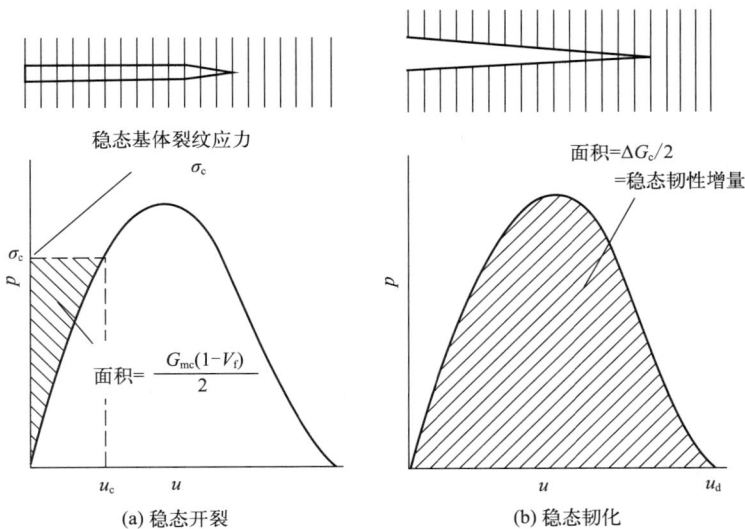

(a) 稳态开裂

(b) 稳态韧化

图 6-9　载荷（应力）与裂纹张开的关系

（2）阻力曲线与韧化

如果式（6-2）所给出的稳态基体开裂应力超过了纤维所能承受的应力 $\sigma_{\mathrm{f}} V_{\mathrm{f}}$，则在基体裂纹扩展之前处于完全桥接裂纹中的纤维就会发生断裂，在外加应力为常数的情况下，桥接力的降低使裂纹尖端应力提高，导致基体中不稳定裂纹扩展，伴随进一步纤维断裂，相应的载荷（应力)-位移曲线直到峰值载荷都接近线性，断裂是突然发生的。

在预制裂纹无桥接纤维的时候，裂纹起始扩展无纤维断裂。裂纹扩展时在扩展裂纹尖端后方逐步形成桥接区，闭合作用增强，导致裂纹继续扩展的外加应力强度因子增加，这种裂纹生长由图 6-10 所示的阻力曲线（R 曲线）来表示。

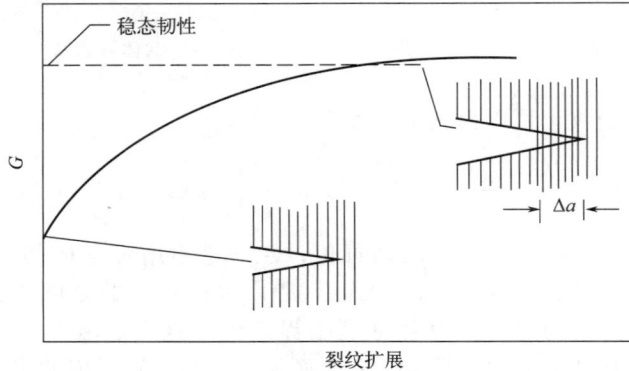

图 6-10　单向复合材料裂纹扩展阻力曲线

一般来讲，计算 R 曲线的增加部分以及稳态裂纹扩展量，要求用积分方程数值解的方法得到裂纹张开位移。对于比较小的桥接区，人们感兴趣的是稳态韧性增量；对于具有大桥接区的复合材料，有可能因为稳态裂纹要求的长度大于样品宽度，得不到稳态韧性，则必须确定全部 R 曲线。

用 J-积分法得到了稳态韧性增量的简单解析解：

$$\Delta G_{\mathrm{c}} = 2\int_{0}^{u_0} p(u)\mathrm{d}u \tag{6-3}$$

式中，u_0 是桥接区尾部的裂纹张开。对于稳态裂纹，当位移大于 u_0 时的桥接力等于零，ΔG_{c} 是 $p(u)$ 曲线下的面积，如图 6-9（b)，因此在 $p(u)$ 关系确定后就可以计算 ΔG_{c}，而无需确定裂纹张开位移。

回到前面的讨论，对于非突然断裂，出现多基体裂纹机制的复合材料，当桥接纤维性能变化，使 $p(u)$ 曲线增加部分硬化时，将使得基体裂纹临界扩展应力 σ_{c} 增加。可是一旦 σ_{c} 超过 $p(u)$ 曲线的峰值，断裂机制就发生了变化，可以用 $p(u)$ 曲线下的面积给出稳态韧性。然而当 $p(u)$ 曲线增加部分硬化时，如果 $p(u)$ 曲线的峰值不变，那么 $p(u)$ 曲线增加部分硬化程度的提高则会导致韧性降低。因此，复合材料最佳性能（最大的 σ_{c} 与 ΔG_{c}）的获得应该发生在两种断裂机制之间的转变点附近。

（3）残余应力

残余应力来源于材料高温制备后冷却时的收缩。在基体开裂前，增强纤维和基体中的残余应力符号相反，但由于大量结构单元平均的结果，垂直于潜在裂纹面的平均残余应力等于

先进结构陶瓷

零。如果没有桥接区的存在，显微结构的残余应力对稳态断裂韧性不会产生影响；同时，用 $p(u)$ 关系表达的桥接断裂力学分析也不会受到显微结构残余应力的影响。但实际上残余应力会影响 $p(u)$ 关系，并进而影响基体开裂应力和断裂韧性的大小。

残余应力对 $p(u)$ 关系的影响与界面滑移、纤维断裂机制有关。残余应力可以表达为

$$\sigma_0 = -\frac{qE}{E_m} \tag{6-4}$$

式中，q 是基体中的轴向残余应力；E 和 E_m 分别是复合材料与基体的弹性模量。在某些复合材料中，可以直接将 σ_0 作为 $p(u)$ 曲线的余项。但一般来说，$p(u)$ 曲线的形状会发生变化。

将式（6-4）中 σ_0 作为余项与图 6-9（a）中的 $p(u)$ 曲线叠加，是处理残余应力的一种简单方法。当 q 是压应力时，基体裂纹临界扩展应力 σ_c 增加；q 是拉应力时，σ_c 降低。然而残余应力引起的稳态韧性变化的符号与大小则与界面滑移和纤维断裂机制有关，见表 6-3。

表 6-3 残余应力对韧性的影响

应力/位移规律	断裂参量	纤维残余压应力时的韧性	纤维残余拉应力时的韧性
线性	应力	降低	降低
线性	位移	增加	降低
拔出摩擦（表面粗糙）	应力	—	可忽略
拔出摩擦（库仑摩擦）	应力	降低	—

（4）纤维拔出

纤维/基体界面很少黏结或不黏结的复合材料（$G_{ic} \approx 0$）在陶瓷基复合材料中是十分重要的一类，对此已进行了大量的理论和实验研究。图 6-10 所示的非突然断裂机制最可能发生在这类复合材料中，与存在明显脱粘能的复合材料相比，由滑移控制纤维拔出的 $p(u)$ 关系的计算比较简单。玻璃、玻璃陶瓷与碳纤维、碳化硅纤维组成的复合材料被认为属于这种弱结合材料。

严格分析纤维滑移所控制的 $p(u)$ 关系，必须考虑纤维断裂的统计理论，以及残余应力与外加应力对摩擦阻力 σ_s 的影响，可以简单地认为裂纹尾部区域的纤维最可能在裂纹面附近断裂并拔出。一般来讲，在这种复合材料中，即使纤维中最大应力处于裂纹面位置，纤维也不会在基体裂纹面断裂，这种现象与统计学理论有关。因此纤维的断裂位置是与形状因子 m（Weibull 模量）有关的分布函数，纤维的强度与形状因子 m、比例因子 S_0 有关。图 6-11 是在不同 m 值时，纤维桥接加拔出机制对应的无量纲应力-裂纹张开位移曲线。可以看出，$p(u)$ 曲线最初上升部分由完整纤维所支配，多股纤维断裂支配了峰值应力，曲线尾部则由纤维的拔出所控制。$p(u)$ 曲线的尾部对形状因子 m 十分敏感，m 降低，相应的纤维强度分布变宽，有更多的纤维在更加远离基体裂纹面处断裂，使得拔出的范围扩大；当界面存在残余压缩应力时，拔出长度随残余应力的增加而减低。

以 $m = \infty$ 时的极限解作为不同 m 值的 $p(u)$ 曲线最初上升阶段的近似，如式（6-5）所示。

$$p = \left[\frac{4\tau V_f^2 E_f E^2}{R E_m^2 (1-V_f)^2}\right]^{\frac{1}{2}} \times u^{\frac{1}{2}} \tag{6-5}$$

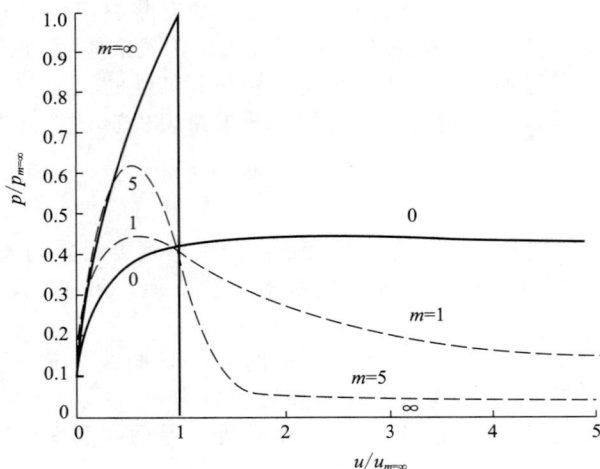

图 6-11 无量纲应力-裂纹张开位移关系

式中，R 为纤维半径；τ 为纤维滑移阻力；V_f 为纤维体积分数；E_f、E_m 和 E 分别为纤维、基体和复合材料的弹性模量。将 $m = \infty$ 时的 $p(u)$ 曲线代入前面有关公式，可以得到许多有用的解析结论。

将式（6-5）代入式（6-3），可以描述由基体单裂纹扩展控制，并伴随纤维断裂和拔出的 I 型断裂阻力曲线，得到稳态韧性增量 ΔG_c 与达到稳态时相应裂纹的扩展量 Δc，分别如式（6-6）和式（6-7）所示。

$$\Delta G_c = \frac{\sigma_f R V_f (1 - V_f)^2 E_m^2}{6\tau E_f E^2} \tag{6-6}$$

$$\Delta c = \left[\frac{G_{mc} R^2 (1 - V_f)^5 E_m^4}{\tau^2 V_f E_f^2 E} \right]^{\frac{1}{3}} \tag{6-7}$$

当 R/σ 值增加时，ΔG_c 与 Δc 都增加，将式（6-5）代入式（6-2）得到的结果则表明稳态基体开裂应力 σ_c 随 R/σ 值的增加而降低。分析认为，未损伤的桥接纤维和断裂纤维的拔出对复合材料韧性有一种竞争性的贡献，未损伤纤维对韧性的贡献不会达到与断裂纤维拔出的贡献相同的数量级，而相当多材料的高韧性主要来源于远离基体裂纹面断裂纤维的拔出。

（5）纤维滑移阻力 τ

当复合材料界面存在拉伸或零残余应力时，可以认为纤维的滑移阻力为一均匀应力 τ，主要由界面的粗糙度和摩擦来决定。当界面受残余压缩应力作用时，τ 与局部外加应力有关，稳态基体开裂应力的解将更加复杂，但作为一级近似，一般可以用 μq 代替 τ。

参数 τ 和 q 的确定是十分重要的，但这两个参数又是非常难以测量的。可以用压入法和裂纹张开滞后法测量滑移阻力 τ，如图 6-12 所示，使用精密压头系统将复合材料薄截面中的单根纤维推出或者通过厚试样加载/卸载实验的滞后回线得到 τ。压入法直观，但实验时纤维处于轴向压缩状态，界面受到压缩，在 τ 很小（<10MPa）时可以忽略压缩效应。加载/卸载实验中纤维处于轴向拉伸状态，但测量所得的值只反映了基体开裂后的值，同时伴随基体开裂会产生相当多的纤维断裂，结果的解释十分复杂。

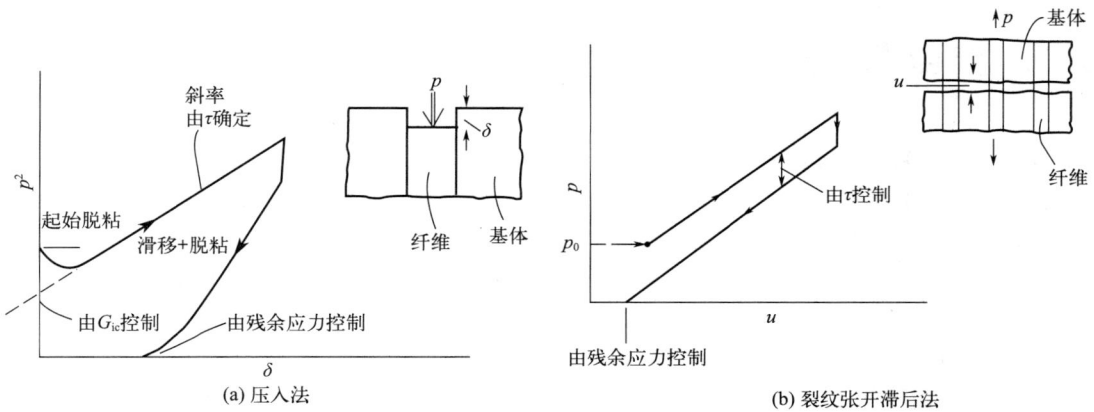

图 6-12　滑移阻力 τ 的测量

（6）极限拉伸强度

伴随着基体的多次开裂，每根纤维所承载的轴向应力在裂纹面之间的最大值（等于 σ_∞ / V_f）和相邻基体裂纹中间位置轴向应力最小值（$\geqslant \sigma_\infty \cdot E_f / E$）之间变化。在应力场中，由最弱连接统计的概念容易得到纤维断裂的概率和位置。然而计算复合材料的最大承载要求对断裂纤维所引起的应力重新分布提出模型，这个工作仍没有能够进行。通过对已有结果进行修正，有文献提出了极限拉伸强度的韦伯统计表达式，见式（6-8），用于确定极限拉伸强度的下限值，与实验符合的也比较好。

$$\sigma_u = V_f \hat{S} \exp \left\{ -\frac{\left[1 - \left(1 - \dfrac{\tau D}{R\hat{S}} \right)^{m+1} \right]}{(m+1)\left[1 - \left(1 - \dfrac{\tau D}{R\hat{S}} \right)^m \right]} \right\} \tag{6-8}$$

其中：

$$\left(\frac{R\hat{S}}{\tau D} \right)^{m+1} = \left(\frac{A_0}{2\pi RL} \right)\left(\frac{RS_0}{\tau D} \right)^m \left[1 - \left(1 - \frac{\tau D}{R\hat{S}} \right)^m \right]^{-1} \tag{6-9}$$

式中，L 为标距长度。

（7）Ⅱ型裂纹与分层（混合型）裂纹

单向复合材料弯曲实验时经常存在剪切损伤，这种损伤发生在相当低的剪切应力下，例如 LAS/SiC 材料在 20MPa 的剪切应力下即可产生剪切损伤。损伤由与纤维轴向大约倾斜 $\pi/4$ 的阶梯状基体裂纹组成，进一步加载后，微裂纹合并，基体材料发生位移并导致不连续的Ⅱ型裂纹，在类似于裂纹萌生时的微裂纹损伤区也存在这种裂纹。据推测，控制Ⅱ型断裂的微裂纹的形成是由基体应力集中引起的，并垂直于局部主拉伸应力，但随后立即偏转至平面并合并，有关细节目前尚未明晰。

分层也是复合材料的一种损伤形式。在有缺口的时候，分层裂纹在缺口根部附近成核并稳定扩展。

6.3 纤维增强陶瓷基复合材料的增强体

6.3.1 陶瓷基复合材料中的增强纤维

20 世纪 60 年代末期，人们首先开展了对随机取向耐热金属短纤维增强陶瓷基复合材料的研究，虽然也发现了一些高强度高韧性的材料体系，但所得到的复合材料密度高，环境相容性与高温抗氧化性能差，从而未能得到进一步的发展。对原位晶须增强陶瓷基复合材料的研究表明，原位生长所能获得的晶须数量少、直径小，也难以达到理想的增韧效果。

直到 70 年代初期，高强度、高模量、低成本碳纤维的出现，促进了纤维增强陶瓷基复合材料的研究与发展，碳纤维增强陶瓷基复合材料所具有的优异性能使得其在航天、武器等领域得到了应用。70 年代末期，性能优异的 SiC 纤维问世，由于 SiC 所具有的高温抗氧化性能，使得 SiC 长纤维增强锂铝硅酸盐玻璃陶瓷基复合材料在 1000℃ 时抗弯强度不仅没有降低，反而比常温下有所提高，达到了 840MPa。

与所有其他复合材料一样，增强纤维在决定陶瓷基复合材料全部特征与性能时起着主要作用。纤维除了要求高强度、高模量、低密度之外，在与陶瓷基体相匹配时，还要求其与基体在热性能、弹性性能以及化学性能等方面具有相容性。表 6-4 为纤维增强陶瓷基复合材料中常用的纤维及其性质。

表 6-4 纤维增强陶瓷基复合材料中常用的纤维及其性质

纤维	直径 /μm	密度 /($g \cdot cm^{-3}$)	弹性模量 /GPa	拉伸强度 /MPa	线膨胀系数 /($10^{-6}℃^{-1}$)
高强碳纤维（T300）	7.0	1.74	225	3040	-0.7
高弹碳纤维（M40）	6.5	1.81	392	2740	-12
硼纤维	100～200	2.5	400	2750	4.7
SiC 纤维（C 芯）	140	3.3	425	2450	4.4
Nicalon SiC 纤维	14	2.55	200	3000	3.2
Tyranno SA SiC 纤维	8.1	3.1	380	2800	4.5
Si_3N_4 纤维（道康宁）	12	2.5	210	2400	—
HPZ	7～12	2.3	185	1600～2500	—
α-SiC 晶须	约 1	3.2	—	—	—
β-SiC 晶须	6	3.2	580	8400	—
FP 氧化铝纤维	20	3.9	380	1400	5.7
硼铝硅酸盐纤维	10	2.5	150	1700	

用作高温复合材料增强相的纤维，从化学成分上一般希望是由单一物质构成，由原子量较小的原子通过共价键结合形成的分子，比较典型的是先进陶瓷材料中的 SiC 和 Si_3N_4；从物理上希望纤维由微细粒子构成，这些粒子结晶或结晶长大的可能性尽可能小，纤维直径要小。具备了这些基本条件，就可能在化学方面得到耐腐蚀和耐热性能；在物理方面得到轻的质量、高的强度和弹性模量。

（1）碳纤维

碳纤维的发展历史比较长，产量大、品种多、价格低，其性能可以在一个很宽的范围内变动，同时碳纤维与许多陶瓷的匹配性也很好。

高强度碳纤维一般是用聚丙烯腈来制造的，主要制造工艺过程包括原丝制造、稳定、碳化、表面处理、上胶及卷取等步骤。由于碳化前的聚合物结构对碳化后碳纤维的结构具有重要影响，因此前驱体原丝的制造工艺，包括聚合物的组成、聚合度、定向度、致密性等对于碳纤维的性能就显得十分重要。稳定化直接影响碳化的稳定性和碳化收得率，稳定化包括脱氢和交联反应。在稳定化过程中，丙烯腈纤维在空气中被氧化，在一氧化氮中被亚硝基化，在二氧化硫气体中加热硫化。碳化过程是在惰性气体中加热，使纤维通过热分解生成石墨状结构，在此过程中，重量减少大约一半，并生成各种分解物（包括水和 CO_2 等）。

除了聚丙烯腈纤维，黏胶纤维和沥青纤维也可以用来生产碳纤维。

高强度是碳纤维最重要的特征之一。在碳纤维中，石墨结晶的网面排列在纤维方向。石墨网面的理论强度很高，可以说碳纤维的强度之所以高，其理论强度高是一个重要因素。同时由于碳纤维的密度小，其比强度和比弹性模量极其优异。纤维焙烧温度越高，弹性模量越高；同时焙烧后碳纤维的弹性模量即使在高温下也是稳定的。高弹性模量的纤维压缩破坏应变小。

碳纤维的热膨胀系数在纤维方向为负，且绝对值极低。高强度与高模量碳纤维的比热容相差不大，介于金属和聚合物之间，随温度升高而上升。碳纤维在纤维方向的热导率与金属相当，横向热导率则比纤维方向低，一般认为是 $1W/(m \cdot K)$ 左右，热导率随温度升高而降低。各种物质热性能的比较如图 6-13 所示，其中 T300 和 M40 为日本东丽公司的两种碳纤维牌号。

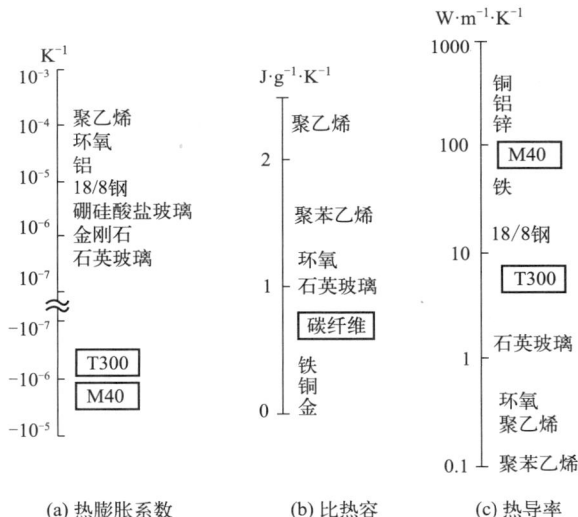

(a) 热膨胀系数　　　(b) 比热容　　　(c) 热导率

图 6-13　各种物质热性能比较

碳纤维的抗热震能力强，可以经受剧烈的加热和冷却，在 $-180℃$ 仍然具有柔韧性。碳纤维在惰性气体中，即使在 2000℃ 以上的高温，其强度和弹性模量的变化也很小，但若在含氧条件下使用，则会由于氧化作用引起纤维重量减少，因此限制了其在高温氧化环境的使用，碳纤维的失重大小因不同生产厂家而异。

虽然碳纤维在高于500℃氧化气氛中的长期使用受到限制，但其在航天、武器等瞬间或短时高温服役领域仍具有很重要的实际应用价值。

（2）碳化硅纤维

早期的碳化硅纤维采用化学气相沉积的方法制造，用钨丝或碳纤维作为底丝，在高温通入硅烷和氢气，使硅烷分解沉积在底丝上，得到具有钨芯或碳芯的碳化硅纤维。这种工艺方法成本高、工艺复杂。用钨作底丝的碳化硅纤维虽然获得了较好的抗氧化性能，但其密度高，价格也很昂贵，在约800℃时强度会大幅度衰减。用碳纤维作底丝制得的碳化硅连续纤维密度低，抗氧化性能好，具有优异的力学性能和较低的价格，但这种纤维在高于1200℃时会由于晶粒粗化而导致强度下降。研究表明，将这种纤维用碳包裹后，在不同气氛中加热到1200℃或在1500~1600℃加热15min仍可保持200MPa的抗拉强度。

日本东北大学的矢岛圣使（Yajima）等发明了从金属有机聚合物制备连续碳化硅纤维（Nicalon）的技术，其主要工艺过程的化学反应式为：

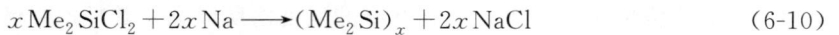

$$x\,Me_2SiCl_2 + 2x\,Na \longrightarrow (Me_2Si)_x + 2x\,NaCl \tag{6-10}$$

$$(Me_2Si)_x \xrightarrow{350\sim400℃} (MeHSiCH_2)_x \tag{6-11}$$

$$(MeHSiCH_2)_x + 空气 \longrightarrow (MeO_{0.5}SiCH_2)_x \tag{6-12}$$

$$(MeO_{0.5}SiCH_2)_x \xrightarrow{1200℃} SiC\ 纤维 \tag{6-13}$$

在有机溶剂中，使二甲基二氯硅烷与金属钠作用，进行脱氯反应，得到聚硅烷。将聚硅烷加热，进行分子重排，使侧链的甲基变成亚甲基进入主链 Si—Si 之间，生成聚碳硅烷。用干式纺丝法或熔融纺丝法把聚碳硅烷制成纤维状。在较低温度加热聚碳硅烷纤维，使其在高温处理时不熔化，以免发生纤维之间的熔粘；把不熔化的纤维在真空或惰性气氛中加热到1200~1500℃，使侧链甲基及氢脱离，仅剩主链 Si—C 键，就得到 β 相的碳化硅纤维。最后卷取时，要进行上胶，用途不同，胶的种类不同。用于增强金属和水泥时所用的胶可以在较低的温度下进行热分解扩散。图 6-14 为制造碳化硅纤维的工艺流程。

矢岛等人又使用烷氧基钛酸盐来合成聚碳硅烷。红外光谱证明，钛通过氧与硅相联结，使用这样的聚碳硅烷生产的陶瓷纤维被称作 Tyranno SiC 纤维，这种纤维含钛和氧，分别占硅含量的15%和50%。Tyranno SiC 纤维已商业化生产。

拜耳（Bayer AG）在1974年研究了将简单有机硅（如 Me_4Si）加热到700℃制取聚碳硅烷的方法，用这种方法制得的聚碳硅烷用四甲基氯作为溶剂干纺成 $10\sim20\mu m$ 的纤维，在200℃的空气中交联耦合，然后在1200℃保护气体中裂解就得到了黑色的陶瓷纤维，但这种纤维的商业化生产没有进行。

通过一步法工艺用钾使氯甲基硅烷或乙烯硅烷与另外的甲基硅烷反应生成支化聚碳硅烷，在保护气氛下裂解可以转变成 SiC；还可以使用碱金属对双有机二氯甲硅烷混合物脱氯合成有机聚硅烷共聚物的方法生产碳化硅纤维；但目前都没有商业化。

Nicalon 和 Tyranno 两种纤维都是由微晶 SiC 加过量游离 C 和 SiO_2 组成的。Tyranno 纤维含1%~2%（质量分数）的 Ti，能够延缓高温时 SiC 的结晶与晶粒长大。这两种纤维的直径都比 CVD-SiC 纤维细得多，并且具有连续

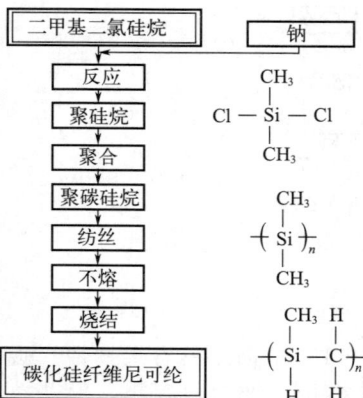

图 6-14 制造碳化硅纤维（Nicalon）的工艺流程

长度。

康宁公司还生产了一种 Si-C-O 陶瓷纤维，它是用聚甲基硅烷的聚合物得到的，被称作 MPS。

表 6-5 是几种 SiC 纤维的主要组成及其性质，其中 Nicalon 纤维有两种级别（1 为一般级，2 为陶瓷级）。

表 6-5　SiC 纤维的主要组成及其性质

纤维	SiO$_2$ 含量 （质量分数）/%	SiC 含量 （质量分数）/%	C 含量 （质量分数）/%	Si 含量 （质量分数）/%	晶粒尺寸 /nm	密度 /(g·cm^{-3})	气孔率/%
Nicalon[1]	26.8	61.6	11.6	0	1.7	2.55	0.16
Nicalon[2]	19.1	70.9	10.0	0	0.8	2.52	0.16
MPS	1.8	94.0	0	4.3	2.0	2.62	0.10

Nicalon 纤维的直径比 CVD-SiC 纤维细得多，同时又具有连续长度。但 Nicalon 纤维的最大缺点在于高于 1200℃ 时会发生强度降低，这种现象普遍存在于有机聚合物裂解生成的碳化硅纤维中，其主要原因是结晶或分解反应导致的气孔率或缺陷的增加。

（3）Si-N-C 纤维

Si-N-C 纤维也是通过有机聚合物裂解得到的，有很多聚合物可以得到含硅、碳、氮的陶瓷。

有机三氯硅烷与氨反应生成有机 $[RSi(NH)_{1.5}]_x$，如式（6-14）所示。

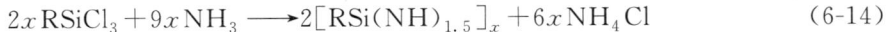

$$2x\,RSiCl_3 + 9x\,NH_3 \longrightarrow 2[RSi(NH)_{1.5}]_x + 6x\,NH_4Cl \tag{6-14}$$

将生成物干纺成纤维并在 1200℃ 氮气中裂解，得到非晶态陶瓷纤维，它的成分在碳化硅与氮化硅之间。

甲基三氯硅烷与甲胺反应，生成有机氨基硅烷。

$$MeSiCl_3 + 6MeNH_2 \longrightarrow MeSi(NHMe)_3 + 3MeNH_3Cl \tag{6-15}$$

反应产物加热到 520℃，发生热重排，可以生成聚碳硅氮烷。二甲基二氯硅烷与甲胺反应也能得到类似的产物。对从甲基三氯硅烷得到的产物进行熔融纺丝（12～14μm），在一定湿度条件下交联，然后 1200℃ 氮气中裂解，也可以得到成分在碳化硅与氮化硅之间的陶瓷纤维。

直接氨解甲基三氯硅烷、三氯硅烷或甲基二氯硅烷也可以得到相应的硅氮烷聚合物，但是有可能形成凝胶，特别是三氯硅烷。这种倾向可以通过三氯硅烷与六甲基二硅氮烷反应来减缓。

$$RSiCl_3 + 3(Me_3Si)_2NH \longrightarrow RSi(NHSiMe_3)_3 + 3Me_3SiCl \tag{6-16}$$

$$x\,RSi(NHSiMe_3)_3 \longrightarrow [RSi(NH)_{1.5}]_x(NHSiMe_3)_y + (1/2)(3x-y)(Me_3Si)_2NH \tag{6-17}$$

通过 Si-Cl/Si-N 的重新分布，得到 Me$_3$SiCl，与氮形成 (Me$_3$Si)$_2$NH 的形式替代硅氮烷类聚合物。

经熔融纺丝成为纤维，在 HSiCl$_3$ 中养护，然后在 1000～1200℃ 裂解得到主成分为硅和氮的陶瓷纤维，并含 2%～10% 的碳和约 2% 的氧。

甲基二氯硅烷直接氨解生成环硅氮烷，用钾杂化处理，进行脱氢反应，并形成支化硅氮烷聚合物。

$$x\,\mathrm{MeHSiCl_2} + 3x\,\mathrm{NH_3} \longrightarrow [\mathrm{MeHSi(NH)}]_x + 2x\,\mathrm{NH_4Cl} \tag{6-18}$$

$$[\mathrm{MeHSi(NH)}]_x + \mathrm{NH} \longrightarrow [\mathrm{MeHSi(NH)}]_y(\mathrm{MeSiN})_z + \mathrm{H_2} \tag{6-19}$$

在 1000℃氮气中裂解可以得到含硅、碳和氮的陶瓷。

甲氨与二氯硅烷或有机二氯硅烷反应得到 N-甲基聚硅氮烷，用羰基钌作为脱氢耦合聚合反应的催化剂，增加了这种聚合物的陶瓷收得率。聚合物在氨气氛中养护、裂解，得到含硅、碳和氮的陶瓷纤维。

$$x\,\mathrm{RHSiCl_2} + x\,\mathrm{MeNH_2} \longrightarrow [\mathrm{RHSi(NH)}]_x + x\,\mathrm{MeHCl_2} \tag{6-20}$$

$$[\mathrm{RHSi(NH)}]_x \xrightarrow{\mathrm{Ru_3(CO)_2}} [\mathrm{RHSi(NH)}]_y(\mathrm{RSiN})_z + \mathrm{H_2} \tag{6-21}$$

表 6-6 是几种 Si-N-C 纤维的主要组成及其性质。

表 6-6　Si-N-C 纤维的主要组成及其性质

纤维	SiO_2 含量（质量分数）/%	Si_3N_4 含量（质量分数）/%	SiC 含量（质量分数）/%	C 含量（质量分数）/%	密度/(g·cm^{-3})	气孔率/%
MPDZ	14.3	37.1	27.2	21.4	2.18	0.18
HPZ	5.8	71.3	18.5	4.4	2.32	0.20

我们把从聚甲基乙硅氮烷（methylpolydisilylazane）得到的 Si-C-N-O 陶瓷纤维称为 MPDZ 纤维，把从聚硅氮烷氢化物（hydridopolysilazanes）得到的陶瓷纤维称作 HPZ 纤维，这两种纤维都是康宁公司研制开发的非晶态陶瓷纤维，其长度均为 $10\sim20\mathrm{cm}$。前者的 C 含量高于 N 含量，后者 N 含量高于 C 含量。与聚合物裂解生成的碳化硅纤维类似，由裂解反应生成的 Si-C-N 纤维也存在高温时效后的强度降低现象。

（4）晶须

在高于 1200℃时，有机硅聚合物制得的陶瓷纤维会由于结晶或分解反应造成强度的降低，限制了它们的使用温度。而晶须直到很高的温度仍能保持稳定的性能。从 1948 年美国贝尔电话公司首次发现晶须以来，已开发了很多品种的晶须，表 6-7 为主要的陶瓷晶须及其性能。

表 6-7　主要的陶瓷晶须及其性能

品种	密度/(g·cm^{-3})	拉伸强度/MPa	弹性模量/GPa
Al_2O_3	3.96	20.6	425.6
BeO	2.85	12.7	343.2
B_4C	2.52	13.7	480.5
SiC	3.18	20.6	480.5
Si_3N_4	3.18	13.7	377.6
C（石墨）	1.66	19.5	700.2
$K_2O \cdot 6TiO_2$	～3.3	6.9	274.6

晶须可以通过高温下卤化物的热分解、还原及电解等反应得到，也可以由金属蒸气浓缩得到。

一般采用蒸发冷却法制备氧化铝晶须。例如，用纯铝粉或铝块作原料，在含有水分的氢气中加热到 1500℃ 左右保温制备晶须，所生成的晶须直径一般在 $130\mu m$，长度约 5mm。

钛酸钾晶须的开发目的是用于耐热、隔热部件。美国最初将钛酸钾晶须和硅溶胶作为主要原材料用于火箭喷嘴隔热材料。钛酸钾晶须有 6-钛酸钾和 4-钛酸钾两种晶体结构，其中 6-钛酸钾晶须为白色针状晶体，平均长度 $10\sim20\mu m$，直径 $0.2\sim0.5\mu m$，莫氏硬度 4，熔点 $1300\sim1350℃$，具有优异的隔热性、耐酸性和耐碱性，可用于隔热、过滤和摩擦材料；4-钛酸钾的化学活性高，可以用于阳离子吸附材料。

制备钛酸钾晶须的主要方法有烧结法、熔融法、水热法、溶剂法和置换法。其中置换法还可用于生成其他晶须，如图 6-15 所示。

碳化硅晶须是陶瓷基复合材料中最受人们关注的晶须。碳化硅晶须的制备工艺有多种。有关晶须生长机制中最重要的两种是气-固（VS）生长和气-液-固（VLS）生长机制。

在 VS 生长机制中，假设材料的堆积发生在与螺位错有关的凸出部位，在此机制中，气相物质沉积到晶须的端部或沉积到侧面并扩散至端部。晶须晶核必须是不完整的，而得到的晶须也肯定存在一个轴向螺位错。这个机制被用于解释许多晶须的生长，包括 VS 生长氧化铝晶须。

VLS 生长机制是由瓦格纳等人在硅晶须生长的研究中提出的。在抽成真空的含硅和碘的石英系统中引入镍催化剂，在一定的温度梯度下，生成均匀截面的硅晶须。但这种晶须中并未发现轴向螺位错，也未发现催化剂对组分输送所起的作用。图 6-16 是 SiC 晶须在石墨基板上的 VLS 生长机制。首先，基板上的金属颗粒熔化，然后熔化液滴从基板溶解得到 C，从气相传输成分中继续得到 Si，Si 和 C 在基板上形成棒状 SiC 晶核，金属熔滴在被顶起的同时促进晶须连续生长。因此，适量金属催化剂对于 VLS 生长机制至关重要，在系统中引入适量催化剂可以加速晶须生长。

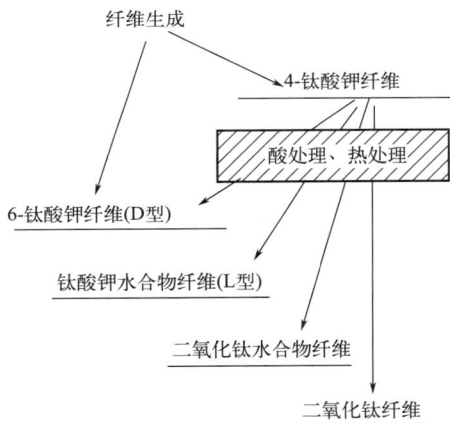

图 6-15　钛酸钾晶须向其他晶须的转化

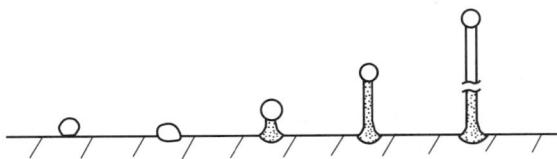

图 6-16　SiC 晶须在石墨基板上的 VLS 生长机制

在 VLS 生长机制中，催化剂促进晶须生长的条件是：①在晶须生长温度下必须是液相；②分布系数必须小（$C_0/C_1\approx10^{-4}$），否则液相会很快消耗；③同样的原因，催化剂的蒸气压要小；④惰性气体中的催化剂在反应成分分解物（例如 $SiCl_4$ 在氢中分解产生的 HCl）中应该是稳定的；⑤固-液界面能要低于一定值；⑥所选择的条件不应形成额外的固体成分；⑦为了保证晶须单向可控生长，固-液界面必须结晶完整。

图 6-17 是用于生长碳化硅晶须的装置。这是一个石墨反应容器，将它放在石英马弗电阻加热炉中，用热电偶测量温度和温度梯度；使用氧化铝管在反应器下方导入所用气体，反

应所需的碳是液滴从基板溶解得到的，而后主要从含碳气体中的获得。装置中的 SiO 发生器由胶态二氧化硅和炭黑组成，这两种组分在水中球磨并浸入多孔硅酸铝耐火砖中，加热后生成 SiO。

$$SiO_2 + C \Longrightarrow SiO + CO \tag{6-22}$$

当然，也可选用 $SiCl_4$ 和 CH_3SiCl_3 作为 Si 源，不过原料价格相对较高。反应容器预热并放入约 500℃ 的炉子，加热到预定的晶须生长温度（一般在 1400℃ 左右）并保温一定时间，用这种方法可制备约 20mm 长的碳化硅晶须。表 6-8 是用这种方法制备得到的碳化硅晶须的室温力学性能。

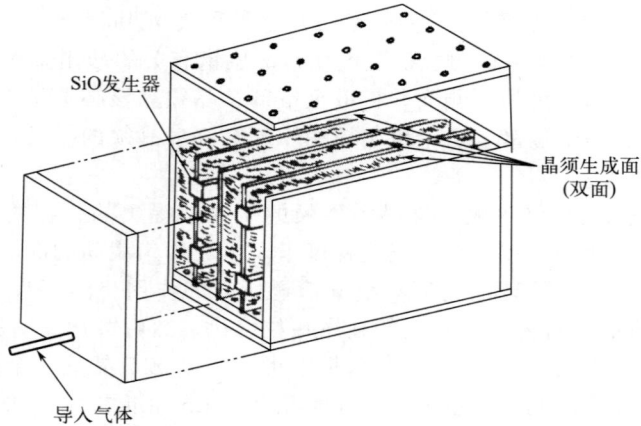

图 6-17　用于生长碳化硅晶须的装置

表 6-8　VLS 碳化硅晶须的室温力学性能

拉伸强度/GPa	弹性模量/GPa	断裂韧性/(MPa·m$^{1/2}$)	断裂表面能/(J·m^{-2})	韦伯模数
16～23	580	3.2	9.1	3.2

采用稻壳生产氮化硅晶须也是一种商业化的生产方法。在一定的气氛条件下加热稻壳，可以得到氮化硅晶须和颗粒的混合物，其中氮化硅晶须直径是亚微米级的，长度可达 $10\mu m$ 左右。

（5）氧化物陶瓷纤维

氧化物陶瓷纤维与基体易形成化学结合，因此氧化物陶瓷纤维的增强效果比非氧化物纤维差，但其抗氧化能力强的优点对许多复合材料又是十分有用的。

由熔融法制备氧化物陶瓷纤维与玻璃纤维的制备一样，因受最终氧化物成分黏弹性的限制，必须添加大量的玻璃形成体氧化物，如二氧化硅、非晶态氧化物或硼的氧化物，但这又限制了纤维的耐火度与弹性。例如，用传统熔融纺丝法制备氧化铝成分超过 30% 的连续纤维，不加入大量的玻璃形成物在工艺上是很困难的；同时熔融纺丝需要使用铂金属或铂合金作为喷丝头。

制备氧化物陶瓷纤维还经常采用化学法。首先将含弥散胶体或超细颗粒的聚合物或者可转变成氧化物的溶液化合物或混合物的黏性氧化物液体纺丝成型，控制热处理或裂解，从而转化成预成型的陶瓷纤维。采用的工艺方法有溶胶-凝胶法、聚合物裂解法、化学陶瓷法以及超细颗粒弥散的泥浆法等等，但在使用这些材料制备纤维时需要添加短效的成丝成分，因此工艺过程与胶体弥散或溶胶等密切相关。

采用化学法制备氧化物陶瓷纤维时，利用前驱体或有机短效添加成分的成丝方法可以获得耐高温氧化物纤维，如 ZrO_2、Al_2O_3、TiO_2 等。含氧化物的各种盐前驱体在浓缩水溶液中具有成丝性能，而有机短效添加成分，如糊精、聚乙烯醇、聚乙烯氧化物等，要么有利于提高成丝性能，要么在系统中可以作为主要成丝成分。

制备工艺的主要过程与碳纤维和其他非氧化物纤维类似，即纺丝与控制工艺条件的陶瓷烧结，不同点仅在于所使用的前驱物和裂解、烧结工艺条件的差异，所得到的氧化物纤维可能包括非晶态相或多晶体相，也可能是混合物。

此外，也可以采用有机纤维或织物浸渍无机前驱体溶液，然后经干燥、裂解得到陶瓷纤维或陶瓷纤维织物。这种工艺方法可用于 ZrO_2、Y_2O_3、Al_2O_3、TiO_2 和其他许多氧化物纤维的制备，所制得的产物可以是纤维，也可以是毡、布、板、纸或其他形式。这种氧化物纤维除了用作陶瓷基复合材料的增强成分外，更主要的是用于高温绝热。

表 6-9 是常用氧化物陶瓷纤维的主要组成及性能。

表 6-9　常用氧化物陶瓷纤维的主要组成及性能

纤维	FP	PRD-166	Saffil-RF	Saffil-RG	Sumica	Nextel-312	Nextel-440	Nextel-480	Nextel Z-11
Al_2O_3 含量（质量分数）/%	>99	80	96～97	96～97	85	62	70	70	
SiO_2 含量（质量分数）/%			3～4	3～4	15	28	28	28	32
B_2O_3 含量（质量分数）/%						10	2	2	
ZrO_2 含量（质量分数）/%		20							68
密度 /(g·cm^{-3})	3.92	4.20	3.20	3.3～3.5	3.20	2.70	3.05	3.10	3.70
直径/μm	20	20	3	3	17	11	11	11	14
拉伸强度 /GPa	1.38	2.07	2.0	1.0～2.0	1.45	1.72	2.07	2.24	1.31
弹性模量 /GPa	380	380	310	297	193	155	193	207～241	76
使用温度 /℃	1320	1400	1600	1600	1250	1200	1430	1430	1000
熔（液态）点/℃	2045	1830	>2000	>2000		1800	>1800	>1800	2000
热膨胀系数 /(10^{-6}℃$^{-1}$)		9			8.8	3.5	5.0		
相对介电常数						5.0	5.8	5.8	

氧化物纤维中，杜邦公司生产的主晶相为 $\alpha\text{-}Al_2O_3$ 的 FP 连续纤维是具有粗糙表面的多晶体（晶粒尺寸 5μm），使用 SiO_2 或玻璃形成氧化物包裹使其具有光滑的表面，可大幅度提高强度，如使用 SiO_2 包裹后拉伸强度可达到 1.9GPa。

牌号为 PRD-166 的连续纤维含 80%（质量分数）α-Al_2O_3 和 20% Y_2O_3 部分稳定的 ZrO_2。由于 ZrO_2 的相变增韧作用，其拉伸强度与 FP 纤维相比大幅度提高，高温力学性能也得到改善。这种纤维可用于高温条件下使用的金属、陶瓷、玻璃基复合材料。

Al_2O_3-SiO_2 系纤维是用化学方法生产的产量最大的陶瓷纤维。牌号为 Saffil 的纤维中 Al_2O_3 的主晶相是 δ 型，含少量 SiO_2，其产品形式为连续纤维板、松散纤维以及非常短的纤维。RF 等级的纤维有更高的强度，适用于先进复合材料的制备。

牌号为 Sumica 的 Al_2O_3-SiO_2 纤维是用有机铝化合物和硅化合物混合后纺丝得到的多股纤维，具有优异的力学性能和热稳定性，适于用作复合材料的增强成分。

Nextel 系列纤维已得到广泛的应用。它们的高温织物可用于高温火焰防护屏、密封、窑炉输送带、过滤袋或高温聚合物（例如聚酰亚胺）复合材料的增强成分、喷气发动机舱的火焰防护复合材料。值得关注的是，Nextel-312 纤维和织物可在航天器上的使用，包括舱门、推力喷嘴的热保护系统、隔热屏蔽瓦之间的缝隙填充以及发现者号和亚特兰第斯号隔热瓦中的一种纤维组分。这种隔热瓦实际是纯 SiO_2 纤维与 Nextel-312 纤维的混合物制成的复合材料。SEM 表征发现，Nextel-312 纤维中的高 B_2O_3 含量大大地改善了高温热处理时 SiO_2 纤维和 Nextel-312 纤维的结合，形成了焊接状节点。Nextel-440 纤维由 η-Al_2O_3 或 γ-Al_2O_3 与非晶态 SiO_2 组成，经过热处理后，会全部转变成莫来石结构；Nextel-480 纤维也是如此。3M 公司使用 Nextel-312 纤维作为 CVD β-SiC 的增强成分，在 1250℃ 或更高温度的空气中可使用较长的时间。

3M 公司生产 ZrO_2-SiO_2 长丝已有很长的时间，这种纤维的柔韧性和工艺性能在高温暴露后不如 Al_2O_3-SiO_2，但它在某些场合有独特的性能，例如在加热到非常高的温度（如暴露在氧气喷枪中）时，具有优异的阻燃能力。

6.3.2　增强纤维/基体的配合及原则

陶瓷基复合材料中纤维的主要作用是承担载荷，并对基体起韧化作用。要实现纤维承载，并对基体起韧化作用，基体材料的承载及对载荷的传递又是最重要的前提。纤维增强陶瓷基复合材料中各种强韧化机制的实现都与纤维/基体的合理匹配有着最直接的关系，同时，在纤维确定的情况下还可以通过对基体成分的调整，达到有效控制纤维/基体界面反应，对复合材料的韧性与强度进行设计的目的。

最优性能的纤维与基体的配合不一定就能得到性能最优的复合材料，要达到纤维与基体的合理配合，必须考虑它们各自的力学和热力学参数。

（1）纤维/基体的弹性模量配合

纤维/基体弹性模量的配合将决定基体裂纹能够被阻止的程度。在纤维增强陶瓷基复合材料中，纤维的断裂强度总是比基体高。假设陶瓷基复合材料处在等应变状态，则纤维和基体各自承担的载荷比为：

$$\frac{\sigma_f}{\sigma_m} = \frac{E_f}{E_m} \tag{6-23}$$

可以得到陶瓷基复合材料对应的基体开裂应力为：

$$(\sigma_c)_b = (\sigma_m)_u \left[1 + V_f\left(\frac{E_f}{E_m} - 1\right)\right] \tag{6-24}$$

式中，$(\sigma_m)_u$ 为不增强基体材料的断裂强度。可以认为，基体开裂应力是复合材料断裂强度的下限值。为了发挥纤维在复合材料中的作用，提高复合材料的承载能力和基体开裂应力，基体的弹性模量应小于纤维的弹性模量。

（2）纤维/基体的热膨胀系数配合

陶瓷基复合材料中纤维/基体热膨胀系数的不同会造成热应力，当其达到复合材料基体开裂应力时会造成复合材料的微裂纹，令 $\Delta\alpha = \alpha_f - \alpha_m$，则

$$\sigma_m\left[1+V_f\left(\frac{E_f}{E_m}-1\right)\right]=\Delta\alpha\Delta TE_fV_f \tag{6-25}$$

得到热错配应力：

$$\sigma_m=\frac{\Delta\alpha\cdot\Delta T\cdot E_f\cdot V_f}{1+V_f\left(\dfrac{E_f}{E_m}-1\right)} \tag{6-26}$$

可以看出：①当 $\Delta\alpha>0$ 时，冷却至室温时基体处于压应力状态，基体承载能力增加，但纤维处于张应力状态，界面结合力降低，增强效果减小；②当 $\Delta\alpha<0$ 时，基体在室温处于张应力状态，基体承载能力下降，当差值达到足够高时，基体产生微裂纹，但纤维承担的载荷不足；③如果纤维径向 $\Delta\alpha>0$，则纤维收缩脱离基体，会明显降低纤维/基体界面的结合强度；④如果纤维径向 $\Delta\alpha<0$，纤维和基体的结合会加强，但在切向会产生拉应力使基体开裂。因此理想状态的热膨胀系数匹配应为 $\alpha_f\approx\alpha_m$，这时复合材料具有最高的强度值。在实际制备陶瓷基复合材料时，一般选择基体热膨胀系数接近并略小于纤维热膨胀系数，使纤维比基体承担更高比例的载荷。

（3）纤维/基体的化学配合

避免纤维与基体，以及它们各自与外部环境之间在制备与使用过程中发生严重的化学反应，对陶瓷基复合材料是十分重要的。界面化学反应一般导致界面的强结合，使强韧化机制难以发挥作用。一般来讲，碳纤维与许多陶瓷基体之间不会发生直接化学反应，而碳化硅纤维与基体之间则经常发生化学反应，这种化学反应最直接表现在复合材料的界面。

界面在复合材料中的作用一直是研究纤维增强陶瓷基复合材料所十分关注的问题。所谓复合材料界面是指与纤维和基体化学成分显著不同的区域。正如 6.2 节所讨论的那样，相对弱的界面结合产生高韧高强复合材料，而太强的界面结合导致复合材料低韧低强。这里所说的"相对弱"是指界面在复合材料受载时应能产生脱粘、裂纹偏转、纤维拔出等韧化机制，又能保证有效地将载荷传递给纤维以强化复合材料。界面一般可以通过对纤维的包裹、热压或热处理过程中的化学反应而形成。

由于物理结合界面一般比化学结合界面弱，所以人们大多认为物理结合的界面较化学结合的界面有利于提高材料的强度与韧性。

6.4 纤维增强陶瓷基复合材料的制备

纤维增强陶瓷基复合材料的性能与其制备工艺有密切关系。陶瓷基复合材料的制备不能简单地采用整体陶瓷制备工艺。在制备陶瓷基复合材料时，必须做到纤维与基体的均匀分布，对纤维/基体界面物理化学性质的控制，并注意工艺对强韧化机制的影响。

6.4.1 液相浸渗法

6.4.1.1 聚合物浸渍裂解法

聚合物浸渍裂解（polymer infiltration and pyrolysis，PIP）法，又称前驱体转化法，是用液态陶瓷前驱体浸渍纤维预制件（浸渍），液态陶瓷前驱体交联固化（固化），再经高温裂解（裂解），转化为陶瓷基体，随后重复浸渍-固化-裂解过程而最终制得陶瓷基复合材料。对于 SiC 基体的形成，主要以聚碳硅烷（PCS）作为液态前驱体，其分解是由以下反应引起的。

$$[(CH_3)SiH\!-\!CH_2]_n \longrightarrow nSiC(s)+nC(s)+3nH_2(g) \quad （氩气中）\qquad (6\text{-}27)$$

$$[(CH_3)SiH\!-\!CH_2]_n \longrightarrow nSiC(s)+nCH_4(g)+nH_2(g) \quad （氢气中）\qquad (6\text{-}28)$$

PIP 工艺产生高度多孔的基质，这是因为反应式（6-27）和式（6-28）分别提供了89.6% 和 68.9% 的陶瓷产率，同时诱导了体积收缩。为了获得致密的陶瓷基体，这些反应需要重复至少 6 次。然而，该工艺不需要复杂的实验系统和高工艺温度（分解聚合物和形成SiC 所需的温度为 900～1000℃）。因此，PIP 工艺被广泛用于 C/UHTC 复合材料的制备。

例如，将 ZrC 粉末料浆加入一定量的含 PCS 浆料中，随后通过 PIP 工艺制备出开孔率为 5%～7%、纤维体积分数约 40% 的 C_f/ZSC 复合材料，在高温裂解过程中，PCS 分解生成 SiC。另外，采用 PIP 工艺将含 Zr 的有机前驱体与 PCS 在 900℃ 同时裂解 30min 并重复 9 次，可制备出开孔率为 7%～8%、纤维体积分数为 34%～56% 的 C_f/ZSC 复合材料。人们还将 PIP 工艺与其他工艺相结合，在更短的工艺时间内获得致密的陶瓷基复合材料。

6.4.1.2 熔渗法

熔渗（melt infiltration，MI）法是将熔渗金属加热到熔融液态，然后在一定的压力或真空条件下利用毛细作用渗入预制体内部，发生化学反应后生成所需产物以制备陶瓷基复合材料的工艺。目前，硅熔渗法被广泛用于制备 SiC 基复合材料。该工艺也可用于 C/SiC 和SiC/SiC 等陶瓷基复合材料的制备。在这种方法中，硅熔体渗透到多孔碳基预制体中，并通过如下反应形成碳化硅基体。

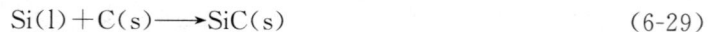

$$Si(l)+C(s) \longrightarrow SiC(s) \qquad (6\text{-}29)$$

虽然硅的熔化需要相对较高的温度（约 1414℃），但是熔渗法的工艺时间比 PIP 和 CVI工艺短得多（约 1h），并且容易形成致密的基体。该工艺的缺点是存在未反应的 Si，导致复合材料的高温性能下降，以及纤维与基体之间形成牢固的结合。也可以采用难熔金属合金和硅与超高温陶瓷粉末浆料相结合来制备超高温陶瓷块体材料。MI 工艺（或 MI 与其他方法的结合）已广泛用于制备碳/超高温陶瓷复合材料，如 C_f/ZrB_2-SiC-ZrC（C_f/ZSZ）和 C_{sf}/ZrB_2-SiC-ZrC（C_{sf}/ZSZ）复合材料等。需要说明的是，碳/超高温陶瓷复合材料在 1700℃下用氢氧焰烧蚀 10min，材料内的残余 Si 会与超高温陶瓷发生反应形成难熔金属硅化物。例如，液态 Si 与 ZrC 反应生成 $ZrSi_2$，反应如下：

$$3Si(l)+ZrC(s) \longrightarrow ZrSi_2(s)+SiC(s) \qquad (6\text{-}30)$$

图 6-18 为采用硅熔渗法制备的 C_{sf}/UHTC 复合材料在 1700℃ 下经过 10min 的氢氧焰烧蚀测试后的截面微观形貌。反应式（6-30）生成的 $ZrSi_2$ 与残余 Si 形成 Si-$ZrSi_2$ 共晶相，会

在 1370℃ 发生熔化。因此，采用硅熔渗法制备的 C/UHTC 复合材料，由于 Si 的熔点（1414℃）低于超高温陶瓷的熔点，限制了碳/超高温陶瓷复合材料的工作温度。此外，由于超高温陶瓷复合材料的氧化，残余 Si 会导致其高温性能的进一步下降。

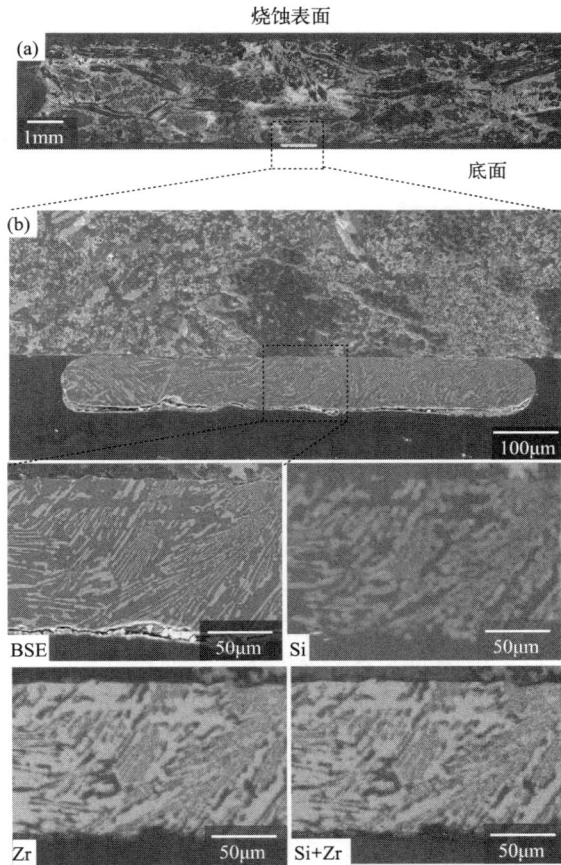

图 6-18　（a）1700℃ 下氧氢焰烧蚀测试 10min 后，硅熔渗法制备的 C_{sf}/UHTC 复合材料的典型横截面；（b）形成的 Si-ZrSi$_2$ 共晶相微观形貌及其 EDS 元素面扫描分析结果

　　人们也采用 Zr-Si、Zr-Hf-Si、Cu-Zr 等其他难熔合金体系进行熔渗，来制备陶瓷基复合材料。由于这些合金中的共晶相可以在 Si 的熔点以下发生熔化，因而可以有效地降低工艺温度，防止纤维在制备中发生热损伤。例如，以 Ti-Si 和 Hf-Si 为熔渗合金，采用该技术可制备 SiC 纤维增强陶瓷基复合材料。然而，上述 C_f/超高温陶瓷复合材料的共晶相熔点（920～1380℃）远低于其工作温度，影响了其实际服役性能。

　　通过熔渗难熔金属可以有效提高陶瓷基复合材料的工作温度。例如，采用 Zr 熔渗工艺制备的 C_f/ZrC 复合材料中，残余 Zr 的熔化温度为约 1855℃，Zr 合金的熔化温度高于 Si 和 Si 基合金。同时，高熔点的 Zr 使熔渗更为困难。事实上，Zr 熔渗工艺所用设备的要求较高，需要使用碳加热器或 ZrO$_2$ 加热器。因此，有必要在工艺温度和材料的耐热性之间保持良好的平衡。Zr-Ti 系合金为全固溶型合金，不形成共晶相，由此制备的 C_f/超高温陶瓷复合材料，既可有效降低复合材料的熔渗温度，又能保持复合材料的耐热性。例如，经 Zr-Ti 合金熔渗后得到的 C_{sf}/Zr-Ti-C 复合材料基体主要由 Zr-Ti 合金〔Zr-52%（原子分数）Ti，熔点 1540℃〕和 Zr-Ti-C 固溶体〔(Zr,Ti)C，熔点为约 3000℃〕组成，有效提升了其耐热性能。图 6-19 为熔渗合金与组成材料熔化温度的关系。

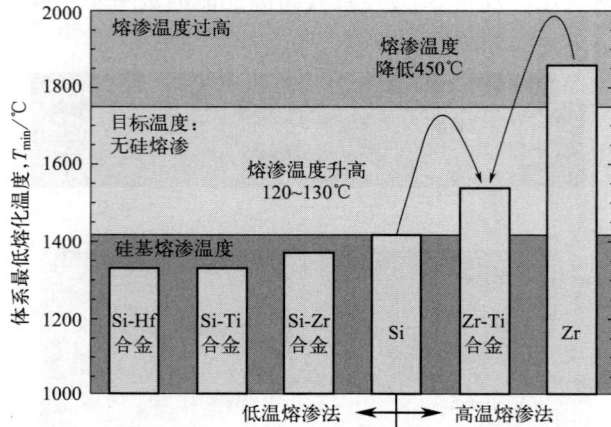

图 6-19　熔渗合金与组成材料熔化温度的关系

6.4.1.3　纳米渗透瞬态共晶法

纳米渗透瞬态共晶（nano-infiltration and transient eutectic，NITE）法作为一种制备碳化硅纤维增强碳化硅基（SiC$_f$/SiC）复合材料的新方法，具有周期短、工艺简单、生产成本低等优点，制备出的复合材料基体致密、孔隙率低、不含残余硅，适用于 1400℃ 及以上高温长时服役环境应用。NITE 工艺的主要流程为将含界面层（通常为裂解炭）的 SiC 纤维浸渍到由纳米 SiC 颗粒与氧化烧结助剂混合制成的料浆中后，在惰性气氛（通常为氩气）下进行热压烧结，以制备 SiC$_f$/SiC 复合材料。常用 NITE 工艺路线如图 6-20 所示。首先通过 CVD 工艺在纤维束表面沉积界面层，然后将纤维束在料浆中浸渍并干燥，形成预制体并裁剪，叠层后再进行热压烧结，最终获得 SiC$_f$/SiC 复合材料。

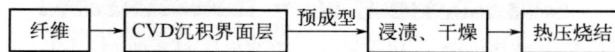

图 6-20　常用 NITE 工艺路线

与其他制备 SiC$_f$/SiC 复合材料的工艺相比，NITE 工艺由于直接采用纳米 SiC 粉末制备复合材料基体，陶瓷本征性能显著，因此 NITE 工艺制出的复合材料具有孔隙率低、热导率高、基体致密、结晶程度高、不含残余 Si 等诸多优点，适合高温环境下长时使用。同时，采用的纳米 SiC 粉末比表面积大，反应活性高，有利于提高纤维束之间的浸渍效果和基体的致密化程度，降低烧结助剂的用量以及烧结温度，并减少热压烧结过程中对纤维造成的损伤。由于 SiC 基体所需烧结温度（＞1800℃）及压力（＞15MPa）较高，该工艺通常需基于耐温性能更加优异的第三代高结晶程度 SiC 纤维进行制备。

目前，日本、美国等国家基于其成熟的第三代 SiC 纤维生产技术，对 NITE 工艺开展了较为深入的研究，所制备的 SiC$_f$/SiC 复合材料在核能工业热交换器、航空发动机燃烧室衬套等领域进行了应用验证。与国外相比，国内在 NITE 工艺方面的研究存在一定的差距，但随着国内第三代 SiC 纤维关键技术的突破，结合国内在该领域研究力度的加大，相信在不久的将来，相关技术水平可快速提升，能够有力推动我国核能及下一代先进航空发动机等领域的发展。

6.4.2 化学气相法

气相沉积能够用于陶瓷基复合材料制备的各个方面，包括制备增强纤维、包裹纤维（为了得到最优界面），制备复合材料基体，以及对复合材料表面的密封或抛光。气相沉积包括化学气相沉积（CVD）、等离子体化学气相沉积（PCVD）、活性反应蒸发（ARE）、离子束沉积和溅射、化学气相浸渍（CVI）等。在制备陶瓷基复合材料时，具体工艺的选择要根据：①沉积材料的化学成分；②沉积的形状与要求，是包裹基体还是纤维；③相互接触材料的化学成分；④要求沉积的均匀程度、显微结构；⑤要求沉积的化学纯度；⑥允许的工艺温度与气体环境。任何一种气相沉积过程能够满足的要求总是有限的，不存在满足所有要求的普适工艺。但在制备陶瓷基复合材料时，CVD 和 CVI 可能更加有用，这里我们只介绍其与复合材料有关的应用。

6.4.2.1 CVD 法

（1）气相沉积与纤维/基体界面

纤维增强陶瓷基复合材料中，纤维/基体之间的化学反应会使界面形成不连续的第二相，甚至形成严重的孔隙。控制界面的最好方法是在纤维/基体之间形成阻挡层，阻挡层与纤维或基体形成化学结合，而与另一个组元的接触则相对比较稳定，不会发生反应。阻挡层材料的选择与纤维、基体的成分有关。

对于 Nicalon/碳化硅复合材料，如果纤维/基体之间无阻挡层，它们之间的碳和硅可以自由地进行扩散。为了防止复合材料成为整体陶瓷，必须在界面添加第二相以控制纤维与基体之间的结合强度。具有碳层包裹的 Nicalon/碳化硅复合材料的应力-应变表现出了非脆性断裂、纤维拔出的特征，如图 6-21 所示。图 6-22 则是界面无碳层包裹的 SiC/SiC 复合材料的载荷-挠度曲线，具有脆性陶瓷的断裂特性。

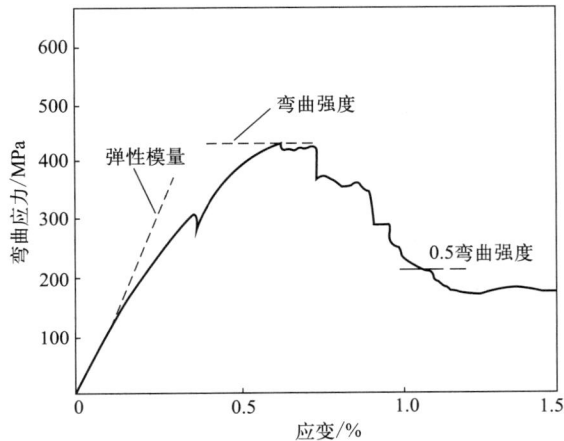

图 6-21　具有碳层包裹的 Nicalon/碳化硅复合材料的应力-应变曲线

用有机聚合物胶包裹 Nicalon 纤维，使其纺织过程容易进行。很显然，纤维/基体界面之间形成阻挡层的最简单途径是将有机聚合物胶碳化，形成阻挡层。但研究表明直接碳化聚合物胶的方法在工艺上是很困难的，采用气相沉积的方法在纤维表面包裹碳层则是能保证均匀性的一种工艺方法。在高温下进行的气相沉积不会损伤纤维，并可达到比较高的均匀程

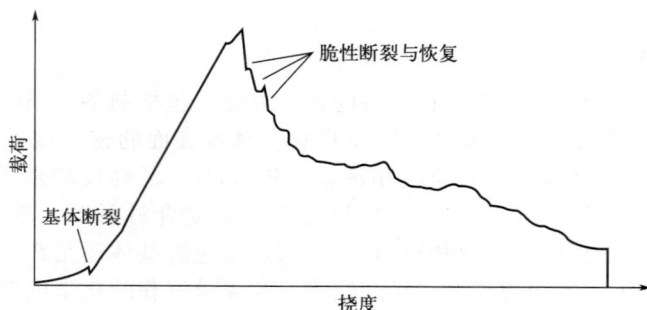

图 6-22 没有碳层包裹的 SiC/SiC 复合材料的载荷-挠度曲线

度。对纤维的包裹一般采用 CVD 和 PCVD 工艺进行。

以碳包裹的纤维制备的复合材料在高温氧化气氛中使用时不可避免地存在氧化问题,因此,碳并不是最佳的界面改性材料。可以选用其他界面材料改善复合材料中纤维增强体和基体之间的界面。例如,用碳化硅包裹碳纤维可以防止 NbC 与碳的反应,TiN 和 TiC 包裹碳纤维可以防止纤维与镍基材料的反应,BN 包裹 SiC 纤维用于增强莫来石、$ZrO_2 + SiO_2$、$ZrO_2 + TiO_2$ 陶瓷基复合材料,B_4C 包裹 B 纤维、HfN 和 HfC 包裹钨纤维用于制备超合金复合材料,TiB_2 和 ZrB_2 在制备 GaAs 电阻中作为阻挡层。

(2) 直接气相沉积制备复合材料基体

气相沉积法是制备多组分、无烧结助剂、不烧结材料的最好方法,例如氮化物和碳化物类材料;同时气相沉积还可以制备具有特殊机械、热和电性能的多层复合材料。

可以采用气相沉积的方法制备弥散相陶瓷基复合材料。弥散相复合材料的韧性大大高于整体材料,可以通过对弥散相弹性模量、屈服强度、硬度、脆性的合理选择,使其达到消耗裂纹尖端能量的作用。弥散相陶瓷基复合材料的第二个优点是可以对材料的电磁性能加以调整。例如,Si_3N_4-BN 材料的介电常数、损耗角比不加 BN 的 Si_3N_4 大幅度降低。使用 CVD 方法还可制备包括 Si_3N_4-SiC、Si_3N_4-TiN 等弥散相的复合材料。

采用气相沉积的方法还可以制造其他工艺方法难以制造的多层复合材料,这种材料主要用于半导体、超导体、光学和摩擦学领域。多层复合材料中的每一层可以从 1nm 到几个微米变化,重复单元的厚度称作周期(或层厚、波长),它对复合材料性能有重要影响。制备多层复合材料的方法成功地用于高温气冷反应堆裂变产物的保存,如图 6-23 所示。燃料颗粒的包裹层包括:①内层低密度非晶态碳,用于调节燃料颗粒的膨胀;②各向同性的碳层,

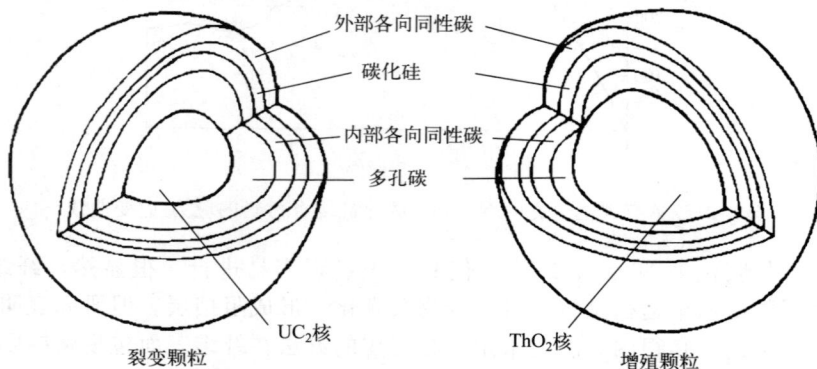

图 6-23 多层复合材料包裹高温气冷反应堆裂变核燃料

用于稳定中子流量并保存气态裂变产物；③β-SiC层，用于保存从第二层扩散出的裂变产物；④外层各向同性碳层，用于承载压力。

6.4.2.2 CVI法

CVI法是在CVD法基础上发展起来的一种制备陶瓷基复合材料的新方法。使用CVI技术可以在较低的温度将SiC、TiC、Al_2O_3和ZrO_2渗入并沉积在碳纤维、碳化硅纤维、氧化物纤维或其他纤维的毛坯中，减轻了对纤维的损伤；同时在基体沉积之前在同一设备中可对纤维进行预包裹，实现对纤维/基体界面的设计。

根据坯体加热、反应气体与坯体接触的形式可以将CVI分成5种类型（图6-24）。

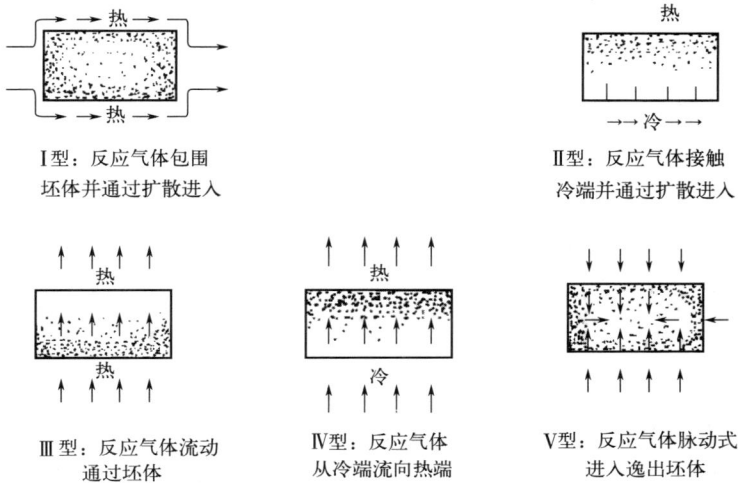

图6-24　CVI的五种类型

（1）均匀等温工艺（Ⅰ型）

坯体保持在均匀的温度中，反应气体自由流动通过加热炉，通过化学扩散进入坯体；同时气相反应产物也通过扩散逸出坯体，由流动气氛带出加热炉。这种反应优先发生在坯体表面附近，因此气相浸渍过程要间断进行，以便通过加工将致密的坯体"表皮"去除；否则，相对致密层将减缓浸渍速度，增加复合材料的密度（气孔）梯度。Ⅰ型CVI过程一般需要很长时间，几个星期是很普遍的。尽管如此，Ⅰ型CVI在工业生产中是最常采用的工艺，因为这种工艺允许同时浸渍厚度、形状、尺寸差别很大的多个部件。均匀等温加热工艺在航空、航天工业领域用于生产高性能C/C复合材料（如刹车片），碳纤维或SiC纤维增强SiC基复合材料，这种工艺在工业上也可用于其他方法制造的纤维复合材料的进一步致密化。

（2）热梯度工艺（Ⅱ型）

热梯度（Ⅱ型）CVI工艺在坯体内部形成一个很陡的温度梯度，这个温度梯度一般通过单面加热的方式实现，为了增加温度梯度还可以在低温面进行冷却，一般将坯体放置在感应加热的石墨基座上进行加热。反应气体流过坯体的低温面，通过化学扩散从低温面进入加热面，在加热面附近反应气体产生化学沉积，坯体气孔率降低，热传导率增加，使得更多的坯体被加热到足以发生CVI的高温。通过这样的方式，沉积从加热面向低温面逐步进行，完成CVI过程，最后通过加工去除低温面未充分浸渍的材料。与Ⅰ型CVI过程一样，反应气体进入坯体和气相反应产物逸出坯体只能通过扩散进行，II 型 CVI 工艺也需要很长的时间。使用 II 型 CVI 工艺成功地制造了大于 1m 的 C/C 复合材料火箭鼻锥。

（3）均匀等温强制流动工艺（III型）

强制反应气体流过均匀加热的坯体，在坯体中沉积的过程称作均匀等温强制流动工艺。在 III 型工艺中，初期的浸渍十分理想，可是当部分部位充分致密（约 90%）后将阻碍反应气体的流动，即使坯体其他部位密度还不高，这种部分致密易发生在反应气体进入坯体的表面附近。均匀等温强制流动工艺可用于制备管状或其他形状的纤维或颗粒增强陶瓷基复合材料部件。

（4）热梯度强制流动工艺（IV型）

热梯度强制流动工艺综合了 II 型与 III 型工艺的优点，反应气体从坯体低温面强制进入加热面，在加热面附近产生化学沉积，随热传导率或加热冷却温度的变化，更多的坯体被加热到足以发生 CVI 的高温，致密化从加热面向低温面逐步进行，完成 CVI 过程。低温面的致密与否与冷却温度有关，可能致密，也可能不致密。

按照一般原理，在热梯度强制流动工艺中，当加热面完全致密后，反应气体无法通过，CVI 过程就会停止。对热梯度强制流动工艺进行改进，不仅对一个端面进行冷却，而且同时对除了加热面以外的其他面进行冷却，从而在 CVI 过程中始终保持了反应气体的流动，原理如图 6-25 所示。图 6-26 为使用经过改进的 IV 型工艺制备管状部件的示意图。管坯外表面加热，内表面冷却，反应气体从内表面进入，从外表面逸出；当外表面致密后，反应气体开始在未浸渍部分轴向流动，从冷却的端部流出，这样 CVI 过程可以不断进行，直至完全浸渍致密化。使用热梯度强制流动工艺实现均匀沉积必须注意工艺条件的选择，包括合适的温度和温度梯度、反应气体的浓度和流动速度。热梯度强制流动工艺的主要优点是浸渍时间的缩短，以及反应气体的高利用率、所得到材料的高均匀性。此外，在使用热梯度强制流动工艺时，由于坯体与耐高温夹具（如石墨）固定在一起，因此无需黏合剂，成型方法简单。

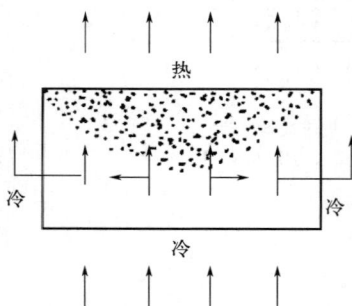

图 6-25　改进的 IV 型 CVI 原理

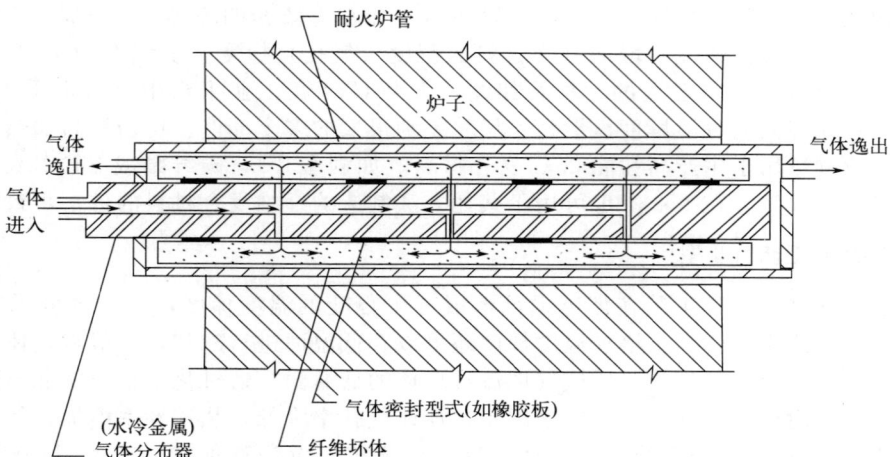

图 6-26　使用改进 IV 型工艺制备管状部件

（5）脉冲流动工艺（V型）

脉冲流动工艺与其他 CVI 工艺的主要区别是反应气体脉冲式地进入、逸出坯体，这种工艺虽然没有得到大规模应用，但在 CVI 工艺中却具有较早的历史。脉冲流动工艺可用于对多孔碳或石墨沉积 C、SiC 和 TiN。脉冲流动工艺的缺点在于工艺装备与设备维护的费用较高，同时，由于反应气体难以循环利用，也造成工艺成本的增加。

表 6-10 为使用 CVI 技术制备的复合材料，其中最重要的是碳/碳和 SiC/SiC 复合材料。关于碳/碳复合材料在 6.5.1 节我们要专门加以讨论。SiC/SiC 复合材料具有高强度、高弹性模量、重量轻、低热膨胀、高热传导、抗热震、耐磨、耐蚀、抗氧化等优点，使用纤维增强还可以提高断裂韧性，但存在纤维在化学介质与高温环境中性能退化的缺点。

表 6-10 使用 CVI 技术制备的复合材料

沉积物	C	C	C	SiC	SiC	SiC	Cr_3C_2
坯体	碳毡、多孔碳、碳纤维	碳纤维缠绕、编织物	整体碳或石墨	SiC 纤维	碳纤维	整体碳、碳/碳、SiC	Al_2O_3 纤维
沉积物	Si_3N_4	B_4C	SiC、TiB_2	TiB_2、B_4C	BN	TiC	ZrC
坯体	SiC 纤维、整体 SiC 和 Si_3N_4	Si_3N_4 和碳纤维	Al_2O_3 纤维	碳纤维	BN 和 SiO_2 纤维、碳纤维	整体碳、碳/碳	碳纤维

SiC 一般采用甲基三氯硅烷（MTS，CH_3SiCl_3）和氢的混合气体进行 CVD 和 CVI。沉积产物是 β-SiC，立方结构，最大密度为 $3.21g/cm^3$。表 6-11 为使用热梯度强制流动工艺进行 SiC 化学气相沉积的工艺条件，通过提高温度、反应气体流量，降低 H_2/MTS 比值，可以减少沉积时间；而降低温度、反应气体流量和 H_2/MTS 比值有利于提高复合材料密度。当复合材料密度达到理论密度的 90％时，弯曲强度可达 450MPa。图 6-27 为用 CVI 制备的 SiC 编织物增强 SiC 基复合材料的弯曲载荷-十字头位移曲线与轴向拉伸应力-应变曲线，可以看出复合材料的应变极限和韧性明显提高，说明纤维/基体的结合得到了控制。

表 6-11 使用热梯度强制流动工艺进行 SiC 化学气相沉积的工艺条件

工艺变量	温度/℃	压力/kPa	H_2/MTS 摩尔比	流量/$(cm^3 \cdot min^{-1})$
范围	1100～1400	10～100	5～35	275～1100
优先选用值	1200	100	<10	550

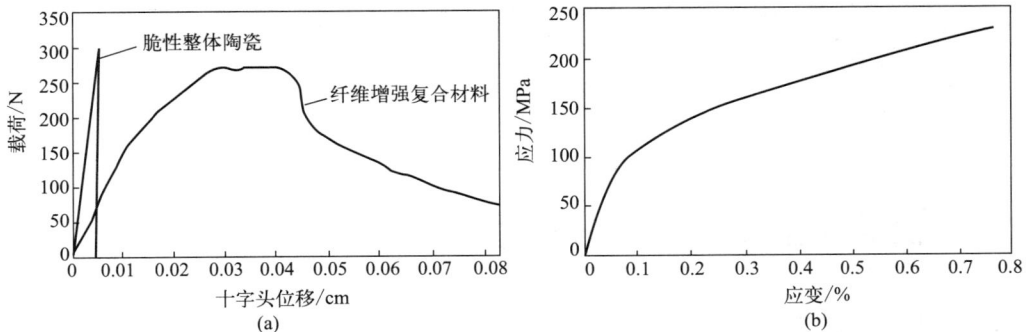

图 6-27 CVI 制备的 SiC 织物增强 SiC 基复合材料的力学行为

（a）弯曲载荷-十字头位移曲线；（b）轴向拉伸应力-应变曲线

6.4.3　热压烧结法

热压（hot pressing，HP）烧结是制造结构陶瓷和复合材料的常用方法。由于超高温陶瓷具有高熔点和低自扩散系数的特点，对其进行热压烧结时需要很高的烧结温度（约2000℃）。人们通过引入不同烧结助剂并通过热压烧结、放电等离子烧结和无压烧结等方法，获得了高致密度（98%~99%）的超高温陶瓷材料。

在采用热压烧结法制备碳/超高温陶瓷复合材料时，通常使用碳纤维作为增强相。把长度为 1mm 的碳纤维称为"研磨碳纤维（C_{mil}）"，长度为 1~6mm 的碳纤维称为"短切碳纤维（C_{sf}）"。采用热压烧结工艺，在烧结压力 20MPa、烧结温度 2000℃、保温 1h 的条件下，制备出相对密度达 99% 的 20%（体积分数，下同）短切碳纤维增强 ZrB_2-20%SiC 复合材料（C_{sf}/ZS），与无纤维增强 ZrB_2 基复合材料的相对密度处于相同水平。另外，采用热压烧结工艺，在烧结压力 20MPa、烧结温度 2100℃、保温 1h 的条件下，制备出相对密度达 98%~99% 的 20%~50% 研磨碳纤维增强 HfB_2-20%SiC 复合材料（C_{mil}/HS）。

通过热压烧结工艺可以制备出致密的单相超高温陶瓷和短纤维增强超高温陶瓷复合材料，而采用该工艺制备具有复杂结构的连续碳纤维（C_f）增强超高温陶瓷的难度相对较大。最近，人们利用热压烧结方法实现了 C_f 增强 ZrB_2 基复合材料（C_f/ZrB_2）和 C_f 增强 ZrC-SiC 基复合材料（C_f/ZSC）的制备。在这些复合材料中，通过浆料浸渍结合热压烧结的方法构筑了弱的纤维/基体界面，有利于复合材料力学性能的提升。

图 6-28 所示为 C_{sf}/ZS、C_{mil}/HS 和 C_f/ZSC 复合材料的微观形貌。烧结过程使纤维/基体界面增强，这是因为超高温陶瓷原料粉末中的杂质如 B_2O_3 和 ZrO_2 与碳纤维发生了如下反应：

$$2B_2O_3(l)+7C(s)\longrightarrow B_4C(s)+6CO(g) \tag{6-31}$$

$$ZrO_2(s)+3C(s)\longrightarrow ZrC(s)+2CO(g) \tag{6-32}$$

不过，这些界面反应容易导致纤维和基体之间的牢固结合，使得裂纹偏转、界面分层和纤维桥接等增韧机制难以实现，不利于复合材料力学性能的提升。

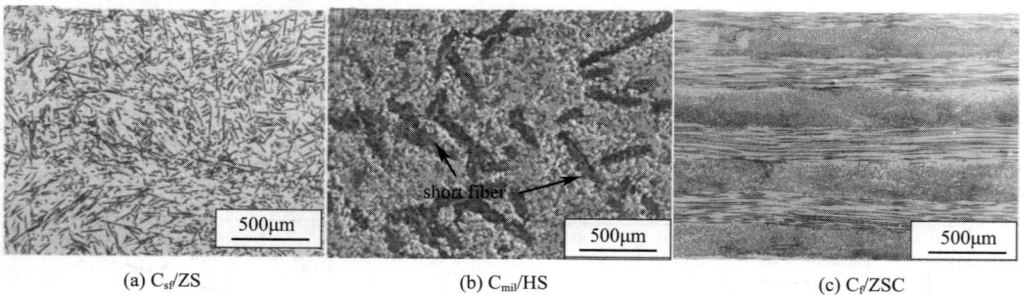

图 6-28　复合材料的显微结构

6.5　几种典型的陶瓷基复合材料

按照基体材料类型分，陶瓷基复合材料主要有碳/碳复合材料（C/C）、碳化硅陶瓷基复合材料（C_f/SiC、SiC_f/SiC）、超高温陶瓷基复合材料（C_f/UHTCs）以及氧化物陶瓷基复合材料（Al_2O_{3f}/Al_2O_3、$Al_2O_{3f}/Al_2O_3\text{-}SiO_2$、$Al_2O_{3f}/$莫来石等）。不同基体的陶瓷基复合材料具有不同的特性，其服役环境也有所区别。

6.5.1　C/C 复合材料

C/C 复合材料是一种目前应用比较广泛的复合材料。

在制备 C/C 复合材料前，首先将增强纤维制成具有一定形状的坯体。制造坯体的方法很多，可以采用通用的预浸料缠绕和叠层工艺，也可以采用各种二维、三维和多维编织的方法，其中以多维编织为主。图 6-29 是纤维排列方式与相应的纤维含量，虽然单向排列纤维含量高，但存在各向异性和层间易剥离的缺点；3D 排列中纤维含量较少，但各向异性和层间剥离得到改善；如果采用 4D、5D、6D、7D、9D、11D、13D 和 nD 的纤维排列，随 n 的增加，各向异性会得到更好的改善。表 6-12 为各种编织方式的特性，多向编织是常用的坯体编织方法，细编和超细编则可制得优异的 C/C 复合材料。

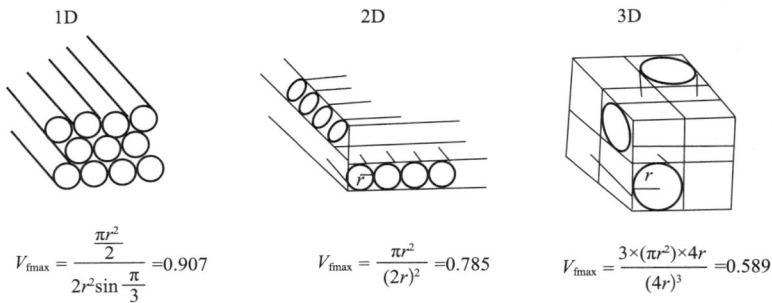

$$V_{\text{fmax}} = \frac{\frac{\pi r^2}{2}}{2r^2\sin\frac{\pi}{3}} = 0.907 \qquad V_{\text{fmax}} = \frac{\pi r^2}{(2r)^2} = 0.785 \qquad V_{\text{fmax}} = \frac{3\times(\pi r^2)\times 4r}{(4r)^3} = 0.589$$

图 6-29　纤维排列方式和相应的纤维含量

表 6-12　碳纤维的编织法及其特点

项目	3D	4D	6D
网目结构	直交网目	倾斜交网目	倾斜交网目
纤维束交错角/(°)	2×90	3×70.5	1×90 3×60
纤维最大含量/%	59	68	49.5
气孔形态	闭孔	开孔	开孔
各向同性程度	弱	良	优
刚性程度	弱	良	优
层间剥离	容易	无	无
最小面内纤维含量/%	19.7	34	24.7
结构示意			

坯体致密化处理是制备复合材料的重要工序，可以采用浸渍树脂或沥青的方法进行致密化，浸渍一般要进行多次。随浸渍次数的增加，C/C 复合材料的体积密度和弯曲强度同步增加。浸渍后的坯体要经过炭化处理，炭化可分为低温（1000℃）炭化和高温（1200～

1800℃）炭化，最后可进行石墨化处理（2500～3000℃）。为了提高密度，可在致密化浸渍过程中进行一次石墨化处理，以减少树脂或沥青炭化后非碳原子逸出留下的孔洞与收缩。

在 C/C 复合材料的致密化过程中广泛采用 CVI 技术，CVI 技术中的碳源一般是碳氢化合物。以甲烷为例，其热解反应为：

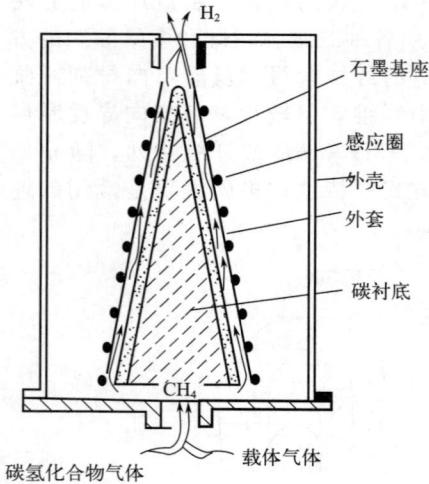

$$CH_4(g) \longrightarrow C(s) + 2H_2(g) \tag{6-33}$$

图 6-30　热梯度工艺制备 C/C 火箭鼻锥

航空、航天用的许多部件（如刹车片）主要采用均匀等温 CVI 工艺进行致密化，而大型的火箭鼻锥则一般采用热梯度工艺。CVI 浸渍过程一般要进行多次，在每次浸渍后要去除表层硬壳，以进行新一轮的 CVI 沉积。图 6-30 为用热梯度工艺制备 C/C 火箭鼻锥的示意图。用感应电源加热，石墨基座作为坯体的芯轴，碳纤维缠绕在石墨基座上，铜感应线圈上有陶瓷套管，外面有水冷夹层和碳毡保温层。在 CVI 致密化后，进行石墨化处理，得到 C/C 复合材料的火箭鼻锥。

碳纤维、石墨纤维在空气中分别于 360℃、420℃ 开始发生氧化失重，而 C/C 复合材料的氧化失重则发生在 450℃。当 C/C 复合材料用于高温环境的耐烧蚀部件或刹车片等时，需考虑使用抗氧化涂层对材料加以保护。

C/C 复合材料在高温环境下具有比强度和比模量高、耐高温、耐烧蚀、抗热冲击和耐化学腐蚀的特点。表 6-13 为 C/C 复合材料与几种结构材料特性的比较，可以看出，C/C 复合材料的使用温度远远高于其他材料。研究表明，经过抗氧化处理的 C/C 复合材料最高使用温度可达 1700℃。

表 6-13　几种结构材料特性比较

材料	密度/(g·cm^{-3})	最高使用温度/℃	强度/MPa	弹性模量/GPa
铝合金	2.77	177	320	70
钛合金	4.33	400	620	80
C/C	1.44	1500	264	128

6.5.2　C$_f$/SiC 复合材料

C$_f$/SiC 是最早发展起来的陶瓷基复合材料，一直吸引着发达国家投入巨资进行研究。欧美国家侧重于该材料在航空航天领域的应用研究，日本则更注重其在新能源等高技术领域的应用研究。C$_f$/SiC 是目前应用最为成熟的陶瓷基复合材料体系，在航空航天领域中主要作为热结构应用，如美国 X-38 空天飞机采用防热/结构一体化的全 C$_f$/SiC 组合襟翼，代表着热防护技术的发展方向；法国将 C$_f$/SiC 尾喷管调节片成功应用于"幻影" 2000 战斗机的 M53 发动机和"阵风"战斗机的 M88 发动机；日本试验空间飞机 HOPE-X 采用 C$_f$/SiC 前部外板、上部和下部面板等作为其第二代热结构。另外，美国、德国等少数国家利用 C$_f$/SiC 复合材料的优异性能，制备出 C$_f$/SiC 超轻镜面和反射镜、微波屏蔽镜面等光学结构件。进入 20 世纪 90 年代，C$_f$/C-SiC 材料的应用进入制动领域，并快速发展成为一种新型的刹车材料。由于 SiC 基体的引入，C$_f$/C-SiC 与 C$_f$/C 刹车材料相比，具有更好的抗氧化性能和更稳定的摩擦系数。德国斯图加特大学等单位对 C_f/C-SiC 复合材料应用于摩擦领域进行了研究，制备的 C_f/C-SiC 刹车片已经应用于保时捷轿车。相比之下，我国关于 C_f/SiC 复合材料的研究虽然起步较晚，但在西北工业大学、国防科技大学和中国科学院上海硅酸盐研究所等单位及科研人员的努力下，C_f/SiC 复合材料的研究和应用均取得了长足的进步，已作为热结构和空间相机支撑结构等应用于飞行器和高分辨率空间遥感卫星。

在研究和应用过程中，C_f/SiC 复合材料的氧化问题受到高度关注。受致密化工艺的限制以及碳纤维和基体间热膨胀失配的影响，C_f/SiC 复合材料中不可避免地存在孔隙和裂纹等缺陷。在氧化环境中，这些缺陷为氧气扩散提供通道，使得材料中的碳相发生氧化反应，碳纤维增强相逐渐氧化，最终导致材料失效。C_f/SiC 复合材料的氧化行为复杂，科研人员针对其氧化行为和氧化机理开展了深入的研究。研究表明，在空气环境中，温度对 C_f/SiC 复合材料的氧化行为具有显著的影响。材料在 700～1200℃ 的温度区间氧化最为严重，原因在于该温度区间碳相氧化速率较快，而 SiC 氧化速率较慢，难以形成致密的保护膜，导致复合材料在较短的时间内失效。为提高 C_f/SiC 复合材料的抗氧化性能，法国波尔多大学研究人员提出了自愈合概念，通常可以通过两种途径实现。一是热膨胀自愈合，即通过选择合适的纤维与基体，服役时使基体受压应力愈合裂纹，但这种愈合方式可选的纤维与基体类型非常有限。二是玻璃相封填愈合，即通过在界面、基体引入自愈合组元，这些组元在一定温度下与环境介质中的氧化组元（O_2、H_2O 等）反应生成玻璃相，封填孔隙和裂纹，从而起到切断氧扩散通道的作用。作为自愈合组元需具有一定的高温稳定性，且与环境中的氧化介质反应速度快，生成的玻璃封填相具有适当的流动性和一定的体积膨胀。

中国科学院上海硅酸盐研究所针对 C/SiC 复合材料中低温抗氧化性能差的缺点，采用含硼前驱体（PBN）向基体中引入含硼相，制备了具有自愈合功能的 C_f/SiC-BN 复合材料，并分析硼改性后的 C_f/SiC 复合材料的力学性能和抗氧化性能。图 6-31 为不同处理温度制备的采用不同界面相的 C_f/SiC-BN 复合材料的力学性能。可以看出，界面相和处理温度对 C_f/SiC-BN 复合材料性能影响较大。对于 C_f（PyC）/SiC-BN 复合材料，随着热处理温度的升高，材料力学性能降低。当热处理温度为 1400℃ 时，材料的弯曲强度为 270MPa，而热处理温度升高到 1600℃ 时，其弯曲强度仅为 105MPa；而对于 C_f（PyC/SiC）/SiC-BN 复合材料，热处理温度对材料力学性能影响不大，经过 1600℃ 热处理后，材料的弯曲强度仍能保持在 252MPa。

不同界面相导致的材料力学性能差异与制备和处理过程中界面相与基体之间的化学反应有关，SiC 能够很好地阻隔化学反应，保持界面的完整性。图 6-32 为 C_f（PyC）/SiC-BN 复合材料的失重率与氧化时间的关系。在 700℃ 时材料氧化失重随时间呈线性变化，而在 900℃ 其氧化失重随时间呈抛物线变化。说明 700℃ 下氧化过程受碳相氧化反应控制；而在 900℃ 时，微裂纹逐渐愈合，氧化过程受氧气扩散控制。在 700℃ 时，虽然 BN 已经开始氧化，但是氧化速率非常慢，尚不能及时密封孔道，因此，氧化实验中碳相持续不断地消耗，失重曲线表现为连续增加。当氧化温度为 900℃ 时，硼化物的氧化速率加快，生成的玻璃相能够及时愈合裂纹，所以，随着氧化时间的增加，复合材料的失重率增加幅度逐渐趋向于平缓，氧化 10h 后，失重率仅为 2.96%。

由于采用 PBN 转化生成的 BN 相为层状结构，

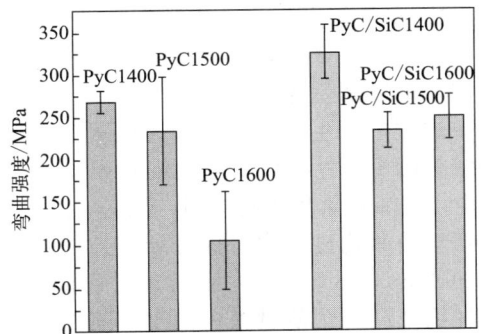

图 6-31 不同热处理温度的 C_f/SiC-BN 复合材料的三点弯曲强度

导致基体结合力较低，基体承载能力较弱，材料断裂过程中通常表现为大量的长纤维拔出，影响材料的强度。为增强基体颗粒间的结合力，进一步引入活性添加剂，利用其与基体成分的反应提高基体结合力。通过在 C_f/SiC-BN 复合材料中进一步引入 Si_3N_4 进行改性的研究发现，基体中形成了多层结构。该结构的形成增强了纤维束内的基体结合强度，材料的弯曲强度提高约 20%，达到 315MPa；同时延长了氧气扩散路径，改善了材料的抗氧化性能。

图 6-32　C_f（PyC/SiC）/SiC-BN 复合材料氧化重量变化曲线

6.5.3　SiC$_f$/SiC 复合材料

SiC$_f$/SiC 复合材料是将 SiC 纤维增强体引入 SiC 陶瓷基体中形成的复合材料。与 C_f/SiC 复合材料相比，SiC$_f$/SiC 复合材料具有更好的抗氧化性能，被国际公认为是下一代航空发动机热端部件材料。与常规镍基高温合金相比，SiC$_f$/SiC 复合材料用作发动机热端部件具有显著的减重提效优势，其密度仅为镍基高温合金的 1/3，可有效降低结构重量。同时，SiC$_f$/SiC 可以承受更高的服役温度，提高涡轮效率，从而增加航空发动机推力。目前，SiC$_f$/SiC 已成为各国竞相研究的热点。发达国家特别注重商业化 SiC$_f$/SiC 材料的研发，如法国斯奈克玛（Snecma）公司先后开发了 CERASEP A300 系列、CERASEPR A410、CERASEPR A415 等多个牌号的 SiC$_f$/SiC 复合材料。在 SiC$_f$/SiC 工程部件研制方面，法国 Snecma 公司、美国 NASA 和 GE 公司起步最早，技术成熟度及应用水平较高，率先实现了 SiC$_f$/SiC 材料在军用航空发动机中的应用。如法国 Snecma 公司的 SiC$_f$/SiC 喷管调节片成功应用于"阵风"M88-2 发动机，同时还开发了 CERASEP 系列的 SiC$_f$/SiC 燃烧室火焰筒。美国针对 SiC$_f$/SiC 燃烧室内衬和涡轮静子叶片等典型构件开展了大量的考核试验，SiC$_f$/SiC 喷管调节片、密封片已实现产业化，并应用于 F110 等多种型号的军用发动机中。2015 年，GE 公司宣布 SiC$_f$/SiC 低压涡轮转子叶片在 F414 发动机上成功通过了 500 个工作循环的耐久性验证试验，开创了 SiC$_f$/SiC 应用于高温高载转子部件的先河。近年来，SiC$_f$/SiC 复合材料也逐步拓展应用于商用航空发动机热端部件，美国 GE 公司走在了世界的前列，其采用陶瓷基复合材料热端部件的新一代航空发动机，与当前最先进的航空发动机相比，燃油消耗可进一步降低 25%，推力提升 10%。

SiC$_f$/SiC 复合材料作为航空发动机热端结构材料的服役环境十分复杂，通常处于高温-应力-水氧等多场耦合作用下。虽然材料承受的应力往往低于其承受极限，但是一些应力集中部位容易成为裂纹萌生点。尽管纤维增强体可有效改善复合材料的断裂韧性，但是纤维束内外的微区基体仍为脆性陶瓷相，在应力作用下裂纹容易萌生、扩展。这些裂纹以及材料制备过程中产生的孔洞都会为氧化介质侵入材料内部提供通道，导致界面与纤维的氧化。层状结构的 BN 界面可以有效偏转裂纹，提升复合材料的强韧化；BN 界面的氧化产物 B_2O_3 与 SiC 纤维的氧化产物 SiO_2 会进一步反应形成硼硅酸盐玻璃，使纤维与基体之间出现强黏结，在应力氧化过程中产生纤维应力集中，从而导致材料的氧化脆化。水氧介质的存在会进一步加速 SiC$_f$/SiC 复合材料性能的衰退。研究表明，在水蒸气环境下，SiC 的氧化速率比在氧气环境下高一个数量级，同时加速 BN 界面和 SiC 纤维的氧化，且 B_2O_3 和 SiO_2 会发生显著的挥发，导致材料内部产生更多的孔隙，这些孔隙会进一步加速水氧介质的侵入。另外，SiC$_f$/SiC 在水氧环境下氧化区域更大，氧化脆化现象更明显。自愈合玻璃相易受水蒸气侵

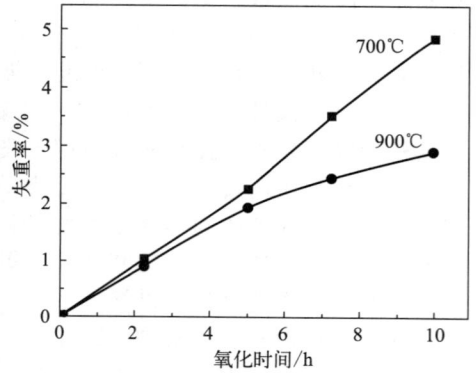

蚀并挥发，对复合材料的保护能力会显著下降，进而缩短材料的使用寿命。

因此，如何抑制服役环境下水氧介质对 SiC_f/SiC 复合材料的氧化侵蚀是提升材料使用寿命的关键。目前主要采用环境障碍涂层（EBCs）来抑制水氧对 SiC_f/SiC 的侵蚀作用，但改善复合材料本身在高温应力水氧环境下的服役稳定性是未来 SiC_f/SiC 复合材料的重要发展方向。

中国科学院上海硅酸盐研究所针对长时间服役 SiC_f/SiC 复合材料开展了大量的研究工作。主要包括材料制备技术、结构调控以及基体改性三方面。在材料制备技术方面，针对反应熔渗（RMI）基体存在大尺寸残余硅和碳的问题，开展了高致密反应烧结 SiC_f/SiC 的研究。研究表明，在反应熔渗过程中，熔体渗入和基体形成与熔渗预制体孔隙结构密切相关，预制体的孔隙结构直接决定了熔体的渗透动力学。通过调控反应熔渗预制体的孔隙结构，获得碳颗粒尺寸小且预制体孔隙结构均匀的预制体，可促进熔体硅的渗入过程，有效提升 SiC_f/SiC 材料的致密程度。我国科研人员基于国产二代碳化硅纤维（KD-I），采用浆料浸渍结合反应熔渗工艺制备出高致密的 SiC_f/SiC 复合材料，体密度为 $2.83g/cm^3$，显气孔率仅为 1.6%，弯曲强度为 $(521\pm89)MPa$，呈现出典型的非脆性断裂特征。SiC_f/SiC 基体中游离硅尺寸为纳米级。致密的基体结构阻碍氧化介质进入材料内部，有效提高了 SiC_f/SiC 的抗氧化能力。SiC_f/SiC 在高温空气环境下具有优异的热稳定性（图 6-33），在 $1200℃$ 空气气氛中经过 $1000h$ 的氧化，SiC_f/SiC 仍表现出明显的非脆性断裂特征，弯曲强度保留率约为 70%，断裂应变保持在 0.59%。制备的 SiC_f/SiC 复合材料综合性能优异。

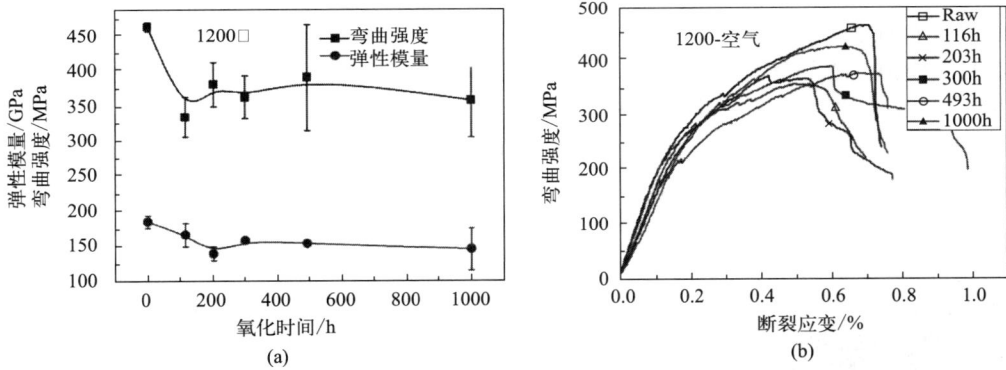

图 6-33　RMI 制备的 SiC_f/SiC 复合材料的 $1200℃$ 静态氧化稳定性
（a）力学性能-氧化时间关系曲线；（b）弯曲应力-应变关系曲线

在结构调控方面，针对基体抗开裂能力弱的问题，利用原位引入低维纳米结构对基体进行修饰，实现微区基体强韧化。采用简化的高能球磨-退火法在 SiC 纤维布表面原位生长氮化硼纳米管（BNNTs），通过调控制备过程中的反应动力学以及反应热力学，实现了BNNTs 的可控生长，构建出 $BNNTs/SiC_f$ 多级增强体。BNNTs 的引入有效提高了材料的初始损伤阈值，延迟其早期损伤过程，使材料初始损伤应力阈值提高了 114.3%。对BNNTs 进行界面修饰可进一步提高材料初始损伤应力阈值。研究发现，BNNTs 的延迟作用与 BNNTs/基体界面结合强度有关。当 BNNTs 表面未沉积 BN 界面相时，BNNTs 的串珠式管壁与基体的机械互锁作用以及界面径向热应力导致 BNNTs 与基体结合较强，BNNTs 主要表现在对基体裂纹的阻断作用，导致 BNNTs 对材料早期损伤过程的延迟作用不佳。而当 BNNTs 表面沉积 BN 界面相后，BNNTs 的串珠管壁形貌消失，且界面径向热应力得以缓解，BNNTs/基体的结合明显减弱，BNNTs 可以激发纳米管拔出、裂纹偏转等增韧机制，从而释放基体裂纹尖端应力，消耗裂纹扩展所需能量，延缓微裂纹的扩展以及汇集，因此可以更加有效地延迟材料的早期损伤过程。BNNTs 的引入不仅有效提高了微区基体的抗开裂能力，而且 BNNTs 氧化形成的 B_2O_3 玻璃相可以填充裂纹孔道，起到自愈合的作用，有望提升材料在高温应力氧化环境下的使用寿命。

在基体改性方面，针对自愈合玻璃相在高温水氧环境下易挥发的缺点，通过添加 Al_2O_3 对 SiC_f/SiC-B_4C 复合材料基体进行改性，以期提升自愈合相在高温水氧环境下的稳定性，发现 Al_2O_3 的引入可提升材料在中高温（1100~1200℃）下的耐水氧侵蚀性能。与未改性的 SiC_f/SiC-B_4C 复合材料相比，经 Al_2O_3 改性后的材料表面氧化层更薄且更为光滑致密，纤维氧化程度更轻（图 6-34）。添加 Al_2O_3 有效提升了复合材料氧化后的强度保留率，经 1200℃氧化 200h 后强度保留率提升 15.50%。此外，Al_2O_3 的引入有效改善了复合材料氧化后的表面抗开裂性能，材料表面更加光滑致密。借助声发射表征技术研究发现，经 1100℃氧化 200h 后，改性复合材料氧化层初始损伤应力阈值从 0MPa 提升至（147.35±17.85）MPa，基体初始损伤应力阈值保留率提升了（15.14±6.01）%。研究认为，在高温水氧过程中，Al_2O_3 可以得到玻璃相中的游离氧使〔AlO_6〕转变为〔AlO_4〕，以此作为网络中间体修复硼硅酸盐玻璃的网络结构，提高自愈合相在水氧环境下的稳定性。此外，铝硅酸盐受水氧侵蚀时，会发生 Si-O-Al 之间桥氧质子化以及 Si-O-Si 之间桥氧断裂，Si-O-Al 仍可以保持连接，从而提高玻璃相的黏度，减缓水氧介质对材料内部的侵蚀。同时，通过研究预制裂纹对材料性能的影响发现，样品经 1200℃水氧环境处理 5h 后，未添加 Al_2O_3 的材料纤维处的预制微裂纹几乎未愈合，而 Al_2O_3 改性的材料内部基体以及纤维处微裂纹基本愈合。在力学性能上，Al_2O_3 的引入可使有预制裂纹的改性复合材料在 1200℃水氧环境处理 50h 后的拉伸强度保留率提升 18.83%，且材料的损伤阈值提升至未改性材料的两倍以上。这是由于 Al_2O_3 的引入不仅阻碍了 SiO_2 的结晶，而且还抑制了自愈合相的挥发，使得自愈合玻璃相可以有效愈合材料内部的微裂纹，从而抑制水氧介质通过裂纹进一步侵蚀界面及纤维（图 6-35）。Al_2O_3 的引入有效改善了自愈合相在水氧环境下易挥发的问题，从而显著提升了 SiC_f/SiC-B_4C 复合材料的耐水氧侵蚀性能，对延长复合材料在高温水氧环境下的服役寿命具有重要的意义。

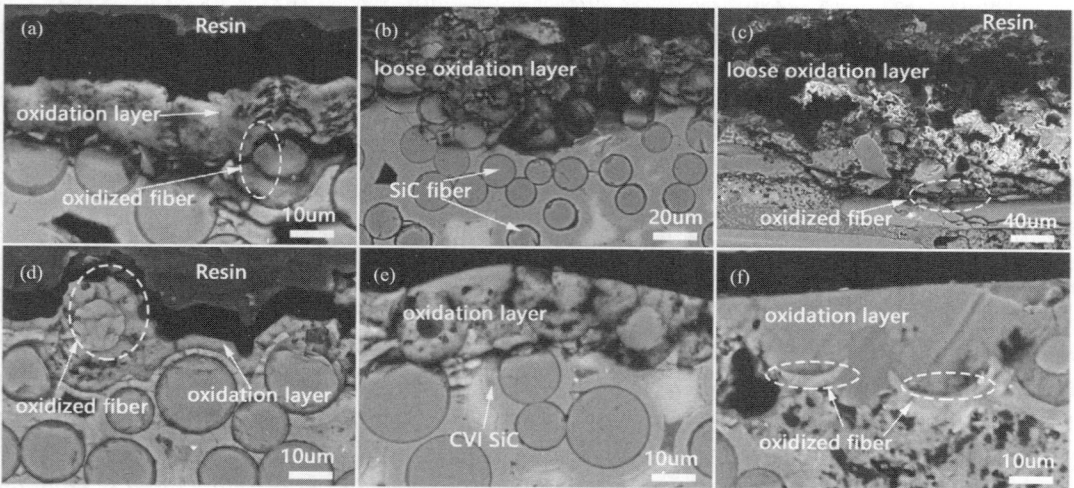

图 6-34　1200℃水氧侵蚀下不同 SiC_f/SiC-B_4C 复合材料截面形貌

无 Al_2O_3 改性复合材料氧化 50h（a）、100h（b）、200h（c）；Al_2O_3 改性复合材料氧化 50h（d）、100h（e）、200h（f）

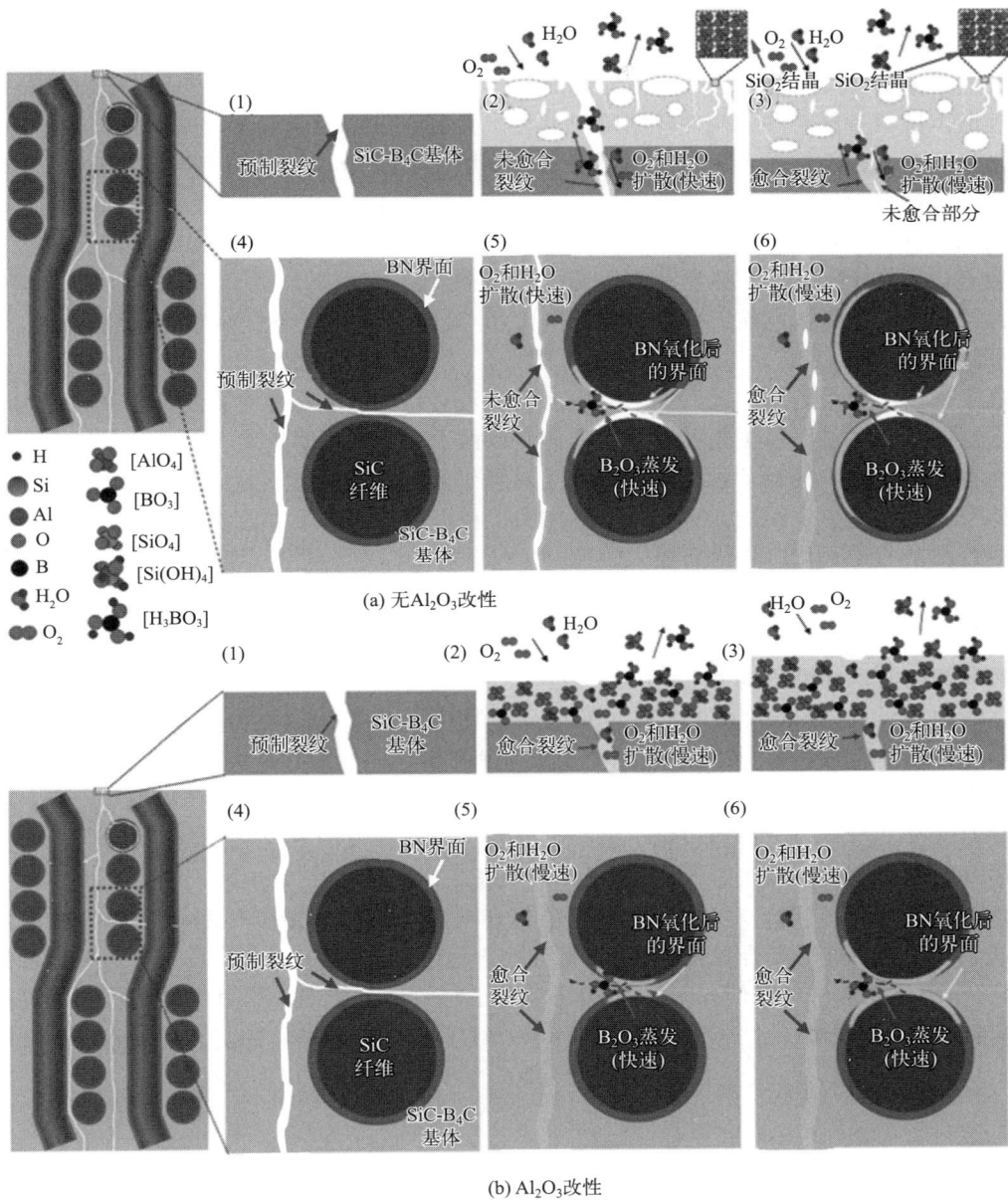

图 6-35 Al_2O_3 改性 $SiCf/SiC\text{-}B_4C$ 复合材料的自愈合机理

(a) 无 Al_2O_3 改性；(b) Al_2O_3 改性

6.5.4 氧化物/氧化物陶瓷复合材料

氧化物/氧化物陶瓷复合材料是指以高强度氧化物纤维为增强体、氧化物陶瓷为基体的先进复合材料。有别于常规纤维-基体-界面相三元结构陶瓷基复合材料，氧化物/氧化物陶瓷复合材料不存在弱界面相，而是主要利用基体和纤维之间的弱结合特性实现纤维的增强效果。目前，氧化物/氧化物陶瓷复合材料中常用的纤维主要有多晶 Al_2O_3 和 $3Al_2O_3 \cdot 2SiO_2$-

Al$_2$O$_3$ 纤维等，而常用基体主要为 Al$_2$O$_3$、Al$_2$O$_3$-SiO$_2$、莫来石（3Al$_2$O$_3$·2SiO$_2$）以及钇铝石榴石等耐高温金属氧化物。

经过多年的持续研究，国际上氧化物/氧化物陶瓷复合材料在应用方面已取得了显著进展，逐渐由试验考核阶段向构件应用阶段过渡。尤其在航空航天领域，氧化物/氧化物陶瓷复合材料高温结构部件的开发和应用更是成绩斐然。美国 Boeing 公司开发的氧化物/氧化物陶瓷复合材料声学喷嘴及中心部件已在 Boeing 787 客机 Rolls-Royce Trent 1000 航空发动机上完成飞行测试，效果良好。美国 ATK-COI 公司研发的氧化物/氧化物陶瓷复合材料发动机燃烧室衬套在 Centaur 50S 燃气涡轮发动机上完成 109 次循环共计 25404h 的考核测试，构件保持完好。德国航空航天中心制备的氧化物/氧化物陶瓷复合材料燃烧室隔热瓦已通过了模拟实验。

近年来，随着我国航空航天技术的快速发展，对高性能氧化物陶瓷基复合材料提出了迫切需求。国内相关科研单位相继开展研究，并取得了一系列重要进展。但总体来说，由于我国此类材料研究起步较晚，相关研究仍以基础研究为主，还没有形成自有的材料设计与制备技术体系。在材料综合性能，特别是在材料的工程应用技术水平方面与国外先进水平仍存在较大的差距，与工程化应用尚有很大距离。

氧化物陶瓷纤维对氧化物/氧化物陶瓷复合材料的发展具有举足轻重的作用。以美国 3M 及杜邦、日本住友、英国 ICI 公司等开发的 Al$_2$O$_3$ 和 Al$_2$O$_3$-SiO$_2$ 纤维为代表，国际上氧化物纤维已实现规模化批量生产。特别是 3M 公司开发的 Nextel^{TM} 系列纤维，根据其组成和性能的差异，已形成近 10 个型号的产品。其中，多晶 Al$_2$O$_3$ 纤维 Nextel 610 和多晶 Al$_2$O$_3$-mullite 纤维 Nextel 720，因其优异的力学和耐高温性能，已成为当前高性能氧化物/氧化物陶瓷复合材料中使用最广泛的纤维增强体。在复合材料基体方面，根据复合材料基体的耐高温性及其与纤维的物理和化学相容性要求，当前开发的氧化物/氧化物陶瓷复合材料的基体材料主要包括 Al$_2$O$_3$、Al$_2$O$_3$-SiO$_2$ 和莫来石（3Al$_2$O$_3$·2SiO$_2$）等。其中，莫来石基体相较于 Al$_2$O$_3$ 和 Al$_2$O$_3$-SiO$_2$ 基体而言具有更为优异的高温结构稳定性和抗高温蠕变性，这非常有利于提高复合材料的高温耐受性。现有研究表明，以多孔莫来石为基体的氧化物/氧化物陶瓷复合材料即使在 1200℃ 历经上千小时的高温处理，其力学性能也不会发生明显衰减。材料的高温耐受性与以多孔 Al$_2$O$_3$ 和 Al$_2$O$_3$-SiO$_2$ 为基体的复合材料相比具有质的提升。

习　题

1. 简述陶瓷基复合材料的定义及分类。
2. 试分析弱界面和强界面复合材料的应力-应变曲线有何不同。
3. 陶瓷基复合材料中的增强纤维需要具有哪些特性？
4. 陶瓷基复合材料中，增强纤维/基体的配合及原则有哪些？
5. 聚合物浸渍裂解法（PIP）制备陶瓷基复合材料的基本流程是什么？
6. 化学气相浸渍（CVI）工艺有哪 5 种类型？
7. 按照基体材料类型分，陶瓷基复合材料主要有哪几种基本类型？其各自的性能特点分别是什么？

参考文献

［1］金志浩,高积强,乔冠军. 工程陶瓷材料[M]. 西安:西安交通大学出版社,2000.

［2］张立同,成来飞,梅辉. 陶瓷基复合材料[M]. 北京:中国铁道出版社有限公司,2020.

［3］成来飞,张立同,梅辉. 陶瓷基复合材料强韧化与应用基础[M]. 北京:化学工业出版社,2018.

［4］蒋永彪. 浅谈陶瓷基复合材料的分类及性能特点[J]. 科技创新与应用,2017,18:130.

［5］王继平. 碳/碳和碳/碳-碳化硅复合材料的制备工艺与显微结构研究[D]. 西安:西安交通大学,2006.

［6］Yutaro Arai,Ryo Inoueb,Ken Goto,et al. Carbon fiber reinforced ultra-high temperature ceramic matrix composites:A review[J]. Ceramics International,2019,45:14481-14489.

［7］张俊敏,蔡飞燕,靳喜海,等. 连续纤维增强陶瓷基复合材料研究与应用进展[J]. 陶瓷学报,2023,44(2):195-207.

［8］Ryo Inoue,Yutaro Arai,Yuki Kubota,et al. Oxidation behavior of carbon fiber-dispersed ZrB$_2$-SiC-ZrC triple phase matrix composites in an oxyhydrogen torch environment[J]. Ceramics International,2018,44(7):8387-8396.

［9］Shuqi Guo. Thermal and electrical properties of hot-pressed short pitch-based carbon fiber-reinforced ZrB$_2$-SiC matrix composites[J]. Ceramics International,2013,39(5):5733-5740.

［10］Feiyu Yang,Xinghong Zhang,Jiecai Han,et al. Characterization of hot-pressed short carbon fiber reinforced ZrB$_2$-SiC ultra-high temperature ceramic composites[J]. Journal of Alloys and Compounds,2009,472(1-2):395-399.

［11］高晔,焦健. NITE 工艺制备 SiC$_f$/SiC 复合材料的研究进展[J]. 材料工程,2019,47(8):33-39.